REPRODUCCIÓN AVIAR

... To Claudia, Danielle, Jacob and Peter
whose lives have been touched by chickenology in many ways

Reproducción aviar

Robert J. Etches

Department of Animal and Poultry Science
University of Guelph
Guelph
Ontario
Canada N1G 2W1

Traducido por

Dr. Mariano Illera Martín
Catedrático de Fisiología
Facultad de Veterinaria
Universidad Complutense de Madrid

Editorial ACRIBIA, S.A.
ZARAGOZA (España)

Título original: Reproduction in Poultry

Autor: Robert J. Etches

Editorial: CAB INTERNATIONAL
Wallingford, Oxon OX10 8DE, UK

La edición española se publica por acuerdo con CAB International.

I.S.B.N.: 84-200-0849-4

IMPRESO EN ESPAÑA PRINTED IN SPAIN

Depósito legal: HU-83-98 Editorial ACRIBIA, S.A.- Royo, 23 - 50006 Zaragoza

Imprime: Grafic RM Color, S.L. C/ Comercio, parcela I, nave 3. 22006 Huesca. 1998

ÍNDICE DE CONTENIDO

PREFACIO

Durante los últimos años, he tenido la oportunidad de explicar varios aspectos de la reproducción aviar a estudiantes de programas técnicos, para licenciados y de postgrado, cursos cortos para personal de servicios en la industria aviar y una amplia variedad de reuniones científicas. Al término de las explicaciones, algunos miembros de la audiencia solicitaban el texto o pedían textos de referencia que trataran de las ideas que se habían expuesto. Con demasiada frecuencia yo he tenido que proporcionar al auditorio notas o bibliografías que se relacionaran con el tema tratado. Este libro es un intento de presentar, conjuntamente, una colección de hechos y teorías que tienen su origen en la industria avícola, facultades de agricultura y medicina veterinaria, institutos de investigación agrícola y veterinaria, instituciones de investigación de medicina humana y varios departamentos relacionados con las ciencias de la vida, dentro de las facultades de ciencias e institutos de investigación con ellas relacionados. Parte de la información ha sido tomada de textos y artículos originales, publicados al principio de este siglo, aunque se hace mucho hincapié sobre la integración de los más recientes conocimientos dentro del contexto de los actuales sistemas de producción aviar. Espero haber sido capaz de proporcionar al lector una visión fácil de comprender a la vez que actual, sobre la reproducción aviar y que pueda ser útil para los estudiantes de producciones aviares, así como también a los posgraduados inexpertos, incluso a profesionales del mundo del comercio avícola.

Este texto no pretende proporcionar una documentación exhaustiva de la multitud de publicaciones que han contribuido a nuestros actuales conocimientos de la biología de la reproducción de las aves. Sin embargo, se ha intentado resumir los actuales conocimientos relativos a los principios básicos para situarlos en el contexto de la producción aviar. La reproducción es un proceso cíclico y, por tanto, su punto de comienzo es arbitrario. Se ha decidido comenzar por el huevo, con una breve descripción del desarrollo como parte integrante de la producción aviar. Se describen luego los procesos fisiológicos que conducen a la formación del huevo fértil y se concluye con una discusión de las relaciones entre las medidas a adoptar para el mejor éxito de la reproducción, y que son las más comúnmente utilizadas en este tipo de industria, así como su capacidad para reflejar los procesos fisiológicos que contribuyen al éxito de la reproducción.

Hay mucha gente que ha influido sobre mí para que escribiera este libro y por ello, les estoy muy agradecido. En general, y muy importante, todos los estudiantes y colaboradores con los que he mantenido muchas conversaciones son los responsables de la síntesis de muchas de las ideas que se recogen aquí. Otros muchos han contribuido proporcionándome datos de la prensa corriente y científica y yo les estoy agradecido igualmente, por la perspicacia e ilustración que me han comunicado. Al seleccionar los datos para ilustrar los principios descritos en este libro, fue imposible incluir todos los excelentes trabajos publicados y, por ello, pido perdón a aquellos que, a lo mejor, se ven ofendidos por la omisión. Deseo agradecer al Dr. F. E. Robinson que, generosamente, me proporcionó su tiempo y talento en la corrección del texto manuscrito. Los muchos comentarios del Dr. T. R. Morris al revisar el libro, han sido también muy valiosos. Estoy particularmente en deuda con el Dr. J. Samarut que me ayudó, extraordinariamente, en la preparación final del libro, durante mi año sabático en la Escuela Normal Superior de Lyon. La paciencia del Sr. Tim Hardwick, desde que se concibió este libro hasta su publicación, así como el trabajo editorial de la Sra. Anna Zwicky, deben ser también resaltados.

1

INTRODUCCIÓN

De las 6.000, o más, especies de aves que existen, solamente unas pocas han sido domesticadas, pero las que han proporcionado alimentos para la humanidad, particularmente en el siglo XX, se distinguen por su alto índice de reproducción. Por ejemplo, las gallinas seleccionadas para la producción de huevos pueden poner un huevo cada día, en su primer año, después de la aparición de la pubertad. Durante este período, una gallina consumirá, aproximadamente, 40 kg de pienso y depositará 22 kg de huevos. Como única fuente de nutrientes para el embrión, el huevo contiene la apropiada mezcla de aminoácidos, fuentes de energía, minerales, micronutrientes y agua capaces de soportar el desarrollo del ovum recientemente fertilizado. Afortunadamente, esta mezcla de componentes coincide mucho con nuestras apetencias gustativas y requisitos de nutrientes, por lo que el huevo ha sido ingrediente principal de la dieta de los humanos. En la industria de la carne de pollo, el alto ritmo reproductivo de las gallinas reproductoras ha contribuido, sustancialmente, al fenomenal aumento del consumo de carne de pollo en todo el mundo, al proporcionar cada gallina unas 125 crías al mercado.

El desarrollo de razas de gallinas con capacidad para ovular gran número de huevos y las sofisticadas estrategias de alimentación y manejo, para soportar su potencial genético habrían sido inútiles sin el progreso tecnológico para incubar huevos. Sin incubación artificial, la producción aviar dependería del ciclo maternal en el que una gallina incuba 12-20 huevos, durante 21 días y se ocupa de los polluelos, varias semanas, hasta que retorna a otra fase de producción de huevos. En la mayoría de las aves domésticas, la aparición del comportamiento maternal puede ser retrasado mediante la frecuente eliminación de los huevos del nidal. Sin embargo, si aparece ese comportamiento se cortaba la producción de huevos, de ahí que el desarrollo de la raza Leghorn, que mantiene la producción de huevos durante largos períodos de tiempo, con infrecuentes apariciones de comportamiento maternal, ha sido un hito histórico en la industria aviar. Extraordinariamente, esta proeza fue realizada antes, o durante, la Edad Media por los criadores en Livorno, Italia, sin tener conocimientos de genética o fisiología. También es conveniente señalar que la aplicación de la ciencia del siglo XX al desarrollo de razas de pavas, que empollaban sin manifestar comportamiento maternal, no ha tenido tanto éxito como los programas de selección llevados a cabo en Livorno.

El desarrollo de la tecnología para la incubación y las estirpes genéticamente modificadas, para producir gran cantidad de huevos, ha proporcionado una buena cantidad de alimentos al hombre, tanto en forma de huevos como de carne. Aunque el alto contenido de colesterol en el huevo, ha conducido a revisar las relaciones entre el consumo de huevos y enfermedades cardiovasculares, el huevo sigue siendo una excelente fuente de nutrientes en la dieta normal del hombre, que consume al año aproximadamente 280×10^9 huevos en todo el mundo. Durante los pasados 20 años, se han examinado los componentes del huevo utilizando herramientas tales como la biología molecular y como consecuencia de ello ha surgido una nueva industria dedicada a la recogida y distribución de proteínas del huevo con propiedades funcionales específicas. Por ejemplo, anualmente se utilizan unas 125 toneladas de lisozima extraída del huevo para el procesado de alimentos y para la industria farmacéutica. En el futuro, el huevo será más usado como fuente de proteínas y de otras moléculas que precisa la industria farmacéutica. Actualmente, se están realizado muchos estudios tratando de insertar información genética en los pollos para que se produzcan nuevas proteínas que puedan alojarse en el huevo. La importancia de la puesta a punto reproductiva de las industrias que producen y mercantilizan huevos y ovoproductos es evidente por sí misma, igual ocurre con la industria cárnica del pollo. Durante el siglo XX, el consumo de carne de pollo se ha elevado extraordinariamente y, ahora se consumen cantidades sustanciales en todo el mundo (Tabla 1.1). Este incremento de consumo está relacionado con factores económicos y sociales, incluyéndose aquí competencia de mercado y la liberación de tabúes religiosos. Desde la perspectiva biológica, la atracción económica de la carne de pollo deriva sustancialmente de la productividad de la gallina, cuyo coste puede amortizarse con 130 crías que vayan al mercado. Sin embargo, la puesta a punto reproductiva de las aves de carne es normalmente más pobre que las productoras de huevos, con lo que si se pueden identificar los factores limitantes de la producción de carne tendremos la oportunidad de aumentar los rendimientos de esas razas.

Tabla 1.1 Consumo de carne de aves en el mundo en 1987, expresada como consumida por habitante en los países seleccionados. Datos de Meatfacts (1988).

País	*kg/persona*
Canadá	27,9
México	6,3
Estados Unidos	35,4
Argentina	13,0
Brasil	11,4
Venezuela	20,6
Comunidad Europea	16,2
Suecia	5,5
Suiza	10,3
Israel	34,5
Arabia Saudí	35,3
Egipto	4,1
Sudáfrica	14,3
Taiwan	19,9
Japón	13,6
Corea del Sur	3,1
Australia	23,5
Nueva Zelanda	14,3

La industria avícola ha sido organizada en un orden jerárquico que depende de la capacidad reproductiva para distribuir los avanzados linajes genéticos, en todo el mundo (Fig. 1.1). La identificación de las familias y los individuos genéticamente superiores, es la principal tarea de los genetistas empleados por las principales industrias. A pesar del gran volumen de negocio que representan los huevos y la carne a nivel de venta al por menor, el negocio de la cría tiene un volumen relativamente pequeño, por cuanto de cada ave se obtienen gran número de crías en el programa primario de cría (Tabla 1.2). La selección genética se realiza sobre líneas puras que típicamente están formadas por 50-100 familias de machos, entre una población de varios cientos de aves. En el cruce a cuatro, dos líneas de machos (A y B, Fig. 1.1) y dos líneas de hembras (C y D, Fig. 1.1) son las existencias puras que forman la generación de los grandes abuelos en la jerarquía. Las líneas de machos y de hembras se seleccionan por rasgos que, cuando se combinan mediante cruzamientos en la jerarquía de la industria avícola, dan por resultado productos comerciales con el máximo vigor híbrido. Además, la distribución comercial de esos efectivos híbridos, proporciona una medida de seguridad al primer criador, por cuanto la descendencia de los cruzamientos con híbridos no tendrá una gran uniformidad dada la regresión de los genes heterozigotos que confieren el vigor al híbrido. El núcleo de población del contingente seleccionado en la generación de los abuelos, se expande mediante cruces, dentro

Segmento industrial	Función	Efectivo seleccionado o cruce de estirpe
Primer criador	Selección de abuelos	A ↓ B ↓ C ↓ D ↓
Primer criador o concesionario de la cría	Expansión de los efectivos de abuelos y/o producción de efectivos de padres híbridos	A ↘ B ↙ C ↘ D ↙ → AB ↓ CD ↓
Corrales de suministro de cría	Hibridación de efectivos padres y venta de híbridos comerciales como huevos para incubar	AB ↘ CD ↙ → ABCD ↓
Cría	Venta de broilers comerciales como pollos de un día	ABCD

Figura 1.1 La industria avícola está organizada en una jerarquización que utiliza los más altos índices reproductivos de los pollos para proporcionar grandes cantidades de aves que posean un genotipo superior para el mercado. Datos de Etches (1993).

de la línea pura, para producir padres machos. Al mismo tiempo, los machos de una de las líneas femeninas se cruzan con hembras de la segunda línea femenina para conseguir madres hembras. En las sucesivas generaciones, los padres machos se cruzan con madres hembras para producir gallinas ponedoras o broliers de carne (Fig. 1.1). En el primero de estos contingentes que normalmente producen 100-120 hembras por generación, las fases de expansión e hibridación que se ilustran en la Figura 1.1, tienen un potencial para producir más de un millón de gallinas de las hembras abuelas. Por ello, es evidente que la alta capacidad reproductiva es uno de los pilares de la industria avícola.

La industria avícola ha reconocido la importancia de los altos índices de producción de huevos a partir del siglo XX y los primeros textos de cría y genética de los pollos inmortalizaron a gallinas tales como Lady Victorine, una gallina que puso más de 350 huevos en un año (Fig. 1.2). Los registros individuales de producción de huevos se mantuvieron tanto en instituciones públicas como en privadas, durante la primera mitad del siglo XX en busca de aves genéticamente mejores de las que pudieran derivar poblaciones de gallinas mejores. Sin embargo, la heredabilidad de la producción de huevos es muy baja y es difícil asegurar el impacto que sobre la producción de huevos puedan tener la selección genética, la mejora del control de las enfermedades, los avances en las ciencias de la nutrición y la combinación de otros factores, normalmente considerados, como manejo. Durante este siglo, nos hemos ocupado de la observación, tanto de gallinas individuales (Fig. 1.2)

Tabla 1.2 Valor de las industrias de huevos y broilers, en los Estados Unidos. en 1990, considerando un consumo de 235 huevos y 31 kg de carne, por habitante. Datos de Emsley (1993).

Industria	*Compañía*	*Mercado*	*Ingreso bruto (millones de $ USA)*
Huevera	Abuelos (venta de padres)	2 millones de pollos	10,5
	Padres (venta comercial)	200 millones de pollos	90
	Comercial (venta de huevos)	200 millones de personas	3.500
Cárnica	Abuelos (venta de padres)	50 millones de pollos	100
	Padres (venta comercial)	3 billones* de pollos	1.000
	Comercial (venta de carne)	200 millones de personas	11.200

* Billón = mil millones.

como de la agrupación de ellas (Tabla 1.3), y así nos encontramos que en ensayos aleatorios, realizados en Canadá, los índices se elevaron de 180 huevos/año en 1950 a 250 huevos/año en 1985. Al mismo tiempo, el número de criadores descendió de 32 a 4. Por tanto, es razonable pensar que parte del cambio de los índices de producción de huevos se debió a la eliminación de los contingentes con pobre producción. Esta interpretación de los registros viene avalada por el examen del índice de producción de huevos en dos de las mejores firmas, que fueron controladas de forma continua mediante muestras aleatorias durante el período de 1950 a 1985 (Fig. 1.3). Aunque el índice promedio de producción de huevos de ambas líneas se incrementó durante el período señalado, el índice más alto de producción, se obtuvo en 1964. Antes del uso de jaulas, en 1969, y de la introducción de la vacuna de la enfermedad de Marek, en 1976, la variación de la producción de huevos, de unos años a otros, fue sustancial. Sin embargo, después de la introducción de estas dos innovaciones las variaciones se redujeron notablemente. Aunque el estudio retrospectivo de estos registros no conduce a conclusiones firmes, está claro que tanto el control de las enfermedades como el manejo de los animales están relacionados con un aumento global de la producción de huevos.

Si el ritmo de producción huevera de los mejores contingentes disponibles no se ha alterado a lo largo de este siglo, parecería lógico pensar que la

Figura 1.2 Cuatro gallinas productoras de más de 300 huevos/año en 1930. **A**. Wyandotte blanca con 305 huevos. **B.** Leghorn blanca con 351 huevos, 223 de ellos consecutivos, en la Universidad de Colombia británica, Canadá. **C.** Una Orpington negra que puso 354 huevos, en Australia. **D.** Lady Victorine, una Plymouth Rock barrada, que puso 358 huevos, en la Universidad de Saskatchewan, Canadá. Datos de Jull (1940).

eficacia de la alimentación y la edad de la madurez sexual habían cambiado sustancialmente a través de todo el proceso de selección genética. Muchas de las gallinas utilizadas en los análisis de puesta al principio de siglo, eran utilizadas con doble propósito, tal es el caso de las razas Plymouth Rock barrada y Rhode Island roja (Fig. 1.2 y Tabla 1.3) que poseen una gran masa corporal. En general, la gallina moderna es más pequeña que sus predecesoras y, por ello, necesita menor cantidad de alimento para satisfacer sus necesidades de mantenimiento, con lo que se aumenta la eficacia de conversión del pienso. Los cambios de la edad al presentarse la madurez sexual son difíciles de confirmar puesto que la utilización de iluminación supletoria y la carencia de ventanas, en los gallineros, fueron rápidamente adoptados, en la segunda mitad de nuestro siglo. Sin embargo, por lo encontrado en la biblio-

Tabla 1.3 Ejemplos de altos índices de producción entre 1914 y 1935.

Referencia	*Raza*	*Año*	*Producción anual de huevos*
Dryden (1921)	Leghorn blanca (WL)	1914-1915	230
	Rock barrada (BR)	1917-1918	215
	BR × WL	1914-1915	250
Anónimo (1921)	Leghorn blanca	1921	226
Shoup (1921)	Leghorn blanca	1921	277
Hays (1932)	–	1926	237
Hays (1934)	Rhode Island roja	1923	222
Hays & Sanborn (1934)	Rhode Island roja	1931	234
Petrov (1935)	Leghorn blanca	1929	214
Zander *et al.* (1942)	Leghorn blanca	1929-1935	263

grafía anterior, la producción de huevos no comenzaba hasta después de los siete meses de edad, mientras que ahora las gallinas comienzan la producción de huevos a los 180 días, aún cuando se las tenga en regímenes de iluminación restrictivos.

Durante los pasados 20 años, el estudio de la fisiología de la reproducción en las aves ha avanzado gracias a las extrapolaciones de nuestro conocimiento de la reproducción de mamíferos, así como también de las descripciones derivadas de estudios de los mecanismos fisiológicos que controlan la reproducción en las especies avícolas. Aunque en este texto no se pretende comparar y contrastar la anatomía y fisiología de la reproducción en aves y mamíferos, la diferencia entre aquellas que tienen un huevo grande, macroscópico y que lo incuban, y los mamíferos que poseen un huevo microscópico y lo gestan, son diferencias aparentes comprendidas por los lectores familiarizados con los procesos reproductivos de los mamíferos. Para los lectores más relacionados con la industria avícola, se hacen algunas descripciones para ensamblar la biología de la reproducción con el proceso de producción avícola. Para los iniciados, se ha intentado integrar el saber colectivo de las experiencias de la industria avícola con los resultados experimentales, utilizando los procederes clásicos de la biología. Aunque la mayor parte de la información ha sido adquirida utilizando pollos, los resultados se han interpretado intentando que resultara una descripción de la reproducción aviar comprensible, aunque no necesariamente comprensiva. Para el aficionado, se incluyen fuentes de información adicionales en cada capítulo para que tengan acceso a los estudios originales que proporcionaron la información, a partir de la cual se expresan las opiniones en las páginas de esta obra.

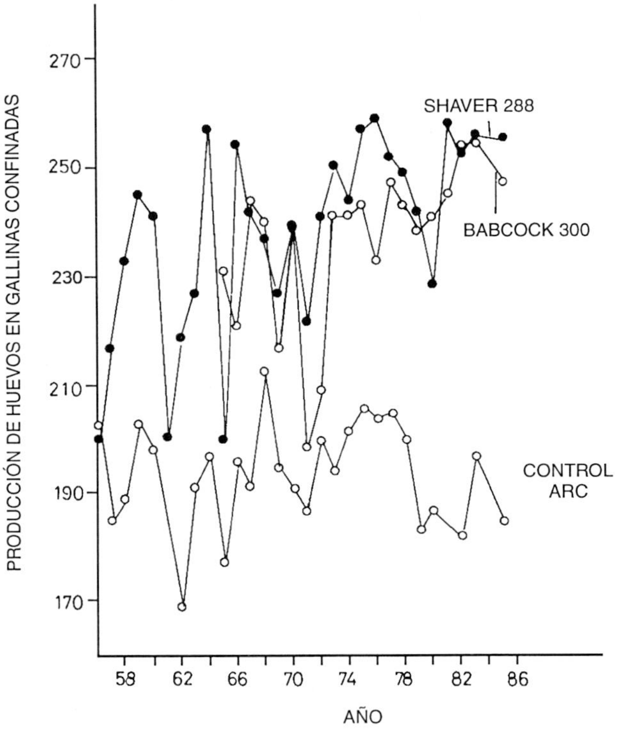

Figura 1.3 Producción de huevos en gallinas confinadas en las granjas Babcock 300 y Shaver 288 y el Departamento de Agricultura de Canadá en la raza Leghorn blanca, desde 1956 a 1986, en análisis de muestras aleatorias, en Canadá. De Etches (1990).

Bibliografía

Anonymous (1921). Canadian egg laying contests, Ottawa. *Poultry Science 1,* 134.

Dryden, J. (1921). Egg laying characteristics of the hen. *Oregon Agricultural Experiment Station Bulletin* 180.

Emsley, A. (1993). Aspirations of breeders in the poultry industry as manipulation of the avian genome continues. In: *Manipulation of the Avian Genome.* Edited by R.J. Etches and A.M. Verrinder Gibbins. CRC Press, Boca Raton Florida.

Etches, R.J. (1990). The ovulatory cycle of the hen. *Critical Reviews of Poultry Biology* 2, 293-318.

Etches, R.J. (1993). Reproduction in poultry. In: *Reproduction in Domesticated Animals.* Edited by G.J. King. Elsevier, Huddersfield, UK.

Hays, W.F. (1932). Hereditary and environmental factors affecting variability in egg production. *Massachussets Agricultural Experiment Station Bulletin* 289.

Hays, W.F. (1934). Characteristics of non-broody and broody lines of Rhode Island Reds. *Massachussets Agricultural Experiment Station Bulletin* 301.

Hays, W.F. & Sanborn, R. (1934). Breeding for egg production. *Massachussets Agricultural Experiment Station Bulletin* 307.

Jull, M.A. (1940). *Poultry Breeding,* 2nd edn. John Wiley & Sons, London, p. 294.

Meatfacts (1988). Trade magazine.

Petrov, S.G. (1935). Analysis of the development of high and low lines of Leghorns at Cornell. *Poultry Science* 14, 330-339.

Shoup, C.R. (1921). The second Washington egg laying contest. *Poultry Science* 1, 136-142.

Zander, D., Lerner, I.M. & Taylor, L.W. (1942). The decline in annual egg production with age. *Poultry Science* 21, 455-461.

2

EL HUEVO

2.1 Introducción

El huevo es un recipiente biológico que contiene los materiales orgánicos e inorgánicos para la propagación de las especies. El material envolvente es la cáscara y los diferentes aminoácidos, lípidos, minerales y vitaminas, necesarios para el crecimiento del embrión a partir del zigoto, están almacenados en la yema y la clara. La cáscara del huevo es permeable a los gases y esta propiedad determina la forma en la que se deben de conservar los huevos, antes de consumirse, como deben ser manejados para mantener la incubabilidad y como deben ser las especificaciones del diseño de las incubadoras.

2.2 Macroestructura del huevo

En la Figura 2.1 se indica la disposición de los diferentes componentes de la cáscara y sus contenidos y en la Tabla 2.1 se incluye la composición proporcional de los huevos de diferentes especies. En todas las aves, la yema representa el 32-35% del huevo, la clara (albumen) el 52-58% y el resto, 9-14%, corresponde a la cáscara y sus membranas.

En la Figura 2.2 se ilustra la geometría de un huevo estándar de gallina. En la práctica estas dimensiones son de considerable importancia ya que el consumidor prefiere un producto tradicional y, por otra parte, el desarrollo embrionario no es factible en huevos deformes. El volumen del huevo *(V)* se puede calcular a partir de su longitud *(L)* y anchura *(B)*, utilizando la fórmula que determina el volumen de una esfera.

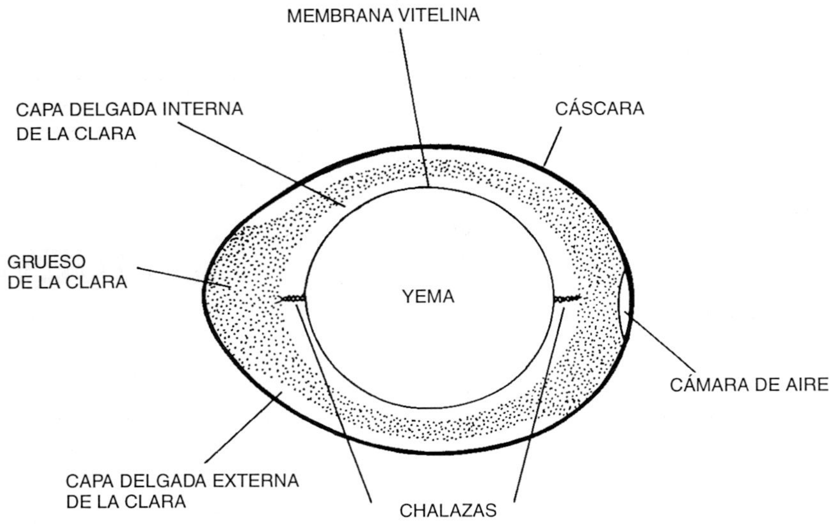

Figura 2.1 Sección longitudinal del huevo de gallina mostrando la estructura de la cáscara, la clara y la yema.

$$V = k\pi LB^2/6$$

donde *k,* se ha estimado que es tan bajo como 0,85 y tan alto como 0,99. El volumen también puede ser calculado a partir del peso del huevo *(W)* utilizando la siguiente ecuación:

$$V = 0{,}913\ W$$

El área de la superficie de los huevos *(S)* puede, igualmente, estimarse utilizando la longitud y anchura según la fórmula:

$$S = k\ (\pi LB^2/6)^{0{,}67}$$

donde *k* se ha estimado estar comprendido entre 4,63 y 5,07. El área también se puede conocer a partir del peso del huevo utilizando la ecuación:

$$S = kW^{0{,}67}$$

donde *k* es 4,558. En la Tabla 2.2 se incluyen las dimensiones estándar de los huevos de diferentes especies de aves comunes.

2.3 Microestructura y composición química del huevo

Cáscara

La cáscara está compuesta de varias capas que funcionan conjuntamente como una unidad única para definir el límite del crecimiento embrionario,

Tabla 2.1 Composición proporcional de los huevos procedentes de varias especies de aves. Datos de Romanoff y Romanoff (1988).

		Composición proporcional (%)		
Especie	*Peso del huevo (g)*	*Clara*	*Yema*	*Cáscara*
Gallina	58	56	32	12
Pavo	85	53	33	14
Gallina de Guinea (pintada)	40	52	35	13
Faisán	32	53	35	12
Codorniz japonesa	9	58	33	9
Ganso	155	56	32	12
Pato pekinés	92	57	33	10
Pato moscovita	80	53	35	12

sirve de pulmón durante el desarrollo del embrión e impide la entrada de microorganismos al interior del huevo. En la Figura 2.3 se ilustran, esquemáticamente los componentes de la cáscara y en las Figuras 2.4 y 2.5 se presenta, en sección trasversal, una micrografía electrónica.

La parte más interna de la membrana interior de la cáscara está en íntimo contacto con la clara, en el huevo sin fertilizar y con la corioalantoides, durante los últimos estadios del desarrollo embrionario. Presumiblemente, esta interfase sirve de barrera a la entrada de microorganismos. Al microscopio

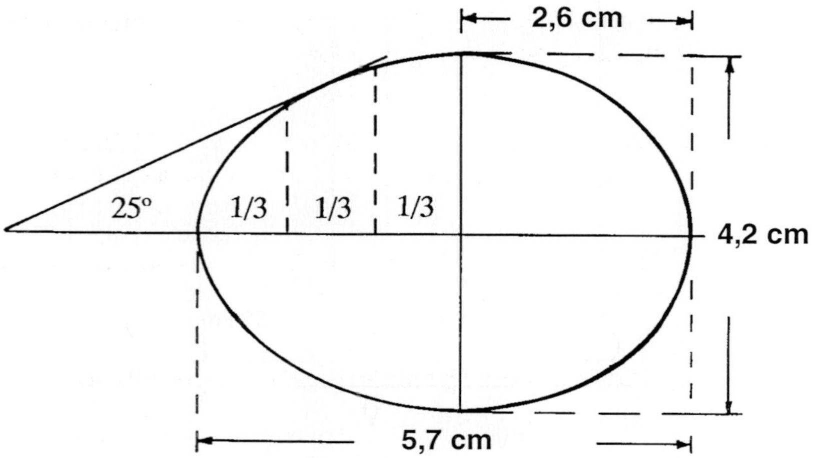

Figura 2.2 Dimensiones y geometría del huevo de gallina mostrando la forma preferida por el mercado. Datos de Romanoff y Romanoff (1949).

Tabla 2.2 Longitud y anchura de una variedad de especies comunes de aves y estimación correspondiente de volumen y superficie, utilizando aquellas dimensiones en ecuaciones para su aplicación en esferoides.

			Área de la superficie (cm^2)		*Volumen (cm^3)*	
Especie	*Longitud (cm)*	*Anchura (cm)*	*k = 4,63*	*k = 5,07*	*k = 0,85*	*k = 0,99*
Gallina	5,7	4,2	65,0	71,2	44,7	52,1
Pavo	6,6	4,8	85,7	93,8	67,7	78,8
Gallina de Guinea (pintada)	4,9	3,7	49,7	54,4	29,9	34,8
Faisán	4,4	3,5	42,9	47,0	24,0	27,9
Codorniz japonesa	3,2	2,4	21,0	23,0	8,2	9,6
Ganso	8,7	6,1	141,8	155,3	144,1	167,8
Pato pekinés	6,6	4,8	85,7	93,8	67,7	78,8
Pato moscovita	6,2	4,5	75,4	82,6	55,9	65,1

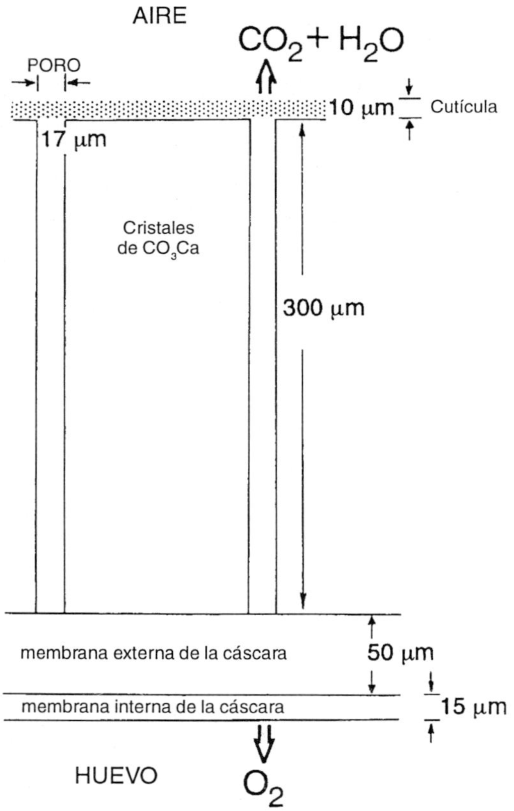

Figura 2.3 Representación diagramática de la estructura anatómica de la cáscara del huevo, ilustrando el flujo de gases a través de los poros.

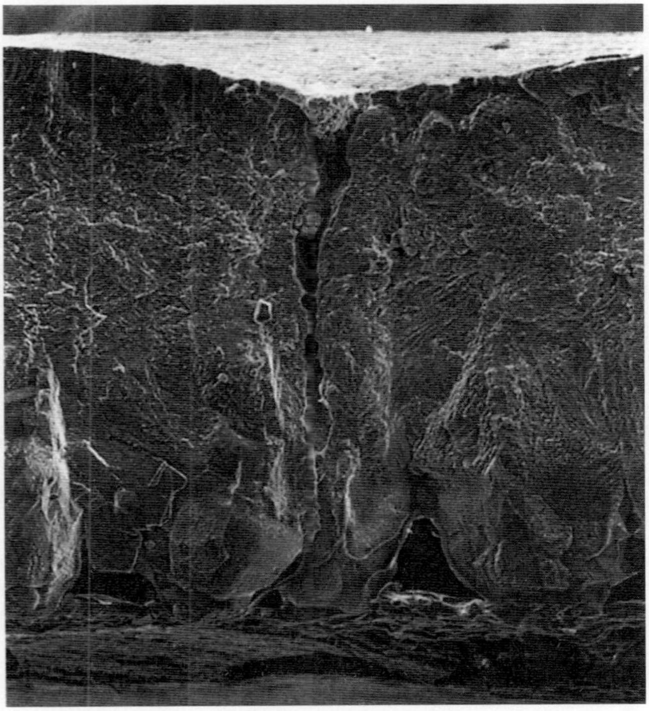

Figura 2.4 Micrografía electrónica de la cáscara del huevo mostrando la cutícula, cristales de carbonato cálcico, sus anclajes a las fibras de la membrana de la cáscara y un poro que atraviesa la cáscara ampliado, aproximadamente, 200 veces. Foto cortesía de J. M. Watt.

electrónico, aparece como una lámina, no fibrosa, de 5-15 nm de ancho (Fig. 2.5). La parte más externa de esta membrana está apuesta a la membrana más externa de la cáscara, excepto en la región de la cámara de aire. Las dos membranas muestran un entretejido de fibras que asientan paralelas a la superficie del huevo (Fig. 2.5). Cada una de esas fibras está compuesta de un núcleo proteico rodeado de una capa de glucoproteínas (Fig. 2.6). El diámetro del núcleo en las membranas interna y externa de la cáscara, es de 0,53 y 0,80 nm, respectivamente, mientras que el grosor de la capa es de 0,13 nm, en ambas capas de la membrana. La superficie más interna de la membrana interior, parece estar formada por el mismo material que la capa fibrosa y es la única área de la membrana de la cáscara que resiste el paso de microorganismos al interior del huevo. Las fibras más largas de la parte más externa de la membrana, son más gruesas que las fibras internas de la capa interior de la membrana.

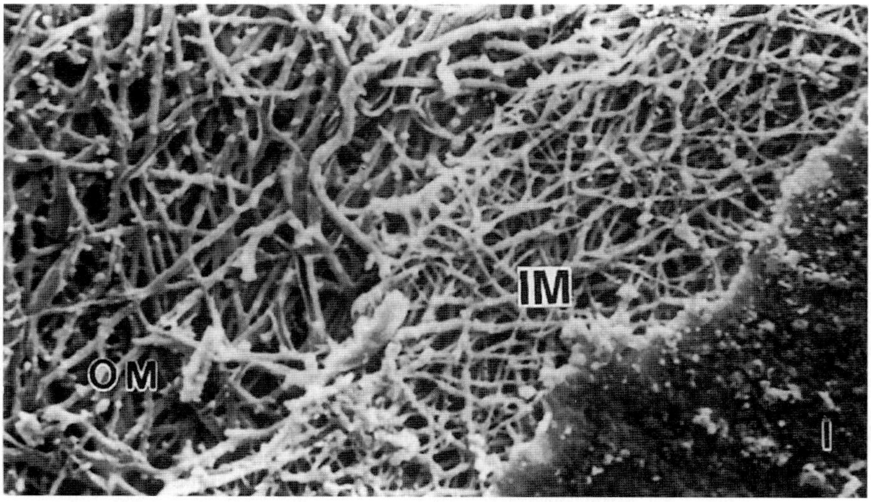

Figura 2.5 Micrografía electrónica que muestra la superficie interna de la membrana más interior de la cáscara (I) y las fibras entrelazadas de las capas interna (IM) y externa (OM) de la membrana de la cáscara del huevo de gallina, ampliado unas 300 veces. Foto cortesía de J. M. Watt.

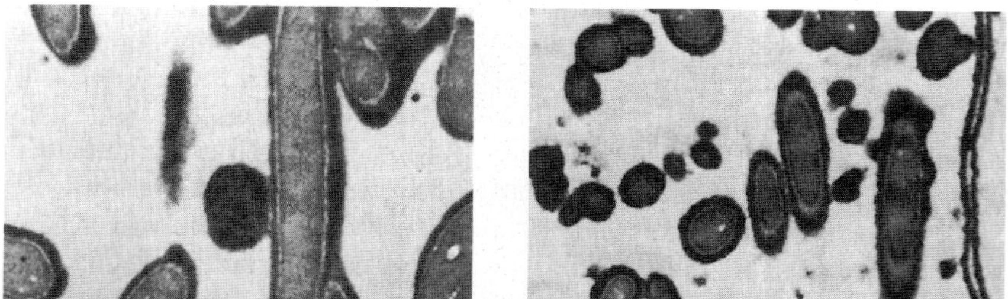

Figura 2.6 Micrografías electrónicas que muestran las fibras de las membranas más externa (izquierda) e interna (derecha), de la cáscara del huevo. Cada fibra tiene un núcleo interior prominente cubierto por una capa de glucoproteínas. Los núcleos de las fibras de la membrana más externa son más gruesos que los de la interna, aunque todas las fibras tienen una capa de igual grosor. Datos de Tung & Richards (1972). Escala, barra = 5 μm.

Las fibras de la membrana más externa de la cáscara están incorporadas dentro de ella en las zonas llamadas mamilares, que sirven como lugares de nucleación para el crecimiento de los cristales, hexágono-romboideos, de carbonato cálcico (Fig. 2.7). A medida que aumenta la calcificación crecen los cristales hasta una altura de, aproximadamente, 300 µm. En la mayoría de las zonas de la cáscara, los cristales de calcita están íntimamente unidos entre sí, aunque cada cáscara contiene unos 10.000 poros, que proporcionan el intercambio de gases entre el embrión y el aire ambiental. El diámetro promedio de estos poros es de 17 µm y, colectivamente, representan el 0,034% de la superficie de la cáscara. Durante el desarrollo embrionario, a través de estos poros penetran unos 4,6 litros de oxígeno y abandonan el interior unos 3,9 litros de dióxido de carbono. En un huevo fertilizado conservado en un ambiente con el 50% de humedad, la salida de vapor de agua diario a través de los poros es de unos 400 mg.

Los cristales de carbonato cálcico contienen, aproximadamente, el 2% de materia orgánica y cantidades traza de magnesio y fósforo. La función de la materia orgánica no ha sido determinada, aunque, al menos, se han identificado dos proteínas –anhidrasa carbónica y ovocalcina– que intervienen en la deposición del calcio. También se han identificado en la cáscara, glúcidos libres y unidos a proteínas, pero su función es desconocida.

Figura 2.7 Micrografía electrónica de la superficie interior de la cáscara del huevo. Se han retirado las fibras de la membrana más externa para poder mostrar la unión de los cristales de calcita a la matriz orgánica en los núcleos mamilares. Las flechas indican los lugares de penetración de la fibra. Datos de Solomon (1983).

La capa más externa de la cáscara es una cutícula glucoproteica de unos 10 μm de profundidad que se deposita sobre la superficie externa de los cristales de calcita. Aunque se cree que tiene por misión impedir la entrada de microorganismos, la prueba definitiva de su función está por llegar. Los huevos a los que se ha quitado la cutícula, lavándolos, normalmente se incuban, con lo que está claro que la cutícula intacta no es absolutamente necesaria, aunque puede decrecer la susceptibilidad del huevo a la invasión de los microorganismos, en un ambiente moderadamente contaminado.

Desde el punto de vista de la ingeniería, es importante la resistencia de la cáscara del huevo. Cuando se aplica presión al interior de la cáscara, se precisan más de 6.900 Pa (100 libras/pulgada^2) para que la cáscara explote (Fig. 2.8). Por tanto, la cáscara de un huevo normal es más resistente a este estrés que un neumático de automóvil. Sin embargo, la cáscara no es elástica y alrededor del 12% de las cáscaras de huevos comerciales se rompen o estallan entre la oviposición y su consumo. La resistencia de la cáscara no es la misma en todas las capas (Fig. 2.9). La capa mamilar contribuye muy poco a la rigidez de la cáscara, mientras que las regiones más inferiores son las responsables del 50% de la resistencia. El otro 50% deriva de las regiones superiores, en las que los cristales de carbonato cálcico están dispuestos en una orientación compacta y vertical y también de la cutícula (Fig. 2.9). Por ello,

Figura 2.8 Burbujas de gas emergiendo de los poros de un huevo que se ha sumergido en agua y dentro del cual se ha bombeado aire a presión. De Rahn *et al.* (1979).

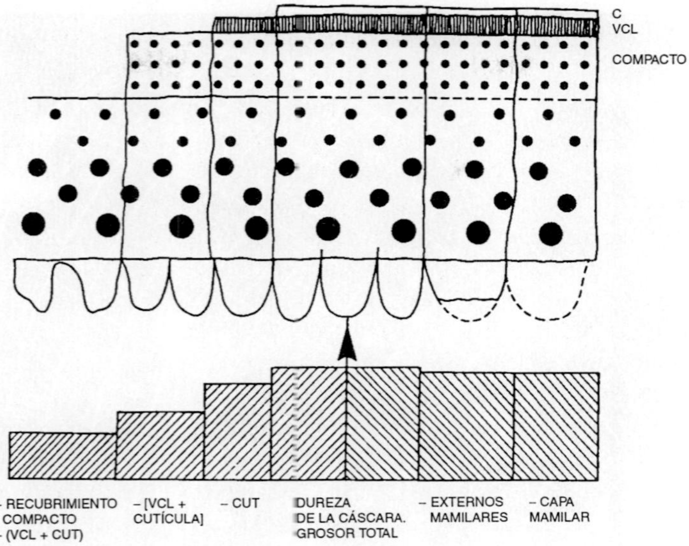

Figura 2.9 Las capas de dentro de la cáscara en la parte superior, no contribuyen de igual forma a la dureza de la cáscara como se indica en el histograma de la parte inferior de la figura. De Bain (1991).

se ha desarrollado un modelo matemático que describe la cáscara del huevo como una estructura de dos capas, una mamilar y otra de recubrimiento, junto a la cutícula (Fig. 2.10). Este modelo indica que las principales fuerzas de la cáscara son de naturaleza tensil y que las fuerzas de corte tienen un papel significativo en la generación de una resistencia de la cáscara del huevo a las cargas. Estos análisis predicen que la resistencia a la rotura de un huevo es dependiente de su capacidad para evitar las roturas por su crecimiento más que de la capacidad de la cáscara a evitar la iniciación de la rotura.

El mayor problema que se presenta al estudiar los aspectos prácticos de las lesiones de la cáscara, ha sido la incapacidad de poder desarrollar un conjunto de medidas que se relacionen correctamente con la rotura. La cantidad de calcio en la cáscara se ha considerado por su densidad y el grosor de la cáscara, así como su peso por unidad de área, parámetros éstos que se han utilizado mucho para estimar la calidad de la cáscara. Ésta también ha sido estimada midiendo la deformación de la misma bajo una masa constante y determinando la fuerza necesaria para romperla. Aunque todas estas medidas se relacionan con la resistencia de la cáscara, su capacidad única y combinada para identificar la debilidad de la cáscara del huevo es imprecisa. Por ejemplo, cuando se clasificaron las gallinas en diferentes corrales según la

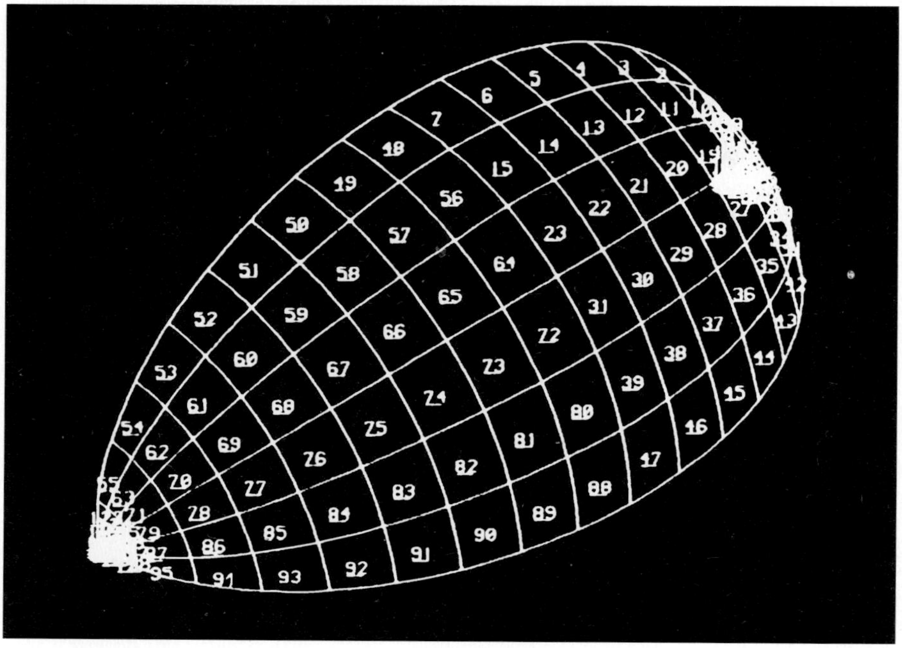

Figura 2.10 El análisis de elementos finitos implica el desarrollo de una representación tridimensional del huevo, que se subdivide en un número de elementos. Cada uno de éstos puede ser lastrado matemáticamente o se pueden cambiar sus propiedades. Esta información, junto con datos relativos al grosor y propiedades de los materiales de cada capa, se puede utilizar para determinar los efectos de los fallos y las fuerzas, dentro de cada segmento sobre la totalidad de la cáscara. Datos de Bain (1991).

calidad de las cáscaras de sus huevos, el 32-48% de los huevos de la calidad más inferior sufrieron lesiones al manejarlos y lavarlos, pero el 14-26% de los huevos de gallinas de mejor calidad también se deterioraron (Tabla 2.3). En definitiva, la búsqueda de huevos irrompibles se facilitará mediante análisis simples de laboratorio, que estén perfectamente correlacionados con la probabilidad de que la cáscara se rompa tal como sucede al empaquetarlos mecánicamente y mediante los sistemas de transporte hasta que llegan al consumidor.

La clara (albumen)

Cuando se secreta la clara o albumen dentro del aparato reproductor, es una mezcla homogénea de más de 40 diferentes proteínas, aunque sólo 7 de ellas representan el 90% de los 4 g de materia seca contenidos en la clara.

Tabla 2.3 Porcentaje de huevos lesionados durante el manejo y lavado, procedentes de gallinas que según sus previos y subsiguientes huevos fueron clasificadas en diferentes corrales según la calidad de sus cáscaras. Datos de Thompson *et al.* (1985).

	Calidad			
Estimación de la calidad de la cáscara	*1*	*2*	*3*	*4*
Peso del huevo (g)	32	28	23	26
Deformación (μm)	37	38	23	12
Resistencia a la rotura por compresión casi estática (N)	45	27	21	17
Peso de la cáscara (g)	46	26	22	19
Grosor de la cáscara (μm)	44	30	21	16
SW/SA (mg cm^{-2})	48	27	22	15
Densidad	45	33	22	14
% de cáscara	46	30	22	15
Resistencia específica (N mm^{-1})	38	29	22	21

Estas proteínas tienen funciones específicas dentro del embrión y en la Tabla 2.4 se indican las propiedades fisicoquímicas de 13 de los componentes más

Tabla 2.4 Características de las principales proteínas encontradas en la clara del huevo (modificada de Powrie & Nakai, 1986).

Proteína	*Proporción de albumen (%)*	*Peso molecular (kDa)*	*Características*
Ovoalbúmina	54	45	Inhibidor enzimático, se une al Fe, Mn, Zn, Cu y otros metales traza
Ovotransferrina	12	76	Se une a iones metálicos
Ovomucoide	11	28	Inhibe la tripsina
Ovomucina	3,5	110	Inhibe la hemoaglutinación vírica
Lisozima	3,4	14,3	Lisa algunas bacterias
Ovoglobulina G_2	ca. 4	33-49	Buen agente espumante
Ovoglobulina G_3	ca. 4	33-49	Buen agente espumante
Ovoinhibidor	1,5	49	Inhibe la serina proteasa
Cistatina	0,05	12,7	Inhibe las tioproteasas
Ovoglucoproteína	1,0	24,4	Sialoproteína
Ovoflavoproteína	0,8	32	Se une a la riboflavina
Ovomacroglobulina	0,5	760-900	Muy antigénica
Avidina	0,05	68,3	Se une a la biotina
Otras proteínas	4,2	Desconocido	–

importantes. Después de que el huevo ha recibido su cantidad de clara, se adiciona el agua con lo que se separa una masa viscosa como capa intermedia de albumen muy gruesa rodeada de dos capas, una interna y otra externa (Fig. 2.1). Estas capas, que son delgadas, contienen mayor proporción de proteínas hidrosolubles y aumentan cuando los huevos se almacenan al desintegrarse las proteínas de la capa intermedia. En el huevo fresco aproximadamente el 57% de la clara es la capa gruesa y el 17 y 23% respectivamente corresponde a las capas interna y externa. El 3% restante de las proteínas de la clara se encuentra en la capa chalacífera que rodea la yema, en estrecha aposición a la membrana vitelina. Cuando el huevo atraviesa el aparato reproductor, las proteínas semejantes a la mucina de la capa chalacífera, se entremezclan dentro de las chalazas mediante rotación espiral del huevo durante su descenso. En el huevo completado, las cahalazas entrecruzadas se proyectan dentro de la capa intermedia para formar como ligamentos que posicionan la yema dentro del huevo.

La humedad de la clara varía de un máximo del 89% en la capa más externa, a un mínimo de 86% en la más interna. Como la clara es el mayor reservorio de agua, para el desarrollo embrionario, es en unidades de concentración una fuente más pobre de proteínas que la yema (Tabla 2.5). Sin embargo, la mayor masa de albumen hace que este componente del huevo sea un contribuyente de igual calibre de reserva nitrogenada del embrión aviar. La clara sólo contiene trazas de lípidos y aproximadamente un tercio del contenido de minerales del huevo (Tabla 2.5). A excepción de la niacina y la riboflavina, en el albumen hay pocas vitaminas (Tabla 2.6). La mayoría de los minerales se encuentran inequívocamente distribuidos entre la clara y la yema; cinco de los elementos más comunes están en mayor abundancia en la clara, mientras que siete lo están en la yema (Tabla 2.7).

Las proteínas de la clara han llamado mucho la atención de los biólogos moleculares porque la mayoría de sus componentes, únicamente son producidos por la gallina ponedora. Su producción se puede inducir tanto *in vivo* como *in vitro* mediante la exposición a estrógenos y/o progesterona y, por tanto, los mecanismos celulares que conducen la señal hormonal para iniciar la producción de estas proteínas sirven como excelentes modelos para el estudio de la acción de los genes. Como parte integral de estos estudios, se han determinado los aminoácidos y las correspondientes secuencias de muchas de estas proteínas. Además, se ha podido estudiar la estructura molecular de las proteínas del albumen y las secuencias que codifican su DNA y poder entender así las bases moleculares de las propiedades antibacterianas y fisicoquímicas de la clara desde el punto de vista de sus aplicaciones industriales. A excepción del ovoinhibidor y la ovoglucoproteína, se ha podido determinar la composición de aminoácidos de todas las proteínas de la clara que se incluyen en la Tabla 2.4. Para la ovoalbúmina, ovotransferrina,

Tabla 2.5 Proporción y contenido de lípidos, proteína, glúcidos, cenizas, agua y energía en la clara, yema, parte edible y cáscara, del huevo. Datos de Romanoff & Romanoff (1949) y Burley & Vadehra (1989). El tamaño y composición del huevo se ha tomado de la Tabla 2.1.

	Clara	*Yema*	*Parte edible*	*Membranas y cáscara*
Proteína				
(g por 100 g)	9,4-10,9	16,0-16,4	12,0-12,9	6,4
(g por huevo)	3,1-3,5	3,0-3,1	6,1-6,6	0,45
Lípidos				
(g por 100 g)	Trazas	30,6-34,1	11,5-12,3	Trazas
(g por huevo)	Trazas	5,7-6,3	5,7-6,3	Trazas
Glúcidos				
(g por 100 g)	0,8	0,6-0,7	0,7-0,9	Trazas
(g por huevo)	0,3	0,11-0,13	0,14-0,17	Trazas
Sólidos				
(g por 100 g)	10,7-12,4	48,9-50,8	24,7-26,3	98,4
(g por huevo)	3,5-4,0	9,1-9,4	12,9-13,4	
Agua				
(g por 100 g)	87,6-89,3	49,2-50,1	73,7-75,3	–
(g por huevo)	28,4-29,0	9,1-9,3	37,6-38,4	
Cenizas				
(g por 100 g)	0,6-0,7	1,7	1,0	92,0
(g por huevo)	0,22-0,23	0,3	0,52	6,4
Energía				
(kcal por 100 g)	41-51	348-378	174-196	–
(kcal por huevo)	24-30	65-70	88-100	–

ovomucoide, lisozima, cistatina, ovoflavoproteína y avidina se ha determinado la secuencia de aminoácidos y sus correspondientes secuencias del mRNA y DNA. Se han propuesto estructuras tridimensionales para lisozima, ovoalbúmina y ovotransferrina y también disponemos de datos preliminares relacionados con la forma de la cistatina y de la avidina.

La yema

El núcleo del ovum está compuesto de yema blanca que se acumula lentamente desde la eclosión hasta que el folículo se recluta dentro de la yema amarilla jerarquizada, cinco a siete días antes de la ovulación (véase Sección 6.4). La estructura de la yema blanca no está bien entendida puesto que es muy difícil separarla de la yema amarilla. El análisis del contenido de pequeños folículos no jerarquizados, ha revelado que la yema blanca contiene menos proteínas y lípidos y más agua que la yema amarilla de los grandes folículos preovulatorios (Tabla 2.8). La yema amarilla se deposita en capas concéntricas,

Tabla 2.6 Contenido de vitaminas en la clara y la yema expresadas como valores absolutos y como proporciones de la reserva total del huevo. Datos de Cook y Briggs (1986).

		Clara		*Yema*	
Nutriente	*Unidades*	*Contenido*	*% de la reserva*	*Contenido*	*% de la reserva*
Vitamina A	IU	–	–	260	100
Vitamina D	IU	–	–	27	100
Vitamina E	mg	–	–	87	100
Vitamina B_{12}	μg	–	–	48	100
Biotina	μg	258	24	835	76
Colina	mg	–	–	238	100
Ácido fólico	ng	6	19	26	81
Inositol	mg	1,5	26	4,4	74
Niacina	ng	35	78	10	22
Piridoxina	ng	8	12	57	87
Riboflavina	ng	110	61	70	39
Tiamina	ng	4	8	48	92
Ácido pantoténico	ng	90	11	730	89

Tabla 2.7 Contenido de minerales de la clara y la yema expresados como valores absolutos y como proporciones de la reserva total del huevo. Datos de Cook & Briggs (1986).

		Clara		*Yema*	
Nutriente	*Unidades*	*Contenido*	*% de la reserva*	*Contenido*	*% de la reserva*
Azufre	mg	62	69	28	31
Calcio	mg	4	13	25	87
Cinc	ng	50	7	660	93
Cloro	mg	66	70	29	30
Cobre	ng	9	27	24	73
Fósforo	mg	8	7	102	93
Hierro	mg	0,1	10	1,0	90
Magnesio	mg	4,2	66	2,2	34
Manganeso	ng	2	10	21	90
Potasio	mg	57	77	17	23
Sodio	mg	63	88	9	12
Yodo	ng	1	4	24	96

Tabla 2.8 Comparación de la composición de la yema de los folículos blancos no jerarquizados y la de los folículos amarillos preovulatorios. Datos de Spohn & Riddle (1916).

Componente	*Folículos blancos no jerarquizados (3-6,5 mm)*	*Grandes folículos preovulatorios*
Agua (%)	87	45
Proteína (%)	5	15
Lípidos (%)	4	37
Cenizas (%)	0,6	0,4

alrededor de ese núcleo (Fig. 2.11). A medida que se depositan sucesivas capas, los pronúcleos femeninos se enlazan a la superficie de la yema sobre una columna de yema blanca que está contigua al núcleo.

Membrana de la yema

La yema está rodeada de cuatro capas concéntricas que juntas forman la membrana de la yema (Fig. 2.12); las dos capas más externas derivan del oviducto y las otras más internas del ovario. Al microscopio electrónico, la

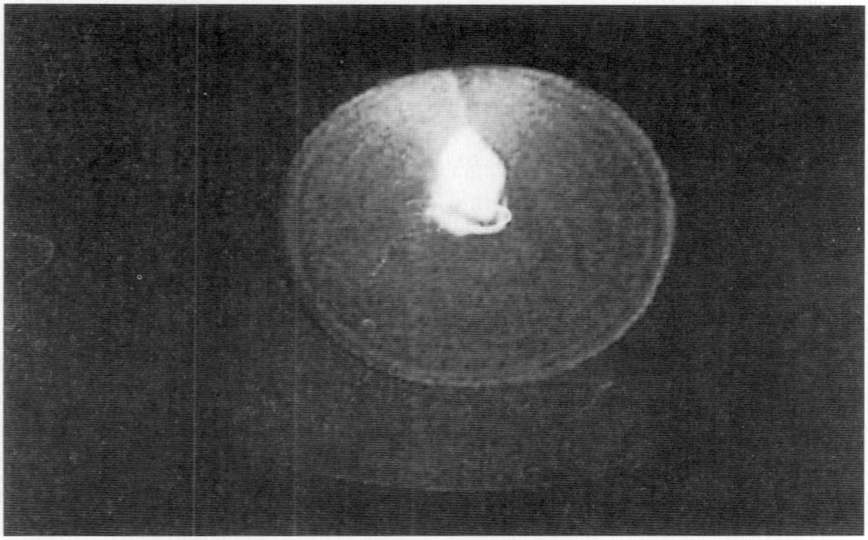

Figura 2.11 Una imagen por resonancia magnética nuclear de un huevo demostrando las capas concéntricas de la yema amarilla depositadas alrededor de un núcleo de yema blanca. Datos de Hutchison *et al.* (1992).

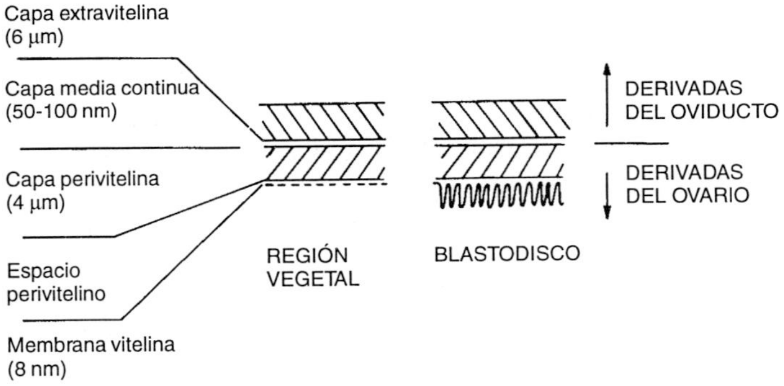

Figura 2.12 Representación diagramática de la arquitectura de la membrana de la yema. Estas cuatro estructuras funcionan como unidad única y normalmente se consideran como membrana de la yema, aunque las tres capas más externas están realmente cubriendo la membrana vitelina.

membrana más interna que rodea a la yema aparece como una estructura trilaminar y por ello se considera una bicapa fosfolipídica. En la mayoría de las áreas de la yema, esta membrana vitelina tiene un grosor de 8 nm y está firmemente apuesta a la capa perivitelina aunque en algunas zonas de la yema distante del blastodisco (por ej., la región vegetal), la membrana perivitelina se encuentra perforada. En la región del blastodisco, la membrana vitelina está densamente poblada de microvellosidades que se proyectan dentro del espacio perivitelino que separa la capa perivitelina de la membrana vitelina. Algunas de estas proyecciones procedentes de la membrana vitelina, se pueden protuir a través de la capa perivitelina y constituir los lugares de unión del esperma durante la fertilización. Como después de la fertilización se presentan las primeras divisiones nucleares, la membrana vitelina forma el límite de los blastómeros recién formados. La membrana vitelina está rodeada por la capa del mismo nombre que está compuesta de una red de fibras interconectadas. Esta capa de unos 4 μm, parece ser que está secretada por las células de la granulosa en el folículo en desarrollo. La capa intermedia continua y la extravitelina están producidas secuencialmente por el oviducto y depositadas sobre la capa perivitelina, inmediatamente después de quedar sumergido el ovum. La capa intermedia está formada por una sustancia amorfa con un grosor de aproximadamente 50-100 nm, mientras que la capa extravitelina está integrada por fibras entretejidas que se depositan en capas concéntricas alrededor del ovum. La capa más externa es la más gruesa de todos los componentes de la membrana de la yema, mide 6 μm de ancha.

El blastodisco

En el huevo no fertilizado, los cromosomas maternos se encuentran unidos en una zona denominada blastodisco. Se puede ver macroscópicamente en un huevo con diámetro de unos 3,5 mm y se distingue como un punto blanco sobre el fondo amarillo de la yema. Al corte, el blastodisco flota sobre la columna de la yema blanca que termina en el núcleo de Pander (Fig. 2.13). Presumiblemente, los pronúcleos femeninos y los zigotos recién fertilizados están rodeados por un líquido que recuerda mucho los líquidos fisiológicos, cargados de lípidos de la yema amarilla. En la Figura 2.13 se muestran las estructuras que forman el blastodisco de un huevo no fertilizado.

En un huevo recién fertilizado, la región en la que estaba el blastodisco está ocupada ahora por un embrión que contiene 30.000-40.000 células llamado blastodermo cuyo diámetro es de aproximadamente 4,4 mm (Fig. 2.14). El núcleo de Pander está separado del embrión por una capa de líquido subgerminal que soporta la zona pelúcida transparente, en el centro del embrión. Esta región se encuentra rodeada por una zona opaca cuyas células están en contacto con las esferas de la yema en la periferia del blastodermo.

Las esferas de la yema

La yema amarilla de un huevo está formada por esferas poligonales estrechamente unidas con un diámetro de aproximadamente 140 μm (Fig. 2.15).

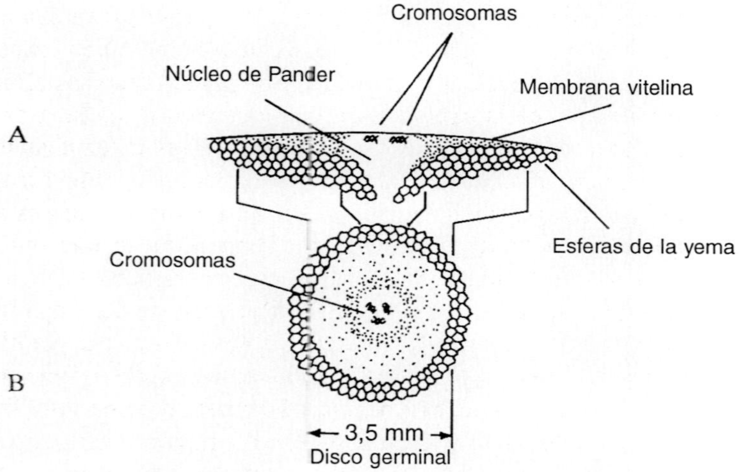

Figura 2.13 Estructura del blastodisco no fertilizado ilustrado (**A**) como un corte a nivel de los pronúcleos femeninos perpendicular a la superficie de la yema y (**B**) como una superficie vista desde la yema. Datos de Romanoff & Romanoff (1949).

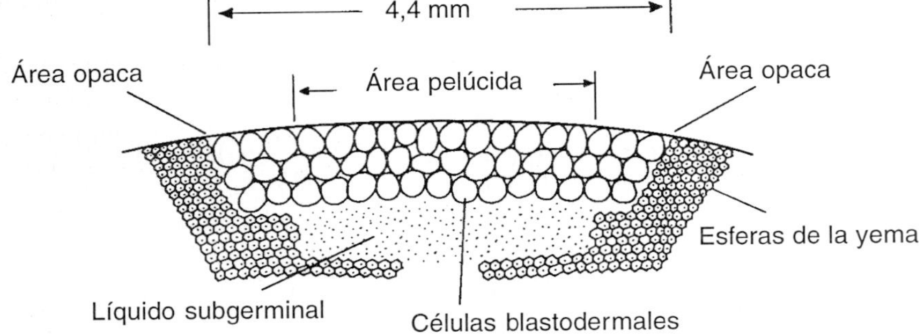

Figura 2.14 Estructura de un embrión en el momento de formarse, ilustrado como un corte perpendicular a la superficie de la yema. En ese momento el embrión contiene 30.000-60.000 células y normalmente se le conoce con el nombre de embrión en estadio X. Datos de Eyal-Giladi & Kochav (1976).

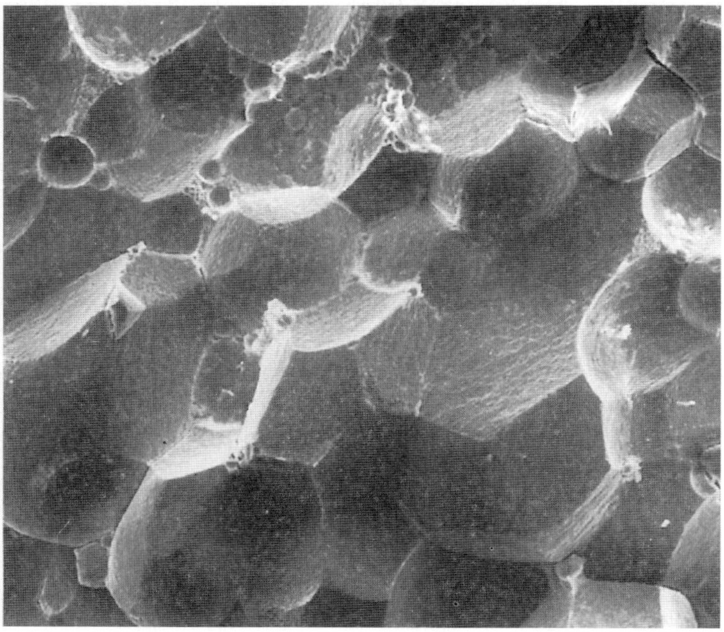

Figura 2.15 Estructura poligonal revelada por microscopía electrónica de la yema de un huevo congelado aumentada unas 230 veces. Datos de L. K. Ferrier (sin publicar).

Estas esferas unidas por una membrana trilaminar de 7 nm, contienen las proteínas y lípidos en subgotitas, partículas de cuerpos lamelares y una fase acuosa dispersa (Fig. 2.16).

Las subgotitas que tienen un diámetro de 100-2.500 nm contienen casi el 25% de las proteínas de la yema en forma de dos fosvitinas y dos lipovitelinas. Estas cuatro moléculas se sintetizan en el hígado, siendo la molécula precursora la vitelogenina que se transporta al ovario por el sistema vascular y se deposita en los oocitos que van creciendo por endocitosis mediada por receptor. Cuando la vitelogenina penetra en el ovum se degrada en fosvitina y lipovitelina (consúltense las págs. 146-148). Las fosvitinas aparecen como gránulos de 11 nm, dentro de las subgotitas y representan el 80% del fósforo unido a las proteínas dentro de la yema. La serina por su parte, representa el 54% de estas proteínas no usuales y el 90-95% de los residuos de serina están fosforilados. Las dos fosvitinas tienen un peso molecular de 28.000 y 34.000.

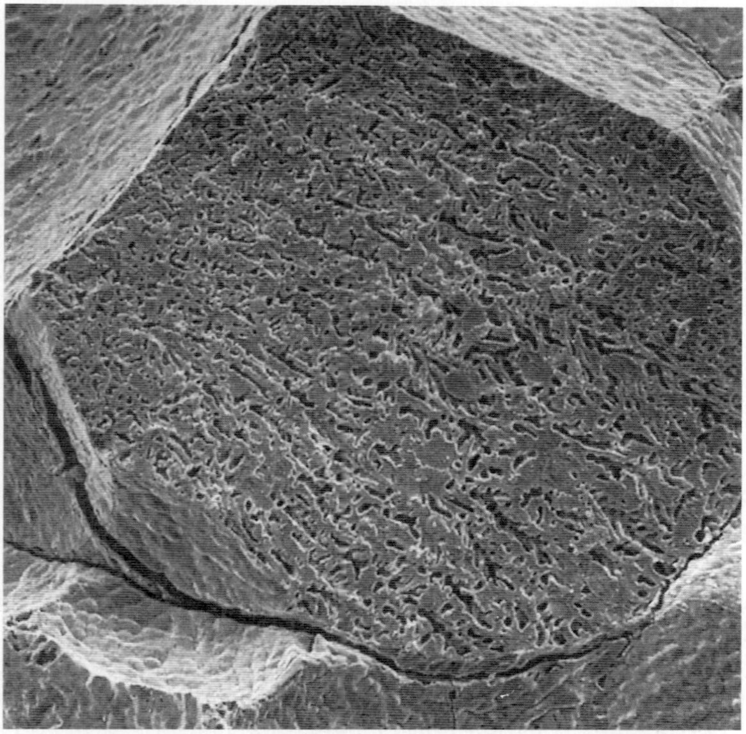

Figura 2.16 Estructura interna de una esfera de la yema revelada por microscopía electrónica y aumentada aproximadamente 1.660 veces. La fase acuosa ha sido sublimada y aparece como bolsitas dispersas en la fase lipídica. Datos de L. K. Ferrier (sin publicar).

La molécula mayor tiene una cadena lateral de glúcidos y ambas especies moleculares se unen al calcio, magnesio y hierro. Alrededor del 75% de la proteína de la subgotita es α y β-lipovitelina. Estas moléculas contienen aproximadamente 15-20% de lípidos y un peso molecular de 400.000.

Las partículas contienen alrededor del 65% de los sólidos de la yema y el 95% de los lípidos de ésta. Estas estructuras poseen un diámetro de 27 nm y contienen las lipoproteínas de muy baja densidad (VLDLs). Éstas son las macromoléculas mayores de la yema, con un peso molecular entre los 3 y los 10 millones de daltons aunque solamente contienen el 12% de material proteico. Además de su localización en partículas, estas moléculas ricas en lípidos, probablemente también existen en una forma semejante a una membrana dentro de las esferas de la yema como cuerpos lamelares, cuyo diámetro varía entre 100 y 200 nm.

Las apoproteínas del plasma que se incorporan a las VLDLs se transfieren por endocitosis mediada por receptor dentro de la yema y en algunos casos se modifican durante o inmediatamente después de su transferencia. Una de las mayores apoproteínas, apo-VLDL-II se transfiere sin cambio alguno y es idéntica a la apovitelina I del plasma. Por el contrario, el constituyente de las VLDL plasmáticas apoproteína-B, es degradado a su entrada en la yema a las apoproteínas III, IV, V y VI.

La fase acuosa contiene aproximadamente el 10% de los sólidos de la yema, la mayor parte son proteínas conteniendo solamente trazas de lípidos. Las principales proteínas son las del plasma: albúmina, α_2-glucoproteína y la inmunoglobulina IgG. Esta última confiere inmunidad maternal al embrión en desarrollo. Las moléculas específicas de IgG tales como las que surgen contra los virus de la bronquitis infecciosa, son dirigidas hacia el interior del huevo de forma rutinaria con lo que se pueden inmunizar gallineros grandes contra patógenos específicos. Las proteínas menores de la fase acuosa están formadas por las portadoras de moléculas para vitaminas.

2.4 Factores que intervienen en el tamaño y composición del huevo

El tamaño y composición del huevo dependen del estatus nutricional, peso y edad de la gallina, de su topografía genética y el programa de iluminación al que esté sometida. El peso del huevo es una característica muy heredable con lo que se puede manipular fácilmente mediante selección genética, aunque la correlación genética con el índice de puesta sea negativo. La heredabilidad estimada para este rasgo varía entre 0,45 y 0,85, lo que indica que al menos la mitad del control del peso del huevo está determinada genéticamente. En la práctica, el objetivo de alcanzar un peso de 60-62 g para huevos de gallinas productoras para el mercado es relativamente fácil de conseguir para cualquier compañía avícola. El control genético del peso del huevo está relacionado muy estrechamente al peso del animal, con lo que la selección de huevos de mayor peso tienden a producir gallinas grandes y viceversa. Sin embargo, hay que mantener cierta cautela al aplicar la idea de que las gallinas grandes producen huevos gordos y que las gallinas pequeñas los producen pequeños. Aunque este axioma es útil cuando se describen las relaciones entre peso del huevo y peso corporal dentro de una raza definida, no es válido cuando la comparación se hace con contingentes distintos. Por ejemplo, ninguna Plymouth Rock de 3 kg ni ninguna Jersey negra gigante de 4 kg producen huevos mayores que la Leghorn blanca comercial de 2 kg. Por otra parte, las gallinitas de Bantam que pesan 500-700 g, producen huevos que son sustancialmente, más pequeños que los normales pues pesan 35-45 g. Las gallinas que producen broilers comerciales cuya propensión al crecimiento es considerablemente mayor que las productoras de razas ponedoras, producen un huevo que tiene aproximadamente el mismo tamaño, independientemente de la diferencia de masa corporal que es de unos 800-1.000 g.

La edad es un determinante principal del tamaño del huevo en todas las aves. Cuando comienza la puesta el peso del huevo es mucho menor que en las siguientes semanas (Fig. 2.17). Dentro de la industria avícola, la aparición de la puesta se retrasa a menudo mediante la restricción de nutrientes y/o exponiendo a los animales a unos programas de iluminación carentes de fotoestimulación, con el fin de evitar la producción de huevos pequeños que no son adecuados para el comercio. El aumento de peso del huevo, con la edad, es el resultado del aumento de peso de la yema, la clara y la cáscara, aunque estos incrementos no sean proporcionales (Fig. 2.17). El aumento de la secreción de carbonato cálcico con la edad es insuficiente para poder explicar el correspondiente incremento del tamaño del huevo y consecuentemente el grosor de la cáscara disminuye. En los criaderos de gallinas este cambio fisiológico se manifiesta como una seria dificultad para mantener la calidad de la cáscara al final del primer año de puesta. Si las gallinas mudan y retornan a la puesta para un segundo ciclo de producción, el promedio del incremento del tamaño del huevo será del orden del 10% mayor con respecto a la media del primer año. Sin embargo, el promedio del tamaño del huevo no se tiene en cuenta debido a que la diferencia se debe principalmente a que en el segundo ciclo no se producen huevos pequeños (Fig. 2.18).

Cuando las necesidades de energía para mantenimiento, actividad y producción de huevos se satisfagan por fuentes no proteicas de la dieta, la cantidad de ésta que ingiera una gallina influirá en el tamaño del huevo. En estas condiciones, el tamaño del huevo puede variar 2-4 g, cuando el contenido de proteína de la dieta varíe entre 12 y 19% (Tabla 2.9). Como la metionina es el

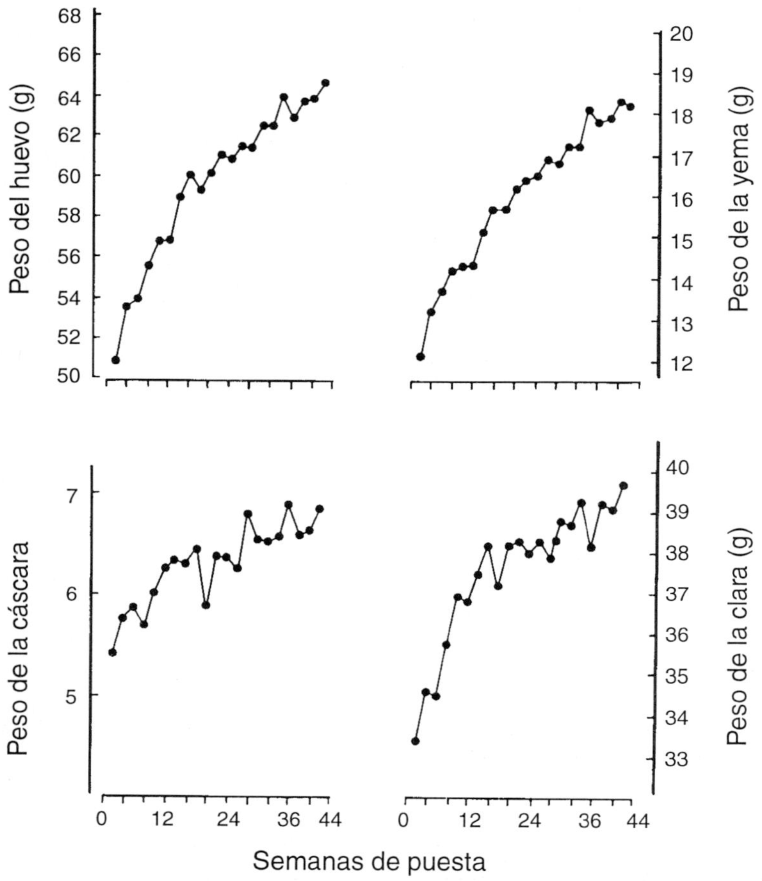

Figura 2.17 Cambios del peso del huevo, peso de la yema, peso de la cáscara y peso de la clara, durante las primeras 44 semanas de puesta en pollitas Leghorn blanca. Datos de Mac Gregor (1979).

aminoácido limitante de la dieta, el tamaño del huevo también se puede ver afectado por el contenido de este aminoácido en la dieta. En la Tabla 2.10 se incluye un ejemplo del efecto de la ingestión de metionina sobre el tamaño del huevo. De igual forma, la ingestión de ácido linoleico puede alterar el tamaño del huevo tanto como 2 g (Tabla 2.11). Los efectos de los cambios de dieta sobre el tamaño del huevo se evidencian mediante diferentes mecanismos fisiológicos; los cambios del contenido de proteína o aminoácidos afecta principalmente a la deposición del albumen, mientras que los cambios en el consumo de ácido linoleico alteran la formación de la yema.

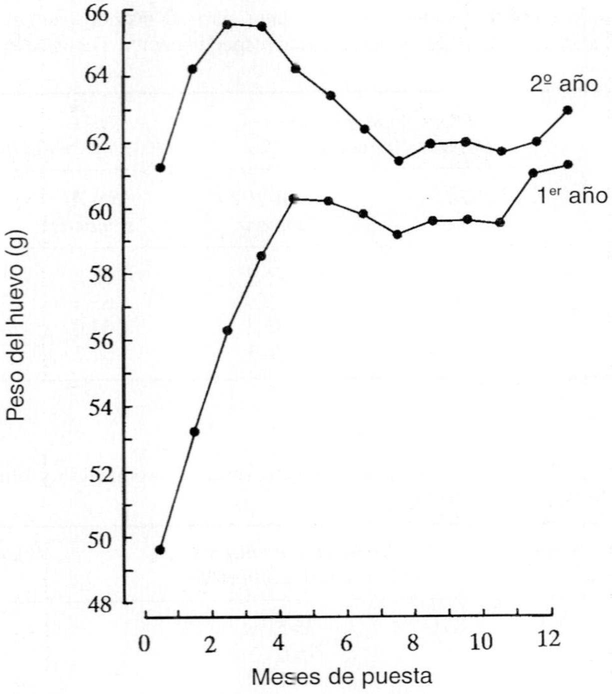

Figura 2.18 Cambios del peso del huevo durante el primer y segundo ciclo de puesta en Leghorn blanca. Datos de Tukker (1930).

Como quiera que la ingestión diaria de algunos componentes de la dieta pueden afectar al peso del huevo, no es sorprendente el que las causas que produzcan una disminución de ingestión ocasionarán también una reducción del tamaño del huevo. El factor más común encontrado por los productores

Tabla 2.9 Efecto del consumo de proteína en gallinas que ingieran aproximadamente 100 g de pienso al día sobre la producción de huevos y el peso de ellos. Datos de Summers & Leeson (1985).

Consumo de proteína (g/gallina/día)	*Producción de huevos (huevos/100 gallinas/día)*	*Peso medio del huevo (g)*
11,9	60,5	55,0
14,8	75,8	57,4
17,0	74,2	58,5
18,9	74,1	59,8

Tabla 2.10 Efecto del consumo de metionina sobre la producción y peso de los huevos durante el primer y segundo ciclo de producción. Los datos para el primer y segundo ciclo se recogieron entre las 38-70 y 78-102 semanas de edad respectivamente. Datos de Petersen *et al.* (1983).

Ingestión media de metionina (mg/gallina/día)	*Producción de huevos (huevos/100 gallinas/día)*		*Peso del huevo (g)*	
	38-70 semanas	*78-102 semanas*	*38-70 semanas*	*78-102 semana*
300	80,9	75,2	63,8	66,3
285	79,3	77,6	63,1	65,5
270	81,3	76,3	62,0	64,0
255	80,2	76,3	61,2	63,9

Tabla 2.11 Efecto de la ingestión de ácido linoleico sobre la producción y tamaño de los huevos. Datos de Scragg *et al.* (1987).

Ingestión media de ácido linoleico (g/gallina/día)	*Producción de huevos (huevos/100 gallinas/día)*	*Peso del huevo (g)*
0,87	75,5	61,2
1,36	75,0	62,2
1,42	75,1	62,5
1,61	74,6	62,5
1,68	74,9	63,1
2,75	74,0	63,4

de huevos como causante tanto de la disminución del tamaño del huevo como de la ingestión de la dieta, es la alta temperatura ambiental, particularmente si está asociada a una alta humedad relativa. Es muy difícil separar los efectos de la reducción de ingesta de los relativos a la temperatura y humedad *per se,* sobre la disminución del peso de la yema y de la clara, aunque la realidad es que contribuyen casi por igual. Por otra parte, el descenso del peso de la cáscara es dependiente de los cambios del equilibrio ácido/base que se ponen de manifiesto en la gallina cuando acelera su respiración, tratando de mantener constante la temperatura del cuerpo. En estas condiciones, las concentraciones plasmáticas de bicarbonato descienden y consecuentemente se restringe la formación de cristales de CO_3Ca, en la cáscara (véase Sección 6.5).

El tamaño del huevo, también viene determinado por el intervalo entre sucesivas ovulaciones. Los ova se liberan del ovario en forma asincrónica descrita en detalle en la Sección 6.5. Brevemente, las gallinas ponen sus huevos en secuencias y el primer huevo de la secuencia lo ponen unas 2 horas después de amanecer o de conectar la iluminación. Cada siguiente huevo lo ponen un poco después, hasta que el último huevo de la secuencia lo ponen unas 10 horas después del alba o de la conexión de la iluminación. Entre cada secuencia de puesta suelen transcurrir unas 40 horas, período que incluye un día en el que no existe ovulación. Por término medio, la primera ovulación de una secuencia la forman huevos más grandes que las de las siguientes ovulaciones y las sucesivas ovulaciones proporcionan huevos más pequeños (Tabla 2.12). De igual forma, el primer huevo de una secuencia tiene la yema más grande, contiene más clara y acumula más cáscara que los siguientes (Tabla 2.12). Cuando las gallinas se exponen a ritmos de iluminación de 14L : 13O (por ej., 14 horas de luz alternando con 13 de oscuridad), 14L : 14O o 18L : 10O, se altera el momento de la ovulación de tal forma que falta un huevo en cada secuencia (véanse Secciones 6.5, 10.5 y 10.6). Esta disposición del ciclo ovulatorio se extiende también al período de formación del huevo y con ello el tamaño del huevo aumenta y mejora significativamente la calidad de la cáscara (véase Tabla 10.4). Por el contrario, el tamaño del huevo y la calidad de la cáscara se reducirán cuando las gallinas con ritmos rápidos de maduración folicular, se mantengan en programas de iluminación de 4L : 7O

Tabla 2.12 Cantidad de huevos y sus componentes puestos en diferentes tiempos de la secuencia ovulatoria. Datos de Philpott (1933).

		Peso medio de:			
Duración de la secuencia	*Posición en la secuencia*	*Huevo (g)*	*Clara (g)*	*Yema (g)*	*Cáscara (g)*
2	1	57,5	34,4	17,1	6,0
	2	54,8	32,0	17,1	5,7
3	1	59,1	35,4	17,6	6,1
	2	56,5	33,2	17,5	5,8
	3	55,8	32,7	17,3	5,8
4	1	60,6	36,2	18,0	6,4
	2	58,6	34,4	18,1	6,1
	3	58,0	34,1	17,9	6,0
	4	57,1	33,6	17,6	5,9
5	1	63,0	37,0	19,3	6,7
	2	60,9	35,2	19,2	6,5
	3	60,8	35,0	19,3	6,5
	4	58,6	34,2	18,5	5,9
	5	59,5	34,8	18,5	6,2

(véase Sección 6.5). Cualquiera de estos esquemas que no sea capaz de que la gallina reconozca las señales de «crepúsculo» o «amanecer» en su ritmo circadiano (por ej., 24L : 0O ó 4L : 4O), dirigirá el momento de la ovulación por su ritmo endógeno que normalmente es algo mayor de 24 horas. En estas condiciones, el ritmo de ovulación declina, el tamaño del huevo aumenta y la calidad de la cáscara mejora. Una descripción más completa de las interacciones entre el fotoperíodo, el ciclo ovulatorio y el huevo se puede encontrar en los Capítulos 6 y 10.

En general, la composición en contra de lo que le sucede al tamaño, es completamente resistente a la manipulación a través de la dieta de la gallina. Como las proteínas de la clara y las fosfoproteínas de la yema se depositan en el huevo con el fin de satisfacer las necesidades nutritivas del embrión, no es sorprendente que los principales componentes del huevo sean relativamente insensibles a los cambios de la dieta. Sin embargo, hay unas notables excepciones a esta norma general. En algunas gallinas, aparecen acúmulos significantes de trimetilamina en la yema que trasmite al huevo un olor a pescado. Esto se debe a la presencia de un gen codominante heredado autosómicamente que inhibe la actividad de la trimetilamino oxidasa. Cuando las gallinas afectadas reciben dietas a base de semillas de colza, harina de pescado o colina que contienen más trimetilamina que la que la gallina puede oxidar, los huevos de ellas tendrán ese olor tan desagradable. Esta situación se produce a menudo en la gallina Rhode Island roja, con lo que los criadores evitan administrar las semillas citadas que se emplean para proporcionar el color moreno de la cáscara.

La composición de ácidos grasos de los triglicéridos en las VLDLs de la yema, también se pueden modificar al administrar altas concentraciones de ácidos grasos insaturados. La incorporación a las dietas de aceites vegetales o productos oleaginosos que contengan ácidos grasos insaturados enriquecerá su concentración en el huevo a expensas de menor cantidad de saturados (Tabla 2.13). Por otro lado, la adición de ácidos grasos saturados no se reflejará en la composición del huevo.

El color de la yema del huevo se puede modificar por la dieta. La incorporación de oxicarotenoides a la dieta puede conducir a la deposición de hasta 1 mg de pigmento en la yema y producir un fuerte color naranja. Por el contrario, la exclusión de oxicarotenoides producirá una yema muy pálida. En la práctica, a la dieta de las ponedoras se suele adicionar una mezcla de gluten de maíz, alfalfa, maíz, algas u oxicarotenoides sintéticos, con el fin de conseguir la coloración de la yema que demanda el mercado. Si las gallinas reciben una dieta a base de semillas de algodón, la yema de sus huevos tendrá una coloración verde aceituna a causa del gosipol con lo que serán huevos inaceptables ya que la yema puede estar pigmentada de cualquier color al administrar en la dieta colorantes liposolubles, pero ciertos colores como el

Tabla 2.13 Influencia del lino de la dieta, que contiene altas concentraciones de ácido linoleico sobre la proporción de ácidos grasos (% del peso total) en la yema del huevo. Datos de Caston & Leeson (1990).

		Proporción del lino en la dieta (%)			
Estructura del ácido graso	*Nombre*	*0*	*10*	*20*	*30*
C16:0	Palmítico	26	27	25	23
C18:0	Esteárico	8,8	7,1	7,6	7,2
C18:1	Oleico	41	37	35	33
C18:2n – 6	Linoleico	14	15	15	17
C18:3n – 3	Linolénico	0,4	4,6	8,9	11,5

azul, rojo o verde no tienen aceptación en el mercado. Precisamente parte de nuestros conocimientos sobre la formación de la yema, se deben a la utilización de colorantes en días sucesivos y registrando los resultados en forma de círculos concéntricos en la yema del huevo.

La concentración de vitaminas liposolubles como las A, D y E, puede aumentar en el huevo al incrementarse su cantidad en la dieta (Tabla 2.14) y, en algunos casos también las hidrosolubles, como el ácido pantoténico y la biotina pueden incrementarse en proporción a la cantidad en que figuren en la dieta (Tabla 2.14). Las concentraciones de vitaminas que se transportan al huevo y que están unidas a proteínas específicas están limitadas a la capacidad de esas moléculas portadoras. De igual forma, el contenido de minerales y elementos traza en el huevo, está limitado por la capacidad de las proteínas que se unan al ion en cuestión (véase Tabla 2.4). Por ello, el contenido en el huevo, de muchas vitaminas, minerales y elementos traza puede incrementarse mediante suplementos dietéticos ya que alguna de esas cantidades puede que sean insuficientes para permitir el normal desarrollo embrionario, si bien el exceso de aquellas cantidades no podrá ser transportado al interior del huevo. En la práctica, el contenido de vitaminas, minerales y elementos traza se suele suministrar en forma de suplementos con el fin de garantizar el máximo de eclósionabilidad y la cría de pollos sanos y vigorosos.

El color de la cáscara está controlado por varios genes que regulan la deposición de pigmentos derivados del anillo de porfirina del grupo heme. Las gallinas ponedoras de huevos blancos producen cantidades normales de protoporfirina en sus glándulas cascarógenas, pero depositan muy poca cantidad de este pigmento en la cáscara. Las gallinas que ponen huevos morenos poseen diferentes alelos en varios loci que codifican la deposición de protoporfirina en las regiones más externas de la cáscara. Como solamente unos cuantos loci codifican las proteínas que se ven afectadas en las rutas metabólicas que regulan el moreno de la cáscara, esta característica es alta-

Tabla 2.14 Relaciones entre niveles dietéticos de ciertas vitaminas y sus concentraciones en el huevo. Datos de Naber (1993).

	Concentración			*Concentración*	
Vitamina	*en la dieta (unidades/kg)*	*en el huevo (unidades/g)*	*Vitamina*	*en la dieta (unidades/kg)*	*en el huevo (unidades/g)*
A[1]	2.600 IU	3,7 IU	Riboflavina[7]	7,5 mg	5,5 µg
	3.500 IU	4,2 IU		10,0 mg	6,1 µg
	4.400 IU	6,3 IU			
	11.000 IU	12,7 IU	Ácido	4,4 mg	3,6 µg
			pantoténico[8]	19,0 mg	17,3 µg
A[2]	4.000 IU	10,3 IU		42,6 mg	35,1 µg
	8.000 IU	16,9 IU			
	16.000 IU	24,0 IU	Folacina[9]	0,22 mg	350 ng
			(en yema)	0,42 mg	380 ng
D[3]	540 IU	0,9 IU		0,82 mg	880 ng
	5.400 IU	6,0 IU			
	54.000 IU	57,0 IU	Folacina[10]	0,25 mg	29 ng
			(en yema)	0,50 mg	42 ng
E[4]	100 mg	0,07 mg		0,75 mg	57 ng
	200 mg	0,12 mg		1,00 mg	116 ng
	300 mg	0,15 mg		1,25 mg	107 ng
	400 mg	0,24 mg		1,50 mg	206 ng
	600 mg	0,28 mg		2,00 mg	155 ng
	1.000 mg	0,35 mg		3,00 mg	259 ng
K[5]	1 mg[a]	54 min[b]	Biotina[11]	25 µg	180 ng
	10 mg	15 min	(en yema)	75 µg	330 ng
				150 µg	560 ng
Riboflavina[6]	2,2 mg	3,1 mg (yema)			
		1,0 µg (clara)		300 µg	770 ng
	4,4 mg	5,6 mg (yema)	Vitamina B_{12}[12]	4 µg	13 ng (yema)
		3,3 µg (clara)		8 µg	26 ng (yema)
	8,8 mg	5,7 mg (yema)		16 µg	48 ng (yema)
		3,4 µg (clara)			
			Vitamina B_{12}[13]	30 µg	41 ng
Riboflavina[7]	2,5 mg	2,4 µg		50 µg	88 ng
	3,6 mg	4,6 µg		100 µg	154 ng
	5,1 mg	5,4 µg		250 µg	221 ng

[a] Administración oral durante 10 días.
[b] Tiempo de protrombina, en pollos.
[1] Squires & Nabor (1993a); [2] Hill *et al.* (1961); [3] Bethke *et al.* (1936); [4] Dju *et al.* (1950); [5] Grimminger (1964); [6] Squires & Nabor (1993b); [7] Petersen *et al.* (1947); [8] Snell *et al.* (1941); [9] Sunde *et al.* (1950); [10] Couch & German (1950); [11] Buenrostro & Kratzer (1984); [12] Denton *et al.* (1954); [13] Squires & Nabor (1992).

mente heredable. Los huevos azules los producen las gallinas que carecen de capacidad para depositar cantidades significantes de protoporfirina, pero se distinguen por su habilidad para depositar biliverdina IXα. El gene que regula la deposición de esa biliverdina ha sido descrito y topografiado en los grupos de mayor afinidad en el genoma del pollo. Las gallinas capaces de depositar tanto protoporfirina como biliverdina IXα, ponen huevos de color verde oliva. Aunque el color de la cáscara no tiene relación con la calidad del interior del huevo, con la rigidez o el sabor y aunque la cáscara sea rechazada al usar el huevo son hechos preferenciales –huevos blancos o morenos– en ciertas regiones. Este tipo de estética que parece favorecer al huevo moreno, hacen del color de la cáscara una consideración muy importante en la selección y mercado del huevo en todo el mundo.

Bibliografía

Bain, M. (1991). A reinterpretation of eggshell strength. In: *Egg and Eggshell Quality.* Edited by S.E. Solomon. Wolfe Publishing Limited, London, pp. 131-144.

Bethke, R.M., Record, P.R., Wilder, O.H.M. & Kick, C.H. (1936). Effect of different sources of vitamin D on the laying bird. II. Storage of vitamin D in the egg and chick and mineral composition of the mature embryo. *Poultry Science* 15, 336-344.

Buenrostro, J.L. & Kratzer, F.H. (1984). Use of plasma and egg yolk biotin of White Leghorn hens to assess biotin availability from feedstuffs. *Poultry Science* 63, 1563-1570.

Burley, R.V. & Vadehra, D.V. (1989). *The Avian Egg: Chemistry and Biology.* John Wiley and Sons, New York.

Caston, L. & Leeson, S. (1990). Dietary flax and egg consumption. *Poultry Science* 69, 1617-1620.

Cook, F. & Briggs, G.M. (1986). The nutritive value of eggs. In: *Egg Science and Technology,* 3rd edn. Edited by W.J. Stadelman & O.J. Cotterill. Avi Publishing Co., Westport, Connecticut, pp. 141-163.

Couch, J.R. & German, H.L. (1950). Pteroylglutamic acid studies with the mature fowl. *Poultry Science* 29, 539-544.

Denton, C.A., Kellogg, W.L., Sizemore, J.R. & Lillie, R.J. (1954). Effect of injecting and feeding vitamin B_{12} to hens on content of the vitamin in the egg and blood. *Journal of Nutntion* 54, 571-577.

Dju, M.Y., Quaife, M.L. & Harris, P.L. (1950). Utilization of pure a, α and β tocopherols by laying hens. *Amenican Journal of Physiology* 160, 259-263.

Eyal-Giladi, H. & Kochav, S. (1976). From cleavage to primitive streak formation: a complementary normal table and a new look at the fist stages of the development of the chick. *Developmental Biology* 49, 321-337.

Grimminger, P. (1964). Effect of vitamin K nutrition of the dam on hatchability and prothrombin levels in the offspring. *Poultry Science* 43, 1289-1290.

Hill, F.W., Scott, M.L., Norris, L.C. & Heuser, G.F. (1961). Reinvestigation of the vitamin A requirements of laying and breeding hens and their progeny. *Poultry Science* 40, 1245-1254.

Hutchison, J., Lirette, A., Etches, R.J., Towner, R.A. & Janzen, E.G. (1992). An assessment of egg yolk structure using nuclear magnetic resonance. *Poultry Science* 71, 2117-2121.

Mac Gregor, H. (1979). A measure of follicular maturation and the use of ahemeral cycles to improve production in the hen. MSc thesis, University of Guelph, Ontario, Canada.

Naber, E.C. (1993). Modifying vitamin composition of eggs: a review. *Journal of Applied Poultry Research* 2, 385-393.

Petersen, C.F., Lampman, C.E. & Stamberg, O.K. (1947). Effect of riboflavin intake on egg production and riboflavin content of eggs. *Poultry Science* 26, 180-186.

Petersen, C.F., Sauter, E.A., Steele, E.E. & Parkinson, J.F. (1983). Use of methionine intake restriction to improve egg shell quality by control of egg weight. *Poultry Science* 62, 2044-2047.

Philpott, D. (1933). The nature of variations in the egg weights of the domestic fowl. *Proceedings of the 5th World Poultry Congress* 2, 479-490.

Powrie, W.D. & Nakai, S. (1986). The chemistry of eggs and egg products. In: *Egg Science and Technology,* 3rd edn. Edited by W.J. Stadelman & O.J. Cotterill. Avi Publishing Co., Westport, Connecticut, pp. 97-139.

Rahn, H. Ar, A. & Paganelli, C.V. (1979). How bird eggs breathe. *Scientific American* 240, 46-55.

Romanoff, A.L. & Romanoff, A.J. (1949). *The Avian Egg.* John Wiley & Sons, New York.

Scragg, R.H., Logan, N.B. & Geddes, N. (1987). Response of egg weight to the inclusion of various fats in layer diets. *British Poultry Science* 28, 15-21.

Sauveur, B. (1988). Reproduction des volailles et production d'ocuis. Institute National de la Recherche Agronomique, Paris.

Snell, E.E., Aline, E., Couch, J.R. & Pearson, P.B. (1941). The effect of diet on the pantothenic acid content of *eggs. Journal of Nutntion* 21, 201-205.

Solomon, S.E. (1983). Oviduct. In: *Physiology and Biochemistry of the Domestic Fowl, vol.* 4. Edited by B.M. Freeman. Academic Press, London.

Spohn, A.A. & Riddle, O. (1916). Studies on the physiology of reproduction in birds II. On the chemical composition of white and yellow egg yolk of the fowl and pigeon. *American Journal of Physiology* 41, 397-408.

Squires, M.W. & Nabor, E.C. (1992). Vitamin profiles of eggs as indicators of nutritional status in the laying hen: vitamin B_{12} study. *Poultry Science* 71, 2075-2082.

Squires, M.W. & Nabor, E.C. (1993a). Vitamin profiles of eggs as indicators of nutritional status in the laying hen: vitamin A study. *Poultry Science* 72, 154-164.

Squires, M.W. & Nabor, E.C. (1993b). Vitamin profiles of eggs as indicators of nutritional status in the laying hen: riboflavin study. *Poultry Science* 72, 483-494.

Summers, J.D. & Leeson, S. (1985). *Poultry Nutrition Handbook,* revised edn. University of Guelph.

Sunde, M.L., Cravens, W.W., Brvins, H.W., Elvehjem, C.A. & Halpin, J.G. (1950). The pteroylglutamic acid requirement of laying and breeding hens. *Poultry Science* 29, 220-226.

Thompson, B.K., Hamilton, R.M.G. & Grunder, A.A. (1985). The relationship between laboratory measures of eggshell quality and breakage in commercial egg washing and candling equipment. *Poultry Science* 64, 901-909.

Tukker, J.G. (1930). The annual replacement of poultry livestock for egg production. *Proceedings of the 4th World Poultry Congress* 900-906.

Tung, M.A. & Richards, J.F. (1972). Ultrastructure of the hen's egg shell membranes by electron microscopy. *Journal of Food Science* 37, 277-282.

Lecturas adicionales

Bakst, M.R. (1978). Scanning electron microscopy of the vitelline membrane of the hen ovum. *Journal of Reproduction and Fertility* 52, 361-364.

Griffin, H.D., Perry, M.M. & Gilbert, A.B. (1984). Yolk formation. In: *Physiology and Biochemistry of the Domestic Fowl, vol.* 5. Edited by B.M. Freeman. Academic Press, London.

Hunton, P. (1987). Laboratory evaluations of egg quality. In: *Egg Quality Current Problems and Recent Advances.* Edited by R.G. Wells & C.G. Belyavin. Butterworths, London.

Noble, R.C. (1987). Egg lipids. In: *Egg Quality – Current Problems and Recent Advances.* Edited by R.G. Wells & C.G. Belyavin. Butterworths, London.

Perry, M.M. & Gilbert, A.B. (1985). The structure of yellow yolk in the domestic fowl. *Journal of Agricultural Research* 90, 313-322.

3

Desarrollo Embrionario

3.1 Introducción

El desarrollo embrionario en las aves es muy distinto por diversas razones; primero, la fertilización implica la entrada no sólo de uno sino de varios espermatozoides dentro del huevo; segundo, la gran yema del huevo de las aves no se parte en las consecutivas divisiones celulares que siguen a la fertilización y esta circunstancia anatómica hace que el período entre la unión de los pronúcleos, masculino y femenino, y la formación del único blastocisto sea única de entre los vertebrados y muy diferente del desarrollo de los mamíferos más vulgarmente conocidos. En tercer lugar, el desarrollo embrionario tiene lugar en tres fases distintas: inicial que ocurre en el oviducto de la gallina y el embrión se expande hasta alcanzar 4-5 mm. Cuando el huevo es depositado en el exterior y alcanza la temperatura ambiente, el embrión alcanza el segundo estadio de su desarrollo que se caracteriza por la diapausa embrionaria; el desarrollo embrionario es reactivado en la fase final del desarrollo en la incubadora. En cuarto lugar, el éxito o el fracaso del desarrollo del embrión desde el estadio de 30.000-60.000 células al de eclosión depende mucho de los gases y temperatura ambientales alrededor del huevo. La fenomenal capacidad de la industria avícola para proporcionar grandes cantidades de proteínas de alta calidad a la dieta humana depende en gran parte de su capacidad para proporcionar las condiciones adecuadas para estos procesos gracias al manejo de la inseminación natural y artificial las disponibilidades para la conservación de los huevos y la cría.

3.2 Fertilización

La preparación para la salida del contenido nuclear de los espermatozoides dentro del pronúcleo femenino comienza unas 6 horas antes de la ovulación, con la liberación preovulatoria de hormona luteinizante (LH) (véase Sección 6.5). En ese momento, la vesícula germinal que contiene el pronúcleo femenino es una estructura ovoide de unos 370 µm de ancha y 105 µm de profundidad, cubierta de una membrana nuclear (Fig. 3.1). Los cromosomas se localizan aproximadamente en el centro de la vesícula germinal en forma de

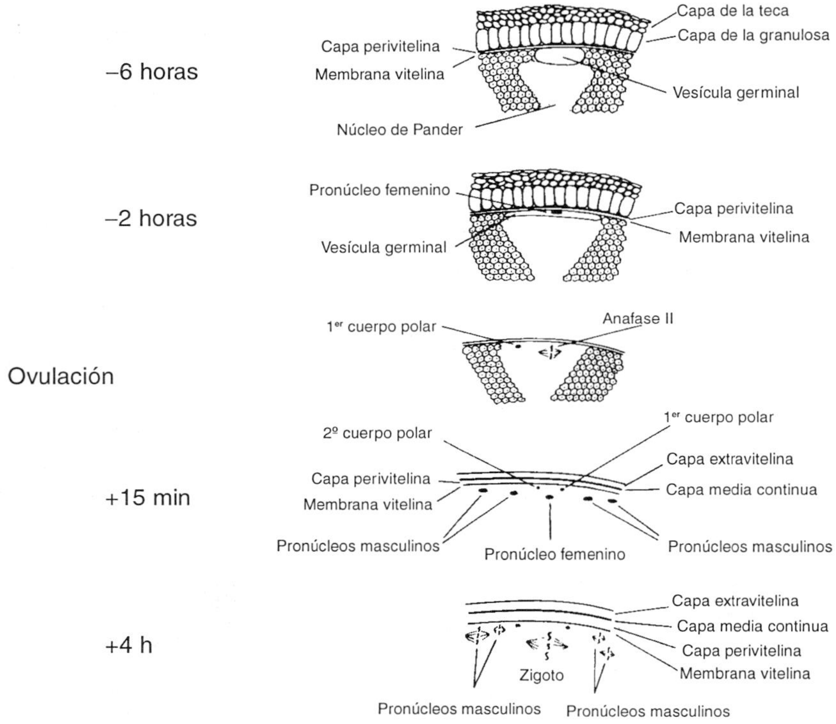

Figura 3.1 Cambios nucleares que acontecen durante las 6 horas antes y 4 después de la ovulación en el ovum de la gallina. La vesícula germinal comienza a desintegrarse como consecuencia de la iniciación de la oleada preovulatoria de hormona luteinizante 6 horas antes de la ovulación. En la ovulación, el primer cuerpo polar es extruido y comienza la segunda división meiótica. Dentro de los 15 minutos ocurre la fertilización, se completa la segunda división meiótica y varios espermios penetran en el huevo. Cuando éste atraviesa el infundíbulo se adicionan dos capas a la membrana de la yema. Durante la cuarta hora después de la ovulación el zigoto entra en primera división meiótica y los restantes pronúcleos masculinos sufren una división meiótica sincrónica. Basado en Olsen (1942), Olsen & Fraps (1950), Bakst & Howarth (1977) y Perry (1987).

cortas tiras. La vesícula germinal se extiende por encima del núcleo de Pander y está aplanada contra la membrana vitelina. A las 2 horas de iniciarse la oleada perovulatoria de LH la periferia de la vesícula germinal comienza a vacuolarse y los cromosomas empiezan a compactarse junto a la membrana vitelina. Durante las dos horas siguientes la vesícula germinal se propaga lateralmente en forma de lámina detrás de la membrana vitelina y dentro de la hora anterior a la ovulación comienza la primera división meiótica. El primer cuerpo polar se extruye del pronúcleo femenino y se deposita inmediatamente por detrás de la membrana vitelina antes de que el ovum se libere del folículo, en la ovulación cuando la vesícula germinal no es muy evidente. El pronúcleo femenino continúa dentro de la segunda división meiótica y en el momento de la ovulación progresa a la anafase. Dentro de los 15 minutos siguientes a la ovulación los espermatozoides penetran la capa perivitelina y la membrana plasmática más interna se fusiona con la membrana vitelina para liberar el pronúcleo masculino dentro del huevo (Fig. 3.2). Al mismo tiempo, la capa media continua y la capa extravitelina (véase Fig. 2.12) son secretadas sobre la superficie de la membrana perivitelina para completar la formación de la membrana de la yema y prevenir la entrada de espermatozoides adicionales dentro del ovum. Durante este breve período de tiempo, la membrana vitelina es atravesada por entre 4 y 20 espermatozoides que penetran en el huevo.

Durante la siguiente hora, las cabezas elongadas de los pronúcleos masculinos se transforman en elipsoides y finalmente en núcleos esferoides. Al mismo tiempo el pronúcleo femenino ha progresado hasta el estadio final de la segunda división meiótica y se extruye el segundo cuerpo polar. Durante las dos próximas horas, todos los pronúcleos se alargan hasta alcanzar unos

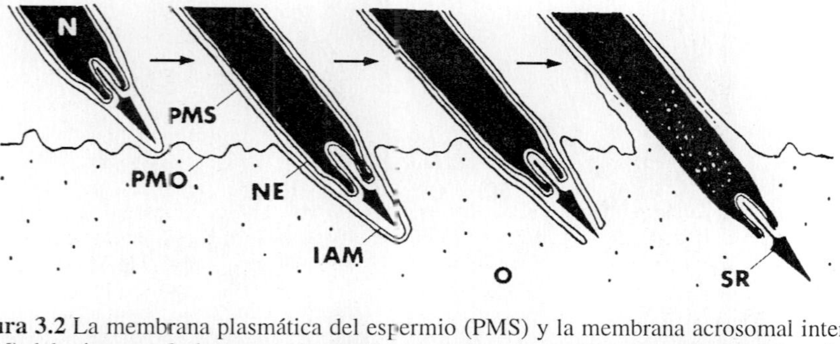

Figura 3.2 La membrana plasmática del espermio (PMS) y la membrana acrosomal interna (IAM) del mismo se fusionan con la membrana vitelina que está en la membrana plasmática del ovum (PMO) para liberar el núcleo (N) del espermatozoide y la varilla subacrosomal (SR) dentro del ovum (O). La envoltura nuclear (NE) se desintegra cuando el espermio entra en el ovum y se repara en la hora siguiente a la fertilización. Datos de Okamura & Nishiyama (1978).

17 µm y uno de los pronúcleos masculinos se mueve adyacente al femenino hasta el centro del disco germinal mientras los otros lo hacen hacia la periferia. Durante la cuarta hora después de la fertilización, los pronúcleos femenino y masculino se funden y comienza la primera división meiótica en el zigoto. Al mismo tiempo los pronúcleos masculinos restantes sufren una división meiótica.

3.3 Determinación del sexo en los embriones de las aves

En los embriones de las aves el sexo se determina por la separación de los miembros del quinto par de cromosomas dentro del primer cuerpo polar y el pronúcleo femenino. Un miembro de este par, el cromosoma W (Fig. 3.3), contiene las secuencias de ácidos nucleicos que sólo están presentes en la hembra. El otro miembro de este par, el cromosoma Z, codifica los genes que están presentes en una copia en las hembras (algunos de ellos se ilustran en la Fig. 3.4) y son ZW y dos copias en los machos que son ZZ. Como el macho es ZZ todos sus espermatozoides portan el cromosoma Z, pero al final de la segunda división meiótica los cromosomas Z y W estarán por separado en el 50% de los ova. En la fertilización los pronúcleos femeninos que porten el cromosoma Z producirán embriones machos, mientas que los que porten W producirán hembras. Esta relación ha sido explotada por la industria avícola para determinar el sexo de los pollos recién empollados usando los genes de

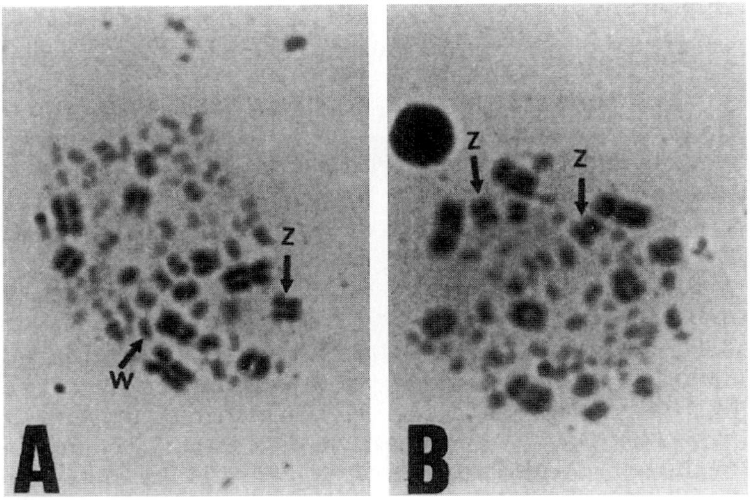

Figura 3.3 Cromosoma extendido mostrando los cariotipos ZZ y ZW. Datos de Kagami & Tomita (1990).

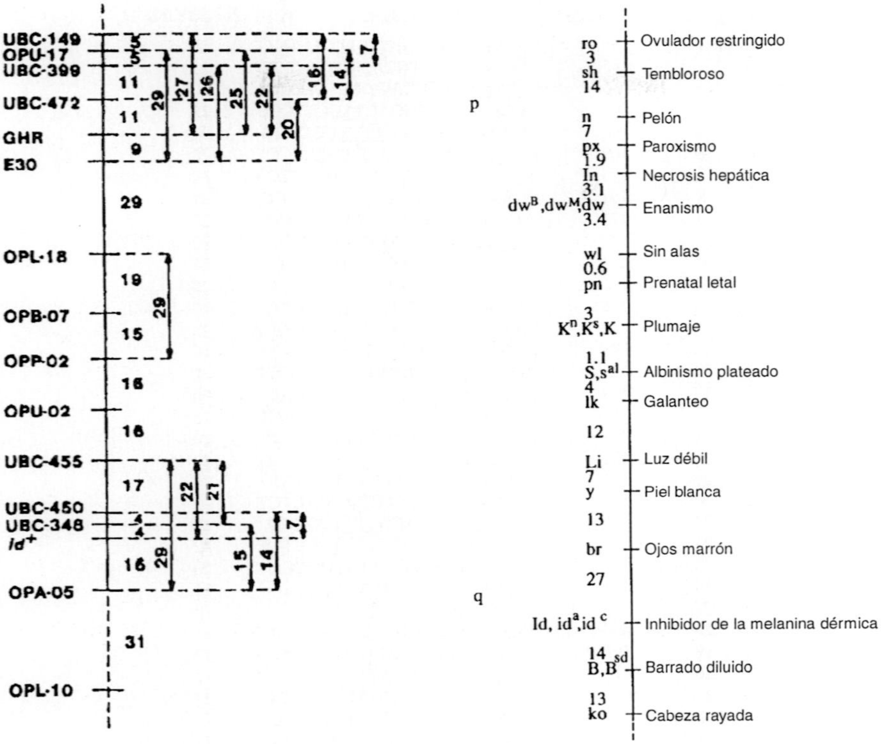

Figura 3.4 Clásica topografía genética del cromosoma Z del pollo (derecha), y las relaciones de unión entre los alelos reconocidos por pruebas moleculares (izquierda). El gene receptor de la hormona de crecimiento (*GHR*) (parte izquierda) y el locus del enanismo (*dw*) (parte derecha) se localizan dentro de la misma estructura genética. El locus *ld* está localizado en ambos mapas. La distancia genética está expresada en centimorgans. Datos de Levin *et al.* (1993) y reproducido con permiso de Bitgood (1993). Copyright de CRC Press, Boca Raton, Florida.

plumas doradas plateadas, barradas y no barradas y emplume rápido o lento, caracteres todos localizados en el cromosoma Z (Fig. 3.4). Aunque se sabe poco de los rasgos que codifican el cromosoma W hay una secuencia de 1.100 pares y otra de 700 (Fig. 3.5) que están repetidos 6.000 y 14.000 veces respectivamente en este cromosoma. Juntas estas dos secuencias forman el 50% del DNA del cromosoma W.

3.4 Partenogénesis

En muchas estirpes de pavos y en algunas de gallinas una pequeña proporción de los pronúcleos femeninos se desarrollan espontáneamente sin necesi-

Repetido	Posición	Secuencia	Nucleótidos
1	6	GAAATACCACTTTTCTCTC	19
2	25	GAAAATCATGCATTTTCATCC	21
3	46	AAAAATACCACCTGTCTCCC	20
4	66	AAAAATTCTGCACTTCCTTCCC	22
5	88	GAAAATACCACTTTTCGCTGG	21
6	109	GAAATAACACATTTCTACCC	20
7	129	CAAATATAACACGCTTCACTCA	22
8	151	CAAAGCACGCATTTTCACCCC	21
9	172	GAAAGTACCACCTTTCAGCC	20
10	192	GAAAATTACGCTTTTTCCTCCA	22
11	214	GAAAATACCACTTCTCAAACA	21
12	235	GAAATATCACGTTTCGCCAA	20
13	255	GAAAATAGCACCATTCACCC	20
14	275	CAAAATCACGCGTTTTCTCTCCA	23
15	298	GAACTACCACTTTTCTCAC	19
16	317	GGAAATCACACATTTTCTTCCC	22
17	339	GAAAGTACCACCTTGCACAC	20
18	359	GAAAATCACGCATTTTCTGCGC	22
19	381	GAAACAACCCCATTTCACCC	20
20	401	CAAAATCAGTCTTTTTCTTCCG	22
21	423	GAAAATACAACTTTTCTAAC	20
22	443	GAAATCCATGCGTTATCACTCT	22
23	465	GAAAATACACGTTTTTGCCC	20
24	485	GAAAATCACGCATTTTCCCTTC	22
25	507	GTAAATTCCCCATGTCGCCA	20
26	527	GAAAATAATTCATTTCCTTACC	22
27	549	GTAAATGCCCCTTTTCACC	19
28	568	CAAAAATCACGCATTTCCCCCCG	23
29	591	GAAAAACGCACCTCTGTCC	19
30	610	AAACATCACGCATTTTCTACCC	22
31	632	GAAAATACCACTTTTGGCTGG	21
32	653	GAAATAACACATTTCTCCCC	20
33	673	CAAATATACCACCTTTCACCC	21
34	694	CAAAATCACGCATTTTCTCTC	21
CONSENSO		GAAAATA CAC TTTTCTCCC	21

Figura 3.5 Secuencia de nucleótidos en unidades repetidas del DNA en el cromosoma W de las pollitas. Esta secuencia de 717 pares se repite aproximadamente 14.000 veces y está por sí misma compuesta de unidades similares que se repiten 34 veces. Datos de Kodama *et al.* (1987).

dad de fertilización. En la mayor parte de los casos donde se presenta esto, las estructuras que se producen carecen de organización y se las reconoce como láminas de la membrana que recubre la yema. Un programa del Departamento de Agricultura de los Estados Unidos (USDA) diseñado para incrementar la frecuencia del desarrollo de la partenogénesis tuvo mucho éxito y después de varias generaciones el desarrollo espontáneo se inició en el 50% de los embriones. Una pequeña proporción de los embriones se empollaron y crecieron como machos fértiles normales. La partenogeneticalidad derivada de los pavos contiene principalmente células diploides, aunque probablemente se trate de mosaicos y cada partenogén puede contener una mezcla diferente de células haploides, euploides y poliploides. No son homozigotes y por tanto se ha llegado a la conclusión que derivan de eventos que ocurren después de transcurrida la primera división meiótica. Esos eventos pueden incluir supresión de la segunda división meiótica o unión del pronúcleo femenino y el segundo cuerpo polar. La presencia de células haploides y euploides indica la existencia de divisiones celulares anormales en el zigoto recién fertilizado. Los partenógenos que sobreviven a la incubación son siempre machos, lo que indica que la primera división meiótica se completa normalmente y que el genotipo WW es letal. En el futuro esta anormalidad se podrá utilizar como modelo experimental para estudiar el control genético de la meiosis y las primeras fases del desarrollo embrionario y es la única forma para producir pavos altamente consanguíneos.

En las manadas comerciales de pavos el 5-12% de las hembras no inseminadas presentan partenogénesis, pero sólo una pequeña proporción de los partenógenos desarrollan estructuras morfológicamente reconocibles como islotes sanguíneos o rayas primitivas (véase Sección 3.7) pero ninguno de estos embriones sobrevive a la incubación. Se desconoce el destino de estos embriones partenogenéticos, pero la similitud morfológica e histológica entre partenógenos y embriones diagnosticados como muertos dentro de las 24 horas después de la posible fertilización, sugiere que estas dos situaciones puedan tener el mismo origen. Tradicionalmente, la industria del pavo ha encontrado mejoras en la inseminación artificial y en la tecnología del manejo de huevos a fin de reducir la incidencia de la mortalidad temprana de los embriones, pero parece que la presentación de la partenogénesis es igualmente posible con lo que se evita una fertilización normal y casi siempre se la diagnostica erróneamente como una mortalidad prematura del embrión. La mejor comprensión de los acontecimientos que causan la partenogénesis proporcionará los conocimientos suficientes para poder distinguir estos dos contratiempos: mortalidad prematura y partenogénesis.

3.5 Desarrollo embrionario en el oviducto

Al completarse la primera división mitótica los núcleos resultantes se encuentran separados por una hendidura que se forma en la membrana vitelina por encima de los dos núcleos y por debajo las capas más externas de la membrana de la yema (Figs. 3.6 y 3 7A). En este momento, unas cinco horas después de la fertilización, el huevo está abandonando el istmo y entra en la glándula cascarógena donde permanece unas 18-21 horas. En las siguientes 1-2 horas en el embrión se producen cuatro divisiones celulares cada una de ellas producirá un nuevo surco permitiendo que las células se comuniquen continuamente con la yema tanto periférica como dorsalmente (Fig. 3.7). La segunda hendidura forma un ángulo recto con la primera y la tercera está

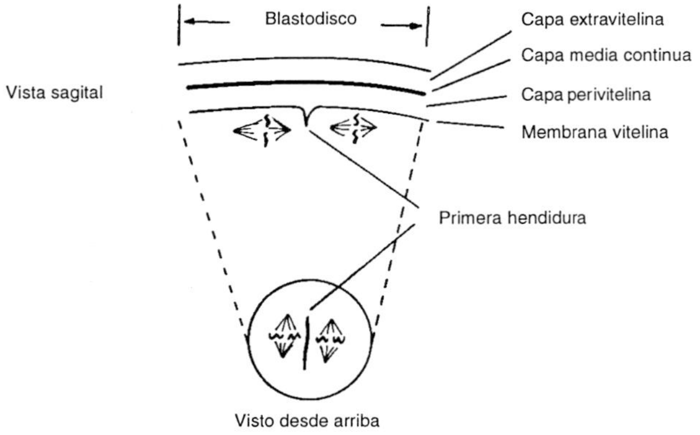

Figura 3.6 Formación de la primera hendidura en el embrión de la gallina doméstica, visto desde arriba y en corte transversal.

orientada de tal forma que una nueva hendidura bisecciona los ejes formados por las dos divisiones nucleares pero comienza lateralmente desde la intersección del primero y segundo surcos; la cuarta división nuclear está orientada radialmente de tal forma que las células hijas localizadas centralmente están unidas por sus superficies laterales (Fig. 3.7E). Al final de las dos primeras horas, normalmente se encuentran 14-16 células del embrión apuestas lateralmente aunque no se haya formado ningún surco para separar las células embrionarias de la yema. Durante las 2 horas siguientes el embrión crece en profundidad y las primeras células que están totalmente incluidas en todos los lados son evidentes bajo la superficie. Visto desde arriba, el área central del embrión contiene 80-90 células apuestas lateralmente. Al final de la quinta hora de estar en la glándula cascarógena, comienza a separarse de la yema la superficie del embrión gracias a los líquidos contenidos en la cavidad subgerminal. La división celular continúa rápidamente durante las siguientes 4 horas de tal forma que 10 horas después de haber entrado el huevo en la glándula cascarógena el disco germinal se convierte en una lámina uniforme

---

Figura 3.7 Formación de las primeras hendiduras en el embrión de la gallina doméstica, visto desde arriba. Las primeras dos divisiones (**A** y **B**) ocurren en planos perpendiculares, la tercera (**C**) bisecciona los cuatro cuadrantes del embrión y las hendiduras cuarta y quinta (**D** y **E**) están orientadas de tal forma que una mitad de las células resultantes están lateralmente incluidas en la membrana celular. Cuando se han formado 80-90 células sobre la superficie superior del embrión (**F**) las divisiones se hacen en el plano horizontal, para separar las células centrales de las que cubren la yema. Adaptado de Patten & Carlson (1974).

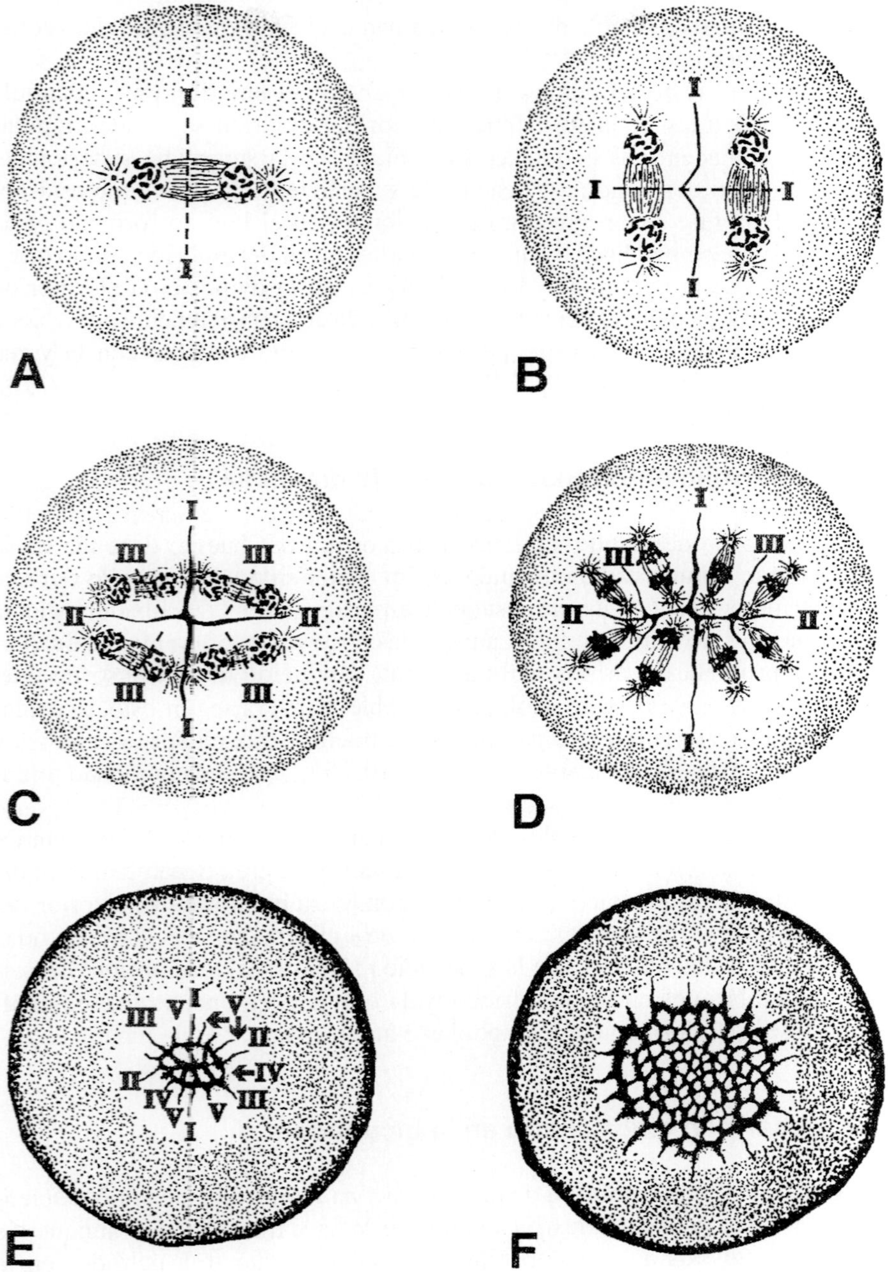
A
B
C
D
E
F

de células epiteliales que están separadas de la yema por líquido subgerminal. Desde este momento del desarrollo y hasta que el embrión adquiera una forma fácilmente reconocible macroscópicamente, el embrión se considera como un blastodermo.

Durante el resto de tiempo de permanencia del embrión en la glándula citada, las células de la superficie superior del embrión se dividen rápidamente y se hacen más pequeñas. Las células de la superficie superior del embrión están desprendidas y caen a la superficie de la yema que está por debajo. Esta fase de progresión celular junto con el líquido formado en la cavidad subgerminal hace traslúcida la parte central del embrión con lo que a esta región se la denomina «área pelúcida». En la oviposición el embrión contiene un área pelúcida bien definida rodeada concéntricamente por la zona marginal y un área opaca que permanece en íntimo contacto con la yema (véase Fig. 2.14).

3.6 Desarrollo embrionario durante la diapausa

El ritmo de desarrollo siguiente a la postura del huevo, depende de la temperatura y humedad ambientales. La relación entre el desarrollo durante este período y el subsiguiente desarrollo embrionario en la incubadora y en la yueca no ha sido muy estudiada, aunque las observaciones empíricas del personal y propietarios de los gallineros han conducido al consenso de que, aunque haya muy poco desarrollo es deseable. Para conseguir esto, se coleccionan huevos de diferentes gallineros, particularmente en época calurosa y se sitúan en frigoríficos manteniéndolos a 10-15°C y 80% de humedad relativa.

En condiciones ambientales calurosas el embrión continúa desarrollándose, produciendo una segunda capa de células en el área opaca denominada hipoblasto. La producción de esta capa comienza en el sector posterior del blastodermo y en los primeros momentos de su formación es visible como si fueran islotes de células sobre la superficie más inferior del embrión. El examen de embriones en lugares fríos revela que pueden encontrarse en cualquier fase de la formación del hipoblasto antes de entrar en la incubadora.

3.7 Desarrollo embrionario en la incubadora

El desarrollo del embrión de pollo *in ovo* ha llamado la atención de científicos y personal de la industria avícola desde hace miles de años aunque los primeros registros de la incubación artificial se encuentren perdidos en la antigüedad. Aristóteles menciona la inseminación artificial en su libro *Histo-*

ria Animalium, pero está generalmente aceptado que la incubación artificial era perfecta, tanto en China como en Egipto algo antes de que la documentación de Aristóteles estuviera en práctica. Durante los pasados 100 años, la accesibilidad del embrión aviar ha atraído a los embriólogos y el pollo ha llegado a ser el clásico organismo para la enseñanza de la embriogénesis en los vertebrados. Varios excelentes libros describen los cambios que ocurren cuando el huevo fértil se sitúa en la incubadora (Romanoff, 1960; Freeman & Vince, 1974; Patten & Carlson, 1974), con lo que el lector puede acudir a ellos para buscar descripciones más detalladas. La selección de información que aquí se incluye se presenta con el fin de ayudar a aquellos que estén relacionados con la producción aviar para reconocer las marcas macroscópicas durante el desarrollo y aprender las estructuras anatómicas que forman el sistema de soporte de la vida del embrión.

Las primeras 24 horas

Durante las primeras 24 horas del desarrollo el embrión del pollo establece una orientación que distingue la cabeza de la cola y organiza tres capas de tejido, el ectodermo, el endodermo y el mesodermo, de los que derivan todos los órganos (Fig. 3.8). La orientación cabeza-cola queda establecida mientras se forma el huevo en el aparato reproductor de la gallina y es visible microscópicamente en el estadio XI EG&K de los embriones. En las primeras 18 horas de incubación la orientación cabeza-cola del embrión se hace visible macroscópicamente como la línea primitiva (Figs. 3.9 y 3.10). El extremo anterior de esa línea se reconoce como una región engrosada que se eleva por encima de la estría que delimita la citada línea. La estría se establece como consecuencia del acúmulo de células que rodean al epiblasto, se divide rápidamente e invade las regiones más inferiores del embrión. En la invasión celular éstas se extienden lateralmente cruzando la superficie de la yema en dos capas, el endodermo y el mesodermo (Fig. 3.9). Al final del primer día de incubación el embrión se distingue visualmente por la estría neural de la que se diferencia luego en sistema nervioso y aparea somitos a cada lado de esa estría que diferenciará las principales masas musculares del cuerpo (Fig. 3.10). El corte transversal de este embrión manifiesta las tres capas originales de tejido; por ejemplo, el ectodermo, el mesodermo y el endodermo (Fig. 3.10).

Formación de la línea germinal

Quizá la diferenciación más temprana que acontece en el embrión de pollo es la separación de una línea celular que está destinada a transformarse en los espermatozoides del macho y los ova de la hembra. Durante los primeros cuatro o cinco días del desarrollo estas células se llaman células germinales

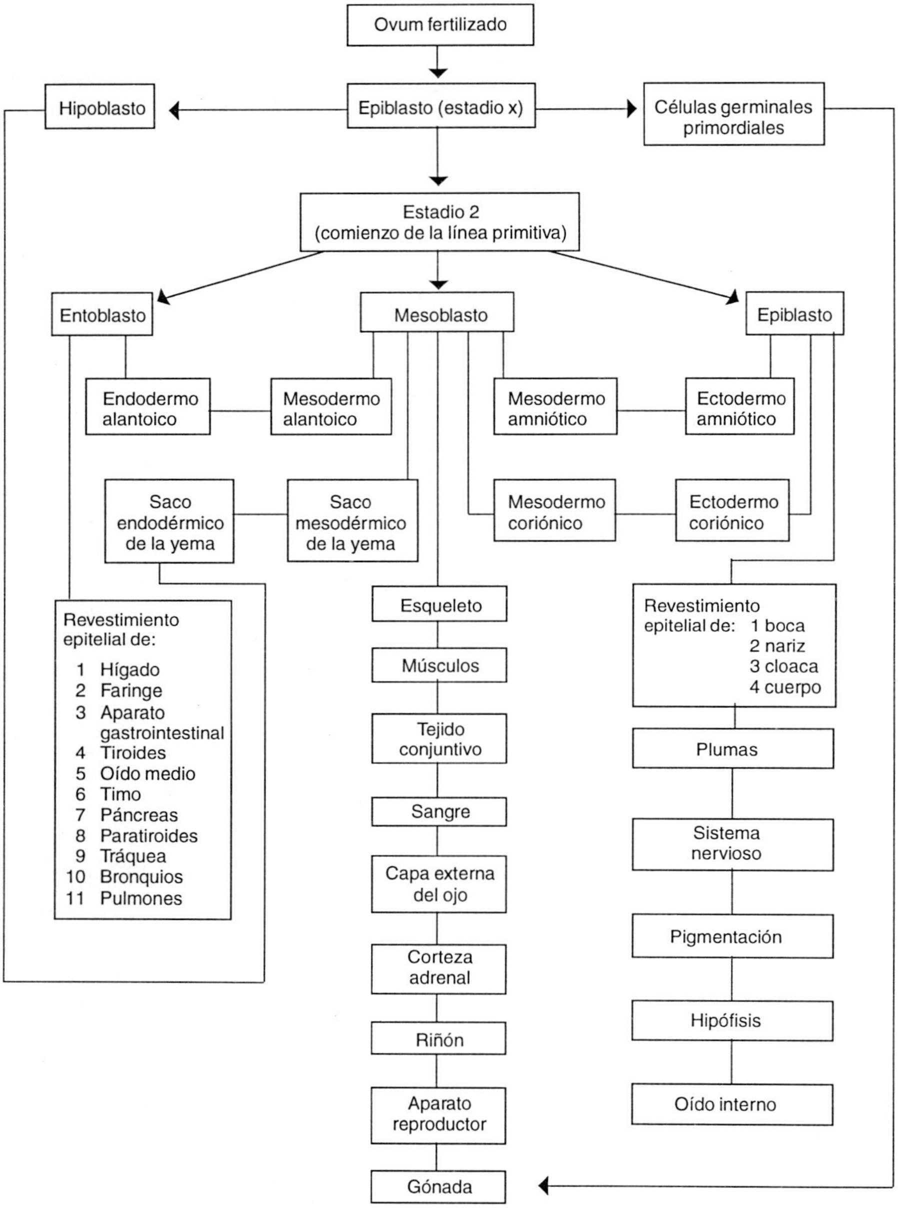

Figura 3.8 Resumen de líneas de células que constituyen el embrión y tejidos extraembrionarios del embrión de pollo. Reproducido con permiso de Etches (1993). Copyrigth de CRC Press, Boca Raton, Florida.

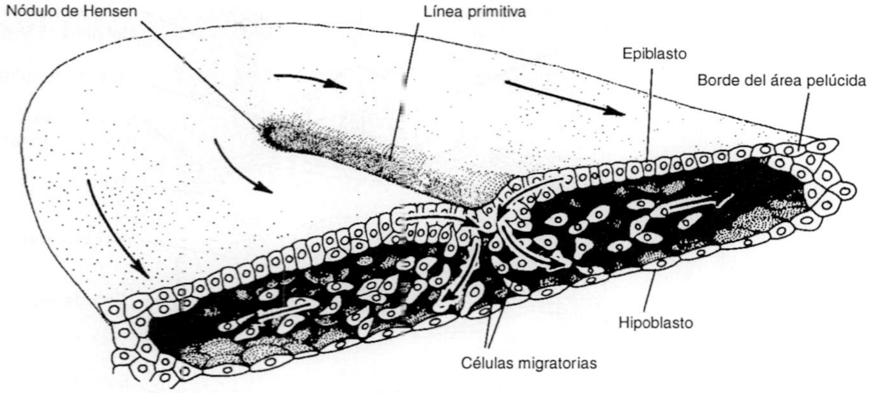

Figura 3.9 Migración de las células a través de la línea primitiva y formación del mesodermo y endodermo. Datos de Balinsky & Fabian (1981) modificados por Mathews (1986).

primordiales y juntas forman la línea germinal. Aunque existe cierta polémica acerca de su temprana apariencia, es obvio que estas células están localizadas en la creciente germinal, anterior a la cabeza del embrión, unas 18 horas después de que el huevo se coloque en la incubadora (Fig. 3.11). Las células germinales primordiales migran a las membranas extraembrionarias a ambos lados del embrión durante las siguientes 18 horas y a medida que se forma el sistema vascular penetran en los vasos sanguíneos donde se transportan para desarrollar las gónadas. Una vez en ésta las células se multiplican en las dos gónadas del macho mientras que en la hembra el ovario derecho gradualmente pierde su complemento de células germinales a medida que regresa durante el desarrollo embrionario durante las primeras semanas después de la incubación. Con el progreso del desarrollo embrionario, las células germinales primordiales quedarán rodeadas por las células somáticas que se transformarán en los túbulos seminíferos y células de Leydig del macho adulto y el folículo ovárico de la hembra adulta (véanse Secciones 6.4 y 8.2 respectivamente). Sin embargo, es muy importante anotar que la contribución genética a la siguiente generación está separada del resto del embrión a las pocas horas después del comienzo de la incubación y que la separación se puede completar antes de que se ponga el huevo.

Desarrollo del sistema vascular

El sistema vascular del embrión se inicia cuando el corazón y los eritrocitos comienzan a desarrollarse con unas pocas horas de diferencia entre ellos durante el segundo día del desarrollo en la incubadora. El corazón se origina en el mesodermo del futuro tórax y los principales vasos que nutrirán al corazón tanto al embrión como al adulto crecen rápidamente hasta que comienza la

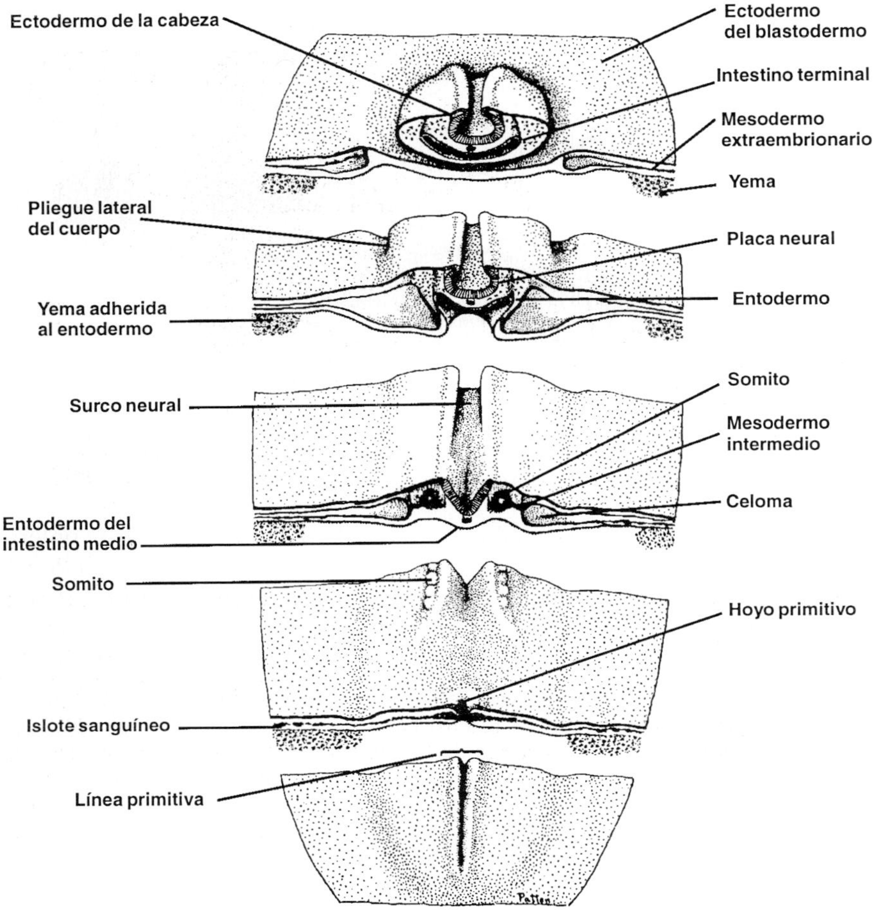

Figura 3.10 Principales tejidos embrionarios después de 24 horas de incubación. Modificada de Patten & Carlson (1974).

circulación de la sangre a las 38-40 horas de incubación. Sin embargo, los eritrocitos se originan en el mesodermo extraembrionario y se pueden ver islotes sanguíneos en embriones de un día de incubación. Los eritrocitos que se forman en esos islotes llegan al corazón cuando se originan los canales circulatorios, cuando se ha construido el tejido intra y extraembrionario. La aorta dorsal envía la sangre a los principales canales, arterias omfalomesentéricas hasta encontrar el plexo vitelino que se está formando, a partir de los islotes sanguíneos en el mesodermo extraembrionario del saco de la yema. A las 38-40 horas, estos conductos se encuentran y fusionan para for-

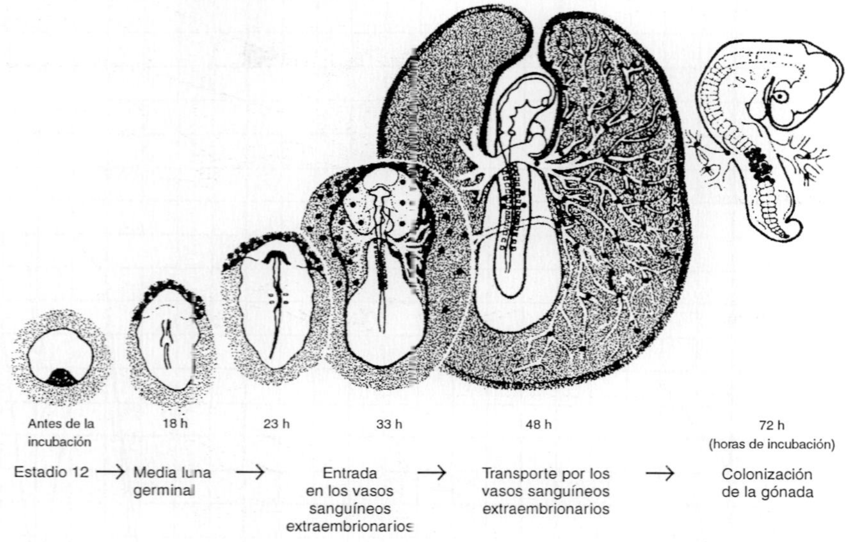

Figura 3.11 Resumen de la migración de las células germinales primordiales (PGC). Estas células pueden comenzar a diferenciarse en el estadio X EG&K del embrión (véase Fig. 3.8) pero no tienen sus características morfológicas hasta después de formarse la línea primitiva. En ese momento las células son reconocidas por su localización anterior al embrión en la media luna germinal, su gran tamaño y sus características citoplásmicas cargadas de glucógeno. Durante las siguientes 18 horas las PGC se moverán dentro de las membranas extraembrionarias laterales y entran en el sistema vascular en desarrollo. A las 48 horas de la incubación las PGC comienzan a emigrar a través del sistema vascular y fijan su residencia en la futura gónada. Al final del tercer día de incubación las PGC concluyen su migración y se continúan desarrollando en el ovario y testículos junto a las células derivadas del mesodermo embrionario. Datos de Nieuwkoop y Sutasurya (1979).

mar el circuito vascular que conecta el propio embrión con la membrana del saco de la yema. El corazón que ha estado latiendo varias horas comienza a bombear eritrocitos y líquido extracelular a través de arterias y venas. El líquido extracelular sirve como vehículo de transporte para los productos de la digestión enzimática de la yema por parte de las células de su endodermo. El oxígeno llega al embrión a través de este sistema hasta que se establece la vasculatura coriolantoidea (véase pág. 63).

En las incubadoras comerciales es corriente encontrar embriones muertos en los que se habían formado los islotes sanguíneos pero no se desarrollaron conexiones permanentes con las arterias y venas onfalomesentéricas del embrión. Presumiblemente, esto es lo menos realizable de todos los procesos que implica el desarrollo embrionario ya que la formación de la vasculatura está asociada con el mayor índice de mortalidad embrionaria (Fig. 3.12).

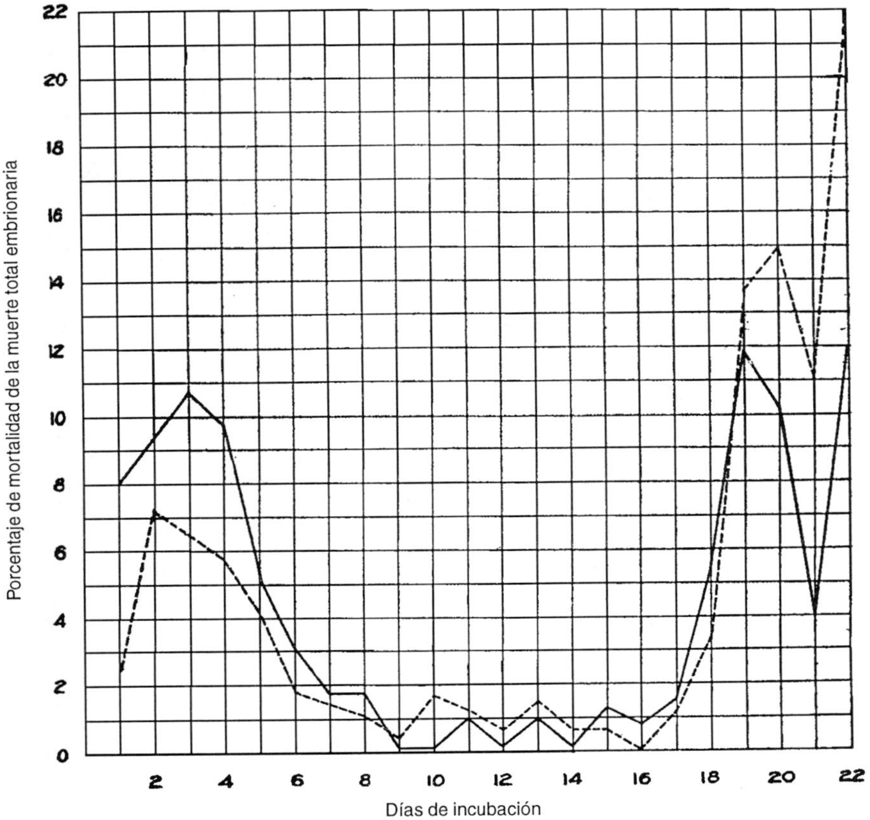

Figura 3.12 Distribución de la mortalidad embrionaria durante la incubación de huevos de Leghorn blanca, con índices de empolladura del 75% (línea punteada) y menos del 50% (línea continua). Los datos son de Bronkhorst (1933) y la presentación es de Landauer (1967).

Formación de las membranas extraembrionarias

Durante el desarrollo embrionario el embrión precisa oxígeno requiere eliminar dióxido de carbono y consecuentemente se produce calor (Fig. 3.13). A medida que el huevo recién fertilizado desciende por el oviducto y forma un embrión de 30.000 células las demandas de oxígeno son pequeñas y se puede satisfacer por difusión desde el aporte sanguíneo maternal. El principal producto de desecho del metabolismo el dióxido de carbono retorna igualmente por difusión al sistema vascular de la gallina. Según va creciendo el embrión *in ovo,* utiliza dos de las membranas extraembrionarias para aumentar el área de superficie sobre el que puede extraer oxígeno, desde el contenido del huevo y del aire ambiental que se difunde a través de los poros de la

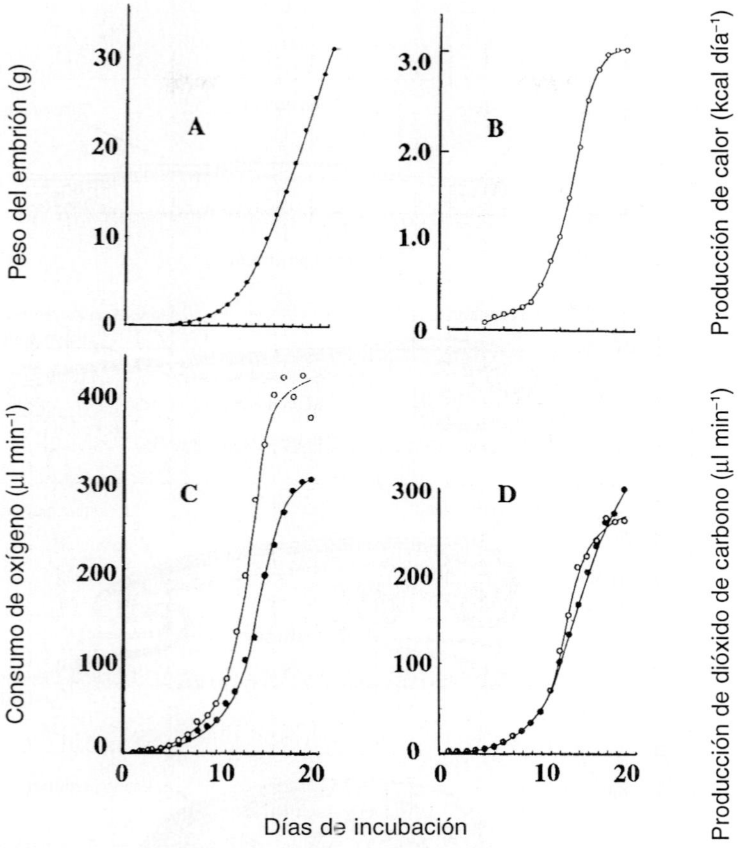

Figura 3.13 Crecimiento (**A**) producción de calor (**B**) consumo de oxígeno (**C**) y producción de dióxido de carbono (**D**) por los embriones de pollo a través del desarrollo embrionario. Los datos de puntos en (**C**) y (**D**) derivan de diferentes fuentes. Datos de Freeman & Vince (1974).

cáscara. Inicialmente la membrana del saco de la yema suple esta función, pero pronto queda suplantada por la membrana corioalantoidea.

La membrana del saco de la yema

Cuando se pone el huevo en la incubadora, el embrión es un grupo de células radialmente asimétricas que asientan planas sobre la superficie de la yema (véase Fig. 2.14). Al final del primer día de incubación, el embrión ha establecido ya un eje longitud que es evidente como la línea primitiva, pero aún no ha desarrollado una demarcación evidente entre el cuerpo que asienta sobre el líquido subgerminal y la membrana del saco de la yema que asienta

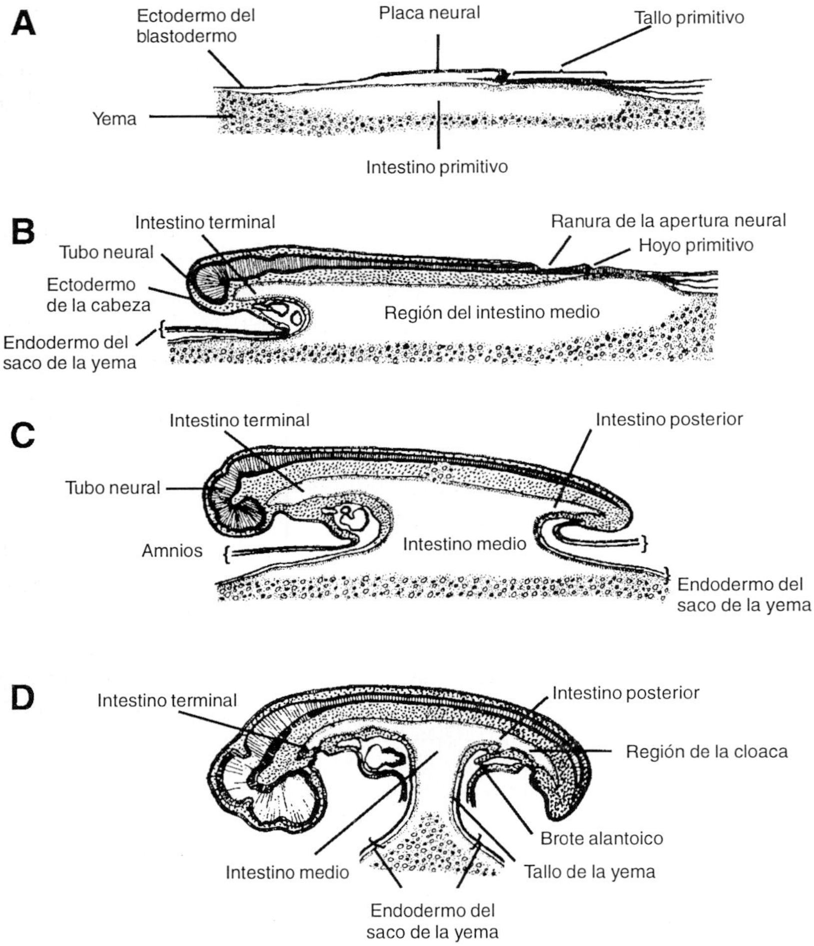

Figura 3.14 Sección longitudinal del embrión de pollo después de aproximadamente 24 horas (**A**), 48 horas (**B**) 60 horas (**C**) y 84 horas de incubación (**D**). **A.** Después de 24 horas de incubación el embrión asienta sobre la superficie de la yema y comienza a formarse el tallo primitivo. Las membranas extraembrionarias están contiguas al embrión. **B.** Después de 48 horas de incubación, la cabeza se extiende más allá del tejido de recubrimiento que se eleva hasta el tallo de la yema. **C.** Después de 60 horas de incubación, tanto la región de la cabeza como la de la cola se proyectan más lejos del futuro tallo de la yema y el embrión se eleva por encima del nivel de la yema que lo rodea. El amnios se extiende lejos del embrión. **D.** Después de 84 horas de incubación el embrión sobrepasa la superficie de la yema y está conectado a ella por el tallo. Las membranas alantoidea y amniótica y del saco de la yema se extienden a partir del embrión. Datos de Patten & Carlson (1974).

sobre ésta (Fig. 3.14A). El embrión y el saco que lo rodea están extendidos como una lámina sobre la superficie de la yema en ese momento, pero dentro de las siguientes 50 horas el embrión establece un tallo de la yema que conecta la membrana del saco al futuro intestino medio del embrión. El crecimiento en la región de la cabeza, extiende el embrión sobre el citado tallo de tal forma que el propio embrión se eleva por encima de la superficie de la yema (Fig. 3.14B-D). Como el tallo de la yema se extiende verticalmente la región cefálica se elonga y se dobla hacia adelante de tal forma que el cerebro anterior se orienta hacia la yema. A las pocas horas, la región de la cola también se ha elongado y se protuye pasando al tallo de la yema que ahora separa el embrión de la masa de yema de abajo. Al elongarse el embrión desde la cabeza a la cola, también se desarrollan los pliegues laterales que forman los lados y superficie ventral del embrión (Fig. 3.10). Al final de la segunda mitad del tercer día el embrión se separa totalmente de la yema, aunque conecta con ella a través del tallo (Fig. 3.14D). Las paredes de ese tallo están en contacto con la membrana del saco cuyo endodermo deriva del hipoblasto del estadio X EG&K del embrión (véase Fig. 3.8). El endodermo que asienta adyacente a la yema, proporciona la capacidad enzimática necesaria para convertir las proteínas y lípidos almacenados en la yema y clara en aminoácidos y energía necesarios para la formación del embrión. La capa más externa de la membrana del saco de la yema deriva del mesodermo y proporciona el sistema vascular de transporte de estos productos de degradación de la yema y la clara al embrión en desarrollo. Hacia el noveno día de incubación la membrana del saco de la yema ha descendido sobre la propia yema y la mayoría del albumen se reorienta por el desarrollo del corioalantoides y el amnios de tal forma que asientan por encima de la yema.

Amnios y corion

El amnios que se origina en el surco primitivo como epiblasto y mesoblasto (véase Fig. 3.8), crece lejos del embrión como una membrana extraembrionaria simple e indiferenciada. Al segundo día de la incubación, la membrana ha crecido sobre una larga sección de la yema pero sin adherirse a la membrana del saco de ella (Fig. 3.15A) y ha comenzado a proliferar verticalmente como pliegue de la cabeza del amnios. Durante los dos días siguientes el amnios crece rápidamente hacia arriba y sobre el embrión formando un techo de origen epiblástico por encima de éste (Fig. 3.15B). Al mismo tiempo, esta membrana se ha extendido en la superficie más interna de la membrana de la cáscara. Como la membrana crece hacia todos los lados eventualmente forma una bóveda sobre el embrión. En el ápex de ésta, las láminas convergentes de las membranas extraembrionarias se cierran y elevan tanto al amnios como al corion. El amnios es la membrana más interna que contiene el líquido amniótico en el que flota y se mueve el embrión durante el desarrollo. El

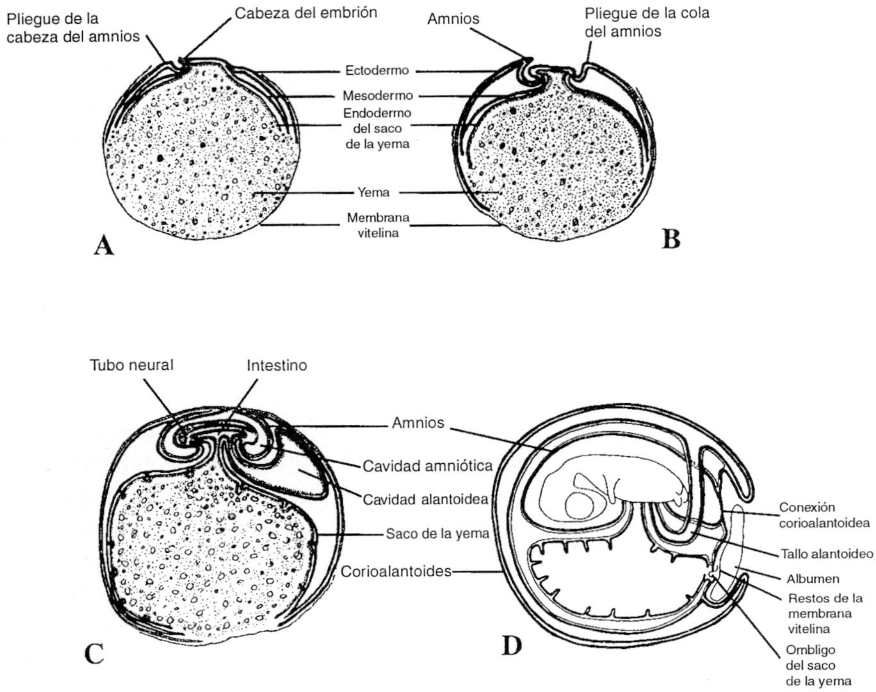

Figura 3.15 Diagramas esquemáticos que muestran las membranas extraembrionarias del pollo. El embrión está cortado longitudinalmente. En (**A**) y (**B**) el albumen rodea la yema. En (**C**) y (**D**) la cáscara rodea el corioalantoides. (**A**) (**B**) (**C**) y (**D**) representan los embriones a, aproximadamente, 2, 3, 5 y 12 días de incubación. (**A**) (**B**) y (**C**) son de Patten & Carlson (1974). (**D**) es de Freeman & Vince (1974).

corion es la membrana más externa en contacto con la membrana interna de la cáscara sobre la mayor parte de la superficie interna de ésta. Como la misma membrana da origen tanto al amnios como al corion, al crecer radial y verticalmente para formar una bóveda y luego fundirse, la cara del amnios derivada del epiblasto es la que tapiza la cavidad amniótica, mientras que la cara del corion, derivada del epiblasto, queda apuesta a la membrana más interna de la cáscara. Como la membrana se pliega sobre sí misma para formar estas dos membranas, los componentes mesodérmicos del amnios y el corion quedan cara a cara, en el embrión. Por tanto, al quinto día de la incubación el embrión asienta en el amnios lleno de líquido unido a su superficie interna por el epiblasto. La cáscara también está recubierta con tejido derivado del epiblasto y entre estas dos capas de epiblasto quedan opuestas las capas mesoblásticas (Fig. 3.15C & D). El amnios sirve como de almohadón para el desarrollo embrionario y también proporciona un medio líquido en el que el embrión puede fácilmente cambiar de posición. Las fibras del primitivo músculo se desarrollan en el amnios y se cree que la agitación constante del embrión por parte del líquido amniótico evita las adhesiones de las fibras musculares que contactan entre sí durante el crecimiento tisular.

Alantoides

Esta membrana extraembrionaria se forma al tercer día de la incubación. Se origina a partir del endoblasto y mesoblasto generados por el influjo de células que dentro de las capas inferiores del embrión forman el tallo primitivo. El endoblasto que configura el recubrimiento más interno de la alantoides, también dará origen al revestimiento interno del aparato gastrointestinal. En los embriones muy jóvenes, la alantoides se localiza en la zona que se transforma en el intestino medio (Fig. 3.16A) y en los embriones mayores, la pared intestinal se continúa con la membrana alantoidea (Fig. 3.16B). Como el endodermo y mesodermo de la alantoides salen del intestino terminal, forman un tallo alantoideo que se alarga rápidamente en su extremo distal para llenar el espacio entre el corion y el amnios. Al cuarto día de incubación la alantoides ha crecido lo suficiente para contactar el corion en la superficie interna de la cáscara (Fig. 3.16C). Hasta ese momento, el embrión ha sido incapaz de enviar sangre a la parte interna de la cáscara debido a que el corion es un tejido avascular. Por el contrario, la alantaoides está muy vascularizada y porta una red de vasos sanguíneos que llegan hasta la periferia del huevo de tal forma que los eritrocitos pueden entrar en contacto con el aire que penetra por los poros de la cáscara. Por tanto, en este punto del desarrollo embrionario el embrión tiene tres circuitos vasculares: el primero dentro del propio embrión, el segundo dentro del saco de la yema y el tercero dentro de la alantoides.

Corioalantoides

Cuando se encuentran el corion y la alantoides se funden en una sola unidad el corioalantoides (Fig. 3.15D y 3.16C), compuesto de endodermo que se continúa con el aparato gastrointestinal dos capas intermedias de mesodermo y una capa externa de ectodemo en todas las regiones que se aponen a la cáscara. Esta estructura tan altamente desarrollada posee grandes capacidades metabólicas gracias a que deriva de los principales tejidos embrionarios y sirve como pulmón embriónico durante la mayor parte de la incubación. Las arterias corioalantoideas mandan dióxido de carbono a la superficie de la cáscara para su eliminación y las venas corioalantoideas envían sangre oxigenada al embrión para mantener su crecimiento. Además de esta función respiratoria el compartimento formado por la alantoides y el corioalantoides

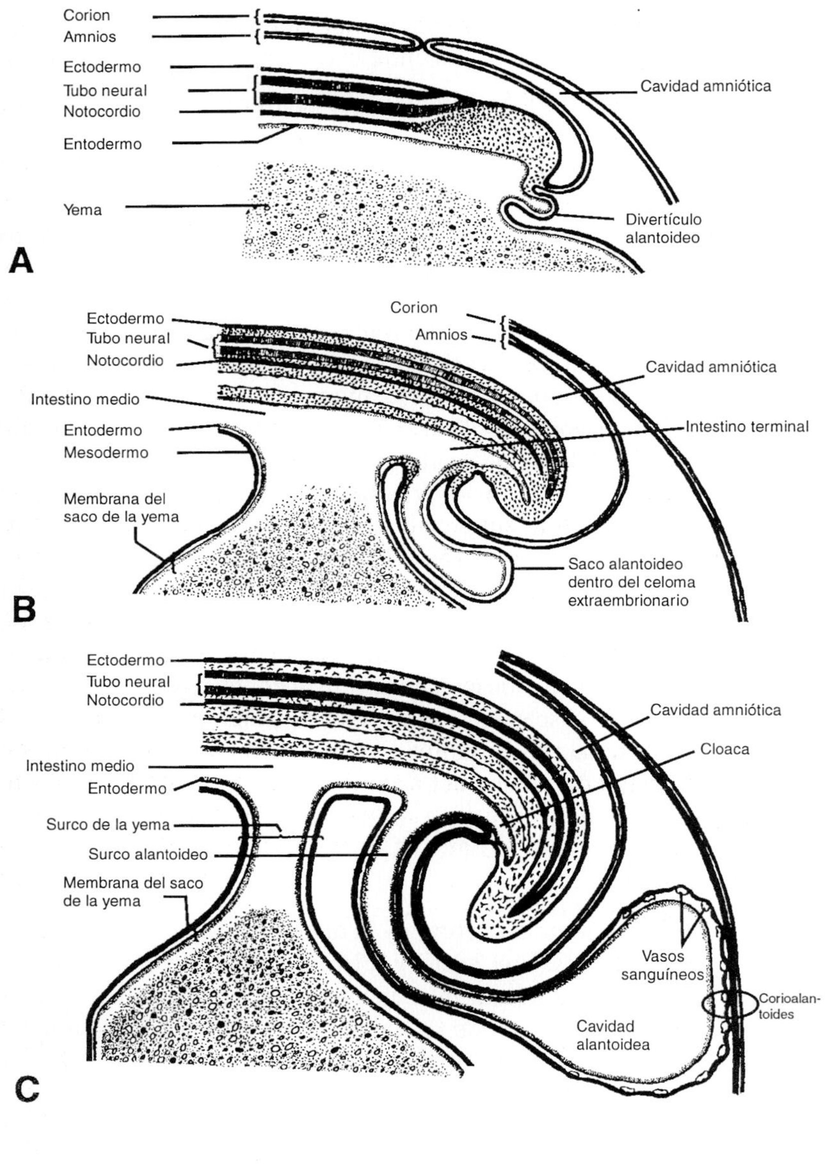

Figura 3.16 Diagramas esquemáticos de cortes longitudinales de la región caudal del embrión de pollo para mostrar la formación de la alantoides a los aproximadamente 2,75; 3 y 4 días de la incubación. Datos de Patten & Carlson (1974).

sirve de reservorio de los productos de desecho del metabolismo del nitrógeno que se mantienen en el huevo como precipitados insolubles de ácido úrico.

Principales compartimentos embrionarios

Al comienzo de la incubación el embrión se localiza entre los compartimentos de la clara y la yema del huevo. El primer compartimento embrionario es el saco de la clara que rodea a toda ésta. El segundo compartimento se forma como amnios y circunscribe un área alrededor del embrión en desarrollo y el tercer compartimento se crea simultáneamente dentro de los límites del corion extendiéndose desde la membrana del saco de la yema hasta el corion y contiene el compartimento amniótico. El compartimento coriónico pronto se ve invadido por la alantoides que crece rápidamente desde el cuarto al duodécimo día de la incubación para llenar el espacio existente entre el embrión y la cáscara. Durante los primeros días del desarrollo la clara pierde su viscosidad y como se están formando los tres compartimentos embrionarios el albumen se ve forzado a ocupar el espacio que queda en el extremo estrecho del huevo (Fig. 3.15D). Este movimiento del contenido del huevo posiciona directamente parte de la clara por detrás de la yema y ocasionalmente pone en contacto la alantoides y el corioalantoides con la membrana del saco de la yema. Entre la yema y la clara confinada se desarrolla una conexión abierta que facilita la adsorción de esta reserva proteica y acuosa por el endodermo del saco de la yema. La distribución de espacio para el albumen hace que éste pueda bañar también la unión del amnios con el corion (Fig. 3.15D). El día 13 esta unión se rompe y el albumen fluye dentro del líquido amniótico. Como el embrión traga líquido amniótico absorbe más del 70% de las reservas proteicas de la clara a través del intestino. Hay que advertir que la ruptura de la unión amniocoriónica abre una conexión desde la yema directamente al amnios y se piensa que parte de las moléculas de inmunoglobulinas depositadas en la yema se transfieren al intestino del embrión por esta vía. Desde el intestino aparentemente todas esas sustancias se absorben pasando directamente al sistema vascular sin modificación proporcionando inmunidad materna al embrión.

Movimiento embrionario durante el desarrollo

El cambio más temprano en la posición del embrión ocurre cuando la cabeza comienza a flexionarse hacia la yema al estar elevada aquélla sobre el surco de la yema. Al tercer día el embrión gira hacia el lado izquierdo y se coloca en ángulo recto cruzando el eje del huevo. Asienta sobre la superficie de la yema hasta el día décimo cuando comienza a hundirse y rotar. Esta reorientación ocurre lentamente y después de siete días el embrión se encuentra con su eje longitudinal paralelo al del huevo. En el momento de la eclosión, el embrión está colocado normalmente, con su cabeza en el extremo ancho del huevo plegada bajo su ala derecha.

Además de estos cambios de posición el embrión se mueve y se mueve durante el desarrollo. Las contracciones del amnios proporcionan ondas en el líquido que baña al embrión con lo que se evitan las adherencias de los tejidos que crecen rápidamente. Después del cuarto día de incubación el embrión alterna períodos de actividad que duran 5-90 segundos con períodos de inactividad que persisten durante 10-45 segundos (Fig. 3.17).

Energía para el desarrollo y respiración embrionaria

En el momento de la fertilización el huevo contiene 88 kcal en dos compartimentos: la reserva de la yema con 70 kcal y el albumen con 18 kcal. Al final de la incubación las reservas de la yema se han reducido a 28 kcal, el embrión contiene 36 kcal con lo que 24 kcal de la energía inicial se han consumido en el proceso de convertir la yema y el albumen en la eclosión. En

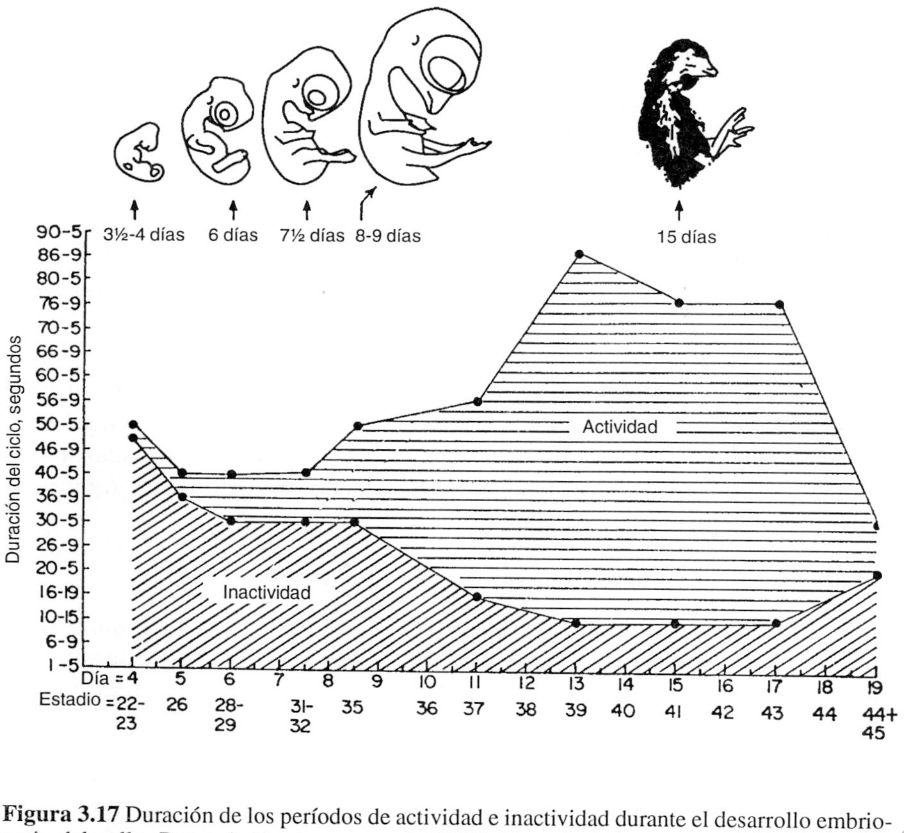

Figura 3.17 Duración de los períodos de actividad e inactividad durante el desarrollo embrionario del pollo. Datos de Hamburger *et al.* (1965). Reproducido con permiso de Wiley-Liss Inc, compañía subsidiaria de John Wiley & Sons, Inc.

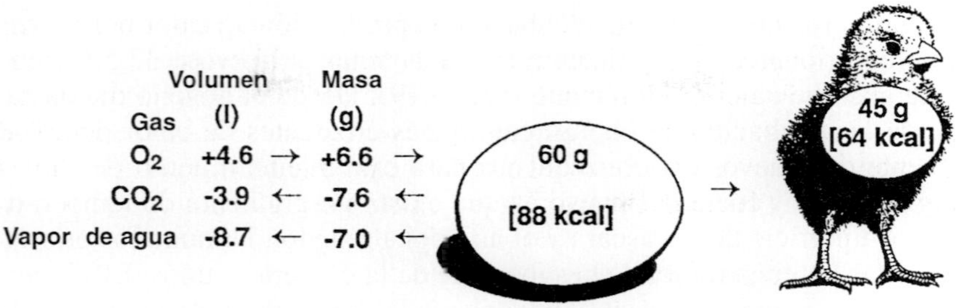

Figura 3.18 Movimiento de gases dentro y fuera del huevo de gallina durante la incubación y las reservas energéticas y las masas de componentes de un huevo antes y después de la incubación. Modelado después de Rahn (1981) para el huevo de pavo usando datos de Romanoff (1967).

la Figura 3.18 y la Tabla 3.1 se resumen las masas de tejido de los compartimentos fisiológicos que intervienen en este proceso.

Esta conversión de las reservas de lípidos, proteínas y agua del huevo en un pollo eclosionado requiere el aporte de 4,6 litros de oxígeno para soportar las reacciones bioquímicas de todo el proceso (Fig. 3.18). Además, para convertir las reservas de nutrientes del huevo en un pollo estas reacciones bioquímicas producen 3,9 litros de dióxido de carbono.

Las 24 kcal de energía que se consumen durante la incubación para soportar el crecimiento embrionario son liberadas como calor. Durante los primeros nueve días de incubación cuando el ritmo de crecimiento es bajo la liberación de calor es insignificante pero durante los últimos diez días de crecimiento embrionario exponencial (Fig. 3.13A), la producción de calor se eleva regularmente (Fig. 3.13B). A fin de mantener el crecimiento, se necesita oxígeno. Cuando la velocidad de crecimiento es baja, el consumo de oxígeno es así mismo bajo, y se eleva para cubrir las demandas del crecimiento del embrión durante la segunda mitad de la imcubación (Fig. 3.13C). Análogamente la producción de dióxido de carbono es baja al comienzo de la incubación y se acelera a medida que sigue el desarrollo (Fig. 3.13G). Duran-

Tabla 3.1 Peso medio del huevo antes de la incubación, pérdida de peso durante la incubación y peso del embrión y cáscara con residuos. Datos de Tullet y Burton (1982).

	Peso	*% del peso original*
Peso del huevo fresco	60,00	100,0
Pérdida de peso durante la incubación	7,27	12,1
Peso del pollo al nacer	44,74	74,6
Peso de la cáscara más residuos	6,92	11,5

te los primeros nueve días de incubación la producción de calor por la respiración embrionaria es insuficiente para mantener el huevo a 37,5°C con lo que se absorbe calor del ambiente (Fig. 3.19). Desde el noveno día hasta el final de la incubación se liberan cantidades crecientes de calor dentro del ambiente del huevo. Un prerrequisito para este mantenimiento de flujo de energía dentro y fuera del huevo es que exista un gradiente de temperatura entre la superficie de la cáscara y el aire del alrededor. Durante los primeros nueve días la temperatura de la superficie de la cáscara es unos 0,1°C menor que la del aire ambiental pero al noveno día las temperaturas se igualan. Después del noveno día, la temperatura de la cáscara es mayor que la del ambiente y esta diferencia continúa elevándose hasta el final de la incubación cuando la temperatura de la cáscara es 2°C superior a la del ambiente (Fig. 3.19).

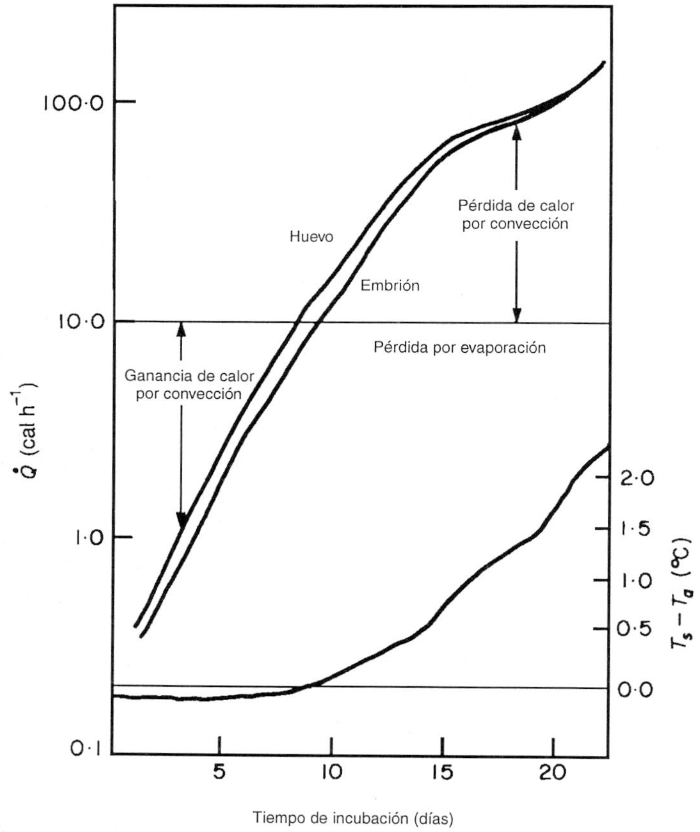

Figura 3.19 Transferencia de calor (Q) al huevo y embrión durante los primeros nueve días de incubación y fuera de ellos después de esa fecha. La curva inferior indica la diferencia de temperatura (T_s-T_a) entre la cáscara y el ambiente. Datos de Briedis & Seagrave (1984).

Equilibrio acuoso durante el desarrollo

Cuando se sitúa un huevo fértil en la incubadora o bajo una gallina clueca perderá 400-450 mg/día (Fig. 3.20) debido al eflujo de vapor de agua, a través de los poros de la cáscara. El ritmo del eflujo viene determinado por la facilidad con que el vapor de agua se pueda mover a través de la cáscara del huevo y la diferencia de presión de vapor de agua que cruce la cáscara. La facilidad con que el vapor de agua se pueda mover a través de la cáscara se denomina conductancia, que dependerá del número de poros en la cáscara, de las características de cada huevo, así como su longitud y forma. Por ejemplo, los poros largos y delgados transportarán menos gas que los cortos y anchos. De igual forma, los poros que estén constriñidos en el centro y que posean ramificaciones tortuosas serán menos capaces de facilitar el paso de los gases que aquellos que sean rectos y lisos de paredes. Todas estas consideraciones son estimadas experimentalmente midiendo la pérdida de peso en una atmósfera que contenga cantidades precisas de vapor de agua. Bajo estas condiciones se puede conocer, la conductancia del vapor de agua (C_{wv}) y expresarse como el volumen de agua que se puede transportar a través de la cáscara.

La diferencia de presión de vapor de agua entre el interior y el exterior de la cáscara proporcionará el gradiente que se precisa para regular el flujo de vapor de agua en el huevo. El flujo de aire a través de los poros de la cáscara y dentro de los espacios entre las fibras de tejido de las membranas de la cáscara (véanse págs. 12-19) está completamente saturado. A la temperatura de incubación de 37,5ºC la presión parcial de vapor de agua (P_{wv}) en el aire saturado, es de unos 6,5 kPa (49 mm de Hg). Por el contrario, la presión parcial de vapor de agua en el aire, a unos 300 µm de los poros, es de 3, 33 kPa (25 mm de Hg) porque la humedad relativa del interior de la incubadora se mantiene al 50% de su capacidad. Esta diferencia proporciona el gradiente de concentración que dirige el agua desde el huevo a través de los poros.

La pérdida de agua por huevo y día, se puede calcular dada la capacidad del huevo para conducir vapor de agua a través de la cáscara (C_{wv}) expresado en mm de Hg de diferencia entre el interior y el exterior de la cáscara y la diferencia de humedad relativa (RH) también en ambas partes del huevo. Este cálculo ha sido realizado por combinaciones de (C_{wv}) entre 10 y 20 µl $mmHg^{-1}$ $día^{-1}$ y diferencias de vapor de agua entre 14 y 34 mm de Hg, y se presentan en la Figura 3.21. Estos márgenes han sido seleccionados bajo la base de conocimientos previos ya que se sabe que solamente se pueden alcanzar niveles aceptables de incubabilidad cuando las pérdidas de peso están en el margen de 10-15% (Fig. 3.22) y que la conductancia del vapor de agua de la mayoría de los huevos de gallina acomodarán el apropiado movimiento de agua cuando la humedad relativa del aire ambiente en el interior de la incubadora sea del 50%. Para obtener esta cifra óptima en cada huevo se requieren adecuadas diferencias de conductancia y de presión de vapor de

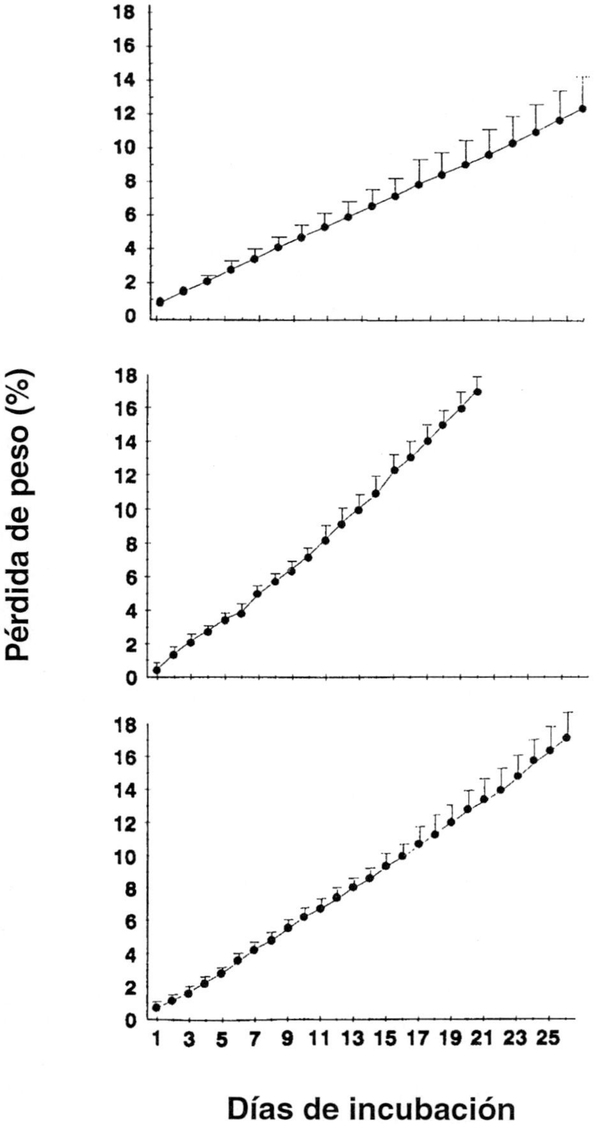

Figura 3.20 Pérdida de peso acumulada de huevos incubados en una incubadora de aire forzado a 37,5°C y 50% de humedad relativa (parte superior) 5 huevos de gallina Bantam incubados bajo clueca de la misma estirpe (parte media) y nueve huevos de pava incubados bajo pava clueca (parte inferior).

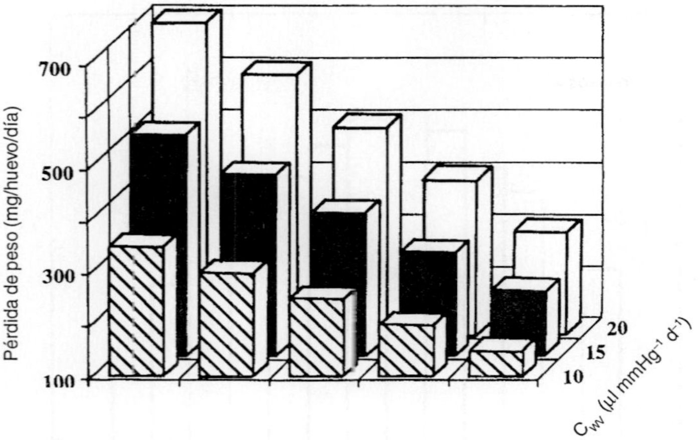

RH(%) @ 37,5°C	28	39	50	59	69
P_{wv} mmHg	14	19	24	29	34
ΔP_{wv} mmHg	35	30	25	20	15
Temperatura °F	72	78	82	86	90

Figura 3.21 La pérdida diaria de agua es dependiente de la capacidad de la cáscara para conducir vapor de agua (expresado como μl de agua mm de Hg^{-1}, día^{-1}) y de la presión diferencial de vapor de agua en el interior y exterior de la cáscara. Como el aire del interior del huevo está saturado, la presión diferencial se puede expresar: como la humedad relativa del aire ambiente del interior de la incubadora como la presión parcial del vapor de agua (P_{wv}) del aire ambiental de la incubadora, como la diferencia de presión parcial del vapor de agua en el interior y exterior de la cáscara o como la temperatura medida en el interior de la incubadora.

agua. En la práctica, esto es difícil de conseguir puesto que los huevos no se pueden clasificar fácilmente sobre la base de su conductancia y por ello se ajusta la humedad dentro de la incubadora solamente para optimizar la presión diferencial del huevo con el promedio de la conductancia.

La cáscara es la frontera del embrión desde el momento en que el huevo es puesto hasta que el embrión comience a picotearla unas 14 horas antes de finalizar la incubación (véase más adelante). Cuando la cáscara es picoteada, el embrión no puede respirar aire saturado con lo que debe arreglárselas con el aire ambiental que es más seco y tiene mayor concentración de O_2 y más baja de CO_2. Con el fin de evitar la deshidratación la práctica convencional de los criadores demanda que se mantenga la humedad relativa de la incubadora al 80% o más alta tan pronto como una proporción significante de embriones haya picoteado las cáscaras.

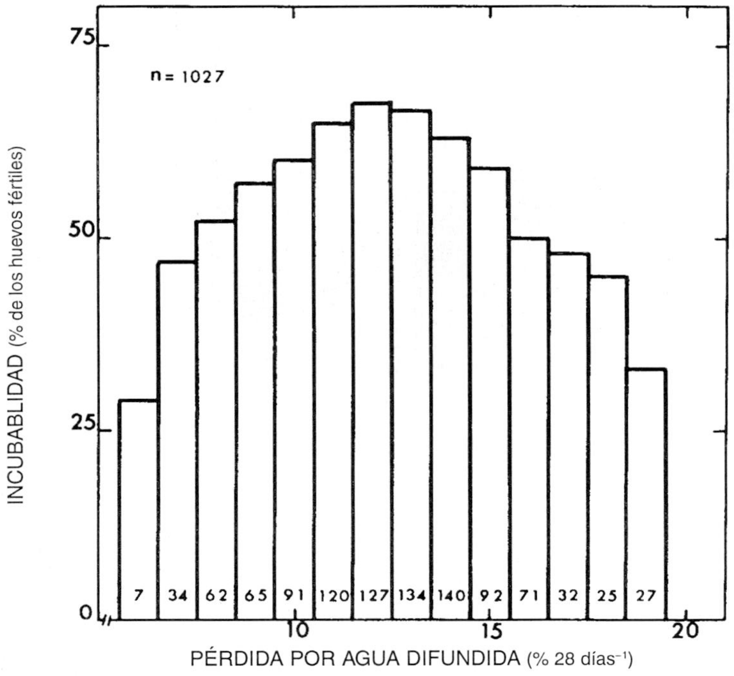

Figura 3.22 Relación entre la pérdida de agua durante la incubación y la incubabilidad de 1.027 huevos de pava. La pérdida de agua se expresa como pérdida de peso durante la incubación por peso inicial del huevo × 100. Datos de Meir *et al.* (1984).

Transferencia de masa durante la incubación

La indicación más segura de que la transferencia de masa es un proceso continuo durante el desarrollo viene determinada por las inspecciones continuas que se hacen en el ovoscopio en los distintos estadios de la incubación para observar el tamaño de la cámara de aire. A medida que se evapora agua del huevo y su contenido se metaboliza y se vuelven a reunir en el compartimento embriónico las membranas interna y externa de la cáscara se separan para permitir que se expanda la cámara de aire. Estos cambios macroscópicos se ilustran en la Figura 3.23.

El influjo de oxígeno dentro del embrión aumenta su masa unos 6,6 g durante la incubación y el eflujo de dióxido de carbono libera 7,6 g al ambiente (Fig. 3.18). Por tanto, durante el proceso de convertir las reservas del huevo en un embrión hay pérdida de carbono y aumento de oxígeno que se incorpora a los tejidos. Este incremento casi iguala a la pérdida de dióxido de carbono durante la incubación con lo que la transferencia neta de masa según el consumo y producción de esos gases es de aproximadamente 1 g.

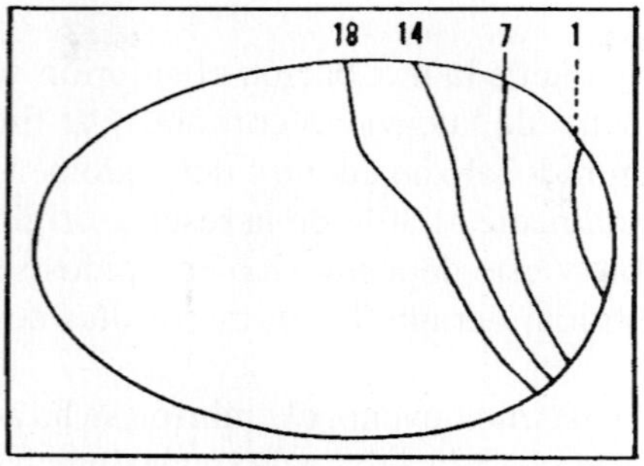

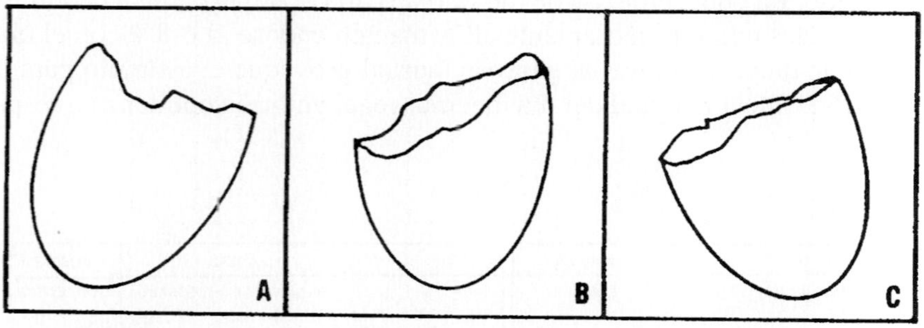

Figura 3.23 Representación esquemática de los cambios del tamaño de la cámara de aire en el huevo de gallina a los 1, 7, 14 y 18 días de la incubación. El huevo pierde aproximadamente el 12% de su peso inicial antes de que el embrión picotee la cáscara cuando se incuba a 37ºC y 50% de humedad relativa (parte superior). La humedad efectiva también se puede variar según el tamaño de la cámara de aire. Cuando la humedad es demasiado alta la cáscara será picoteada cerca del extremo romo del huevo (parte inferior, **A**). Cuando la humedad es demasiado baja el huevo será picoteado cerca del ecuador del huevo (parte inferior, **B**). Cuando la pérdida de peso del huevo sea la óptima casi un tercio de la cáscara se desprenderá después del picoteo (parte inferior, **C**). De Reinhart (1982).

Sin embrago, la masa del huevo durante la incubación se reduce unos 8 g (Tabla 3.1) y el 90% de esta pérdida está relacionada con el escape de vapor de agua a través de los poros de la cáscara (Fig. 3.18). En la Tabla 3.1 se relacionan los datos sobre la masa inicial del huevo con la final del embrión y sus residuos. Independientemente del tamaño del huevo alrededor del 12% del peso inicial del huevo se pierde entre el principio y el final de la incubación si la humedad relativa dentro de la incubadora es del 50%. Otro 12% del peso inicial de huevo permanece como cáscara y su respectivo corioalantoides y alrededor del 75% del peso inicial es lo que se convierte en el embrión.

Eclosión

Hacia el diecinueve día de la incubación el embrión comienza a arrastrar el saco de la yema dentro de la cavidad corporal y al final del día veinte la reserva total se encuentra localizada dentro del abdomen del embrión. En la incubación, aproximadamente el 30% de la reserva original de nutrientes de la yema está disponible y este depósito rico en lípidos será la mayor fuente de energía para el embrión, durante los primeros días después de la incubación.

Al principio del día décimo noveno, el embrión se ha autoorientado; de tal forma que su cabeza está plegada debajo de su ala derecha y reposando debajo de la cámara de aire. En ese momento el líquido amniótico ha sido completamente embebido y el líquido residual de las rutas aéreas está siendo reabsorbido. La concentración de dióxido de carbono en la cámara de aire se eleva a niveles extraordinariamente altos manteniéndose al 6-8% con el que es probable que este ambiente gaseoso inusual provoque el estímulo para la respiración. Hacia la mitad del día diecinueve, el embrión comienza a respi-

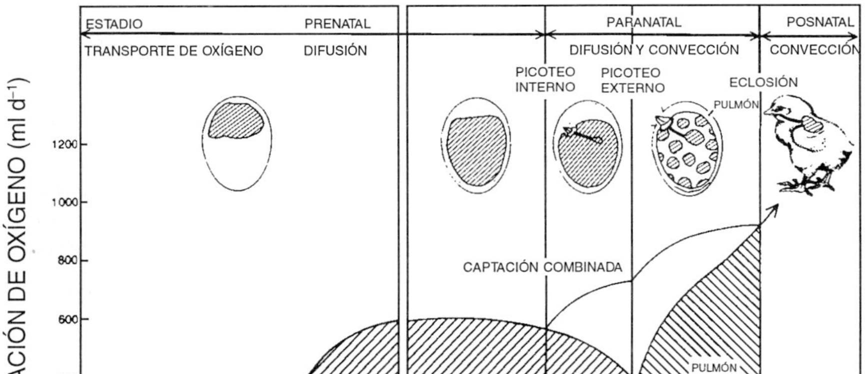

Figura 3.24 El consumo de oxígeno del embrión se incrementa considerablemente en el curso de la incubación. El aumento es gradual durante la primera semana y media, pero entre los días 10 y 14 el consumo de oxígeno se eleva. En los días 19 y 20 hay un cambio gradual desde un intercambio difuso de gases en el corioalantoides a una respiración activa por medio de los pulmones. Al mismo tiempo que el embrión emerge del huevo, sus pulmones ya están listos para cumplir su misión con eficacia. Datos de Rahn *et al.* (1979).

rar, usando sus pulmones y se reduce el flujo de sangre del corioalantoides (Fig. 3.24). Durante las 25 horas siguientes aumenta el intercambio de gases a través del pulmón mientras que la contribución del corioalantoides sigue reduciéndose. En el momento de la eclosión, los vasos del corioalantoides se han aplastado y sus conexiones a la parte anterior del intestino del embrión se rompen para liberar esta membrana extraembrionaria, que está unida por su parte izquierda a la membrana interior de la cáscara cuando el embrión emerge desde ésta.

La aparición de la respiración pulmonar está relacionada con un cambio de posición del embrión en el huevo cuando se escapa de los confines de la membrana interna de la cáscara y ocupa todo el espacio dentro de la cáscara (Fig. 3.24). Este cambio de posición puede ser fácilmente observable mediante el ovoscopio y cuando el 20-30% de los huevos en incubación han alcanzado este estadio se deben transferir al lugar donde se vaya a producir la eclosión para evitar su deshidratación después del picoteo externo. Cuando el embrión vuelve a colocarse en el extremo ancho del huevo el músculo de la eclosión situado en el cuello que es el que le proporciona la suficiente potencia para que pueda romper la cáscara ha alcanzado su máximo tamaño. El embrión picoteará la cáscara unas 12 horas después de comenzada la respiración pulmonar (Fig. 3.24) utilizando empujes con la cabeza hacia arriba y hacia atrás. Los movimientos más vigorosos en el proceso de la eclosión, comienzan cuando el huevo es picoteado y el embrión rompe la cáscara, en un anillo lateral. Durante este período, el consumo de oxígeno se eleva, extraordinariamente (Fig. 3.24), para suplir las demandas del embrión que se mueve dentro de la cáscara utilizando sus pies y alas y continúa moviendo su cabeza tratando de romper la cáscara. La acción de corte circular que lleva a cabo, dura unas 14 horas hasta que el embrión rompe un anillo que comprende el 70-80% de la circunferencia del huevo. En este punto, el embrión empuja la cáscara abierta y emerge del huevo dejando tras de sí el corioalantoides apergaminado.

Bibliografía

Bakst, M.R. & Howarth, B. Jr. (1977). Hydrolysis of the hen's perivitelline layer by cock sperm in vitro. *Biology of Reproduction* 17, 370-379.

Balinsky, B.I. & Fabian, B.C. (1981). *An Introduction to Embryology,* 5th edn. Sanders College Publishing, Philadelphia.

Bitgood, J.J. (1993). The genetic map of the chicken and availability of genetically diverse stocks. In: *Manipulation of the Avian Genome.* Edited by R.J. Etches and A.M. Verrinder Gibbins. CRC Press, Boca Raton, Florida, pp. 61-79.

Briedis, D. & Seagrave, R.C. (1984). Energy transformation and entropy production in living systems I. Applications to embryonic growth. *Journal of Theoretical Biology* 110, 173-193.

Bronkhorst, J.J. (1933). A physical, chemical and physiological study of high and low hatching lines of single comb White Leghorns. PhD thesis, Cornell University, Ithaca, New York.

Etches, R.J. (1993). A genetic approach to physiology. In: *Manipulation of the Avian Genome.* Edited by R.J. Etches and A.M. Verrinder Gibbins. CRC Press, Boca Raton, Florida, pp. 1-13.

Freeman, B.M. & Vince, M.A. (1974). *Development of the Avian Embryo.* Chapman & Hall, London.

Hamburger, V., Balaban, M., Wenger, E. & Oppenheim, R. (1965). Periodic motility of normal and spinal chick embryos between 8 and 17 days of incubation. *Journal of Experimental Zoology* 159, 1-14.

Kagami, H. & Tomita, T. (1990). Genetic and morphological studies on the right gonad of ovariectomized chickens. *Japanese Poultry Science* 27, 111-121.

Kodama, H., Saitoh, H., Tone, M., Kuhara, S., Sakaki, Y. & Mizuno, S. (1987). Nucleotide sequences and unusual electrophoretic behaviour of the W chromosome-specific repeating DNA units of the domestic fowl, *Gallus gallus domesticus. Chromosoma* 96, 18-25.

Landauer, W. (1967). *The Hatchability of Chicken Eggs as Influenced by Environment and Heredity.* Monograph 1 (revised), Storrs Agricultural Experiment Station, University of Connecticut, Storrs, Connecticut.

Levin, I., Crittenden, L.B. & Dodgson, J.B. (1993). Genetic map of the chicken Z chromosome using random amplified polymorphic DNA (RAPD) markers. *Genomics* 16, 224-230.

Mathews, W.W. (1986). *Atlas of Descriptive Embryology,* 4th edn. Macmillan. New York.

Meir, M., Nir, A., & Ar, A. (1984). Increasing hatchability of turkey eggs by matching incubator humidity to shell conductance of individual eggs. *Poultry Science* 63, 1489-1496.

Nieuwkoop, P.D. & Sutasurya, L. A. (1979). *Primordial Germ Cells of the Chordates.* Cambridge University Press, Cambridge.

Okamura, F. & Nishiyama, H. (1978). Penetration of spermatozoon into the ovum and tranformation of the sperm nucleus into the male pronucleusin the domestic fowl, *Gallus gallus. Cell and Tissue Research* 190, 89-98.

Olsen, M.W. (1942). Maturation, fertilisation and early cleavage in the hen's egg. *Journal of Morphology* 70, 513-533.

Olsen, M.W. & Fraps, R.M. (1950). Maturation changes in the hen's ovum. *Journal of Experimental Zoology* 114, 475-489.

Patten, B.M. & Carlson, B.M. (1974). *Foundation in Embryology,* 3rd edn. McGraw-Hill, New York.

Perry, M.M. (1987). Nuclear events from fertilisation to the early cleavage stages in the domestic fowl *(Gallus domesticus). Journal of Anatomy* 150, 99-109.

Rahn, H. (1981). Gas exchange of avian eggs with special reference to turkey eggs. *Poultry Science* 60, 1971-1980.

Rahn, H., Ar, A., & Paganelli, C.V. (1979). How bird eggs breathe. *Scientific American* 240, 46-55.

Reinhart, B.S. (1982). *Incubation.* Publication 234, Ontario Ministry of Agriculture and Food, Toronto.

Romanoff, A. (1960). *The Avian Embryo.* Macmillan, New York.

Romanoff, A. (1967). *Biochemistry of the Avian Embryo.* John Wiley & Sons, New York.

Tullett, S.G. & Burton, F.G. (1982). Factors affecting the weight and water status of the chick at hatch. *British Poultry Science* 23, 361-369.

Lecturas adicionales

Olsen, M.W. (1975). *Avian Parthenogenesis*. USDA Bulletin ARS-NE-65.

4

Crecimiento y Maduración Sexual

4.1 Introducción

La diferenciación sexual es dependiente de la presencia, o ausencia, del cromosoma W y a nivel celular, este dimorfismo, entre machos y hembras es fácilmente detectado utilizando herramientas de histología y citología. Sin embargo, en los tejidos, órganos y animal entero, el dimorfismo sexual se manifiesta por una amplia variedad de caminos y hay diferentes (y algunas veces opuestas) expresiones de dimorfismo sexual, entre las distintas razas y especies de aves domésticas. En algunos casos, estos dimorfismos son curiosidades biológicas, mientras que otros han sido de gran utilidad para la industria avícola.

4.2 Características sexuales secundarias durante el desarrollo y en la eclosión

A los pocos días de la fertilización, el embrión hembra se puede identificar por el acúmulo de células germinales primordiales en la gónada izquierda. En el día décimo de la incubación, las gónadas se encuentran lo suficientemente diferenciadas para ser reconocidas en la autopsia, pero durante el desarrollo embrionario no hay características externas que identifiquen el sexo del embrión. En la eclosión, los embriones machos y hembras tienen el mismo peso y a excepción de la variante genética específica en cuanto a color y longitud de la pluma ni los machos ni las hembras muestran ninguna característica sexual secundaria que les pueda distinguir.

La necesidad de un método simple y universal, para diferenciar los sexos de las aves domésticas en la eclosión, es un reclamo de la propia industria avícola. Solamente uno de los sexos de cada uno de los abuelos y padres, contribuye en el de la siguiente generación, ya que el indeseado pollo «asexual» de cada una de estas líneas, queda eliminado en los esquemas de cría para producir el ave comercial. A menudo, criadores de pollos y pavos, venden éstos sexados, porque la diferencia sexual en cuanto al ritmo de crecimiento y eficacia de la alimentación necesita la separación de machos y hembras para satisfacer las preferencias del mercado, en base a una carcasa uniforme con una composición específica.

En 1927, Masui y sus colaboradores describieron las diferencias anatómicas en la cloaca de los pollos recién eclosionados. Aunque estas diferencias, entre machos y hembras, parecen tan claras desde el punto de vista anatómico (Fig. 4.1), solamente se pueden detectar con seguridad y consistencia en el pollo vivo después de un duro período de entrenamiento y aprendizaje que varía de tres a cinco años. Durante los últimos 50 años, la industria avícola ha confiado principalmente en la escuela japonesa para disponer de personal experto para poder vender animales sexados a las granjas avícolas productoras de huevos a las granjas con líneas de padres y abuelos que dan origen a gallinas de puesta o pollos de carne, también a las granjas de pavos de cual-

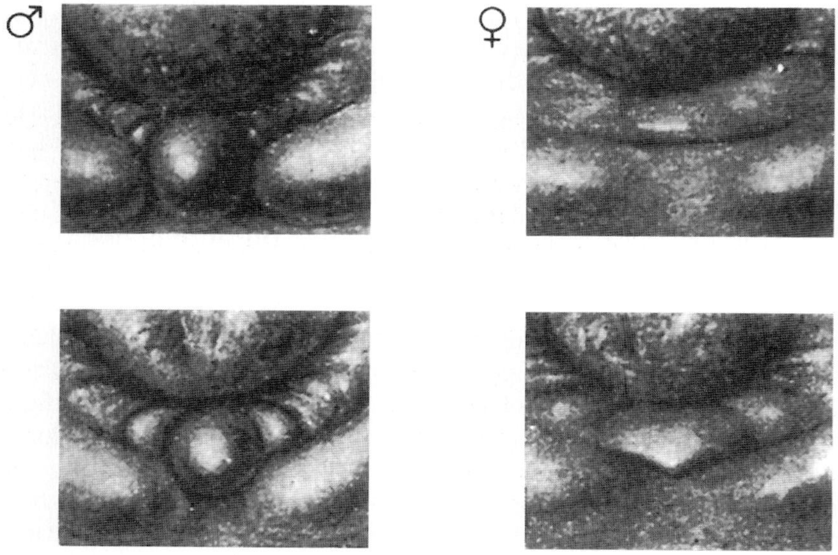

Figura 4.1 Anatomía de la cloaca evertida de la hembra (lado derecho) y el macho (lado izquierdo) del pollo al tiempo de la eclosión. Fotografías de Canfield (1941).

quier índole y muchas de las aves utilizadas en el deporte y las aves acuáticas. La pericia de los sexadores varía, entre las líneas puras y las estirpes, desde un rendimiento bajo de 800 pollos a la hora con una seguridad del 95%, a un rendimiento mayor de unos 1.300 pollos/hora con una seguridad del 99%. Independientemente de la notable agudeza visual y destreza manual de los sexadores, los gastos para mantener un personal cualificado que se acomode a los grandes criaderos, ha contribuido al desarrollo de métodos igualmente seguros, para sexar pollitos de un día que precisen menos entrenamiento y gasto. Esos métodos se basaban en los genes que controlan el color y el ritmo del crecimiento de la pluma durante los últimos días de incubación.

Control genético del color del plumón

El color del plumón está afectado por dos genes del cromosoma Z. El gen barrado *(B)* codifica un fenotipo mutante que intermitentemente, elimina la deposición de pigmento en la pluma. El segundo gen codifica un fenotipo mutante que excluye los pigmentos marrón-rojizos (considerados como color oro) de la pluma para producir un ave con pluma blanca (considerados como color plata). Los genes barrados y plata/oro se localizan en las unidades trasversas 73 de cada uno, con lo que se segregan independientemente (véase Fig. 3.4).

Los alelos plata (*S*) y oro (s^+) son útiles en la creación de cruces de razas o estirpes que proporcionan pollos cuyo sexo es fácilmente identificable por el color de su plumón. Se producen cruzando hembras homozigotes *S*/- (plata), que son fenotípicamente blancas cuando adultas y amarillo pálido cuando pollitos, con machos homozigotes s^+/s^+ que son fenotípicamente marrones tanto de adultos como de pollitos. Los pollitos de este cruce que sean de color amarillo pálido serán machos y los rojizos hembras (Fig. 4.2). Los machos para este cruce se pueden obtener de cualquier estirpe como la New Hampshire, Leghorn parda o Rhode Island roja, mientras que las hembras blancas deben ser genéticamente plata. Aunque hay varias estirpes de gallinas blancas que genéticamente son plata (por ej., Light Sussex, Silver Laced Wyandotte y Light Dorking), las blancas más utilizadas en los últimos años son genéticamente distintas. Por ejemplo, la White Plymouth Rocks y las White Wyandottes se han usado en la formación de líneas de broilers padres son normalmente, de pluma blanca puesto que son homozigotes recesivos para un gen autosómico *(c)*, que evita la coloración de las plumas. Por otro lado, la Leghorn blanca carece de pigmento en sus plumas porque portan el alelo dominante en diferente locus autosómico *(I)*, que también evita la deposición de pigmento en la pluma. Aunque algunas aves en cada una de estas razas sea genéticamente plata la presencia de cualquier dominante blanco o alelos blancos recesivos imposibilita su utilización en cruces de autosexo donde el color del plumón se utiliza para identificar al genotipo. La mayoría de los produc-

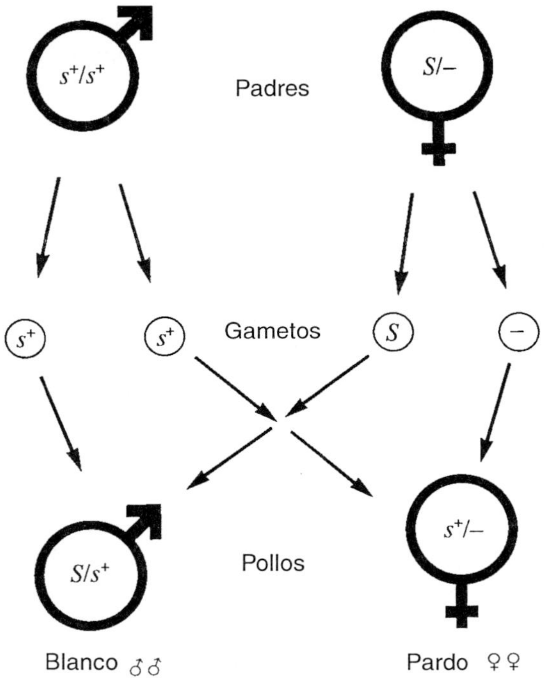

Figura 4.2 Cruce de hembras homozigotes *S/-* (plata) que son fenotípicamente blancas, cuando adultas, con machos homozigotes s^+/s^+ (oro), de color amrillo pálido que son fenotípicamente pardos tanto de adultos como de pollitos, producen pollos de color amarillo pálido en los machos y pollos pardos cuando son hembras.

tores de huevos morenos sexan por el color utilizando los alelos plata y oro. A pesar de que los modernos criadores de broilers utilizan estirpes cuyo color de la pluma viene dictado por los locus plata/oro ligados al sexo, se han realizado pocos intentos de comercializar este método para sexar los pollitos de un día. En parte, la falta de cruces de estirpes que sexen por el color en el mercado del broiler, ha sido debida a los altos costos de desarrollo para eliminar los alelos autosómicos que producen el fenotipo blanco. Sin embargo, históricamente las preferencias del mercado por el pollito blanco fueron el mejor distintivo para los criadores a fin de desarrollar líneas oro de machos y líneas plata de hembras. En la década de los 1950, los pollitos de pluma blanca eran claros favoritos por la industria del procesado, por cuanto las máquinas de desplumado mecánico que se estaban introduciendo por entonces, no podían eliminar todos los cañones, con lo que se quedaban algunas plumas blancas pero no eran carcasas rechazadas lo que sí ocurría si fueran de otros colores. Las mejoras introducidas en la tecnología de esa maquinaria ha eliminado esa consideración, aunque la tarea de desarrollar las estirpes de abuelos y padres adecuadas para facilitar el sexaje por el color, no ha tenido una gran prioridad en la mayoría de los programas de cría de las granjas comerciales.

El gen ligado al sexo para el barrado que hace que el pigmento se deposite en bandas cuando la pluma emerge del folículo en la ave adulta, proporciona la oportunidad de determinar el sexo a la eclosión, puesto que ese gen produce un área de plumón blanco en la cabeza del pollito. Cuando las hembras barradas en negro se cruzan con machos de cualquier estirpe común, las hembras resultantes serán de color negro sólido y los machos serán negros con parches blancos en la cabeza (Fig. 4.3).

En las estirpes puras que son negras o barradas como la Plymounth Rock barrada, los machos tienden a tener en la cabeza un punto blanco mayor que las hembras, y las bandas de despigmentación sobre las plumas maduras de los machos son dos veces más anchas que las de las hembras. Estas diferencias sexuales dentro de la estirpe, son consecuentes a la presencia de dos copias del gen barrado ZZ en los machos y solamente una copia ZW en las hembras. Sin embargo, en la mayoría de las estirpes de Plymouth Rock barrada, la diferencia de tamaño del punto de la cabeza es un método imposible de realizar para la identificación de sexos. No obstante, el gen barrado se puede

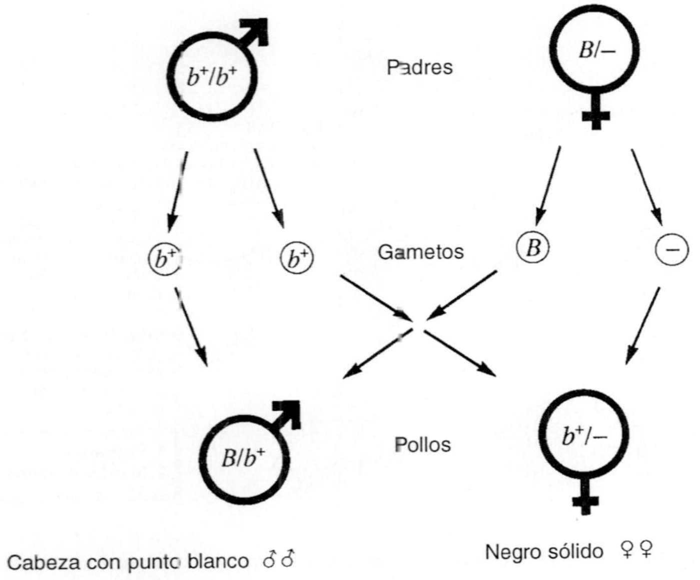

Figura 4.3 Los cruces entre machos negros no barrados y hembras negras barradas, producen heterozigotos machos barrados, que se reconocen en el momento de la eclosión por llevar un punto blanco en la cabeza y hembras hemozigotas no barradas de color negro sólido.

utilizar para proporcionar un método ideal de identificación de sexos cuando se incorpora en un contingente de animales que son genéticamente oro o plata en ausencia de plumas pigmentadas de oscuro. El color del plumón de los pollitos de estas estirpes o razas es menos intenso que el de las pollitas, aunque la intensidad absoluta de pigmentación puede variar considerablemente en el color del plumaje del adulto. Aunque entre 1930 y 1950 se desarrollaron muchos métodos de autosexaje para las razas populares, ninguna de las estirpes sintéticas derivadas del manejo corriente de los criadores utiliza esa metodología.

Control genético del crecimiento de la pluma

Durante el período perinatal, el ritmo de crecimiento relativo de las plumas primarias de las alas, está modificado por alelos del locus *K,* ligado al sexo. Esta diferencia de crecimiento se utiliza para determinar el sexo de los pollitos recién eclosionados, en muchas de las granjas de broilers y en unas cuantas líneas de productoras de huevos blancos donde se han desarrollado líneas femeninas *(K/K),* de crecimiento lento de la pluma y líneas de machos (k^+/k^+) de crecimiento rápido de pluma (Fig. 4.4). El método es atractivo para

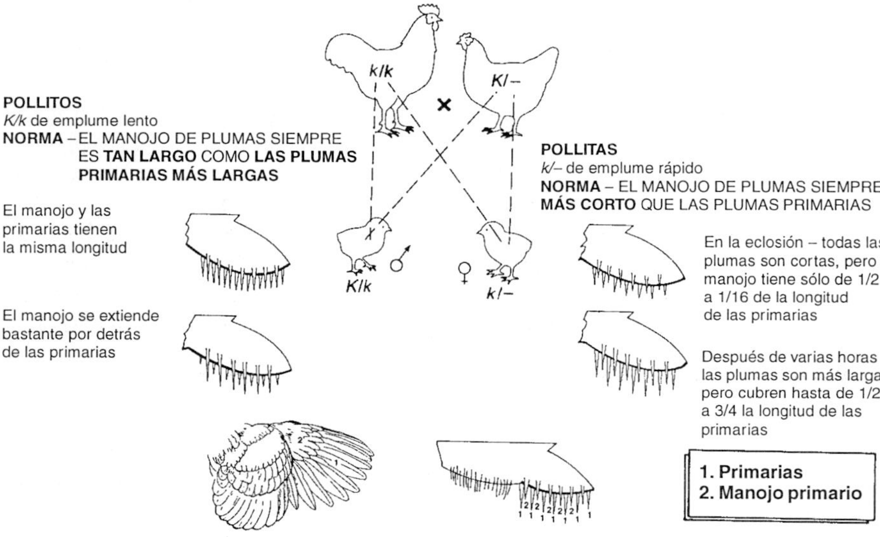

Figura 4.4 El cruce de un línea de machos de emplume rápido *(k^+/k^+)* con una línea de hembras de emplume lento *(K/–)* producirá en las crías machos de emplume lento y hembras de emplume rápido. El sexaje se realiza en la sala de eclosión según la longitud de las plumas primarias de la alas con relación a la longitud de la fila próxima el manojo primario. En forma diagramática se presentan las posiciones relativas de éste y las primarias, para el pollito de un día y como serían para el adulto. De Etches (1993).

la industria avícola porque las diferencias entre la progenie de hembras con crecimiento rápido de la pluma y la progenie de machos con crecimiento de pluma lento pueden ser fácilmente reconocibles por el personal en el momento de la eclosión. Sin embargo, el gen del crecimiento lento está estrechamente unido, o incluso es parte integral del gen viral endógeno, *ev21*. Este gen puede infectar a las hembras con EV21, que entonces se podría transmitir congénitamente a la progenie de hembras, con crecimiento rápido de la pluma a través del huevo. La infección congénita con el virus EV21 hace que estas aves sean susceptibles a la leucosis linfoide y por tanto el uso futuro del emplume lento para sexar pollitos puede depender de las técnicas que se utilicen para eliminar o controlar los productos víricos infecciosos que están, genéticamente asociados con el gen del emplume lento.

4.3 Crecimiento dimórfico y maduración sexual

Pollos y pavos

En estas dos especies, el macho es mayor que la hembra. La diferencia de sexo en masa corporal es evidente a las tres o cuatro semanas de edad y se puede ver fácilmente por cualquier observador cuando los animales son adultos. Las diferencias de sexo en peso corporal, también son evidentes en una población genéticamente definida; sin embargo, las diferencias de peso corporal entre lotes excede la diferencia entre sexos (Fig. 4.5).

El peso corporal de una pava es alrededor del 70% del que tiene el macho con el mismo potencial genético (Fig. 4.6). El peso de la pechuga es proporcional al del cuerpo y por ello el dimorfismo sexual también se observa en la masa muscular que recubre la carcasa del macho y la hembra (Fig. 4.7). Sin embargo, el rendimiento de carne de la pechuga como proporción del peso corporal no difiere entre los sexos (Fig. 4.8). La mayor largura de la carcasa del macho se debe en primer lugar a la diferencia de las dimensiones del esqueleto, que se hacen más evidentes cuando los animales tienen seis o siete semanas de edad (Fig. 4.9). Este aumento del tamaño del armazón proporciona la oportunidad de una mayor masa muscular que se puede depositar en todas las zonas del esqueleto, pero desde el punto de vista económico la mayor longitud y profundidad de la quilla y el correspondiente aumento de las dimensiones de la musculatura del pecho son los aspectos más importantes del dimorfismo sexual (Fig. 4.10). Desde el punto de vista de un microanatómico, los músculos del macho son mayores que los de la hembra porque contienen más sarcómeros (unidades contráctiles funcionales del músculo) en toda su longitud (Fig. 4.11). Por el contrario, el diámetro de cada fibra muscular no es el factor que más contribuya al dimorfismo sexual en el tamaño corporal (Fig. 4.12).

El dimorfismo sexual del pollo es similar al del pavo sólo que el peso corporal del macho y de la hembra divergen en la edad temprana (Fig. 4.13A

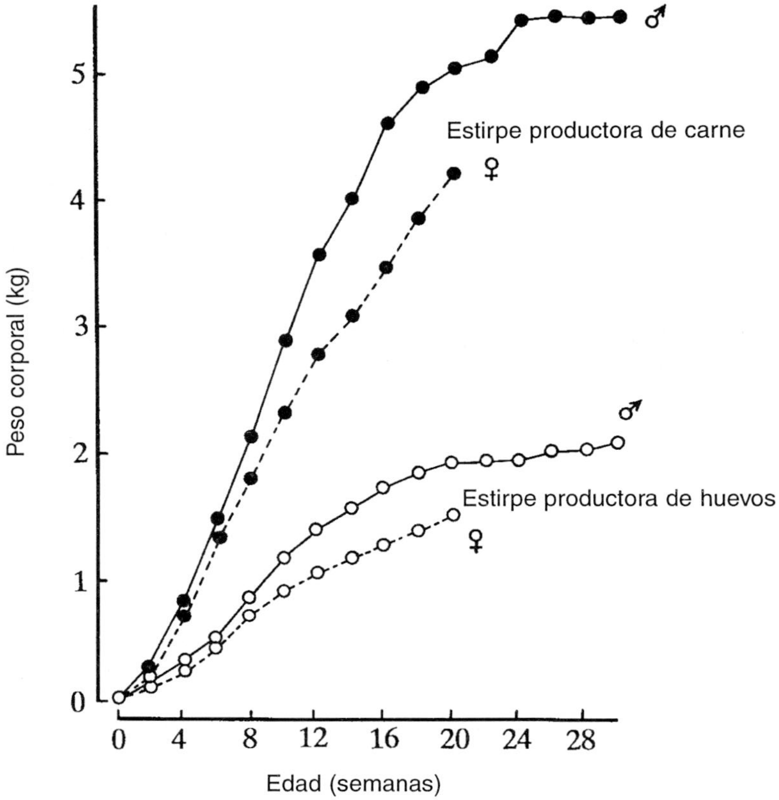

Figura 4.5 Ritmos de crecimiento de una estirpe de broiler (círculos negros) y una de gallinas ponedoras (círculos blancos), que demuestran las influencias relativas del dimorfismo sexual y el potencial genético. Los machos están representados por la línea continua y las hembras por la línea discontinua. Datos de Wilson (1972).

y B). El dimorfismo sexual queda claramente establecido al séptimo día de edad (Fig. 4.13B), lo que indica que la diferencia en el ritmo de crecimiento al principio entre ambos sexos no está relacionada con los acontecimientos hormonales que conducen a la maduración sexual. El crecimiento óseo continúa durante un largo período de tiempo, pero más en el macho que en la hembra (Tabla 4.1) aunque la exacta relación entre los eventos endocrinos relacionados con la maduración sexual y la osificación no hayan sido aún precisados. El superior ritmo de crecimiento de los broilers macho necesita un mayor aporte de pienso (Fig. 4.13C) que el macho utiliza con más eficacia que la hembra (Fig. 4.13D).

Las diferencias de utilización del pienso entre machos y hembras está relacionada con la deposición de grasa. Aunque el macho deposita más grasa

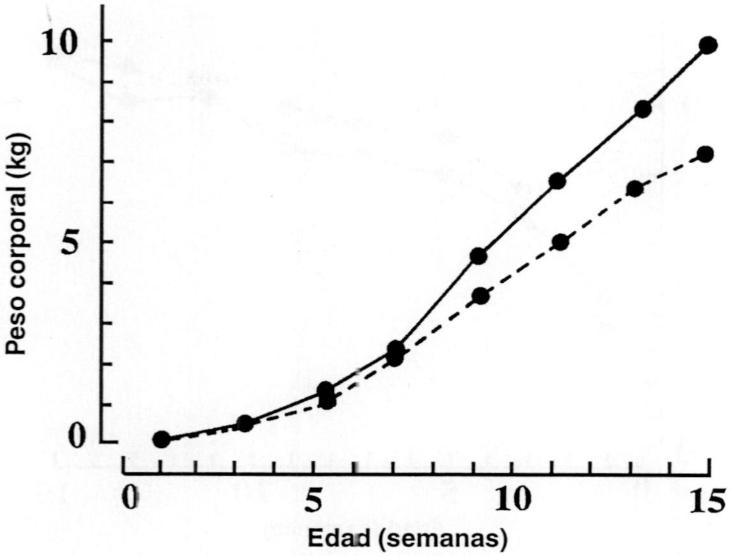

Figura 4.6 Dimorfismo sexual en los pesos del cuerpo de los machos (línea continua) y las hembras (línea discontinua) de pavos. Datos de Swatland (1989a).

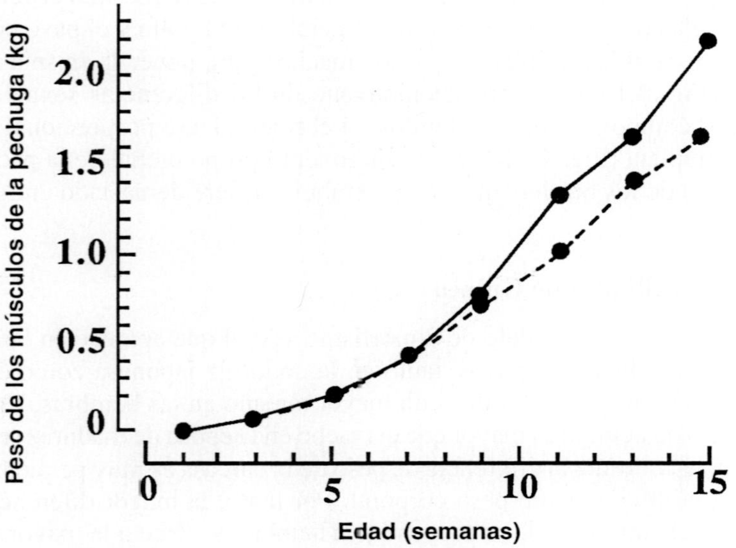

Figura 4.7 Dimorfismo sexual en el peso de los músculos de la pechuga del macho (línea continua) y la hembra (línea discontinua) de pavos. Datos de Swatland (1989a).

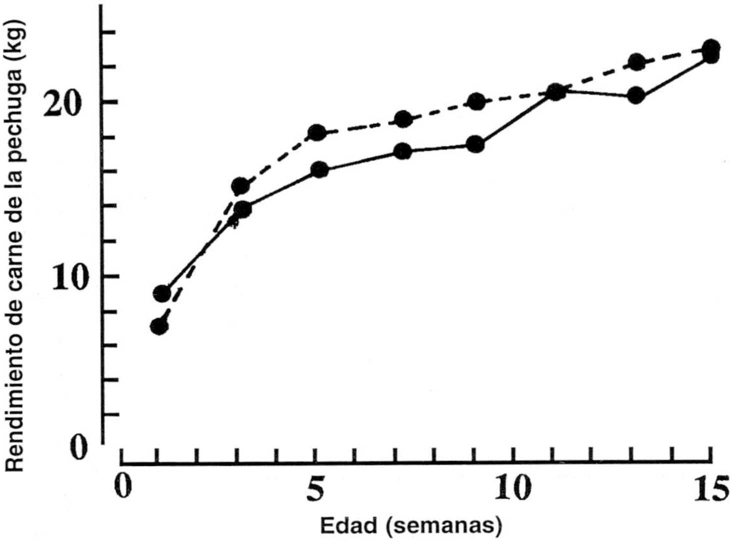

Figura 4.8 El rendimiento de carne de la pechuga del macho (línea continua) y la hembra (línea discontinua) en pavos, no es sexualmente dimórfico. Datos de Swatland (1989a).

en la carcasa en cifras absolutas (Fig. 4.14A), las hembras proporcionalmente depositan más grasa en sus tejidos adiposos (Fig. 4.14B). Como el contenido de energía en la grasa es muy alto, las hembras del pollo y el pavo consumen mayor cantidad de pienso que los machos para poner la misma masa corporal (Fig. 4.13D). Independientemente de las diferencias sexuales en cuanto a la composición de los tejidos, ni el rendimiento proporcional de la carcasa completa (Fig. 4.14C) ni el rendimiento proporcional de la pechuga (Fig. 4.14D) de los broilers machos y hembras, difiere demasiado entre ambos sexos.

Codorniz y gallinitas de Guinea

Contrariamente al modelo de dimorfismo sexual que aparece en las aves acúaticas, en pollos y en pavos, tanto en la codorniz japonesa como en las gallinitas de Guinea encontramos un mayor tamaño en las hembras. En ambas especies, la hembra es mayor que el macho en la época de madurez sexual, aunque en la codorniz la diferencia de peso de la carcasa es muy pequeña con relación a la diferencia de peso corporal. Por tanto, la mayor diferencia de peso corporal entre la codorniz macho y la hembra, se debe a la mayor masa del sistema reproductor de la hembra (Tabla 4.2). Al contrario de lo que sucede en el pavo y el pollo, el sexo no parece alterar el crecimiento de los huesos

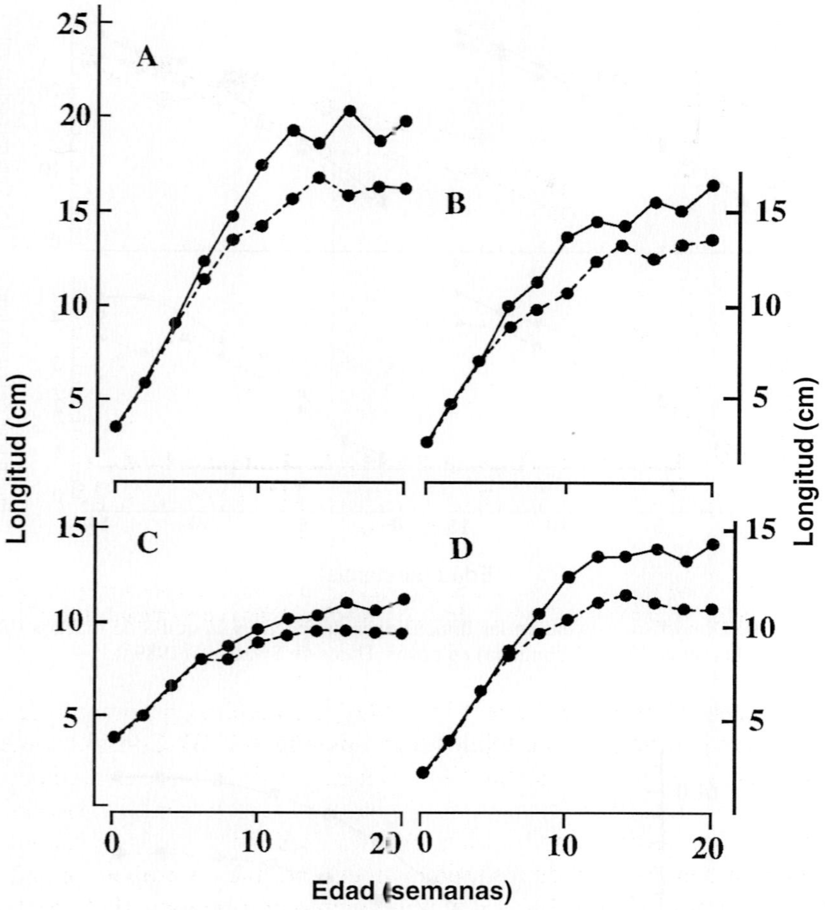

Figura 4.9 Dimorfismo sexual en las dimensiones del tibiotarso (**A**), pelvis (**B**), cráneo (**C**) y cúbito (**D**) del macho (línea continua) y la hembra (línea discontinua) de pavos. Datos de Mullen & Swatland (1979).

largos y consecuentemente tampoco el tamaño muscular o la deposición de grasa en aquellas especies.

Las gallinitas de Guinea comparten el aspecto dimórfico tanto del pollo como de codornices, y expresan un dimorfismo sexual que es único para estas especies. Al igual que la codorniz japonesa, las gallinitas maduras son mayores que los machos, pero esta diferencia del tamaño corporal se pone de manifiesto a las 12-14 semanas de edad (Fig. 4.15A y B), varias semanas antes de que maduren sexualmente. No se dispone de datos detallados de diferencias del tamaño del esqueleto para estas especies pero el hecho de que

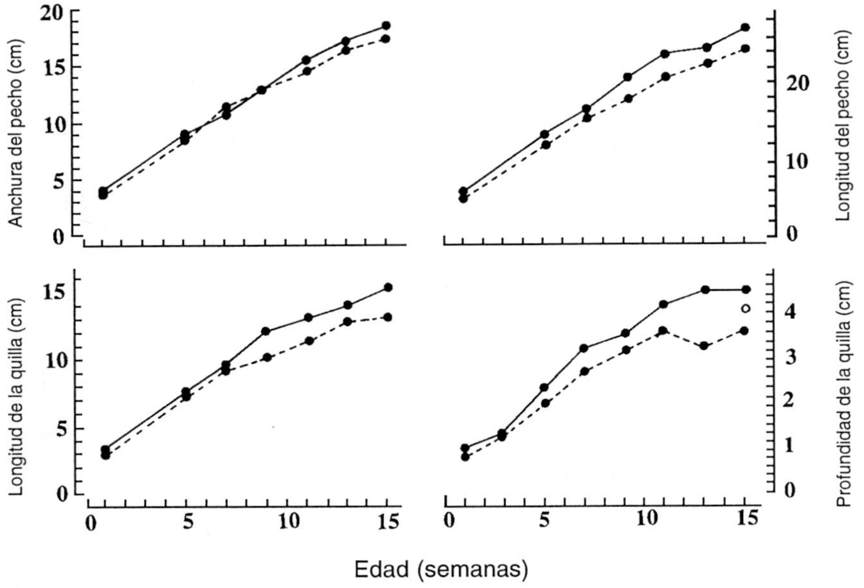

Figura 4.10 Dimorfismo sexual en las dimensiones del pecho y la quilla de machos (línea continua) y hembras (línea discontinua) en pavos. Datos de Swatland (1989a).

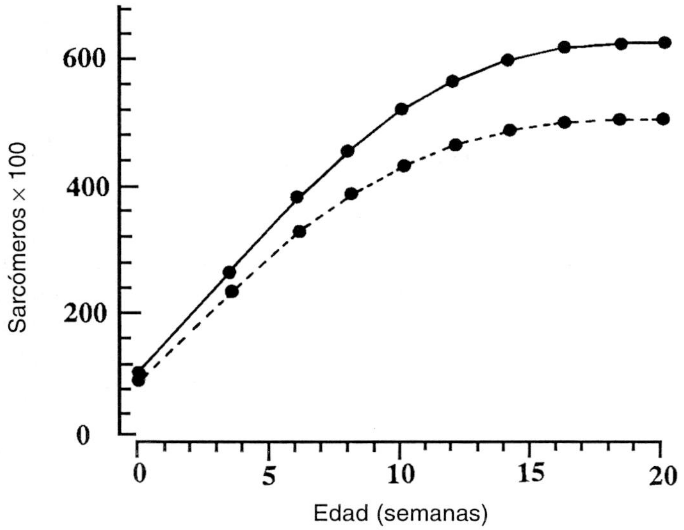

Figura 4.11 Dimorfismo sexual en la longitud del músculo sartorios del macho (línea continua) y la hembra (línea discontinua) en pavos medido por el número de sarcómeros, en la longitud del músculo. Datos de Swatland (1989b).

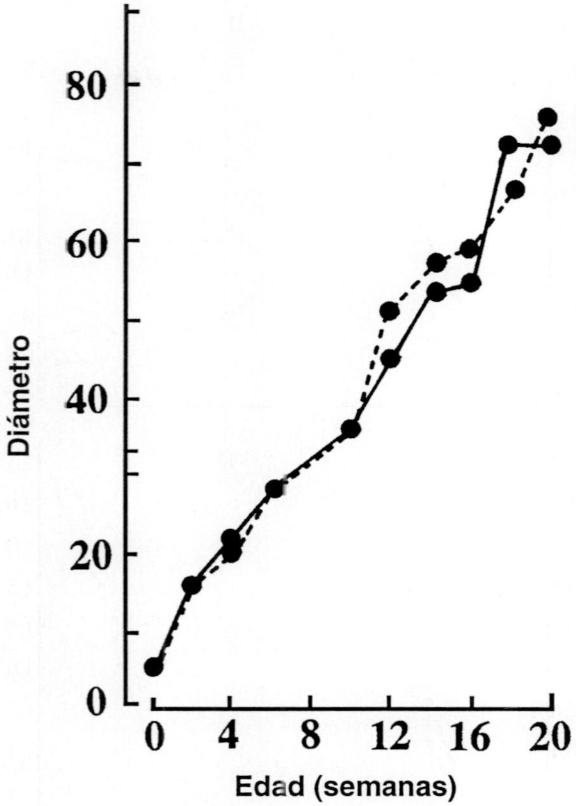

Figura 4.12 El diámetro de las fibras musculares en el macho (línea continua) y la hembra (línea discontinua) en pavos no es sexualmente dimórfico. Datos de Swatland (1980).

los músculos de la pechuga sean más largos en las hembras sexualmente inmaduras (Fig. 4.15D) puede indicar que el esqueleto de las hembras sea mayor que el de los machos. Las gallinitas de Guinea al igual que las hembras del pollo y el pavo depositan mayor cantidad de grasa en su carcasa durante el período de crecimiento antes de alcanzar la madurez sexual (Fig. 4.15C).

4.4 Caponización

La extirpación de los testículos de las aves macho para crear capones, es una técnica que se remonta a muy antiguo. En general, se cree que las anti-

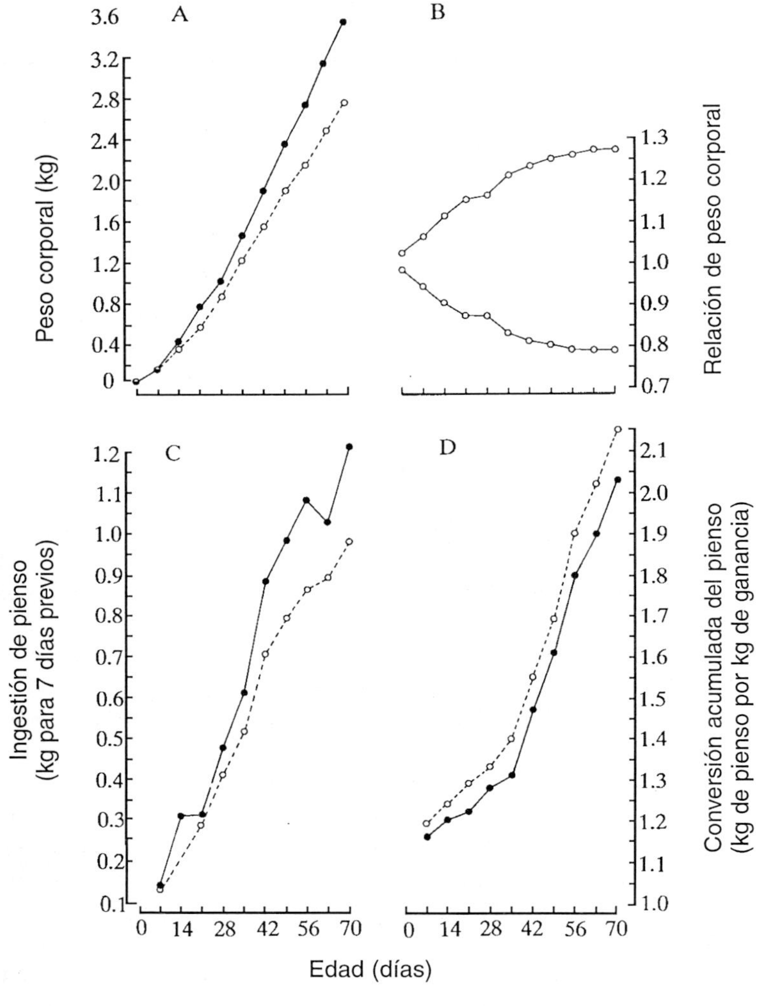

Figura 4.13 Dimorfismo sexual del macho (línea continua) y la hembra (línea discontinua) en el pollo. En (**A**) se incluyen las diferencias de peso corporal y en (**B**) la relación de peso de machos/hembras y hembras/machos. En (**C**) se incluyen la ingestión y en (**D**) la eficacia del alimento. Datos de Leeson & Summers (1980).

guas civilizaciones de China, Grecia y Roma estaban experimentadas en la manipulación quirúrgica que se precisa para la castración. Los machos capados surgieron porque se creía que así podrían crecer más rápidamente y que al cabo del tiempo producirían más carne con más eficacia y llegarían a estar más engrasados que el macho normal. Aunque hay pocos o ningún dato para

Tabla 4.1 Edad (días) de terminación de la osificación en pollos machos y hembras. Datos de Latimer (1927).

	Hembras		*Machos*	
Hueso	*Proximal*	*Distal*	*Proximal*	*Distal*
Húmero	125	125	172	172
Radio	98	98	144	144
Cúbito	125	125	165	165
Fémur	162	162	172	179
Tibia	162	114	195	158
Tarsometatarso	139	–	195	–

afirmar cualquiera de esas hipótesis, el mito ha persistido al menos en parte, en la mayoría de los textos y boletines más populares de avicultura en este siglo. La pretensión de que el crecimiento persistía durante mayor tiempo en el capón fue desvanecida por Landauer (1937) que demostró que las longitudes de los capones y los gallos eran idénticas (Tabla 4.3). Como el tamaño del esqueleto es el factor más importante para controlar el peso corporal no es sorprendente que el peso de los capones no difiera por lo general del de los gallos a las 32 semanas de edad (Fig. 4.16 y Tabla 4.4). Los datos publicados en relación con la composición de la carcasa y de eficacia del pienso, no demuestran consistentemente que las del capón sean mejores. Las estimaciones subjetivas de la gordura como acabado, calidad, jugosidad y ternura no revelan ninguna mejora como consecuencia de la caponización (Tabla 4.4) aunque la cantidad de grasa en la carne es mayor en el capón (Tabla 4.4). Sin embargo, si se acepta que el capón deposita más grasa es difícil coincidir con la opinión general de que la eficacia del pienso no está alterada por la caponización y que los capones y los gallos producen carcasas de igual tamaño (Tabla 4.4) ya que el coste energético de la deposición de grasa requiere mayor consumo de pienso y disminución de la eficacia de éste. Por tanto, en ausencia de datos evidentes de que el capón difiere del gallo, parecería que los atributos culinarios de los capones quedarían como válidos para los autores antiguos, que los promocionaron.

Las virtudes de castrar otras aves domésticas distintas al pollo no se ha investigado suficientemente, aunque se tienen algunos datos del pavo. En general, ni la calidad de la carcasa (Tabla 4.5) ni las características de la producción como el ritmo de crecimiento y eficacia del pienso (Tabla 4.6) se alteran por la caponización de los pavos y por ello su práctica nunca ha sido considerada a escala comercial.

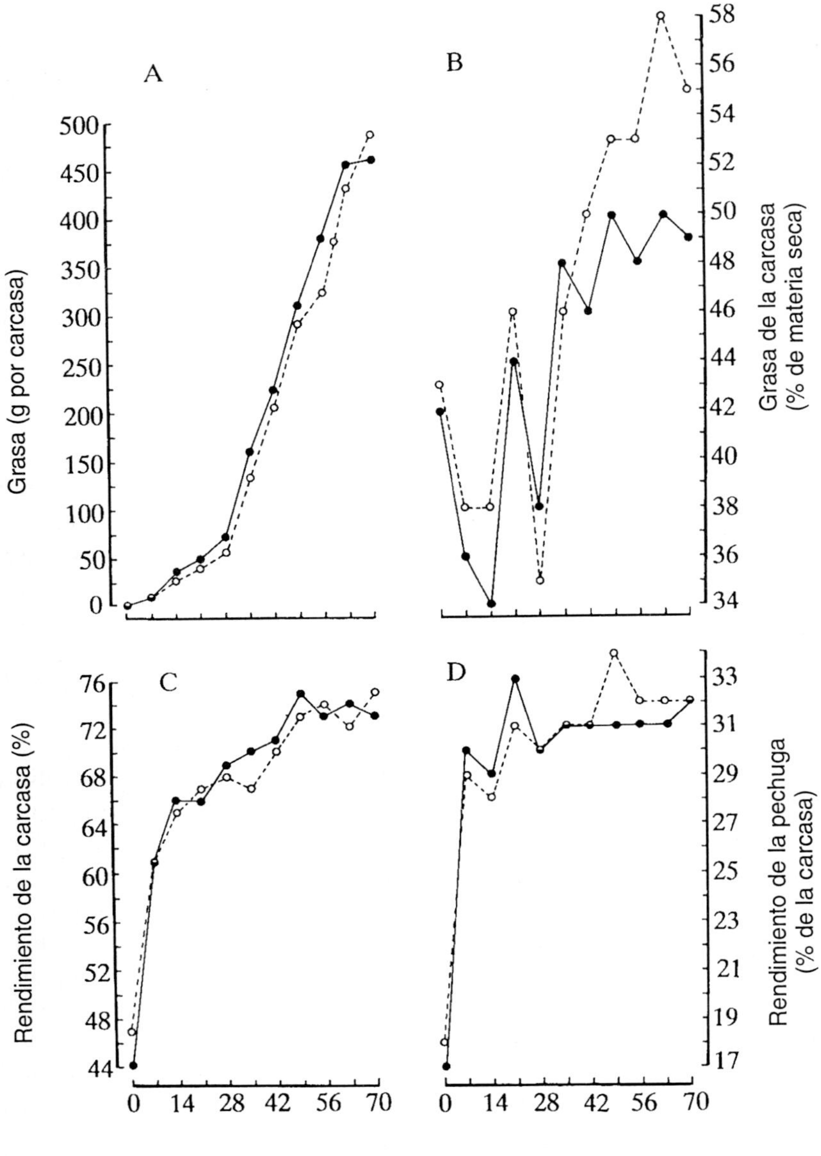

Figura 4.14 Los pollos machos (línea continua) depositan más grasa en su carcasa que las hembras (línea discontinua) (**A**), aunque hay una mayor proporción de grasa en la carcasa de la hembra (**B**). No hay diferencias entre machos y hembras en lo referente al rendimiento de carne de la carcasa (**C**) o de la pechuga (**D**). Datos de Leeson & Summers (1980).

Tabla 4.2 Características de peso corporal y de la carcasa de la codorniz japonesa. Datos de Collins & Abplanalp (1969).

	Macho	*Hembra*	*Macho/hembra*	*Hembra/macho*
Peso corporal, en vivo (g)	121,8	148,3	0,82	1,22
Peso de la carcasa (g)	100,2	102,2	0,98	1,02
Peso del hígado (g)	2,67	4,61	1,73	0,58
Peso del oviducto (g)	–	15,3	–	–

4.5 Perfiles hormonales y caracteres sexuales secundarios durante el crecimiento

Perfiles hormonales

En la aves maduras la adquisición de caracteres sexuales secundarios es como consecuencia de la secreción de hormonas de los testículos y ovarios que a su vez, están regulados por la secreción de gonadotropinas desde la parte anterior de la hipófisis y la hormona liberadora de gonadotropina (GnRH) desde el hipotálamo (véanse Secciones 6.2 y 6.3); la secreción de gonadotropina en las aves normalmente es medida como hormona luteinizante (LH). Esta glicoproteína toma su nombre de su homología físico-química con la hormona luteinizante de los mamíferos, aunque no luteiniza ningún tejido gonadal ni en el macho ni en la hembra de las aves. La hormona luteinizante estimula la producción de andrógenos desde las células de Leydig en los testículos (véase Sección 8.2) y progesterona, andrógenos y estrógenos desde las células de la teca y la granulosa del ovario (véanse págs. 149-152). A medida que aumenta el peso corporal, la concentración de LH se incrementa en ambos sexos. Sin embargo, en las hembras las concentraciones máximas de LH se observan entre las tres y cinco semanas antes de la puesta (Fig. 4.17) mientras que en los machos las concentraciones más altas de LH se obtienen después de la madurez sexual (Fig. 4.18). Las concentraciones de andrógenos en las pollitas sexualmente inmaduras, se eleva lentamente durante varias semanas antes de la aparición de la puesta (Fig. 4.17). En el macho, su producción coincide con el desarrollo de la espermatogénesis y crecimiento testicular (Fig. 4.18). En ambos sexos el desarrollo de la cresta coincide con el aumento de concentraciones plasmáticas de andrógenos (Figs. 4.17 y 4. 18). En la hembra, las concentraciones de estrógenos en el plasma comienzan a elevarse en paralelo con los andrógenos y, al contrario que en éstos, la concentración máxima de estrógenos aparece de tres a cinco semanas antes de la aparición de la puesta. La concentración de progesterona permanece a niveles basales hasta una semana antes de la puesta cuando su producción se eleva de pronto hasta el nivel característico de la puesta (Fig. 4.17).

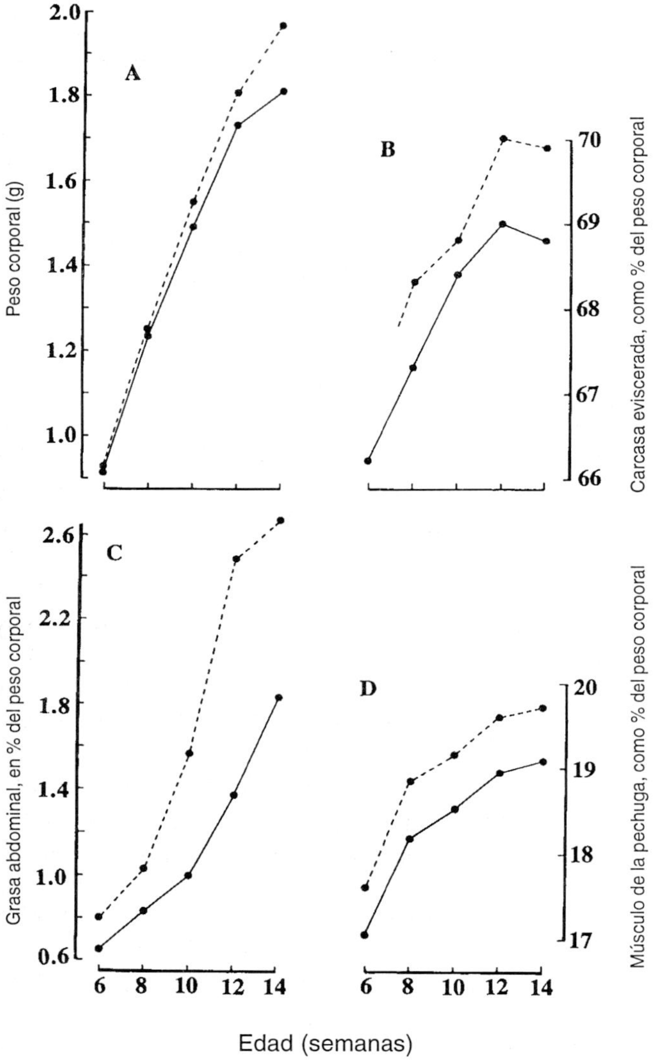

Figura 4.15 En las gallinitas de Guinea, las hembras (línea discontinua) son más pesadas que los machos (línea continua) (**A**) y producen mayor carcasa (**B**). El músculo de la pechuga de las hembras es mayor que el del macho (**D**) y la carcasa contiene más grasa (**C**). Datos de Ricard y Sociedad Galor (1986).

Tabla 4.3 Media y errores estándar de las longitudes absolutas (cm) de los huesos de 21 capones y 39 gallos, diez meses después de la eclosión. Datos de Landauer (1937).

Hueso	*Capones*	*Gallos*
Ala izquierda		
Húmero	8,10 ± 0,05	8,10 ± 0,05
Cúbito	8,12 ± 0,06	8,09 ± 0,04
Radio	7,33 ± 0,05	7,34 ± 0,04
Carpometacarpo	4,38 ± 0,03	7,34 ± 0,02
Dedo III, falange 1	1,53 ± 0,01	1,55 ± 0,01
Dedo III, falange 2	1,53 ± 0,02	1,49 ± 0,01
Pata izquierda		
Fémur	8,62 ± 0,06	8,67 ± 0,05
Tibia	12,78 ± 0,11	12,87 ± 0,07
Tarsometatarso	9,26 ± 0,09	9,38 ± 0,07
Dedo III, falange 1	2,02 ± 0,02	2,01 ± 0,01
Dedo III, falange 2	1,62 ± 0,02	1,63 ± 0,02
Dedo III, falange 3	1,57 ± 0,02	1,56 ± 0,01
Longitud dorsal	20,6 ± 0,24	20,3 ± 0,15

En cada estadio de la maduración sexual la producción hormonal depende de la interacción entre el hipotálamo, la hipófisis y los esteroides gonadales, y estas interacciones cambian durante la maduración. En el macho, el aumento de las concentraciones de LH está relacionado con la maduración sexual y es consecuencia de una pérdida gradual de la capacidad de los andrógenos para suprimir la secreción de LH, desde la hipófisis. En la hembra, la secreción de LH se suprime tres a cinco semanas antes de comenzar la producción de huevos, porque las altas concentraciones de estrógenos en ese momento, ejercen un mecanismo de retrofuncionalidad negativa, sobre la secreción de LH. Además, la hipófisis se hace menos sensible al estímulo de la GnRH, cuando las pollitas llegan a la madurez sexual. La maduración sexual en la pollita también está acompañada por un aumento de la capacidad de la progesterona para estimular la liberación de LH. Este aumento parece estar mediado por el hipotálamo vía producción de GnRH. Durante la oleada prepuberal de producción de estrógenos (Fig. 4.17), la capacidad del eje hipotálamo-hipófisis para secretar LH en respuesta a la progesterona está atenuada hasta que alcanza el nivel del adulto.

Caracteres sexuales secundarios

El desarrollo de los caracteres sexuales secundarios depende de la producción de andrógenos y de estrógenos. Los primeros se precisan para indu-

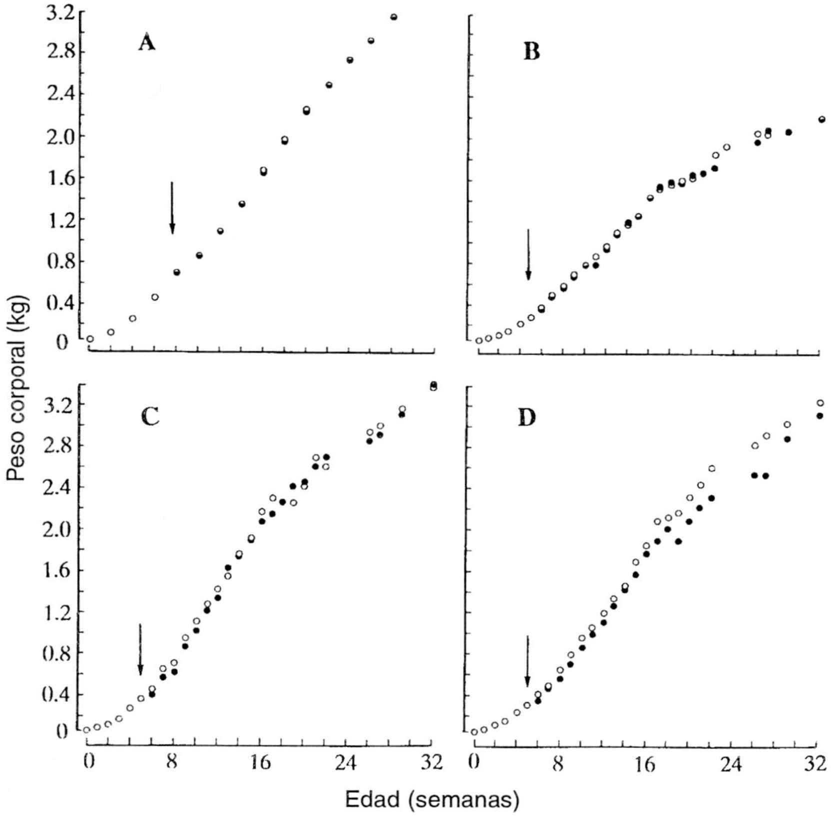

Figura 4.16 Crecimiento del pollo intacto (círculos blancos) y del capón (círculos negros) después de la extirpación de los testículos (indicada por una flecha). **A.** Peso medio del cuerpo de 543 capones y 549 pollos. Las aves eran Plymouth Rock barrada, New Hampshire, Rhode Island roja y cruces de ellas. Datos de Annin & Halpin (1938). **B.** Peso medio de 17 capones Leghorn blanca y 45 gallos, también, Leghorn. **C.** Peso medio de 78 capones New Hampshire y 36 gallos de la misma raza. **D.** Peso medio de 61 capones Plymouth Rock barrada y 69 gallos de igual raza. Los datos en (**B**), (**C**) y (**D**) son de Raynor (1939).

cir el crecimiento de la cresta y gárgolas en los gallos (Figs. 4.17, 4.18 y 4.19) y los «accesorios» de la cabeza de los pavos. También son responsables de la expresión total de las características de la voz del pavo, del gallo y de otras aves domésticas, aunque los castrados y las hembras feminizadas, tratarán de imitar las actitudes del macho.

En ausencia de andrógenos y estrógenos, desde testículos y ovarios, la hembra ovariectomizada o pularda y el capón tienen plumaje de forma y colorido similar al del macho (Fig. 4.19). El plumaje de la hembra depende

Tabla 4.4 Peso corporal y características de la carcasa de capones y gallos.

	Capones	*Gallos*
Peso en vivo (kg)		
a las 11 semanas[4]	1,74	1,87
a las 13 semanas[1]	1,85	1,85
a las 17 semanas[2]	5,69	5,62
a las 18,5 semanas[3]	3,96*	3,61
a las 24 semanas[1]	3,39	3,47
Eficacia del pienso (kg de pienso consumido por kilo de peso ganado)		
4-11 semanas[4]	3,07	3,00
0-13 semanas[1]	2,97	3,03
5-18,5 semanas[3]	4,14*	3,74
0-24 semanas[1]	5,09	5,03
0-28 semana[5]	5,62	5,66
% de catadores que calificaron la carne de la pechuga como[4]:		
Jugosa	62	62
Seca	38	38
Tierna	96	94
Dura	4	6
Puntuación de acabado[1]		
a las 13 semanas	2,55	2,57
a las 24 semanas	2,10	1,94
Puntuación de la carne[1]		
A las 13 semanas	2,34	2,62
A las 24 semanas	2,55	2,45
Grado de conformación a las 17 semanas[2]		
% en AAA	7	3
% en AA	50	39
% en A	30	48
% por debajo de A	13	10
Grado de engrasamiento, arbitrario[2]		
++ o mejor	14	3
+	41	23
±	21	10
–	24	65
Contenido de grasa (%)[4]		
Carne ligera	0,75*	0,43
Carne oscura	4,41*	3,62

Datos de: [1] Lauffer (1957); [2] Adams (1955); [3] Welter (1976); [4] York & Mitchell (1969); [5] Annin & Halping (1938). * Diferencia significativa a $P < 0,05$.

Tabla 4.5 Proporción de pavos enteros y castrados asignada a las categorías de carnoso y engrasado, al venderlos a las 26 semanas de edad. (Datos de Goodearl & Moore (1941).

	Carnosos		*Engrasados*	
Categoría	*Enteros*	*Capones*	*Enteros*	*Capones*
Muy buena	4	3	0	0
Buena	43	47	0	0
Casi buena	48	49	17	6
Pobre	5	1	94	83

Tabla 4.6 Pesos corporales y eficacia del pienso en pavos enteros y castrados. Datos de Goodearl & Moore (1941).

	Peso corporal (kg)			*Eficacia (kg pienso/kg ganados)*	
Edad (semanas)	*Enteros*	*Castrados*	*Período (semanas)*	*Enteros*	*Castrados*
10	1,4	1,4	–	–	–
14	2,9	2,8	10-14	2,9	3,1
18	4,6	4,5	14-18	4,1	4,1
22	6,3	6,2	18-22	5,7	5,8
26	7,1	7,4	22-26	10,5	12,4

de la presencia de estrógenos para feminizar el folículo de la pluma y la formación directa de ella para producir unas plumas más redondas en la cola y el cuerpo. En las razas de pollos que sexualmente son dimórficas para el color de la pluma, los estrógenos también son responsables de la reducción de la pigmentación, en muchas de las partes de la pluma. Dos estirpes de pollos, Campine y Sebright Bantam, poseen un solo gen que codifica la producción excesiva de aromatasa en diferentes tejidos, incluyéndose los folículos de la pluma. Como la aromatasa es la enzima responsable de la conversión de andrógenos a estrógenos, los machos de esas estirpes tienen plumaje femenino porque las concentraciones locales de estrógenos en el folículo de la pluma son suficientes para feminizar el crecimiento del plumaje. La castración de los machos Sebright o Campine elimina la fuente de andrógenos para la aromatización periférica y causa el plumaje femenino al invertir el fenotipo del macho.

En el pollo, los espolones crecen mucho más en los machos que en las hembras y esta diferencia llega a ser más acentuada durante el primer año, después de haber alcanzado la maduración sexual. Sin embargo, el crecimiento de los espolones es independiente de la secreción testicular u ovárica, su crecimiento está determinado por el sexo genético del ave.

En las hembras, la deposición de hueso medular (véanse págs. 187-195) y la producción de los precursores de la yema del huevo, por parte del hígado (véanse págs. 143-148), también son consecuentes a los efectos de la producción de estrógenos.

4.6 Alteraciones del desarrollo sexual

En el folclore ancestral, aparecen discusiones sobre la inversión sexual que dan origen a criaturas míticas como el «basilisco», una serpiente incubada por un reptil a partir de un huevo de gallo. Según la leyenda, la mirada del basilisco es letal y por ello se puede concluir que tales aberraciones del desarrollo normal eran temerosas. Al igual que la rima:

Un gallo clueco y una gallina cantora
no son buenos ni para Dios ni para los hombres

que comunica el sentido de que la mezcla de los atributos del macho y la hembra es un fenotipo indeseable. En el siglo pasado, los biólogos discutieron la posibilidad de que los gallos pusieran huevos y la literatura científica de la primera mitad del siglo XX está repleta del estudio de casos de aves con fenotipos hermafroditas e inversión sexual espontánea. En la mayoría de los casos de inversión sexual espontánea, únicamente está alterado el fenotipo, aunque en algunos casos se ha publicado que las hembras llegaron a ser machos funcionales y padres de descendencia. En general, la inversión sexual espontánea ha sido descrita como la consecuencia de condiciones patológicas que causan que el ovario izquierdo regrese. El tejido medular residual, del ovario derecho, prolifera en ausencia del tejido cortical izquierdo y se forman estructuras semejantes a testículos que normalmente contienen tanto tejido ovárico derivado de la parte cortical como tejido testicular derivado de la médula. Los ovotestes inducidos por la regresión del ovario izquierdo, son esteroidogénicamente funcionales y por ello el ave asume el fenotipo del macho. En la mayor parte de los casos, no hay espermatogénesis porque el ovario derecho contiene muy pocas células germinales primordiales después de la primera semana de vida. Hasta la fecha, no se tiene noticia de inversión sexual espontánea desde macho a hembra.

Durante los últimos años, ha continuado el interés fascinante por la diferenciación sexual con el atractivo de la aplicación comercial de la inversión del sexo. Todavía no hay una hipótesis unificante que describa cómo la información codificada por los cromosomas W y Z es trasladada en forma de mensaje fisiológico responsable del desarrollo del macho o la hembra, con lo

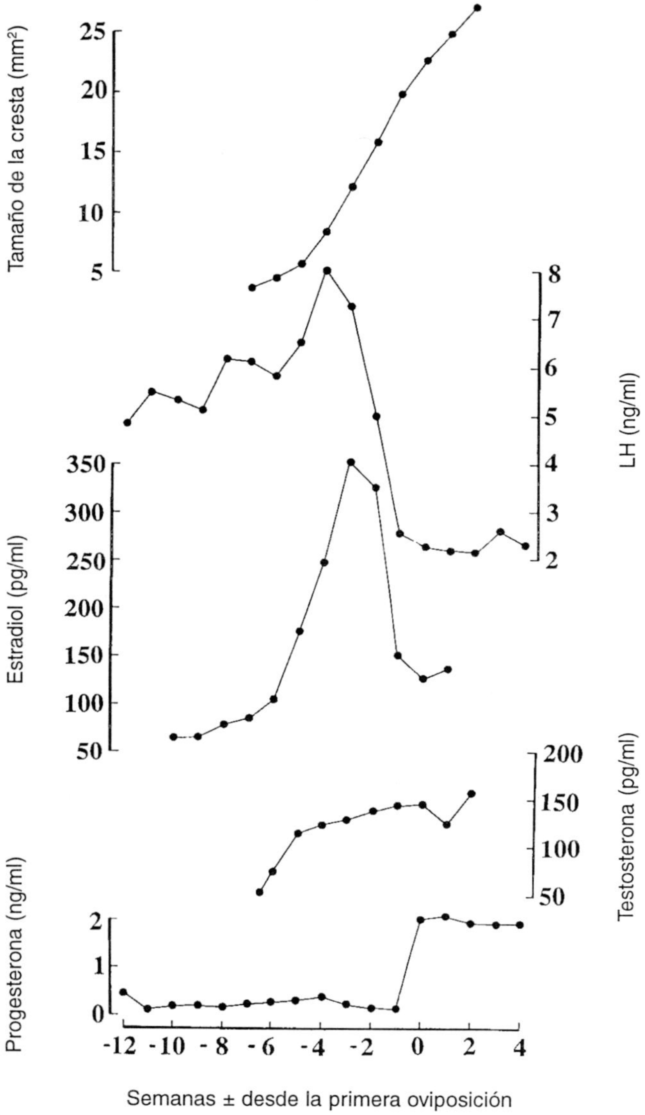

Figura 4.17 Concentraciones plasmáticas de hormona luteinizante (LH), testosterona, estrógenos y progesterona, con relación a la aparición de la puesta y tamaño de la cresta. Datos de Senior (1974), Williams & Sharp (1977), Sharp *et al.* (1977) e Itoh *et al.* (1988).

que las técnicas que alteran la diferenciación sexual merecen atención especial. En una línea de pollos donde aparezcan con frecuencia triploides, también produce un número sustancial de mosaicos haploide/diploide y diploide/

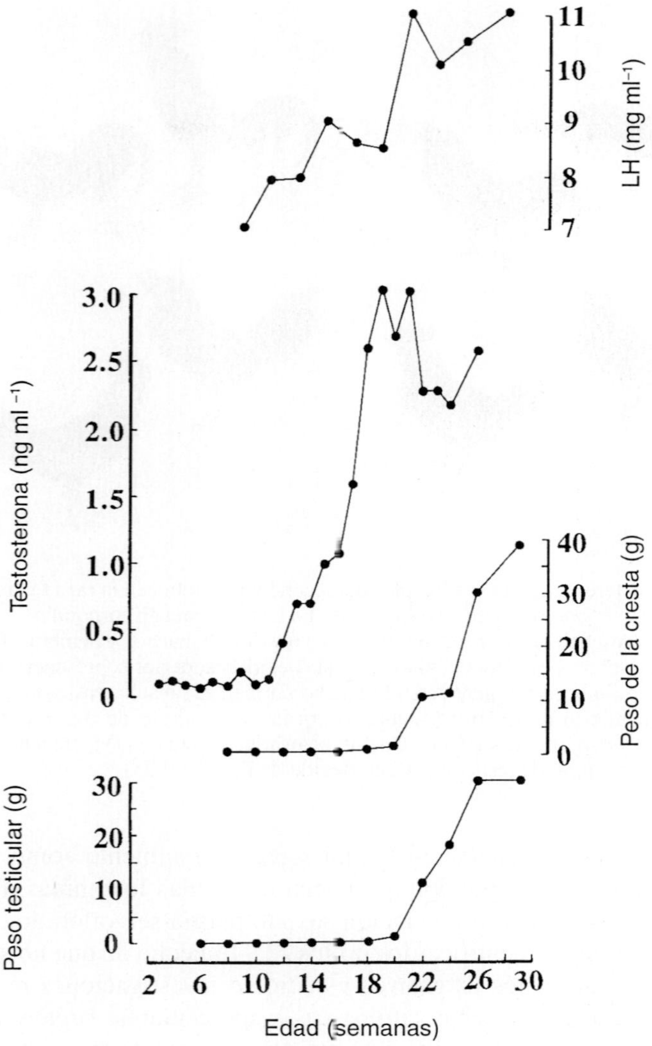

Figura 4.18 Concentraciones plasmáticas de hormona luteinizante (LH) y testosterona en relación con la edad, la aparición de la espermatogénesis, tamaño testicular y peso de la cresta. Datos de Sharp (1975), Sharp *et al.* (1977) y Driot *et al.* (1979).

triploide. Si en cualquiera de los componentes de estos mosaicos, está presente el cromosoma W, el ave estará feminizada, lo que indica que el cromosoma W imparte una poderosa señal que inicia la diferenciación del fenotipo femenino. Sin embargo, cuando se crean quimeras diploides

Figura 4.19 Caracteres sexuales secundarios del macho y la hembra en la raza Leghorn negra suplementados con injertos ováricos y testiculares. La forma y tamaño corporal no se ven muy afectados por la presencia o ausencia de testículos u ovarios en machos y hembras. El tamaño de la cresta la estructura y el color del plumaje están determinados por la presencia o ausencia de un ovario pero no por sexo genético. (1) macho normal; (2) macho castrado; (3) macho castrado con un injerto de ovario; (4) macho normal con injerto de ovario; (5) gallina ovariectomizada con injerto de testículo; (6) gallina ovariectomizada; (7) gallina normal y (8) gallina normal con injerto de testículos. Reproducido de Finlay (1925).

macho-hembra, la diferenciación sexual sigue normalmente como si fuera macho que porta una proporción sustancial de células femeninas. El papel del cromosoma W en la diferenciación sexual, podría ser valorado con más eficacia si se pudieran identificar los pollos ZO. El hecho de que no se hayan observado, a pesar de los extensivos estudios e investigaciones realizados utilizando las clásicas pruebas citológicas y moleculares, sugieren que el cromosoma W es esencial cuando está presente solamente una copia del Z.

En parte, la feminización es debida a la producción precoz de aromatasa durante el desarrollo que produce los estrógenos responsables de que subsiguientemente aumente la diferenciación de tejidos en el fenotipo hembra. La administración de estrógenos a embriones genéticamente machos durante los primeros días del desarrollo, feminizará los genitales externos de los pollos en la incubación, y perderán su fenotipo femenino a las pocas semanas del desarrollo post-incubación. Aunque estos machos tienen caracteres sexuales secundarios de machos maduros, no producen semen. A este respecto, es importante anotar que las hembras genéticas que reciban una dosis igual de estrógenos, durante el desarrollo embrionario, retienen un fenotipo femenino durante el desarrollo pre- y post- incubación, pero no ponen huevos cuando son adultas. También hay que señalar que el ritmo de crecimiento de los pollitos jóvenes es dependiente totalmente de su sexo genotípico.

La producción de aromatasa durante el período crítico del desarrollo, puede ser inhibida por la administración de inhibidores específicos de esa enzima. Los embriones hembra, tratados con inhibidores de la aromatasa durante los primeros días de la incubación, se desarrollarán con el fenotipo de machos, tanto en el desarrollo embrionario como en el posterior a la incubación. Aunque estos machos son fenotípicamente normales incluso tienen inicios de espermatogénesis carecen de fertilidad. Sin embargo, si en el desarrollo temprano se mezclan células del macho y de la hembra, las células genéticamente femeninas pueden ingresar en la espermatogénesis y las espermátidas portadoras de cromosomas Z pueden llegar a ser esperma funcional. Pero las espermátidas con cromosomas W no parecen ser funcionales.

La extirpación del ovario izquierdo dentro de las dos primeras semanas después de la incubación, redirige la diferenciación sexual para producir machos fenotípicos. Éstos muestran diferentes grados de desarrollo testicular, y presentan caracteres sexuales secundarios de machos normales. Si la población de células germinales primordiales no está reducida, se inicia la espermatogénesis en el entorno testicular aunque no se han desarrollado machos fértiles a partir de hembras sin ovario izquierdo.

4.7 Régimen alimenticio para una óptima situación reproductora

La aparición de la madurez sexual y consiguientemente el número de huevos a producir, están profundamente afectados por la ingestión de nutrientes durante el crecimiento. La restricción calórica y/o proteica, antes de la madurez sexual, retrasa la aparición de la puesta y aumenta el número de ova que se convertirán en huevos, dentro de un ciclo de postura (Tabla 4.7). Aunque el crecimiento de gallinas productoras de broilers está, rutinariamente restringido para mejorar la producción de huevos la disminución del aporte de energía en las productoras de huevos y gallinas enanas puede también mejorar la subsiguiente puesta a punto en el gallinero (Tabla 4.7). El retraso de la producción de huevos reduce también el número de huevos pequeños, que son indeseables tanto para la venta como para la incubación. Los mecanismos fisiológicos responsables del aumento de la producción de huevos cuando se restringe la ingestión de nutrientes no son conocidos pero puede que estén relacionados con el hecho de que las concentraciones plasmáticas de LH son

Tabla 4.7 Relaciones entre el peso corporal a las 20 semanas de edad, restricción de pienso durante el crecimiento, edad de la madurez sexual y subsiguiente producción de huevos.

Autor	*Raza*	*Peso corporal (kg)*	*Distribución del pienso (% de ingestión ad libitum)*	*Edad de la madurez sexual (d)*	*Huevos producidos*
Gowe *et al.* (1960)	Leghorn	–	100	172	210[1]
			75	185	213
Lee *et al.* (1971)	Broiler	3,01	100	170	47[2]
		2,57	85	171	50
		2,15	70	175	50
Pym & Dillon (1974)	Broiler	–	100	165	132[3]
			80	169	148
			60	179	154
			40	190	159
Watson (1975)	New Hampshire × White Rock	–	100	174	67[4]
		–	80	190	76
		–	70	201	75
		–	60	211	76
Gous (1978)	Leghorn	1,52	–	156	222[5]
		1,03	–	171	208
Robbins *et al.* (1986)	Broiler	–	100	174	106[6]
			50	191	159
Whitehead *et al.* (1987)	Broiler enano	3,15	–	–	44[7]
		1,75	–	–	51
		1,40	–	–	54

[1] Media de producción de huevos por gallina desde el enjaulado hasta los 500 días; [2] Huevos por 100 d/gallina (20-60 semanas); [3] Producción de huevos acumulada a 67 semanas; [4] Producción gallina/día a las 43 semanas; [5] Producción media de huevos por gallina desde el enjaulado a las 70 semanas; [6] Producción acumulada, a las 68 semanas; [7] Huevos por 100 d/gallina (20-60 semanas).

más bajas en las gallinas que tienen acceso libre al pienso durante el período de cría. A pesar de que la estimulación gonadotrópica esté disminuida, las gallinas productoras de broilers a las que no se las restringe el pienso tienen significativamente más folículos amarillos en sus ovarios que las otras gallinas a las que se las restringió el pienso. Por el contrario, las gallinas con altas concentraciones plasmáticas de LH, entre la incubación y la madurez sexual, están consideradas como más prolíficas. En parte, estos resultados contradictorios pueden estar relacionados con la composición corporal, ya que varios

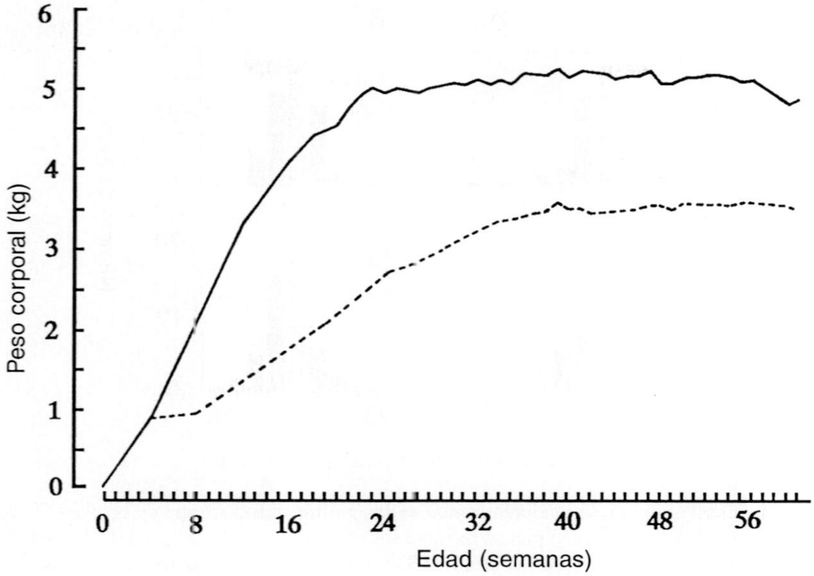

Figura 4.20 Peso corporal de gallinas productoras de broilers recibiendo dieta sin restricción (línea continua) y acceso restringido al pienso (línea discontinua). Datos de Yu *et al.* (1929b).

autores han señalado el papel del tejido magro y el contenido en grasa en el control de la aparición de la puesta. Está claro que se precisa de más información sobre este tema, sobre todo en lo que respecta a la influencia del crecimiento y la composición orgánica sobre la madurez sexual.

Las interrelaciones entre el régimen nutricional y la función reproductora están aumentadas cuando las gallinas productoras de broilers se las restringe el acceso al pienso. Ese tipo de gallinas alcanzan un peso a la madurez de hasta 5 kg (Fig. 4.20) y comienzan la puesta de huevos a las 22 semanas (Fig. 4.21) cuando se les administra pienso *ad libitum*. La restricción de acceso al pienso antes de la madurez sexual a los niveles recomendados por las compañías pioneras de avicultura reduce el peso corporal a aproximadamente 3 kg (Fig. 4.20) y aumenta la aparición de la puesta a las 24 semanas (Fig. 4.21). La reducción del consumo de pienso por los criadores de broilers, también incrementa la producción de huevos, mejora la fertilidad y la incubabilidad y reduce el número de defectos de los huevos producidos (Tabla 4.8). Aunque las interacciones que aceleran la aparición de madurez sexual e interfieren la producción de huevos normales con el sobrepeso de los animales no están muy claras, el éxito alcanzado por los criadores de broilers en lo relativo al manejo, confían en la comprensión pragmática de esas relaciones.

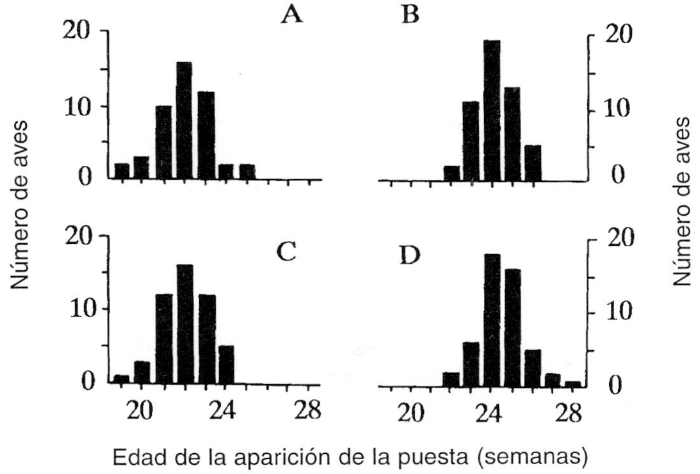

Figura 4.21 Distribución de la madurez sexual en las gallinas productoras de broilers. Todos los animales tienen acceso libre al pienso durante los primeros 30 días de edad. Entre los días 31 y 128 (18 semanas) las aves de los grupos (**B**) y (**D**) tuvieron suficiente acceso a la dieta para soportar el crecimiento pero minimizan la deposición de grasa mientras los grupos (**A**) y (**C**) tuvieron acceso ilimitado al pienso. A las 18 semanas, las gallinas del grupo (**B**) tuvieron acceso libre al pienso y las del grupo (**C**) acceso limitado. Las gallinas de los grupos (**A**) y (**D**) continuaron recibiendo pienso ilimitado y restringido respectivamente. Datos de Yu *et al.* (1992a).

Tabla 4.8 Influencia de la ingestión de pienso sobre el número de huevos puestos desde la 19 a la 62 semana de edad incidencia de oviposiciones erráticas, proporción de huevos defectuosos y fertilidad e incubabilidad de huevos producidos por gallinas productoras de broilers. Datos de Yu *et al.* (1992a).

	Pienso ilimitado	*Pienso restringido*
Producción total de huevos	122	177
Punto máximo del ritmo de puesta (%)	65	84
Gallinas que ponen erráticamente[1] (%)	41	13
Huevos con cáscara blanda y membranosos (%)	33	5
Yemas múltiples (%)	18	2
Fertilidad (%)	78	92
Incubabilidad de huevos fértiles (%)	80	94

[1] Definido como oviposición que ocurre más de 18 horas del tiempo modal de la puesta.

Bibliografía

Adams, J.L.(1955). The effect of ration, caponizing and hormone treatment on broiler strain New Hampshire cockerels. *Poultry Science* 34, 1295-1297.

Annin, G.E. & Halpin, J.G. (1938). Comparative growth and feed consumption of roasters, capons and pullets. *Poultry Science* 17, 419-422.

Canfield, T.H. (1941). Sex determination of day-old chicks II. Type variations. *Poultry Science* 20, 327-328.

Collins, W.M. & Abplanalp, H. (1968). Changes in body and organ weights of Japanese quail selected for 6 week body weight. *British Poultry Science* 9, 231-242.

Driot, F.J.M., de Reviers, M. & Williams, J B. (1979). Plasma testosterone levels in intact and hemicastrated growing cockerels. *Journal of Endocrinology* 81, 169-174.

Etches, R.J. (1993). Reproduction in poultry. In: *Reproduction in Domesticated Animals.* Edited by G.J. King. Elsevier, Huddersfield, UK.

Finlay, G.F. *(1925).* Studies on sex differentiation of fowls. *British Journal of Experimental Biology* 2, 439-468.

Goodearl, G.P. & Moore, F.E. (1941). Turkey capons. *North Dakota Agricultural Experiment Station Bulletin* 307.

Gous, R.M. (1978). A comparison of three methods of food restriction of layingtype pullets on growth and laying performance. *British Poultry Science* 19, 441-448.

Gowe, R.S., Johnson, A.S., Crawford, R.D., Downs, J.H., Hill, A.T., Mountain W.F., Pelletier, J.R. & Strain, J.H. (1960). Restricted versus full feeding during the growing period for egg production stock. *British Poultry Science* 1, 37-56.

Itoh, H., Kono, T., Kuwayama, T. & Ichinoe, K. (1988). The relationship between plasma concentrations of progesterone, estradiol and testosterone and the ages of first egg laying in maturing pullets. *Japanese Poultry Science* 25, 86-92.

Lauffer, R.G. (1957). The effect of caponizing and estrogen treatments on the performance of New Hampshire cockerels. *Poultry Science* 36, 376-377.

Landauer, W. (1937). Studies on the creeper fowl XI. Castration and length of bones of the appendicular skeleton in normal and creeper fowl. *Anatomical Record* 69, 247-253.

Latimer, H.B. (1927). Postnatal growth of the chicken skeleton. *AmericanJournal of Anatomy* 40, 1-57.

Lee, P.J.W., Gulliver, A.L. & Morris, T.R. (1971). Restricted feeding of broiler breeder pullets during the rearing period and its effect on productivity and breeding. *British Poultry Science* 12, 499-510.

Leeson, S. & Summers, J.D. (1980). Production and carcass characteristics of the broiler chicken. *Poultry Science* 59, 786-798.

Mullen, K. & Swatland, H.J. (1979). Linear skeletal growth in male and female turkeys. *Growth* 43, 151-159.

Pym, R.A.E. & Dillon, J.F. (1974). Restricted food intake and reproductive performance of broiler breeder pullets. *British Poultry Science* 15, 245-259.

Raynor, E.K. (1939). Capons. Fourth year thesis, Ontario Agricultural College, University of Guelph, Ontario, Canada.

Ricard, F.H. & Societe Galor (1986). *Compte rendu des* travaux *enterpris en 1985 sur la croissance et l'evolution de la composition anatomique du pintadeau.* Societe Galor, Amboise, France.

Robbins, K.R., McGhee, G.C., Osei, P. & Beauchene, R.E. (1986). Effect of feed restriction on growth, body composition and egg production of broiler females through 68 weeks of age. *Poultry Science* 65, 2226-2231.

Senior, B.E. (1974). Oestradiol concentration in the peripheral plasma of the domestic hen from 7 weeks of age until sexual maturity. *Journal of Reprodzuction and Fertility* 41, 107-112.

Sharp, P.J. (1975). A comparison of variations in plasma luteinizing hormone concentrations in male and female domestic chickens *(Gallus domesticus)* from hatch to sexual *maturity. Journal of Endocrinology* 67, 211-223.

Sharp, P.J., Culbert, J. and Wells, J.W. (1977). Variations in stored and plasma concentrations of androgens and luteinizing hormone during sexual development in the cockerel. *Journal of Endocrinology* 74, 467-476.

Swatland, H.J. (1980). A histological basis for differences in breast meat yield between two strains of white turkeys. *Journal of Agricultural Science* 94, 383-388.

Swatland, H.J. (1989a). Morphometry of pectoral development in turkey breeding stock. *British Poultry Science* 30, 785-795.

Swatland, H.J. (1989b). Physiology of muscle growth. In: *Recent Advances in Turkey Science.* Edited by C. Nixey & T.C. Grey. Buttenworths, London, pp. 167-182.

Watson, N.A. (1975). Reproductive activity of broiler breeder hens subjected to restricted feeding during rearing. *British Poultry Science* 16, 259-262.

Welter, J.F. (1976). The effects of surgical caponization on production efficiency and carcass yield of roosters. *Poultry Science* 55, 1372-1375.

Whitehead, C.C., Herron, K.M. & Waddington, D. (1987). Reproductive performance of dwarf broiler breeders given different allowances of food during the rearing and breeding periods and two lighting patterns. *British Poultry Science* 28, 415-427.

Williams, J.B. & Sharp, P.J. (1977). A comparison of plasma progesterone and luteinizing hormone in growing hens from eight weeks of age to sexual maturity. *Journal of Endocrinology* 75, 447-448.

Wilson, B.J. (1977). Growth cubes: their analysis and use. In: *Growth and Poultry Meat Production.* Edited by K.N. Boorman & B.J. Wilson. British Poultry Science Ltd., Edinburgh, pp. 89-115.

York, L.R. & Mitchell, J.D. (1969). The effect of estradiol-17,β-monopalmitate and surgical caponization on production efficiencies, yields and organic characteristics of chicken broilers. *Poultry Science* 48, 1532-1536.

Yu, M.W., Robinson, F.E., Charles, R.G. & Weingardt, R. (1992a). Effect of feed allowance during rearing and breeding on female broiler breeders. 2. Ovarian morphology and production. *Poultry Science* 71, 1750-1761.

Yu, M.W., Robinson, F.E. & Robblee, A.R. (1992b). Effect of feed allowance during rearing and breeding on female broiler breeders. 1. Growth and carcass characteristics. *Poultry Science* 71, 1739-1749.

Lecturas adicionales

Bacon, L.D., Smith, E. & Crittenden, L.B. (1988). Association of the slow feathering *(K)* and an endogenous viral *(ev21)* gene on the Z chromosome of chickens. *Poultry Science* 67, 191-197.

Smith, E.J., Fadley, A.M. & Crittenden, L.B. (1990). Interactions between endogenous virus loci *ev21* and *ev6. 1.* Immune response to exogenous avian leukosis virus infection. *Poultry Science* 69, 1244-1250.

Wilson, S.C. (1975). Effects of progesterone and synthetic luteinizing hormone releasing hormone on the release of luteinizing hormone during sexual maturation in the hen *(Gallus domesticus). Journal of Endocrinology* 67, 359-369.

Wilson, S.C. (1978). LH secretion in the cockerel and the effects of castration and testosterone injections. *General and Comparative Endocrinology* 35, 481-490.

5

FOTOPERÍODO

5.1 Introducción

La mayoría de las aves crían estacionalmente y en latitudes nórdicas son dependientes de la temperatura y la duración del día. La influencia de la luz, sobre la reproducción, se demostró por primera vez en 1921, por parte de Rowan que capturó juncos migratorios y les proporcionó luz supletoria, para imitar la duración del día en la primavera. En esas condiciones, los juncos se aparearon y pusieron huevos en Edmonton en invierno con temperaturas por debajo de cero. La respuesta de estas aves a los fotoperíodos fue el punto de arranque de una serie de estudios fisiológicos encaminados a comprender qué señales fotoperiódicas son percibidas por las aves y cómo estas señales inician los acontecimientos que culminan con la puesta y la producción de esperma.

5.2 Percepción de la luz

La luz es percibida a través de los fotorreceptores que transducen la energía contenida en los fotones en señales biológicas. En el ojo, la energía de los fotones es transducida por pigmentos fotosensibles en los bastones y conos y se transmiten a través de neuronas al cerebro donde la señal es integrada en una imagen. Sin embargo, para los propósitos de la reproducción, la percepción de la luz no depende de los fotorreceptores en el ojo. A través de una serie de investigaciones, durante más de 50 años se ha demostrado que el fotón convierte la energía en impulsos nerviosos, éstos son amplificados, por el sistema endocrino para controlar la función ovárica y la testicular y consecuentemente la multitud de funciones reproductoras comportamentales y características sexuales secundarias (Fig. 5.1).

Aunque todavía no se han identificado, histológicamente, los fotorreceptores hipotalámicos de las aves, su existencia ha sido implicada en muchos

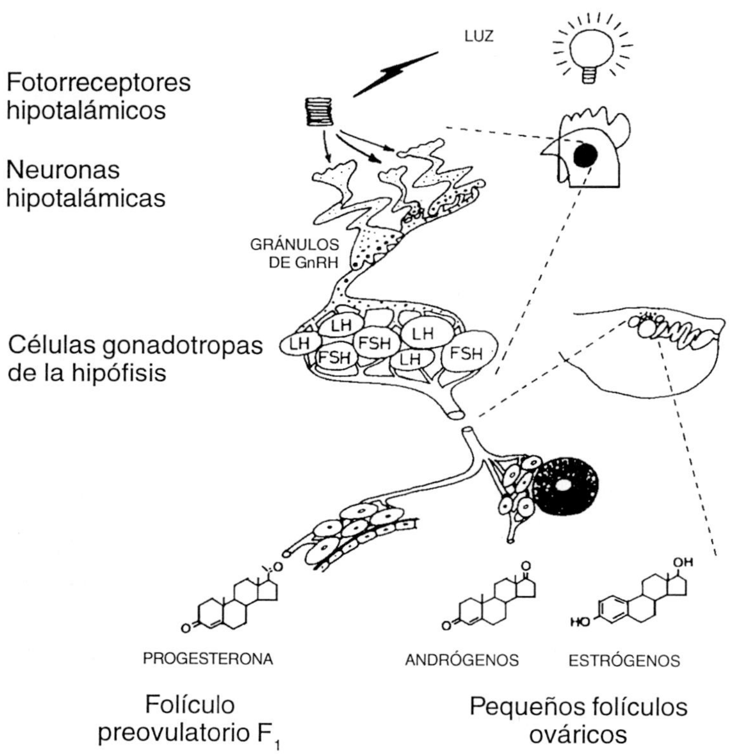

Figura 5.1 Representación diagramática de los mecanismos neuroendocrinos que controlan la reproducción en las aves. La luz es percibida por los fotorreceptores que convierten la señal electromagnética en un mensaje normal a través de su efecto sobre las neuronas hipotalámicas que secretan hormona liberadora de la gonadotropina (GnRH). La GnRH se secreta al sistema porta hipotalámico y se transporta a las células gonadotropas hipofisarias. Estas células responden a la estimulación de la GnRH, produciendo las gonadotropinas: hormona luteinizante (LH) y hormona estimulante de los folículos (FSH) que se vierten al sistema circulatorio. Esas gonadotropinas se unen a receptores de las células de la teca y la granulosa de los folículos ováricos estimulando la producción de andrógenos y estrógenos, a partir de los pequeños folículos y de progesterona a partir de los más grandes (véase Sección 6.2). En el macho, las gonadotropinas estimulan la producción de espermatozoides y varios andrógenos incluso progesterona (véase Sección 8.2). Datos de Etches (1993).

mecanismos indirectos. La falta de funcionalidad de los fotorreceptores en el reconocimiento del ciclo luz-oscuridad se pone de manifiesto a partir de la idéntica respuesta de aves con vista normal y las ciegas por medios quirúrgicos. La falta de respuesta de patos y gorriones, cuyas cabezas fueron tapadas con paños oscuros a regímenes fotoestimulantes de luz pone de manifiesto que los receptores están localizados en la cabeza. La localización intracraneal de los fotorreceptores fue posteriormente corroborada al alterar la intensidad de la luz que penetraba en el interior del cráneo quitando las plumas de la cabeza para facilitar el paso de la luz al cerebro. Cuando esa penetración estaba facilitada, los gorriones eran capaces de responder a débiles regímenes fotoestimulantes y contrariamente la luminosidad no era percibida cuando la penetración de la luz se encontraba impedida. La aplicación de luz directamente al hipotálamo utilizando fibras ópticas, estimuló el crecimiento testicular en patos y gorriones, lo que indica que los fotorreceptores están localizados en esa vecindad. A conclusiones similares se llegó cuando se aplicaron diodos emisores de luz o pinturas radioluminosas cerca del hipotálamo. Bajo estas condiciones experimentales, los pájaros respondieron como se pensaba cuando se expusieron a regímenes luminosos fotoestimulantes con lo que se confirma que la luz ejerce su efecto a través de fotorreceptores localizados en esa zona cerebral. Si los fotorreceptores hipotalámicos son fotones que se transducen en impulsos nerviosos, podemos encontrar la explicación de las frecuentes despolarizaciones con la luminosidad del día y las recientes investigaciones han demostrado que la múltiple actividad del hipotálamo se corresponde con esa predicción. Finalmente, la extirpación de los fotorreceptores hipotalámicos elimina la respuesta a fotoperíodos y esta respuesta se ha observado también cuando existen lesiones tuberales en el hipotálamo.

El fotorreceptor hipotalámico debe tener capacidad para convertir la energía en un fotón en una señal química que pueda ser convertida en una despolarización. La rodopsina, que se encuentra normalmente en la retina, transforma la energía luminosa en energía nerviosa, iniciándose así una cascada de respuestas intracelulares que culminan en impulsos nerviosos al cerebro. Esta transformación de energía lumínica en neural se inicia cuando el 11-*cis*-retinol, uno de los dos componentes de la rodopsina, se altera al absorber la energía en un fotón. El segundo componente de la rodopsina es la opsina, una gran proteína que cruza la membrana celular. Cuando la opsina se activa después de la absorción de un fotón por *cis*-retinol, se inician una serie de acontecimientos excitatorios que liberan sodio intracelular y por tanto despolarizan la célula. Se han hecho varios intentos de localizar esas células hipotalámicas capaces de controlar la fotorrecepción mediada por la rodopsina, utilizando técnicas inmunohistoquímicas. Aunque la mayoría de esos estudios han fracasado si se ha podido identificar una proteína, semejante a la opsina en las células del hipotálamo de palomas, codornices y patos, utilizando un anticuerpo monoclonal muy específico. Se precisan más estudios para caracterizar esta proteína y para identificar su papel en la percepción de la luz.

5.3 Efectos endocrinos de la fotoestimulación

Independientemente de la naturaleza exacta del fotorreceptor hipotalámico, su estimulación por los días largos se traduce en una señal endocrina a las pocas horas. En la codorniz japonesa, las concentraciones plasmáticas de LH y FSH se elevan durante la noche de los días largos (Fig. 5.2), lo que indica que la información recibida por el fotorreceptor hipotalámico se ha comunicado a las neuronas hipotalámicas que producen GnRH, estimulando la secreción de este polipéptido a la vasculatura portal hipotalámica (Fig. 5.1). Por tanto, la percepción de la luz es inmediata y aunque puedan trascurrir varias semanas, entre la aplicación del estímulo fotoperiódico al prolongarse la duración de la luz, desde un día corto a otro largo hasta que se observa la producción de un huevo o de esperma los aconteceres fisiológicos comienzan en el primer día largo.

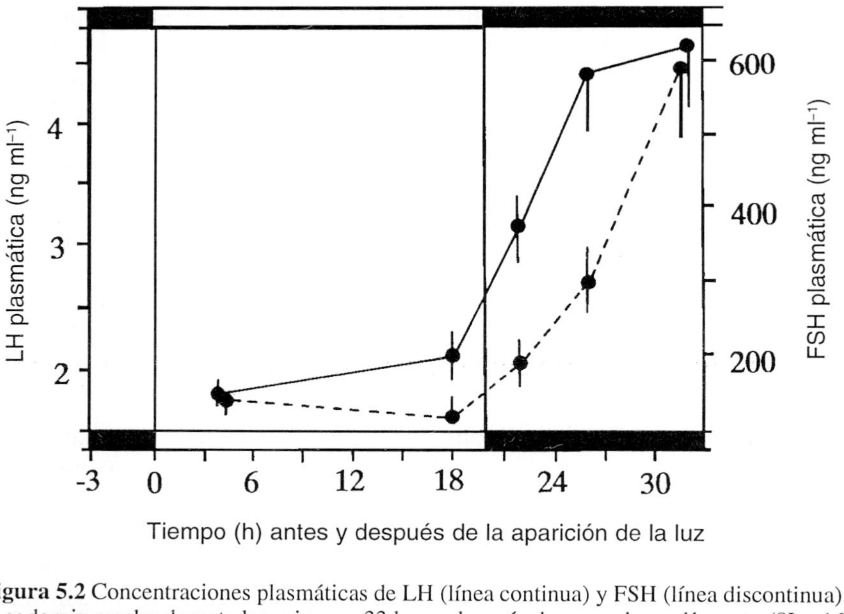

Figura 5.2 Concentraciones plasmáticas de LH (línea continua) y FSH (línea discontinua) en la codorniz macho durante las primeras 33 horas después de pasar de un día corto (8L : 16O) a un día largo (20L : 4O). Las porciones en negro indican oscuridad antes y después de un día largo. Datos de Follett *et al.* (1977). Reproducida con permiso del Journal of Endocrinology Ltd.

5.4 Duración crítica del día

Tanto desde el punto de vista teórico, como del práctico, es interesante conocer cuántas horas de luz se deben mantener antes de que las aves domésticas reconozcan que están expuestas a un día largo y saber también que duración del día está relacionada con el subsiguiente ritmo de secreción de gonadotropina y, por ende, de crecimiento gonadal. A pesar de que esta relación se ha establecido para un número de especies no domésticas, sólo se dispone de información para el pollo y la codorniz japonesa entre las especies domesticadas. En la codorniz, el ritmo de crecimiento testicular y la secreción de gonadotropinas es proporcional a la duración del fotoperíodo entre las 11,5 y 13 horas de luz (Fig. 5.3). De igual forma, cuando las gallinas pasan de un régimen de 8L : 16O a cualquiera de los siguientes: 10,5L : 13,5O y 12,75L :11,25O, se observa un aumento proporcional de la concentración plasmática de LH (Fig. 5.4).

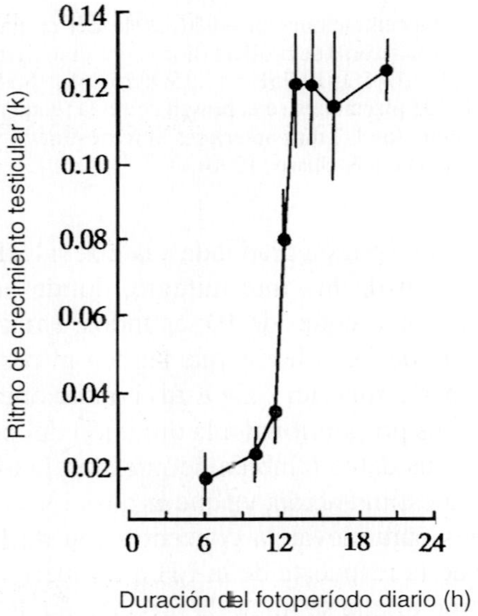

Figura 5.3 El ritmo de crecimiento testicular se calcula por el peso testicular y el tiempo, utilizando la fórmula $\log W_t = \log W_0 + kt$, donde W_0 es el peso testicular al comienzo del tratamiento, W_t es el peso en el día t y k es la constante logarítmica por día. En las codornices, previamente mantenidas en un régimen de 6L : 18O, esencialmente, no se observa respuesta cuando el día es menor de 12L : 12O y la respuesta máxima se observa cuando el día es de 13L : 11O. Datos de Follett & Maung (1978). Reproducida con permiso del Journal of Endocrinology Ltd.

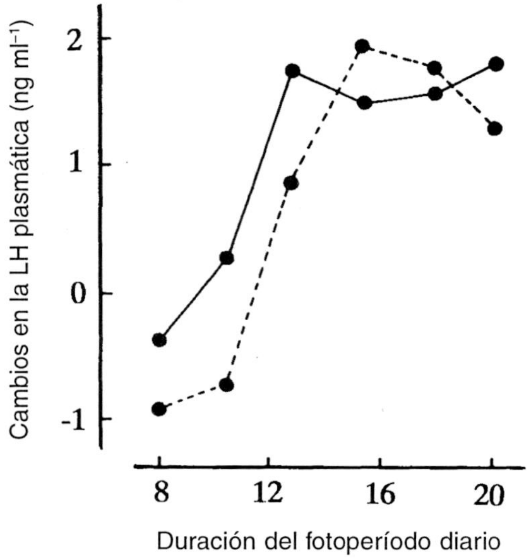

Figura 5.4 Cambios de las concentraciones plasmáticas de LH en gallinas productoras de huevos (línea discontinua) y productoras de broilers (línea continua) después de pasarlas de un régimen de 8L : 16O a 10,5L : 13,5O; 12,75L : 11,25O; 15,25L : 8,75O; 17,75L : 6,25O ó 20L : 4O. Las cambios de la LH plasmática se expresan como la relación de la concentración media de gonadotropina durante los 1-3 días anteriores al fotoestímulo y durante los 4-6 días siguientes al mismo. Datos de Dunn & Sharp (1990).

Se puede demostrar la respuesta graduada a la luz, si la duración del día se crea mediante un régimen de luz intermitente, donde un fotoperíodo de 8L : 16O se suplementa con bloques de 10 segundos, 1 minuto o 10 minutos de luz, durante cada una de las 8 horas que siguen al período principal de iluminación (Fig. 5.5, parte superior). En estas condiciones, la elevación de la concentración de LH es proporcional a la duración del período suplementado de iluminación. Estos datos también demuestran la exquisita sensibilidad de la gallina a la fotoestimulación, ya que exposiciones de luz de tan sólo 10 s h^{-1} son suficientes para elevar la concentración de LH en el plasma. Además, la magnitud de la respuesta de la LH a fotoperíodos intermitentes, fue proporcional al ritmo al que se inició la producción de huevos (Fig. 5.5, parte inferior).

5.5 Ritmo circadiano y percepción de la luz

A fin de reconocer cuanto se ha incrementado la duración del día las aves deben ser capaces de diferenciar entre un día corto y un día largo. Los pollos, pavos, codornices y muchas otras aves utilizan ritmos circadianos internos

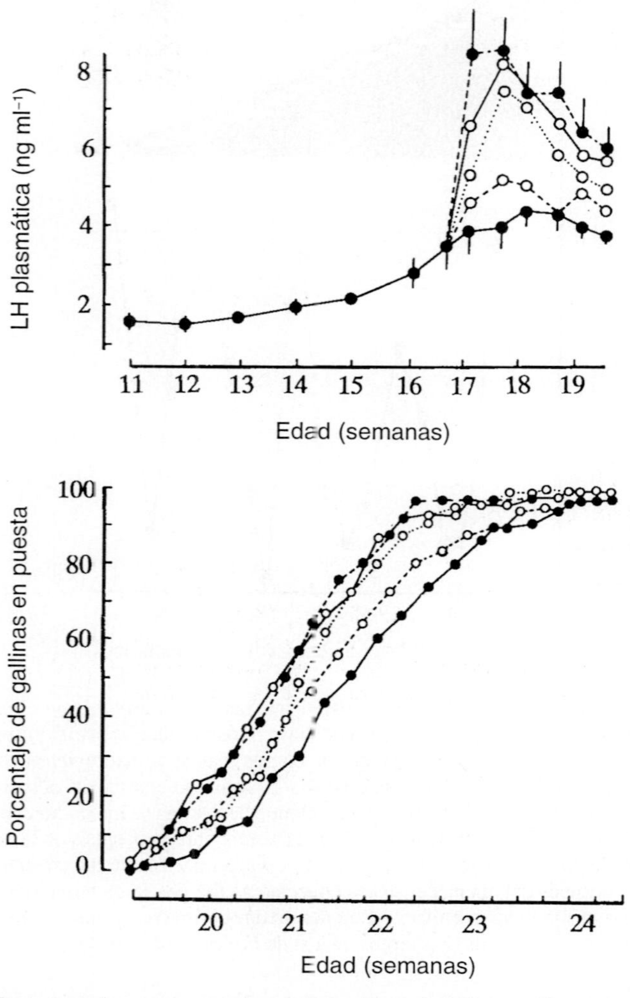

Figura 5.5 Parte superior: concentraciones plasmáticas de LH en gallinas con fotoperíodo de 8L : 16O hasta las 17 semanas de edad, tiempo al que se sometieron a los siguientes fotoperíodos: 8L : 16O (círculos negros y líneas continuas) y 8L : 16O con pulsos de luz, a intervalos de una hora, durante las primeras 8 horas de oscuridad, de 10 segundos (círculos blancos y líneas discontinuas), 1 minuto (círculos blancos y líneas de puntos) y 10 minutos (círculos blancos y líneas continuas). Otro grupo de gallinas fueron expuestas a un régimen de 16L : 8O (círculos negros y líneas discontinuas). Parte inferior: porcentaje acumulado de gallinas en puesta en cada grupo. Datos de Wilson & Cunningham (1980).

para hacer esta distinción. Este principio se demuestra mejor mediante el examen de los resultados de experimentos interrumpiendo la noche, un ejemplo de ello se muestra en la Figura 5 6. Las aves se mantienen en días cortos

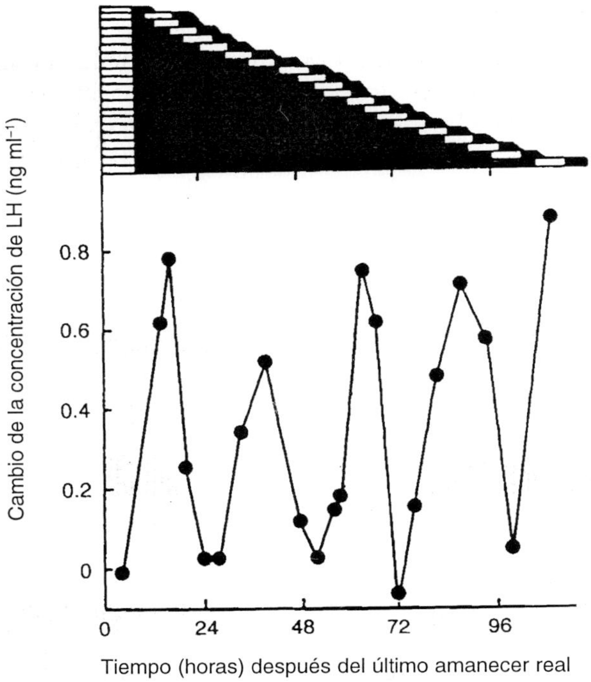

Figura 5.6 Evidencia experimental para demostrar que las aves usan el ritmo circadiano para restringir la percepción de la duración del día a una fase fotosensible que ocurre entre las 11 y 13 horas después de conectar la luz. Los gorriones de corona blanca se mantuvieron en programas cortos de iluminación (8L : 16O) y luego se trasladan a oscuridad continua. Cada grupo de aves (alojadas en cajas horizontales) estuvo sujeto a un bloque de 8 horas de luz durante los siguientes cuatro días. Se comparó la concentración de LH en la sangre antes y después de la exposición al bloque de 8 horas de luz y la diferencia se expresó como una relación. La luz conectada entre las 11 y las 13 horas después del amanecer (luces conectadas) fue percibida como día largo. Estos datos proporcionan el soporte experimental para pensar que el ritmo circadiano gobierna la capacidad de las aves para percibir los días largos. Datos de Follett *et al.* (1974).

durante varias semanas y se introducen luego en oscuridad constante. Los diferentes grupos de aves reciben bloques de 8 horas de luz con el fin de «escudriñar» en los siguientes cuatro días con períodos superpuestos de iluminación. El cambio de la LH plasmática, que sigue a cada bloque de luz, reveló que el efecto de ésta no fue constante. Al principio de la mañana y última hora de la tarde, la exposición a la luz tuvo muy poco efecto sobre la LH del plasma. Los datos de la Figura 5.6 muestran muy claramente que la respuesta a la luz es periódica con intervalos recurrentes de fotosensibilidad. El período durante el cual el ave es sensible a la luz se denomina fase fotosensible y aunque define la descripción en un sentido anatómico, esta fase proporciona las bases teóricas sobre los regímenes de iluminación que se deben adoptar. Por ejemplo, los días cortos no estimulan la secreción de gonadotropina porque ellos no iluminan la fase fotosensible (Fig. 5.7). Sin embargo, durante los días largos se ilumina la fase fotosensible y comienza la secreción de LH. Aunque solamente una pequeña proporción de la fase

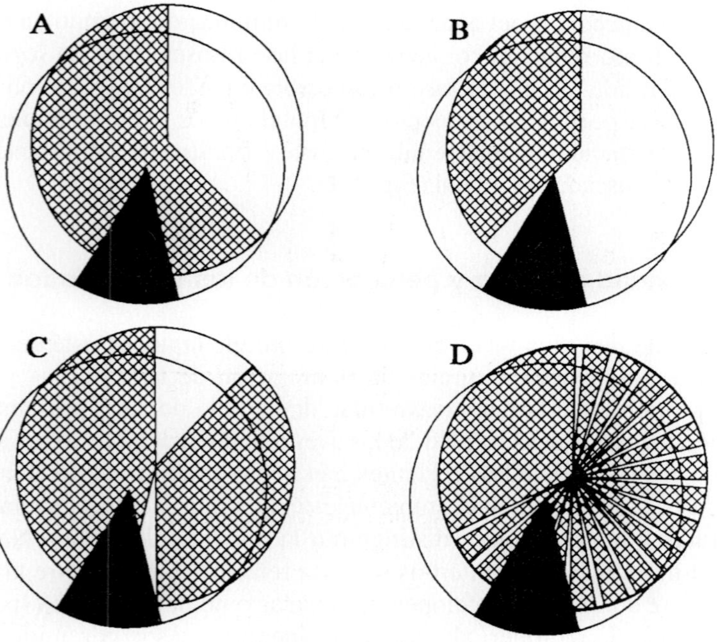

Figura 5.7 Interacción entre los programas de iluminación y ritmo circadiano subyacente en la fotosensibilidad que gobierna la capacidad para distinguir los días largos de los cortos. Todos los fotoperíodos ajustan el reloj circadiano a 0 una vez por día al conectar las luces, y el ave comienza a «contar» el tiempo transcurrido desde el comienzo del fotoperíodo. La fase fotosensible (indicada por el segmento sólido en el círculo de primer término) comienza 11 horas después de conectar la luz y concluye unas 2 horas después. **A.** En un ciclo de 9L : 15O (indicado por los segmentos claro y sombreado respectivamente en el círculo de primer plano) la fase fotosensible no coincide con el período de iluminación y no se inicia la secreción de gonadotropina. **B.** En el programa de 15L : 9O, la fase fotosensible es coincidente con el período de iluminación y se eleva la concentración de gonadotropina hasta un nivel que soporta la reproducción. **C.** En el régimen de luz intermitente de 3L : 9O; 1L : 11O, el reloj circadiano se acopla a 0 por la transición desde el bloque de 11 horas de oscuridad al bloque de 3 horas de luz. El bloque de 1 horas de luz inicia la secreción de gonadotropina al facilitar iluminación en el momento que coincide con la fase fotosensible. **D.** En el programa de iluminación intermitente de 14 (0,25L : 0,75O): 0,25L : 9,75O, una porción suficientemente grande del esquema está iluminada para iniciar una total respuesta fotoperiódica. La transición desde el bloque 9,75 horas de oscuridad al primer bloque de luz acopla el reloj circadiano a 0.

fotosensible precisa de iluminación para iniciar la secreción de gonadotropina, los regímenes de iluminación intermitente no son igualmente efectivos para controlar el proceso reproductor en las aves domésticas.

Un programa de iluminación estimulatorio debe transmitir dos señales al ave. Primero, debe proporcionar una señal de amanecer que permita a la gallina ajustar su reloj circadiano al tiempo 0. Entonces, el reloj circadiano comienza a «contar» el paso de tiempo hasta que hayan transcurrido 11 horas desde el «amanecer» o del encendido de la iluminación, tiempo en el que el oscilador interno señala el comienzo de la fase fotosensible. La segunda señal es transmitida durante la fase fotosensible cuando la exposición a la luz está registrada por los fotorreceptores hipotalámicos. Ahora, la energía del fotón es transducida en una señal nerviosa y finalmente amplificada en la subsiguiente cascada hormonal (Fig. 5.1).

5.6 Intensidad de la luz y percepción de los fotoperíodos

Raramente, las aves viven en ambientes donde la noche esté desprovista de luz. En condiciones naturales, la iluminación de las estrellas y la luna pueden proporcionar suficiente cantidad de luz a la noche y por tanto no es sorprendente que la sensibilidad de las aves a la intensidad de la luz sea relativa y no absoluta. Estudios recientes han demostrado que la relación de la intensidad de la luz cuando el ambiente esté o no iluminado determina el que las gallinas y las codornices distinguirán la «noche» del «día». No se han realizado investigaciones extensas sobre la relación mínima entre la intensidad de la luz durante las porciones iluminadas o no del programa (por ej., el fotoperíodo y el escotoperíodo, respectivamente) que son percibidos por las aves pero parece ser que la intensidad de la luz debe ser diez veces mayor, durante la porción iluminada del día antes de que las aves puedan reconocer la diferencia de intensidad de la luz entre luces conectadas y luces desconectadas.

Existe una amplia evidencia por los ejemplos ofrecidos, de que la intensidad relativa de luz durante la porción de «día» y de «noche» del programa de iluminación ajusta la fase del ritmo circadiano que controla el tiempo de la oviposición (véanse págs. 157-163), y el ritmo circadiano de la actividad (Fig. 5.8); la importancia de la intensidad de la luz en la estimulación fotoperiódica de la secreción de gonadotropina está menos clara. Sin embargo, como la percepción de los días largos y cortos y por tanto la respuesta fotoperiódica cuenta con el ritmo circadiano en la fotosensibilidad (véase Sección 5.5), parece que la intensidad relativa entre las porciones de iluminación y de no iluminación del fotoperíodo proporciona una importante información para la fotoestimulación. Los datos de los experimentos en los que la

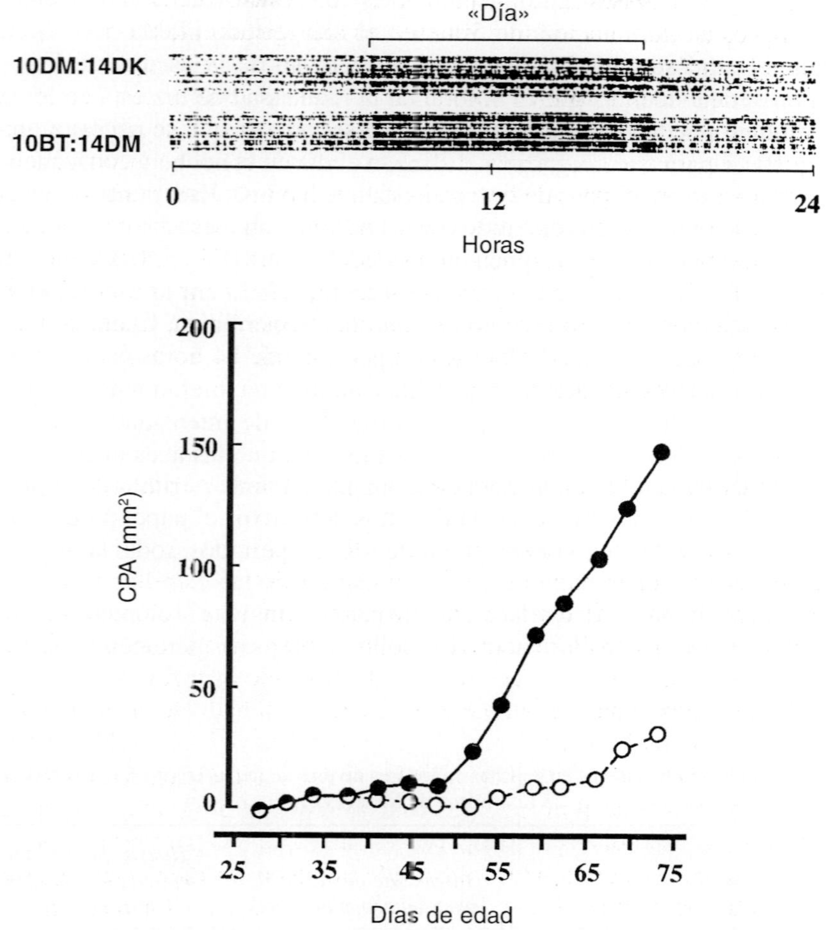

Figura 5.8 Actividad (parte superior) y respuesta fotoperiódica (parte inferior) de la codorniz japonesa expuesta a programas de iluminación intensa (50 lux), menos intensidad (1 lux) y oscuridad (DK). La actividad está restringida en el período de menos intensidad (DM) del programa 10DM : 14DK y al período de brillo (BT) del programa de iluminación 10BT : 14DM. Una respuesta fotoperiódica, medida por el área de protusión cloacal (CPA), fue iniciada al cambiar, a los 42 días de edad, desde el programa de 10DM : 14DK a otro de 16DM : 8 DK (círculos sólidos y líneas sólidas), pero no fue aparente en las aves mantenidas en 10 BT : 14 DM (círculos abiertos y líneas no continuas), que siempre recibieron, al menos, 1 lux. Datos de Meyer *et al.* (1988).

intensidad de la luz era medida solamente en el fotoperíodo, demostraron que el ritmo de producción de huevos era proporcional a la intensidad de la luz entre 0,2 y 5 lux, pero la producción no estaba relacionada con la intensidad si se proporcionaban más de 5 lux en el fotoperíodo (Tabla 5.1). Bajo condiciones similares los 0,4 lux no se diferencian de la oscuridad. Estos datos ponen de evidencia que el umbral de la intensidad de luz está en los 5 lux y también pueden ser interpretados en el sentido de que se necesita una relación 10 : 1 para que las gallinas distingan el día de la noche y consecuentemente para iniciar una respuesta fotoperiódica máxima. Este punto de vista está soportado por los datos obtenidos en la codorniz japonesa fotoestimulada con combinaciones de brillo y poca intensidad de la luz (Fig. 5.8). Cuando el fotoperíodo fue iluminado con 1 lux y el escotoperíodo era la oscuridad la codorniz estaba activa e iniciaba una respuesta fotoperiódica. Cuando alternaron períodos de 10 horas de 50 lux con períodos de 14 horas de 1 lux, la codorniz no inició la respuesta fotoperiódica aunque recibieran más de 1 lux y estuvieron inactivas durante el período más bajo de intensidad lumínica (Fig. 5.8). Considerados juntos, estos datos indican que las aves utilizan información derivada de la intensidad de la luz para alterar su ritmo de la producción de huevos, pero en ausencia de datos definitivos el papel preciso de la intensidad de la luz, en la percepción de los fotoperíodos, todavía no está muy claro.

Si se utiliza la intensidad relativa de luz para distinguir el fotoperíodo y el escotoperíodo, no queda claro como los pollos y los pavos perciben las com-

Tabla 5.1 Producción de huevos en gallinas en los tres niveles de jaulas en una habitación con una intensidad de luz entre 0,2 y 25 lux. Datos de Morris (1967).

Intensidad nominal de la habitación (lux)	*Jaulas*	*Intensidad de luz en el seno del comedero (lux)*	*Huevos por gallina enjaulada a los 500 días de edad*
25	Superior	37	240
	Centro	25	242
	Inferior	17	242
5	Superior	7,5	239
	Centro	5,0	240
	Inferior	3,3	233
1	Superior	1,5	231
	Centro	1,0	233
	Inferior	0,7	222
0,2	Superior	0,3	223
	Centro	0,2	221
	Inferior	0,1	208

binaciones de luz natural y suplementaria cuando el brillo del sol es varios cientos de veces más intenso que la luz suplementada y ésta es solamente 10 veces más intensa que la desconexión de la luz o la noche natural. El conocimiento empírico de los pioneros de la industria avícola que para incrementar la producción de huevos utilizaron «programas de iluminación invernales» para suplementar la luz del día, desde septiembre a marzo, en gallineros con paredes abiertas y con ventanas nos proporcionan una evidencia absoluta de que las gallinas interpretan la relativamente menor suplementación de luz como una extensión de la luz del día. Presumiblemente, por tanto, cuando la luz suplementada es menos intensa parece que es suficiente información para que la gallina distinga entre el día y la noche. Se precisa de información adicional para caracterizar la relación brillo/menos intensidad, necesaria para los programas de suplementación lumínica, con el fin de proporcionar a las gallinas que reciban una combinación de luz natural y suplementada una adecuada señal. Desde el punto de vista práctico, esta información es muy importante en los gallineros situados en los trópicos y las latitudes bajas donde los gallineros de paredes abiertas es la construcción de elección para las gallinas ponedoras.

5.7 Fotorrefractariedad

Con el paso del tiempo, la transducción de la energía fotónica en señal neural comienza a fallar y ocasionalmente, el ave no puede mantener niveles máximos de secreción de gonadotropina. Este fallo en los días largos o refractariedad, se manifiesta de diferentes formas en las distantes aves. En la mayoría de las gallinas domésticas especialmente en las seleccionadas para la alta producción de huevos la fotorrefractariedad se manifiesta como una reducción gradual del ritmo de puesta que se presenta durante los primeros 12-15 meses de puesta. A medida que ese ritmo declina, la hipófisis anterior es menos capaz de secretar gonadotropina en respuesta a la hormona liberadora del hipotálamo. Ocasionalmente, la secreción de gonadotropina puede llegar a reducirse a niveles incapaces de mantener a la gónada, con lo que el ovario regresa dentro de las siguientes semanas de la fotoestimulación. Esta aparición temprana de fotorrefractariedad es más común en pavas, aunque también se ha observado en gallinas productoras de broilers.

Las gallinas que presentan refractariedad no pueden ser fotoestimuladas de nuevo hasta que no se hayan expuesto a los días cortos durante 10-12 semanas. En la práctica, la disipación de la fotorrefractariedad se acompaña de una muda forzada (véase Sección 11.4). La combinación de exposición a días cortos, con involución del sistema reproductor, pérdida y restitución de las plumas y pérdida de peso durante la muda forzada simulan un «descanso» hipotalámico para recibir y transmitir luego la señal fotoperiódica a los más altos niveles.

En los estorninos, es posible que el estímulo fotoperiódico sea capaz de iniciar la fotorrefractariedad, pero la duración del día que precisan para que se produzca aquélla puede ser mayor que la que se precisa para la fotoestimulación (Tabla 5.2). La exposición de estorninos a 18L : 6O precipita muy rápidamente los acontecimientos relacionados con la fotoestimulación, la función reproductora se mantiene durante un corto período de tiempo y la fotorrefractariedad aparece de inmediato. Con programas de luz marginalmente fotoestimulantes (por ej., 11L : 13O), la función reproductora se inicia lentamente pero la refractariedad no se inicia. Las ocas pueden responder de igual forma a la fotoestimulación, ya que un régimen de 11L : 13O prolonga la estación de puesta y, con ello, se mejora la producción de huevos (Fig. 5.9). La posible conexión entre la fotoestimulación y la aparición de la fotorrefractariedad puede tener aplicación significante en la industria avícola, aunque se precisan más trabajos con programas de iluminación marginalmente estimulantes.

5.8 Edad mínima de la fotoestimulación

Cuando las aves incuban son fotorrefractarias y solamente adquieren fotosensibilidad después de estar expuestas a los días cortos. Los precisos requerimientos de la fotosensibilidad no están aún bien descritos, aunque parece que una exposición de 8-12 semanas de días cortos es suficiente para que gallinas y pavas puedan responder satisfactoriamente a los días largos. La edad mínima de madurez sexual en las hembras normalmente no es muy importante desde un punto de vista práctico, ya que la producción de huevos, por lo común se retrasa utilizando manipulaciones fotoperiódicas y nutricionales, diseñadas para conseguir mayor tamaño de los huevos (véase Sección 10.2). Sin embargo, en los machos la madurez sexual precoz puede

Tabla 5.2 Aparición de la función reproductora y fotorrefractariedad en estorninos que se trasladan de un fotoperíodo corto (8L : 16O) a uno largo. Datos de Dawson & Goldsmith (1983).

Duración del fotoperíodo	*Aparición de la función reproductora*	*Aparición de la fotorrefractariedad*
18L : 6O	3 semanas	5 semanas
13L : 11O	4-6 semanas	8-10 semanas
11L : 13O	> 6 semanas	–

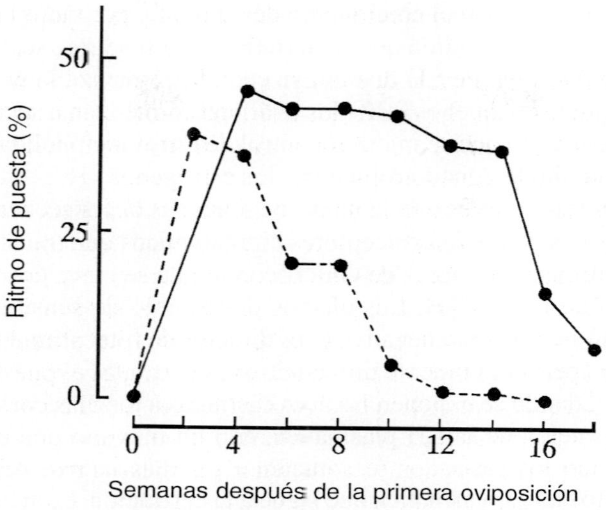

Figura 5.9 Producción de huevos en ocas expuestas a fotoperíodos de 11L : 13O (línea continua) y 14L : 10O (línea discontinua). Las ocas expuestas a los días más cortos pusieron 41 huevos, mientras que las expuestas a los días largos sólo 17 huevos. Datos de Rousselot-Pailley & Sellier (1990).

ser altamente ventajosa, sobre todo cuando el pavo o el gallo producen semen para un programa de inseminación artificial. El tener un mejor conocimiento de la adquisición de la fotosensibilidad en las aves jóvenes, será de considerable importancia, tanto desde el punto de vista académico como del práctico.

5.9 Fotoperíodo y madurez sexual

Aún cuando la aparición de la madurez sexual puede ser adelantada o retrasada por programas de iluminación, la madurez sexual ocurrirá eventualmente en ausencia de un régimen luminoso fotoestimulante. Por ejemplo, la mayoría de las gallinas comenzarán la producción de huevos a las 24 semanas de edad con un fotoperíodo de 8L : 16O, durante toda su vida (Fig. 5.5). Sin embargo, es posible adelantar la edad a las 22 semanas mediante fotoestimulación (Fig. 5.5 y Sección 10.2).

La iniciación espontánea de la actividad sexual parece ser la consecuencia de cambios en el control de retrofuncionalidad negativa de las hormonas esteroides sobre la liberación de gonadotropina (véanse págs. 156-163). En el macho, la cantidad de andrógeno necesaria para reducir la secreción de gonadotropina aumenta con el crecimiento del animal y por tanto la concentración de LH se eleva a medida que se aproxima a la madurez sexual. En la hembra, la concentración de LH disminuye cuando comienza la producción de huevos, porque los pequeños folículos ováricos comienzan a secretar hormonas esteroides con lo que se inicia el control de retrofuncionalidad negativa sobre la secreción de gonadotropina por los estrógenos.

La iniciación fotoperiódica de la madurez sexual es la consecuencia de la estimulación directa de los fotorreceptores hipotalámicos que transmiten sus señales a las neuronas secretoras de GnRH con lo que se eleva la concentración plasmática de LH y FSH. Los efectos del cambio de sensibilidad del sistema de retrofuncionalidad negativa y los directos de fotoestimulación han sido separados experimentalmente utilizando aves castradas expuestas a días cortos y largos. Cuando se exponen las aves castradas a los días cortos aparece una lenta elevación de la LH plasmática, con un máximo que es mucho menor que cuando los castrados se someten a los días largos. Además, el ritmo de aumento de LH plasmática que sigue a la castración, es mayor en los capones expuestos a los días largos. En ausencia de hormonas esteroides gonadales las diferentes respuestas de los castrados a los fotoperíodos largos y cortos, ha sido atribuida a una estimulación directa en el mismo hipotálamo.

5.10 La respuesta fotoperiódica es la suma de la fotoinhibición y la fotoestimulación

A partir de ensayos empíricos y experimentales diseñados para conocer las características de la respuesta fotoperiódica, se han recogido multitud de respuestas a los fotoperíodos que pueden ser moldeadas a hipótesis unificantes en las que se proponen cuatro principales respuestas, a la luz (Fig. 5.10). Se supone que cada respuesta es la suma de entradas inhibitorias y estimulantes, en las neuronas que secretan GnRH y que cada una de ellas depende de la previa exposición a la luz. Exposiciones largas durante los días cortos, no producen estimulación aunque son precisas para disipar la fotorrefractariedad. Exposiciones cortas en los días largos, estimulan la respuesta inhibitoria que es reconocida como refractariedad y disipa el efecto estimulante de los días largos. Cuando las aves se exponen a días largos durante mucho tiempo, al someterlas a días cortos se intensifica la inhibición de las neuronas de la GnRH y cesa la reproducción (Fig. 5.10). Mientras que existen muchos trabajos que soportan las respuestas fotoestimulatorias, no ocurre lo mismo en el caso de la fotoinhibición con lo que a menudo se extrapolan datos de otras aves (véase Sección 5.7). Quizá la mejor evidencia de que la fotorrefractariedad se inicia cuando a los animales se les expone a días largos, nos la proporciona la respuesta de gallinas trasladadas de un programa de 20L : 4O a otro de 12L : 12O; o desde uno de 4L : 20O a 12L : 12O. En el primer caso, el cambio

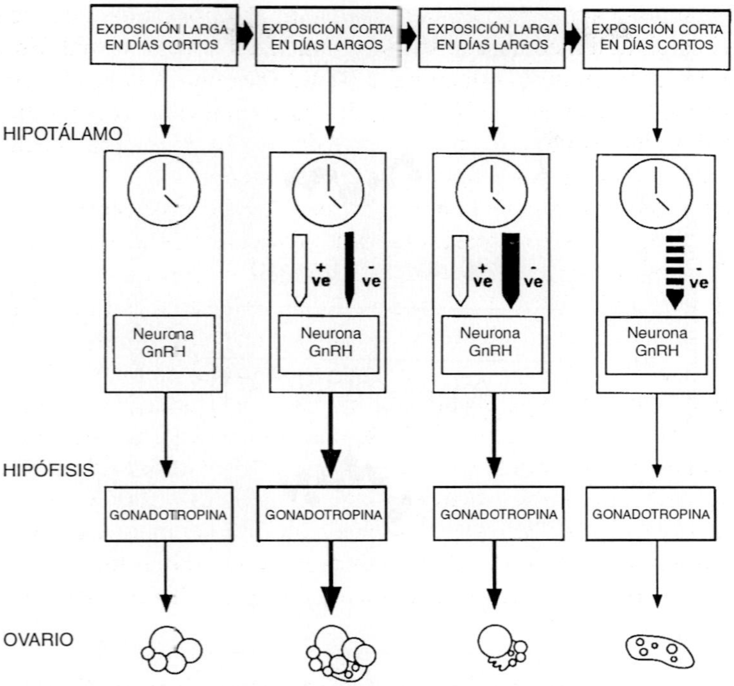

Figura 5.10 Representación esquemática de la respuesta fotoperiódica de las aves. El hipotálamo contiene un reloj biológico, representado como la cara de un reloj, que mide el paso del tiempo fotoperiódico. Si se aumenta el fotoperíodo, se activan dos tipos de entradas en las neuronas hipotalámicas secretoras de hormona liberadora de gonadotropina (GnRH), una estimulante (+ve, flecha blanca) y otra inhibitoria (−ve, flecha negra). La entrada estimulante se activa inmediatamente después de la fotoestimulación, pero la entrada inhibitoria se desarrolla más lentamente. Si disminuye el fotoperíodo, la entrada estimulante desaparece inmediatamente que cese la entrada inhibitoria, que se disipa gradualmente después de varias semanas o meses de exposición a los días cortos (indicado por flecha discontinua). Los cambios en la entrada inducidos fotoperiódicamente en las neuronas de GnRH producen la secreción de ésta y de gonadotropinas indicado por el grosor de las líneas sólidas con flechas. Los cambios en la secreción de gonadotropinas controlan el desarrollo del ovarios (mostrados en la figura) o de los testículos. Datos de Sharp (1993).

viene acompañado tanto de una disminución de la producción de huevos, como de la concentración plasmática de LH; posiblemente, porque el efecto neto de la exposición a los días largos y traslado a los cortos hace insensible al hipotálamo a la estimulación fotoperiódica. En el otro caso, el hipotálamo conserva la capacidad de transducir la señal fotoperiódica, con lo que se inicia la secreción de GnRH en los días cortos. El traslado a días largos proporciona estimulación y consecuentemente elevación de la concentración de LH y aumento de la producción de huevos (Fig. 5.11). Quizá este principio puede aplicarse a la mejora de la producción de huevos bajo programas comerciales

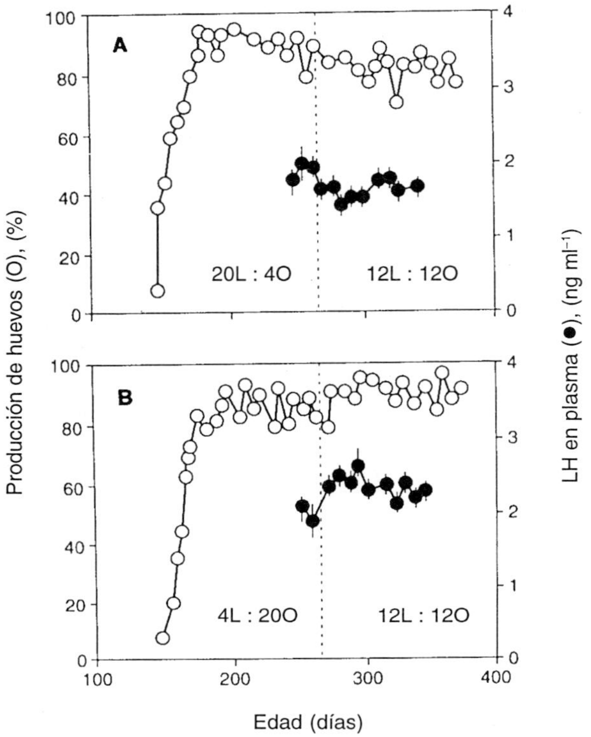

Figura 5.11 Producción de huevos y concentración plasmática de hormona luteinizante (LH) en grupos de 12 ponedoras de huevos morenos criadas desde el nacimiento con programas de iluminación: (**A**) 20L : 4O ó (**B**) 4L : 20O y trasladadas a 12L : 12O, después de comenzada la producción de huevos a las 25-26 semanas. Las gallinas mantenidas en días cortos, respondieron al cambio como un fotoestímulo, mientras que las mantenidas en régimen de días largos respondieron al cambio con un efecto inhibitorio. Datos de Sharp (1993).

de luz, utilizando el fotoperíodo mínimo para inducir la aparición de la producción de huevos y subsiguientemente incrementar la duración de la luz para contrarrestar la aparición de la fotorrefractariedad.

Bibliografía

Dawson, A. & Goldsmith, A.R. (1983). Plasma prolactin and gonadotrophins during gonadal development and the onset of photorefractoriness in male and female starlings *(Sturnus vulgaris). Journal of Endocrinology* 97, 253-260.

Dunn, I.C.& Sharp, P.J. (1990). Photoperiodic requirements for LH release in juvenile broiler and egg-laying strains of domestic chickens fed *ad libitum* or restricted diets. *Journal of Reproduction and Fertility* 90, 329-335.

Etches, R.J. (1993). Reproduction in poultry. In: *Reproduction in Domesticated Animals.* Edited by G.J. King. Elsevier, Huddersfield, UK.

Follett, B.K. & Maung, S.L. (1978). Rate of testicular maturation in relation to gonadotrophin and testosterone levels in quail exposed to various artificial photoperiods and to natural daylengths. *Journal of Endocrinology* 78, 267-280.

Follett, B.K., Mattocks, P.W. & Farner, D.S. (1974). Circadian function in the Photoperiodic induction of gonadotrophin secretion in the white-crowned sparrow. *Proceedings of the National Academy of Sciences,* USA 71, 1666-1669.

Follett, B.K., Davies, D.T. & Gledhill, B (1977). Photoperiodic control of reproduction in Japanese quail: changes in gonadotrophin secretion on the first day of induction and their pharmacological blockade. *Journal of Endocrinology* 74, 449-460.

Meyer, W.E., Millam, J.R. & Bradley, F.A. (1988). Photostimulation of Japanese quail by dim light depends upon photophase contrast, not light intensity. *Biology of Reproduction* 38, 536-543.

Morris, T.R. (1967). The effect of light intensity on growing and laying pullets. *World's Poultry Science Journal* 23, 246-252.

Rousselot-Pailley, D. & Sellier, N. (1990). Influence de quelques facteurs zootechniques sur la fertilise des odes. In: *Control of Fertility in Domestic Birds* (Les colloques de l'INRA, no. 54). Edited by J.P. Brillard. Institut National de la Recherche Agronomique Editions, Versailles, France, pp. 145-154.

Sharp, P.J. (1993). Photoperiodic control of reproduction in the domestic hen. *Poultry Science* 72, 897-905.

Wilson, S.C. & Cunningham, F.J. (1980) Effect of increasing daylength and intermittent lighting schedules in the domestic hen on plasma concentrations of luteinizing hormone (LH) and the LH response to exogenous progesterone. *General and Comparative Endocrinology* 41, 546-553.

Lecturas adicionales

Follett, B.K. (1984). Birds. In: *Marshall's Physiology of Reproduction,* 4th edn, vol. 1. *Reproductive Cycles of Vertebrates.* Edited by G.E. Lamming. Churchill Livingstone, New York, pp. 283-350.

Follett, B.K. & Robinson, J.E. (1980). Photoperiod and gonadotrophin secretion in birds. *Progress in Reproductive Biology* 5, 39-61.

Follett, B.K., Robinson, J.E., Simpson, S.M. & Harlow, C.R. (1981). Photoperiodic time measurement and gonadotrophin' secretion in quail. In: *Biological Clocks in Seasonal Reproductive Cycles.* Edited by B.K. & D.B. Follett. Wright, Bristol, pp. 185-201.

6

EL OVARIO

6.1 Introducción

La función ovárica en la gallina, se debe a la información neuroendocrina que llega al ovario, desde el eje hipotálamo-hipófisis y también a la derivada del propio ovario. La deposición de la yema amarilla necesita de la colaboración del hígado y por otro lado las glándulas suprarrenales pueden participar también en el control de la función ovárica. Se precisan de adecuadas interacciones entre estos tejidos a fin de coordinar el ensamblaje de la yema y preparar a los grandes folículos para la ovulación.

6.2 Hipotálamo

Además de su papel en la percepción de la luz (véase Capítulo 5), el hipotálamo juega un papel central en la regulación de la función ovárica. La secreción de gonadotropinas (hormona luteinizante, LH, y estimulante de los folículos, FSH), en la parte anterior de la hipófisis, está regulada por el péptido hipotalámico, hormona liberadora de gonadotropina (GnRH). La secreción de ésta está regulada por otros centros nerviosos y está conectada a los centros fotorreceptivos (véase Capítulo 5). La exposición a los días largos, produce, en el animal, una elevación de la secreción de GnRH que, a su vez, eleva las concentraciones plasmáticas de gonadotropinas hasta unos niveles que controlan el crecimiento del ovario y mantienen la jerarquización de los folículos ováricos. Además, el hipotálamo juega un papel importante en la regulación de la secreción aguda de LH, a través de una relación de retrofuncionalidad positiva, por la producción de progesterona en los grandes folículos ováricos. Esta regulación aguda de la secreción de LH es la responsable de la liberación preovulatoria de gonadotropina, que se precisa para soportar la cadena de acontecimientos que culminan con la liberación del ovum, desde el folículo maduro (véanse págs. 134-172).

En el hipotálamo y gracias a la experimentación, se han identificado regiones cuya integridad es necesaria para la normal funcionalidad reproductora. Estas regiones incluyen el complejo del núcleo infundibular, que se cree contiene los fotorreceptores hipotalámicos, la región preóptica, que contiene las células que producen GnRH y la región supraóptica, que se cree es necesaria para la secreción inducida de GnRH (Fig. 6.1). Se precisa de información adicional, utilizando técnicas no destructivas, analíticas e histoquímicas para corroborar estas afirmaciones.

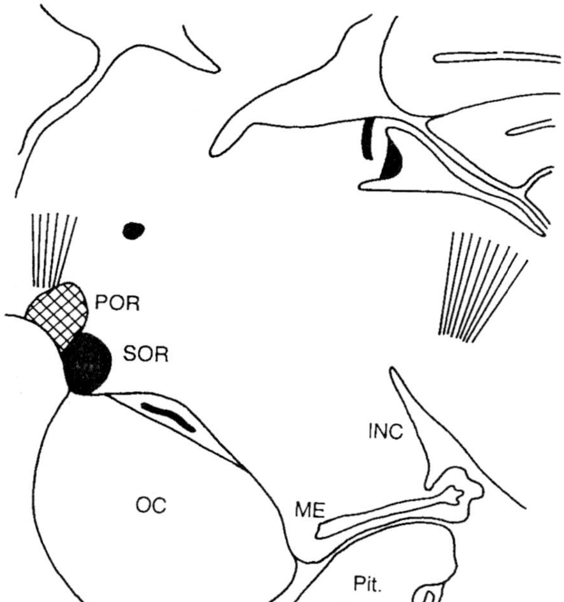

Figura 6.1 Representación diagramática de áreas del hipotálamo en las que se han identificado funciones específicas. Los fotorreceptores del hipotálamo se cree que están en el complejo nuclear infundibular (INC), las neuronas que producen GnRH en la región preóptica (POR) y la secreción de GnRH mediada por progesterona, está localizada en la región supraóptica (SOR). El quiasma óptico (OC), eminencia media (ME) e hipófisis (Pit) están indicadas a modo de referencia. Modificada de Follett & Davies (1979).

Los mensajes registrados por el hipotálamo, son transmitidos a la hipófisis, vía GnRH secretada al sistema vascular porta, que conecta el hipotálamo con la hipófisis (véase Fig. 5.1, pág. 114). Aunque se han identificado dos formas de GnRH, en el hipotálamo de las aves (Tabla 6.1), solamente la GnRH-I parece estar relacionada con la liberación tónica y aguda de gonadotropina desde la hipófisis anterior. La función de la GnRH-II permanece enigmática.

En muchos animales, la GnRH se secreta en forma pulsátil. Los pulsos varían en frecuencia y amplitud, siendo la combinación de estas dos variables la que cambia la intensidad del mensaje a la hipófisis anterior. Debido a la dificultad técnica de medir en una vasculatura tan frágil la concentración de GnRH, la información referente a la secreción de esta hormona, está basada en medidas de la concentración plasmática de LH, en muestras de sangre periférica recogidas a intervalos frecuentes y de la extrapolación de información obtenida en mamíferos. Las conclusiones derivadas de estos estudios serán discutidas más adelante.

6.3 Hipófisis anterior

La hipófisis anterior (también conocida como adenohipófisis) es el transductor del mensaje derivado de la GnRH. Las células gonadotrópicas responden al aumento en la frecuencia del pulso y/o a la intensidad de la GnRH en la sangre portal, aumentando la secreción de LH y FSH dentro del sistema circulatorio general. En las aves sexualmente maduras, los pulsos de GnRH, típicamente son emitidos a intervalos de 1-3 horas y con una duración de cada episodio, de 15-60 minutos (Fig. 6.2). El aumento de concentración plasmática de LH consecuente a cada episodio de GnRH, puede ser tan alto como del 300% del valor basal en gallos. En ponedoras, la liberación episódica de LH es difícil de detectar, aunque existe evidencia de descarga episódica de LH en gallinas ovariectiomizadas (Fig. 6.2).

Tabla 6.1 Estructura de la GnRH-I y GnRH-II aisladas en el hipotálamo de aves. Las letras en negrita indican la diferencia en la secuencia de los aminoácidos de estas hormonas. Datos de King & Millar (1982a-c) y Miyamoto *et al.* (1982, 1983, 1984).

	Número de aminoácidos									
	1	*2*	*3*	*4*	*5*	*6*	*7*	*8*	*9*	*10*
GnRH-I	Pyro-Glu	His	Trp	Ser	**Tyr**	Gly	**Leu**	**Gln**	Pro	Gly-NH_2
GnRH-II	Pyro-Glu	His	Trp	Ser	**His**	Gly	**Trp**	**Tyr**	Pro	Gly-NH_2

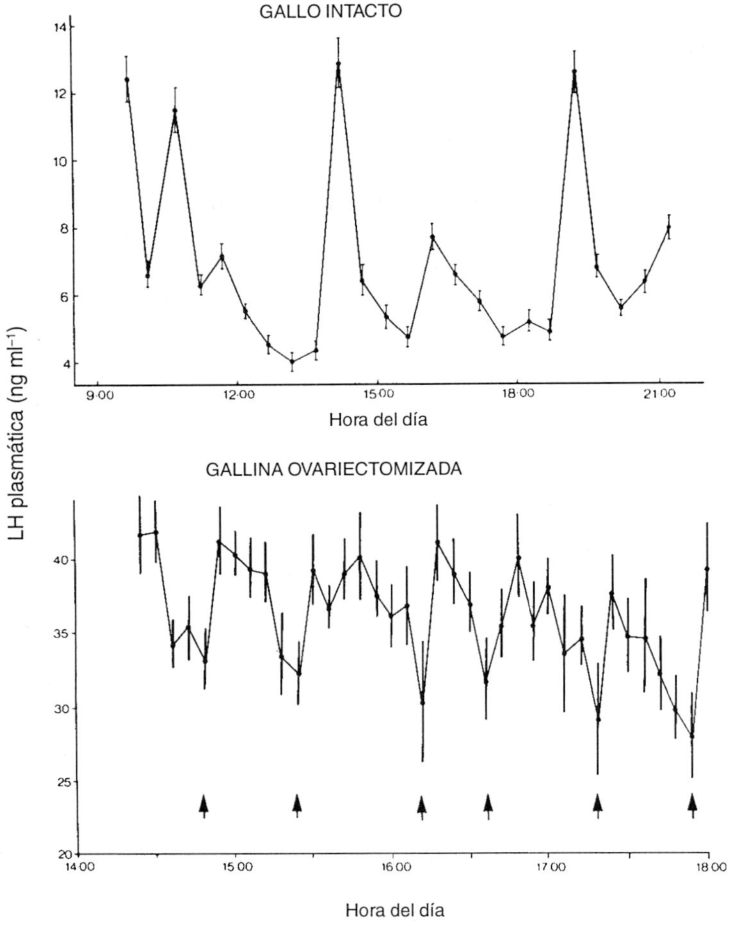

Figura 6.2 Ejemplo de la altura y frecuencia de los pulsos de secreción de hormona luteinizante en gallos adultos y gallinas ovariectomizadas. Las flechas indican las descargas pulsátiles de LH y las líneas verticales representan los límites de confianza al 95% de las determinaciones de LH. Reproducida con permiso de Sharp (1983). Copyright CRC Press, Boca Ratón, Florida.

Las gonadotropinas han sido nombradas por sus afinidades físicas y químicas con las hormonas de los mamíferos, aunque no todas las funciones de éstas pueden ser atribuidas a sus homólogas aviares. Por ejemplo, todavía no le ha sido asignada una función «estimulante» principal a la FSH y ninguno de los tejidos ováricos de las aves domésticas se encuentra luteinizado. Aunque el término «hormona luteinizante» haya sido asignado inapropiadamente a esta gonadotropina y el papel de la FSH no está claramente definido, se seguirán usando las designaciones de LH y FSH, a falta de una nomenclatura más precisa.

Tanto la LH como la FSH, son glucoproteínas compuestas por subunidades α y β que se mantienen juntas por un enlace no covalente. La subunidad α es común para ambas hormonas y la especificidad de sus efectos sobre los tejidos dentro de la gónada viene conferida por la estructura de la subunidad β. Aunque se dispone de preparados de glucoproteínas desde hace 25 años, ninguna de ellas ha estado disponible en cantidad suficiente para determinar su secuencia aminoacídica. Recientemente, la secuencia de aminoácidos de la FSH y la LH ha sido deducida de la secuencia de los nucleótidos del DNA que codifica su producción.

Gran parte de nuestros conocimientos sobre los efectos biológicos de estas dos hormonas, derivan de los estudios realizados con hormonas de mamíferos aplicadas a las aves o cuando las hormonas aviares han sido estudiadas en bioensayos mamíferos. Aunque el conocimiento adquirido por este tipo de estudios ha sido considerable, queda limitado por la dificultad de separar los efectos específicos de cada especie de las gonadotropinas, de los efectos propios de la LH y FSH en las aves. En general, las preparaciones de gonadotropinas de mamífero, estimulan la esteroidogénesis de los tejidos aviares, con más eficacia que las gonadotropinas correspondientes, aisladas de hipófisis de aves domésticas. Por el contrario, las preparaciones de gonadotropinas aisladas de las aves, son menos efectivas que sus análogas de los mamíferos cuando se comparan sus actividades en bioensayos mamíferos. Estos datos se interpretan como que las preparaciones de gonadotropinas de las aves son menos puras que sus semejantes de los mamíferos. Alternativamente, también se puede pensar que los receptores en los tejidos aviares procesan con más eficacia las gonadotropinas de mamíferos que las aviares. Hasta que no se disponga de preparados puros de LH y FSH procedentes de aves domésticas, es poco probable que se saquen conclusiones definitivas con respecto al papel de las gonadotropinas. El reciente conocimiento de la secuencia de nucleótidos del DNA que codifica a estas hormonas, puede proporcionarnos preparaciones puras de gonadotropinas, si las hormonas biológicamente activas, se pueden producir *in vitro* a partir de estas secuencias codificantes.

Aunque la actividad relativa de las preparaciones de LH y FSH está sin resolver, en detalle, se acepta en general que ambas hormonas regulan el crecimiento folicular y mantienen la jerarquización de los grandes folículos, llenos de grandes yemas (Fig. 6.3). La hormona luteinizante es el estimulante más activo de la producción de esteroides, desde los folículos jerarquizados (Fig. 6.4) y de los no jerarquizados, de los que han sido reclutados (Fig. 6.5). El crecimiento de los túbulos seminíferos (véase Capítulo 8) también está estimulado por las gonadotropinas y la producción de esteroides del tejido

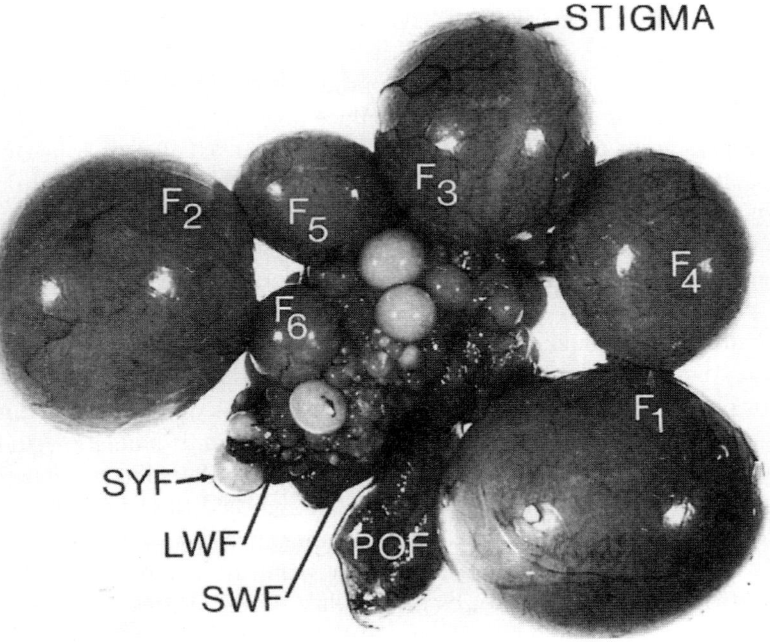

Figura 6.3 El ovario de la gallina ponedora contiene una jerarquización de folículos yemosos, de color amarillo, identificados como F_1, F_2, F_3, F_4, F_5 y F_6 y varios miles de folículos más pequeños a partir de los cuales se reclutan los folículos grandes. Los folículos pequeños se clasifican según su diámetro como pequeños folículos amarillos (SYF, 5-10 mm), grandes folículos blancos (LWF, 2-4 mm) y pequeños folículos blancos (SWF, < 1 mm). La ruptura de F_1 es a través del estigma, área avascular de la pared folicular. El folículo roto post-ovulatorio (POF) se identifica fácilmente, al menos 48 horas después de la ovulación, luego regresa durante los días siguientes. Datos de Etches (1993).

testicular está aumentada en presencia de hormona luteinizante (Fig. 6.6). Las inyecciones de LH, tanto de origen mamífero como aviar, también inducen a la ovulación en la gallina, pero la FSH no es una hormona inductora de una potente ovulación (Tabla 6.2). En vista de estas observaciones, parece razonable concluir que la LH estimula la esteroidogénesis en el folículo y en el tejido testicular, y que inicia la ovulación en las aves domésticas. Sin embargo, por la ausencia de preparados puros de gonadotropinas, es más difícil establecer si estas propiedades están restringidas a la LH o si se pueden extender a las dos, LH y FSH.

En determinadas condiciones experimentales, la FSH puede estimular la esteroidogénesis y puede inducir a la ovulación. Sin embargo, en muchos casos estas propiedades son atribuidas a la LH, contenida en las preparacio-

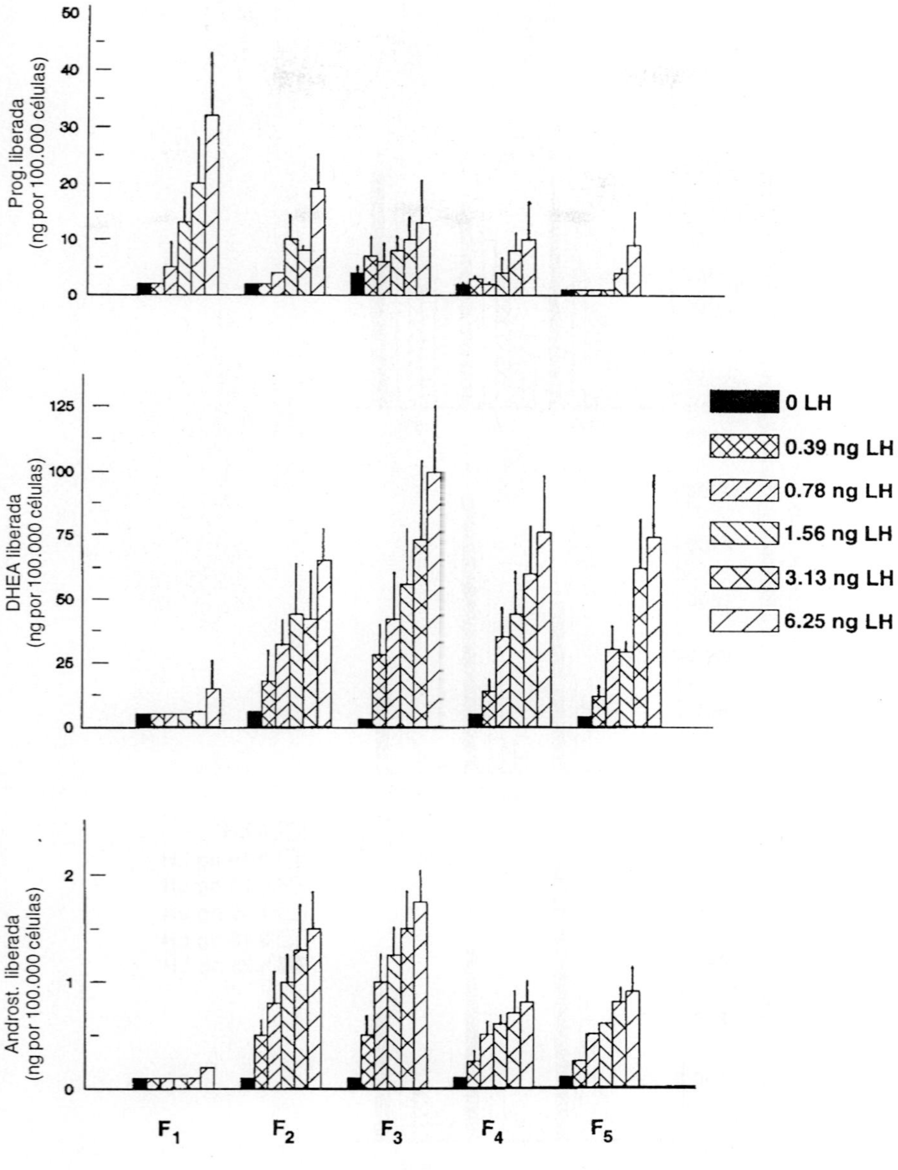

Figura 6.4 Producción de progesterona (Prog) desde las células dispersadas de la granulosa y de dehidroepiandrosterona (DHEA) y androstenodiona (Androst.) por parte de células aisladas productoras de esteroides en la teca. Dentro de las 12 horas siguientes al reclutamiento del folículo en la posición F_1, se pierde la capacidad de producir andrógenos, pero alcanza el máximo de capacidad para producir progesterona. Datos de Robinson (1986).

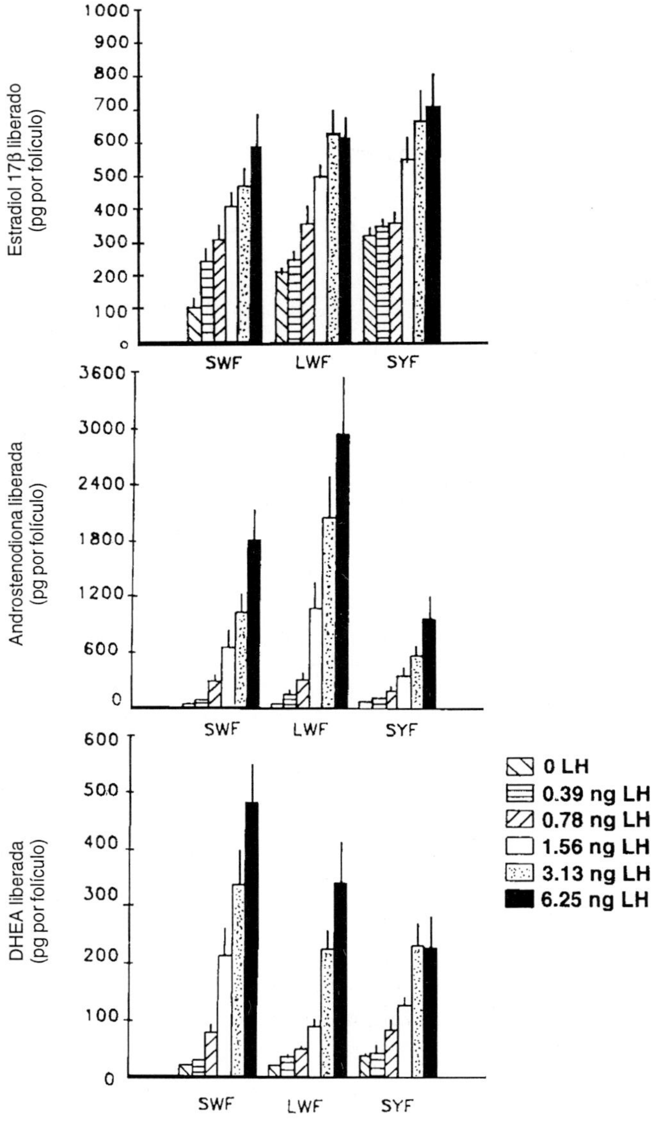

Figura 6.5 Producción de estradiol, androstenodiona y dehidroepiandrosterona (DHEA) a partir de los pequeños folículos blancos (SWF, < 1 mm), grandes folículos blancos (LWF, 2-3 mm) y pequeños folículos amarillos (SYF, 5-10 mm). Datos de Robinson (1986) y Robinson & Etches (1986).

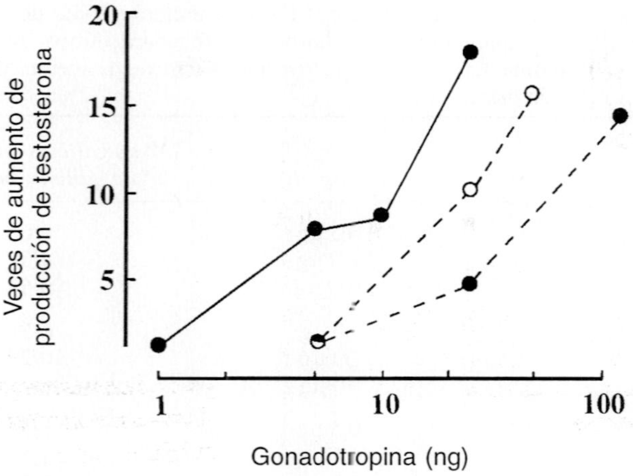

Figura 6.6 Producción de testosterona en las células de Leydig de la codorniz japonesa, incubadas en presencia de hormona luteinizante bovina (bLH-5 NIAMMD, círculos negros y línea negra) y preparaciones afines a LH purificadas procedentes de pavo, identificadas como APC41.1 (círculos blancos, línea discontinua) y APB51.5 (círculos negros, línea discontinua). Datos de Taylor (1991).

nes de FSH o a las únicas propiedades de la hormona que pueden ser atribuidas a las especies del origen de la FSH. Se resalta la necesidad de actuar con cierta precaución cuando se asignen algunas propiedades biológicas a las gonadotropinas por la capacidad de la ACTH de inducir la ovulación (Tabla 6.2). Por extrapolación de los principios aceptados en la endocrinología de los mamíferos, la ACTH no tendría efectos sobre la interacción hipotálamo-hipófisis-ovario y todavía no se ha establecido en el pollo la significación biológica de esta observación en caso de que la hubiera.

A pesar de las complejidades impuestas por las preparaciones impuras de las gonadotropinas aviares, se han ideado varios radioinmunoanálisis para medir la concentración de estas hormonas en la sangre. La mayoría de los análisis no son específicos, porque los antígenos utilizados para preparar los antisueros contenían varios isomorfos de LH, de hormona estimulante de la tiroides (TSH) y probablemente de FSH. Sin embargo, el uso juicioso de estos análisis ha sido de gran utilidad acerca de las concentraciones plasmáticas de LH inmunorreactiva, en varios estatus reproductivos. En interés de la simplicidad, las determinaciones de estos análisis son consideradas como concentraciones plasmáticas de LH, referidas en este texto, aunque debería ser recordada la inseguridad inherente de esta simplificación.

Tabla 6.2 Capacidad de la hormona luteinizante (LH) de mamífero y aviar de la hormona folículo estimulante (FSH) de mamífero y de la hormona adrenocorticotropa (ACTH), para inducir la ovulación en la gallina. Las hormonas se inyectaron, intravenosamente, al menos 14 horas después de la ovulación previa.

Hormona	*Dosis/gallina*	*Nº de gallinas que ovulan/ nº de gallinas inyectadas*
LH bovina[1] (NIH 11145)	0,5 µg	0/6
	1,0 µg	4/6
	100 µg	6/6
LH ovina[2] (NIH-S11)	10 µg	0/5
	20 µg	10/29
	40 µg	8/11
LH de pollo[3] (IRC-2)	0,5 µg	0/5
	0,75 µg	1/5
	1,0 µg	5/5
	2,0 µg	5/5
FSH ovina[2] (NIH-S5)	100 µg	0/14
	500 µg	0/12
ACTH porcina[4] (Sigma, grado I)	6,25 IU	3/10
	12,5 IU	9/10
	25,0 IU	9/10

[1] Taylor (1991); [2] Kamiyoshi & Tanaka (1972); [3] Hattori *et al.* (1975); [4] Etches *et al.* (1982).

6.4 Ovario

En la gallina ponedora madura, el ovario izquierdo es un órgano complejo que contiene varios diferentes tejidos (Fig. 6.3), mientras que el ovario derecho es una estructura rudimentaria no funcional. El pronúcleo femenino (véase Fig. 2.13) deriva de una célula germinal primordial (véase Fig. 3.8, pág. 54) que migra a la gónada en el desarrollo del embrión después de una breve estancia extraembrionaria (véase Fig. 3.11, pág. 58). Durante el desarrollo embrionario, las células germinales primordiales están rodeadas por células de origen mesodérmico, que se diferencian luego en una capa de células de la granulosa (Fig. 6.7). Estas células están rodeadas por el tejido de la teca y separadas de él por una membrana basal. La teca contiene varios tipos de células diferentes, cada uno de los cuales realiza una diferente función. Las células más internas de la teca son células positivas a la fosfatasa alcalina, que asientan adyacentes a la membrana basal; estas células pueden ser productoras de esteroides. Las células fibroblásticas forman la estructura de sostén de la teca y es el tipo de célula más representativo en ese tejido. La teca contiene, también muchas fibras nerviosas, aunque se desconoce su función

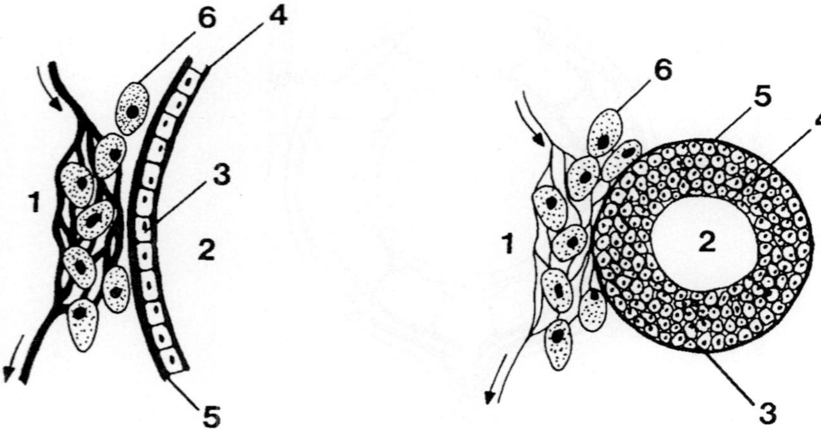

Figura 6.7 Comparación diagramática de la estructura de un pequeño folículo blanco de la teca externa y de un gran folículo yemoso del ovario de gallina. Los pequeños folículos contienen menos yema, varias capas de células de la granulosa y tiene menos desarrollo del sistema vascular. 1. Red capilar; 2. yema; 3. células de la granulosa; 4. membrana vitelina; 5. membrana basal; 6. células de la teca. Datos de Etches (1990).

fisiológica. Puede que tengan su papel en la jerarquización folicular, ya que el transplante del ovario, a la cápsula renal altera la red neural dentro de los folículos, y se permite que varios folículos maduren, simultáneamente. Sin embargo, el trasplante del ovario puede alterar sistemas fisiológicos no identificados, que afectan a la jerarquización folicular y, por tanto, se precisan estudios adicionales para identificar el papel de las conexiones neurales a los folículos. Al menos una subpoblación de células dentro de la teca contiene β-actina, lo que indica que este grupo de células pueden contraerse para expeler el ovum, desde el folículo en el momento de la ovulación. El tejido tecal está muy vascularizado particularmente en los folículos maduros llenos de yema, para facilitar el transporte de los precursores de ésta desde su lugar de síntesis en el hígado, hasta el ovario. El aporte arterial al folículo forma una red en las capas externas de la teca excepto en la zona de la punta del folículo denominada estigma que se rompe durante la ovulación. A través de la teca irradian finas ramas arteriolares desde las capas más externas de la teca externa a las capas más interiores de la teca interna (Fig. 6.8). Presumiblemente, estos vasos portan a los precursores de la yema en contacto con la membrana basal, por donde son transportados a su destino en la yema.

Formación y deposición de la yema

La deposición de la yema amarilla se efectúa rápidamente durante unos diez días antes de la ovulación (Fig. 6.9). A excepción de las inmunoglobulinas,

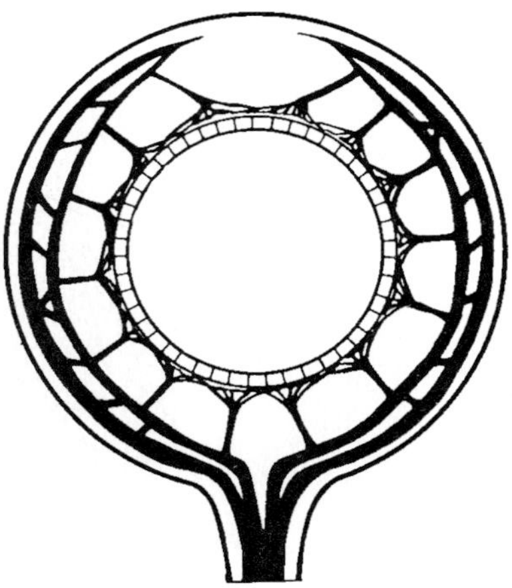

Figura 6.8 Arquitectura vascular de la pared del folículo. Las arteriolas mayores se elevan desde el tallo y llevan la sangre a la punta del folículo, pero no atraviesan el estigma. Las ramas de estos vasos atraviesan la teca externa centrípetamente y radian, en forma de sinusoides, dentro de la teca interna. Datos de Fujii & Yoshimura (1979).

que cuantitativamente son un componente menor de la yema del huevo, la yema amarilla deriva de precursores sintetizados por el hígado. La producción del componente principal de la yema está estimulada por los estrógenos y varios componentes de la yema sólo se producen bajo la influencia de la estimulación estrogénica. En la gallina que ponga un huevo al día, se sintetizan en el hígado, 19 g de precursores de la yema cada día se transportan por la sangre al folículo en desarrollo y se depositan en la yema por un mecanismo específico mediado por receptores.

Aproximadamente, el 65% de las sustancias sólidas de la yema son complejos lipoproteicos que están contenidos en partículas, con un diámetro de 27-35 nm (véanse págs. 27-30). Estas partículas denominadas lipoproteínas de muy baja densidad (VLDL), dado que su densidad es menor de 1,006 g ml^{-1}, son un complejo con el 12% de proteínas y el 88% de lípidos. De los lípidos contenidos en las partículas, el 70-75% son triglicéridos, el 20-25% fosfolípidos y el 4% colesterol. La composición de los ácidos grasos de los triglicéridos y los fosfolípidos (Tabla 6.3), revela que el ácido palmítico y el ácido oléico son los componentes más comunes de las partículas de VLDL. Las proporciones de ácidos grasos, varían considerablemente ya que pueden reflejar diferencias de los contenidos en el pienso. Los dos fosfolípidos más comunes, son la lecitina y las cefalinas, que representan el 77 y 18%, respectivamente del total. Para mantener la producción de huevos, el ritmo de síntesis hepática de lípidos aumenta unas 14 veces en respuesta a la estimulación de estrógenos.

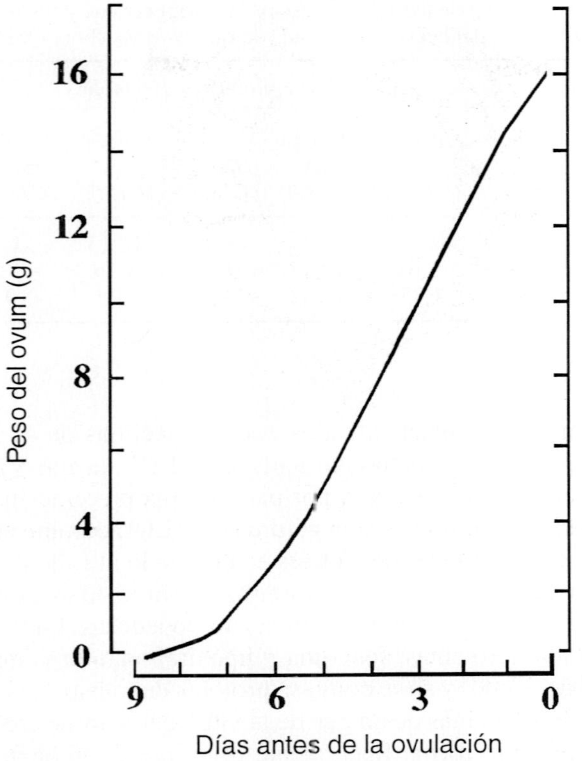

Figura 6.9 Deposición de yema amarilla en los folículos desde el reclutamiento hasta la ovulación. Datos de Warren y Conrad (1939).

El componente proteico de cada partícula de VLDL contiene una molécula de apoliproteína-B (apo-B) y unas 25 moléculas de apo-VLDL-II. La primera se produce en las gallinas tanto ponedoras como no, pero el ritmo de su síntesis se estimula enormemente por la influencia de los estrógenos, cuando las gallinas llegan a ser maduras sexualmente y durante la producción de huevos. Por el contrario, la apo-VLDL-II solamente se produce cuando la concentración plasmática de estrógenos está elevada. La inclusión de la apo-VLDL-II, en la partícula de VLDL, reduce su tamaño desde 55-60 nm, que circulan en el plasma de la gallina no ponedora y gallos a 27-35 nm. Esta reducción de tamaño facilita su paso a través de las perforaciones situadas en la vasculatura de la teca interna. Estas perforaciones permiten que las VLDL alcancen la membrana basal, que actúa como un filtro en la base del tejido tecal, permitiendo que sólo las partículas de 40 nm o menos, lleguen a la

Tabla 6.3 Composición parcial de los ácidos grasos de los triglicéridos y fosfolípidos en los complejos VLDL de la yema del huevo. Modificada de Burley & Vadehra (1989).

	Ácidos grasos (moles por 100 moles)						
Clase de lípido	*Palmítico (C16:0)*	*Palmitoleico (C16:1)*	*Esteárico (C18:0)*	*Oleico (C18:1)*	*Linoleico (C18:2)*	*Linolénico (C18:3)*	*Araquidónico (C20:4)*
Triglicéridos	22-28	5-7	5-7	44-46	12-15	1	1
Lecitina	32-44	1-3	12-17	27-30	5-16	1	2-4
Cefalinas	16-33	2-35	17-32	7-28	2-11	10	3-16

membrana vitelina, vía canales situados entre las células de la granulosa. Además de reducir el tamaño de las partículas de VLDL, la apo-VLDL-II las confiere resistencia a la degradación por parte de lipoproteino-lipasa. Posiblemente, esta resistencia minimiza la pérdida de VLDL durante el transporte de la partícula desde el lugar de síntesis en el hígado al folículo ovárico.

La respuesta hepática a los estrógenos incluye la producción de vitelogenina, que está ausente en las gallinas no ponedoras. La vitelogenina proporciona dos fosfoproteínas, fosvitina y lipovitelina, a la yema en desarrollo (véanse págs. 27-30) y sirve como su proteína de transporte a través del plasma. Puede que exista más de un gen de la vitelogenina y se cree que cada gen puede producir una forma ligeramente diferente de vitelogenina, que subsiguientemente proporcionará diferentes formas de fosvitina y lipovitelina en los gránulos de la yema. La captación de vitelogenina por parte del oocito, está mediada por receptores específicos situados en la superficie de la membrana vitelina (véase más adelante).

Aproximadamente el 10% de la sustancia sólida de la yema del huevo, son proteínas plasmáticas, tanto en el macho como en la hembra, independientemente de su estadio reproductor. En algunos casos, la concentración de estas proteínas es más alta en la yema del huevo que en el plasma y está generalmente aceptado que se concentren en la yema por un mecanismo de captación activo dentro de la membrana vitelina. La albúmina es la proteína principal y se transfiere pasivamente, mientras que la α_2-glucoproteína es captada de forma activa por la yema del huevo. De las tres principales inmunoglobulinas, solamente la IgG se encuentra en la yema del huevo, lo que indica que existe un mecanismo selectivo y específico que transfiere inmunidad pasiva al embrión en desarrollo. Desde una perspectiva cuantitativa, en el huevo se acumulan varias proteínas portadoras, incluyéndose una específica para la biotina equivalente a la existente en el plasma pero diferente de la avidina de la clara que también se une a la biotina. En la yema del huevo

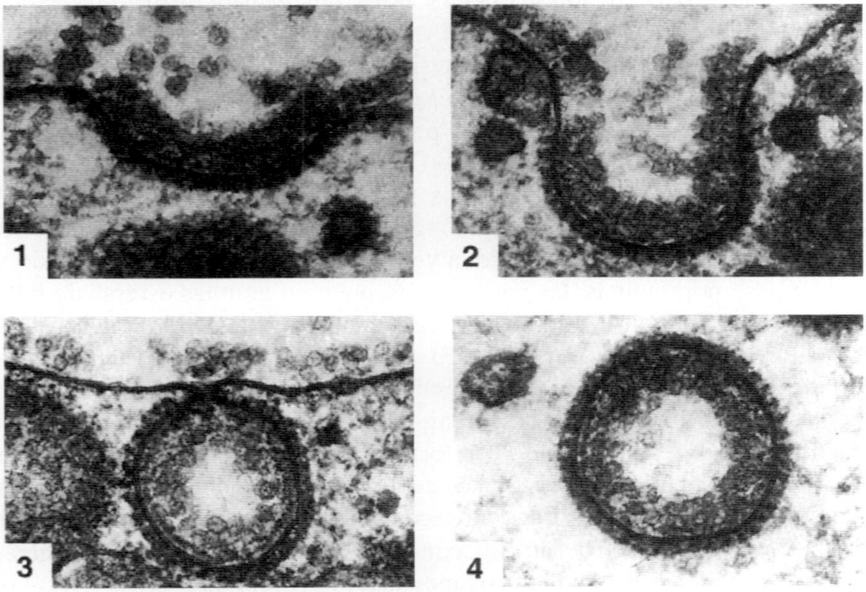
1
2
3
4

Figura 6.10 Esta serie de microfotografías electrónicas muestran la endocitosis mediada por receptor de partículas de VLDL. 1. Las partículas de VLDL se unen a la depresión de la membrana vitelina. 2. Esta depresión se extiende hasta formarse un hoyo, con lo que se incrementa el área de superficie a la que se pueden unir las VLDL. 3. Se forma un hoyo recubierto de partículas de VLDL y las membranas opuestas al cuello de la invaginación están próximas a fundirse. 4. El cuello del hoyo se cierra para formar una vesícula que se mueve en la yema y libera sus partículas de VLDL. De Perry & Gilbert (1979).

también se encuentran proteínas portadoras como las específicas del plasma para riboflavina, tiamina, vitamina A y colecalciferol, así como también proteína que se une al retinol y prealbúmina y transferrina que pueden servir como proteínas de unión accesorias para la vitamina A y el hierro (véase Capítulo 2).

La distribución final, tanto de vitelogenina como de partículas de VLDL desde la superficie de la membrana vitelina al interior de la yema, está asegurada por la presencia de receptores situados en la superficie del ovum, que reconocen a las apo-B y a la vitelogenina, aunque no a la apo-VLDL-II. El receptor es una molécula de 95 kDa embutida en la membrana vitelina, que se une a regiones específicas de las moléculas de vitelogenina y apoproteína. En las ponedoras normales, se pueden observar al microscopio electrónico (Fig. 6.10), las partículas de VLDL unidas a la membrana, durante el desarrollo del ovum. Cuando los segmentos de la membrana están cargados de partículas de VLDL, esa sección se pliega sobre sí misma para formar una vesícula que se mueve hacia el interior de la yema. A los pocos minutos, después de que la vesícula sea transportada al interior del oocito, las partículas de VLDL se eliminan de la membrana. Entonces, la apo-B y la vitelogenina, se dividen en cuatro proteínas más pequeñas, produciéndose luego la fosvitina y la lipovitelina por acción de la catepsina D. Esta enzima la produce el oocito en desarrollo y se almacena en orgánulos especializados localizados cerca de la superficie del ovum, donde los lípidos que penetran son degradados antes de que se incorporen a las esferas de la yema (véanse págs. 27-30). Cuando se dividen las apoproteínas, las partículas se unen en grandes esferas de hasta 150 µm, y se forman los gránulos de la yema alrededor de la fosvitina y la lipovitelina. La membrana que rodea a la vesícula, se utiliza para contener las esferas de la yema y el exceso de membrana parece que se recicla a la membrana vitelina. La integración y reagrupamiento del partículas de VLDL plasmática en esferas de la yema perfectamente formadas, se efectúa en unos 20 minutos. Este interesante modo de captación de cantidades importantes de material está aumentado por las proyecciones de la membrana vitelina hacia el interior de la yema en desarrollo, con lo que se incrementa el área de superficie disponible para la endocitosis mediada por receptor.

Se ha identificado una alteración espontánea en el gen del «ovulador restringido» (*ro*), como una mutación recesiva ligada al sexo que reduce la producción de huevos a solamente unos cuantos. Las gallinas así afectadas poseen un receptor de apo-B/vitelogenina no funcional, con lo que los precursores no pueden ser «secuestrados» normalmente. El defecto es portado primariamente en machos heterozigotos no afectados por la mutación, porque el receptor de la apo-B/vitelogenina, solamente se expresa sobre la membrana vitelina de los ova en desarrollo. Existe una anormalidad similar, pero menos dramática, autosomal recesiva que evita la deposición de la proteína portadora de riboflavina, tanto en la yema de los ova en desarrollo como en la clara de gallinas *rd/rd*. Aunque este tipo de gallinas no exhiben alteraciones morfológicas aparentes relacionadas con el genotipo *ro/–*, son igualmente incapaces de reproducirse. Como la incorporación de cada uno de los componentes de la yema precisa de la competencia de una o más proteínas plasmáticas y/o las del receptor de la membrana, es interesante resaltar que pueden existir más anormalidades genéticas no descritas que alteren la función reproductora normal.

Ovulación

La liberación del ovum desde el folículo en el momento de la ovulación ocurre cuando en él se rompe el estigma (Fig. 6.11), dejando al folículo postovulatorio unido al ovario. La expulsión del ovum se ve facilitada por la estructura física del folículo y la capacidad secretora de los fibroblastos del

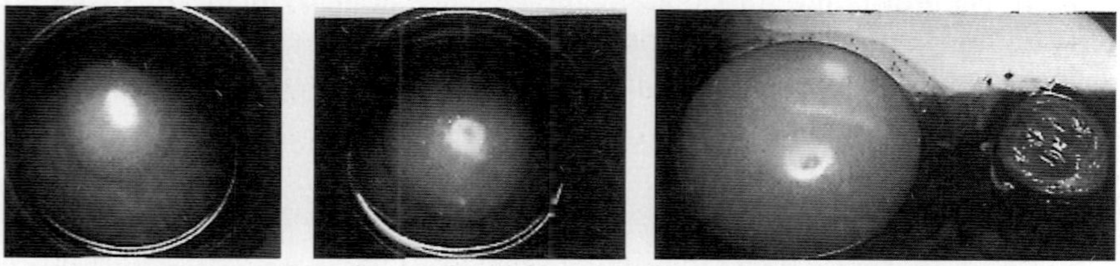

Figura 6.11 Ovulación de un folículo de gallina *in vitro*. El folículo comienza a desgarrar la pared del estigma 100 minutos antes de la excisión desde el ovario y el ovum aparece por la abertura (figura izquierda). A los 5 minutos el desgarro se abre para permitir que todo el ovum se protuya (figura central). Diez minutos después, el folículo se puede separar del ovum.

estigma. Desde la perspectiva estructural, el estigma es la parte más débil del folículo como consecuencia de que las fibras de colágeno van paralelas a su longitud y se separan cuando el folículo se rompe. Por el contrario, las fibras de colágeno del resto de la pared folicular están entrelazadas para proporcionar un buen soporte estructural. Con la excepción del estigma, el folículo está encerrado en una membrana externa de tejido conjuntivo y la ausencia de este tipo de tejido en el estigma es lo que facilita su fácil rotura. Los fibroblastos presentes en el estigma, se cree que son la fuente de colagenasa, que rompe las fibras de colágeno, así como de otras proteasas que debilitan las uniones entre células para facilitar la ruptura folicular. Las fibras de colágeno están asociadas con la fibronectina, una molécula de adhesión celular que sirve de ancla a los componentes de los tejidos foliculares. Cuando se rompe el folículo, se cree que la fibronectina se degrada enzimáticamente, por las catepsinas liberadas de las lisozimas en los fibroblastos de la pared tecal. Finalmente, la expulsión del ovum se encuentra asistida por las contracciones de las miofibrillas de la pared folicular. Estos atributos anatómicos y fisiológicos, normalmente son los responsables de la ruptura en el estigma avascular. Sin embargo, ocasionalmente, la pared folicular desgarra una región vascularizada que permite el flujo de sangre dentro de la superficie del ovum. El consumidor reconoce este accidente fisiológico por los puntos de sangre y reacciona adversamente ante su presencia. Sin embargo, las manchas sólo alteran el aspecto estético del huevo, ya que los eritrocitos son aceptados comúnmente y esenciales componentes de muchos alimentos.

El ovum es expulsado del ovario rodeado solamente por la membrana vitelina y la capa perivitelina que fue depositada por las células de la granulosa, durante el crecimiento folicular (véase pág. 26). En las 2 horas anteriores a la ovulación, se retiran las extensiones de las membranas de las células de la granulosa y que se protuyen en el citoplasma de la yema, dejando a las células de la granulosa unidas a la membrana basal que separa la teca del tejido de la granulosa. Por tanto, inmediatamente después de la ovulación, el folículo post-ovulatorio contiene todos los tejidos endocrinos y estructurales que estaban presentes en los grandes folículos pre-ovulatorios, inmediatamente antes de que el ovum se liberara.

Folículo post-ovulatorio

En las aves el folículo post-ovulatorio es una estructura enigmática. En la gallina, el folículo post-ovulatorio comienza a degenerar al día siguiente de la ovulación y, en los 6-8 días después de ésta, es difícil encontrar este tejido en el ovario. Como el folículo post-ovulatorio de la aves y el cuerpo lúteo de los mamíferos son anatómicamente análogos, se ha intentado asignar algunos de los atributos del cuerpo lúteo al folículo post-ovulatorio de las aves. Sin embargo, al folículo post-ovulatorio no se le han asignado funciones indiscutibles. Al menos 24 horas después de la ovulación, el folículo post-ovulatorio mantiene su capacidad esteroidogénica y de síntesis de prostaglandinas (véase Sección 7.3), si bien no parece que haya suficiente aporte sanguíneo para soportar una función endocrina de interés. La extirpación del folículo post-ovulatorio o células de la granulosa, del folículo, puede retardar la oviposición, lo que significa que los tejidos que contienen estas estructuras producen una hormona que está relacionada con la expulsión del huevo, desde la glándula cascarógena.

Esteroidogénesis en los folículos ováricos

Al salir del huevo, el ovario de la pollita contiene muchos miles de folículos, cada uno de ellos tiene potencialidad suficiente para ser la yema de un huevo. En buenas condiciones, las gallinas silvestres y las de estirpes altamente seleccionadas, pueden poner 150-200 y 2.000-3.000 huevos, respectivamente durante su vida, que puede ser de 7-10 años. Por tanto, la mayoría de los folículos nunca llegan a ovular pero pueden participar en la producción de hormonas esteroides del ovario.

En los inicios del desarrollo folicular, momento aún no identificado, los pequeños folículos ováricos comienzan a producir estrógenos y andrógenos (Figs. 6.5 y 6.12). Al llegar a la madurez sexual, la producción de estas hormonas estimula la deposición de calcio en el hueso medular que desarrolla un plumaje específico (véase Fig. 4.19), produce los precursores de la yema en el hígado, se desarrolla el aparato reproductor (véase Sección 7.2) y se desarrollan otros caracteres sexuales secundarios, tales como la cresta, espolones, ensanchamiento y suavidad de los huesos púbicos y deposición de pigmento en pico cañas y alrededor de la cloaca. Cada uno de estos caracteres sexuales secundarios puede ser y es utilizado para indicar la aparición y mantenimiento de la puesta. El tejido tecal de los pequeños folículos que no han comenza-

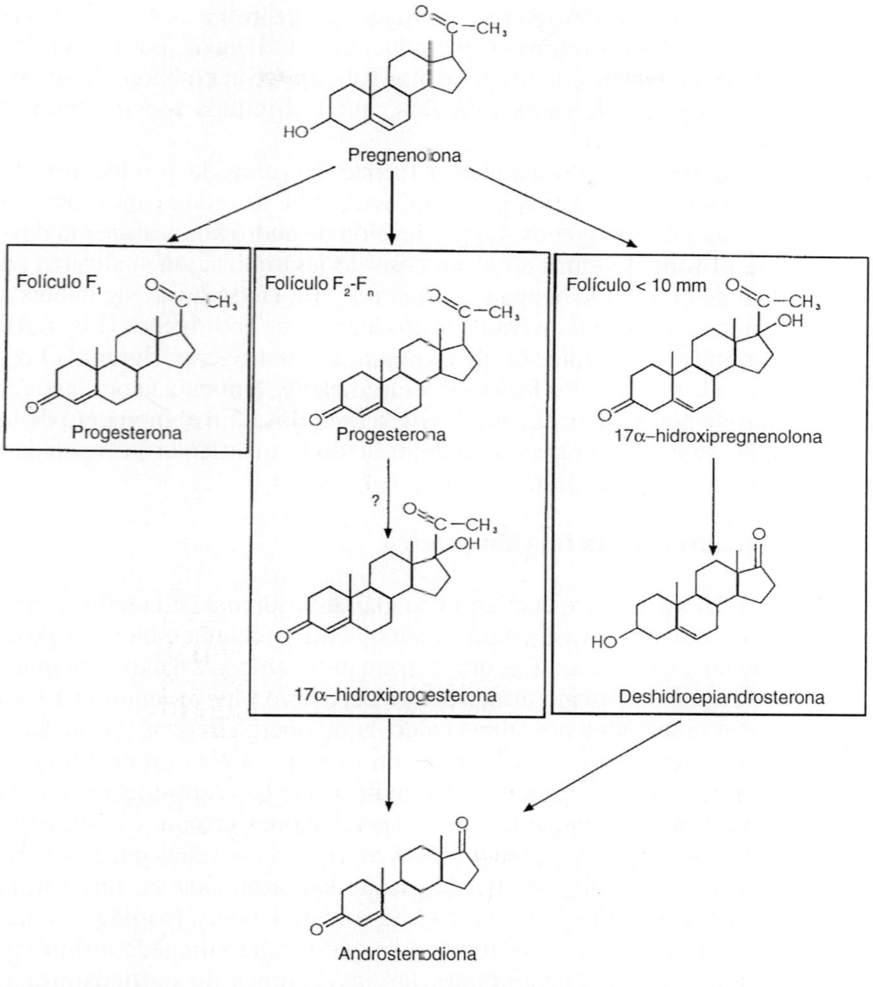

Figura 6.12 Rutas metabólicas propuestas para la producción de esteroides en el ovario de la gallina doméstica. Los pequeños folículos convierten la pregnenolona a androstenodiona, vía Δ5, produciendo 17α-hidroxipregnenolona y deshidroepiandrosterona como esteroides intermedios. Una vez los folículos son reclutados dentro de la jerarquización de la yema, la pregnenolona se convierte en androstenodiona, vía Δ4, produciendo progesterona y probablemente, 17α-hidroxiprogesterona como intermediarios. Aproximadamente, 15-20 horas antes de la ovulación, los folículos mayores (F_1) sólo producen progesterona. Datos de Etches (1990).

do a secuestrar la yema, es el lugar de la síntesis de progestinas, andrógenos y estrógenos; las células de la granulosa no contribuyen a la esteroidogénesis en esta fase del desarrollo. Las rutas de biosíntesis que conducen a la producción de andrógenos y estrógenos, incluyen progestrona o 17α-hidroxipregnenolona y ambas hormonas son producidas o utilizadas, por las células esteroidogénicas de la teca de los pequeños folículos, Sin embargo, la secreción de esteroides desde estos folículos, queda limitada a estrógenos y andrógenos.

Cuando los folículos comienzan a formar la yema, la producción de estrógenos disminuye y al tiempo de la ovulación se secreta muy poca o ninguna cantidad de estrógenos. La producción de andrógenos aumenta después de que el folículo entra en el proceso de jerarquización y alcanza su máximo cuando el folículo ocupa la posición F_3. En las 16 horas siguientes a cuando el folículo está en F_1, termina la producción de andrógenos (Fig. 6.4). Cuando disminuye la producción de estrógenos y andrógenos durante el reclutamiento de la yema en los folículos jerarquizados, aumenta la producción de progesterona por parte de las células de la granulosa. En el momento de la ovulación, las células de la granulosa del folículo F_1 mantienen su capacidad máxima para producir progesterona (Fig. 6.4).

La glándula adrenal y la función ovárica

Las interrelaciones entre el ovario y la glándula adrenal de la gallina, han sido objeto de muchas investigaciones aunque no se conocen bien las posibles conexiones fisiológicas si es que existen entre ambos órganos. La glándula adrenal izquierda está incrustada dentro del ovario y los folículos ováricos están ricamente inervados por fibras catecolaminonérgicas. Las terminaciones nerviosas asientan en estrecha relación con las células productoras de esteroides del tejido tecal, lo que parece indicar que la esteroidogénesis está regulada neuralmente. Aunque las estrechas relaciones anatómicas sugieren que las secreciones y/o la inervación del ovario y la adrenal pueden estar interconectadas, no se dispone de datos que soporten esto de una forma inequívoca. Sin embargo, cierto número de investigaciones fisiológicas han demostrado una evidencia circunstancial de que la adrenal puede influir sobre la función ovárica. Por ejemplo, las inyecciones de corticosterona, deoxicorticosterona y ACTH inducirán la ovulación en la gallina (véase Sección 6.8). La adición *in vitro* de catecolaminas en los folículos produce la iniciación de la ovulación aunque nosotros no hemos podido sustanciar esta afirmación en nuestro laboratorio. Las inyecciones de metirapona pueden influir en el tiempo de la ovulación y las inyecciones de dexametasona bloquean la ovulación. El crecimiento no regulado de los folículos en los ovarios jerarquizados cuando el ovario se trasplanta al riñón y pierde sus aferencias nerviosas, habla en favor de que la inervación catecolaminonérgica del ovario puede ser esencial para el mantenimiento de la jerarquización. Todavía no se ha presentado ninguna explicación adecuada a estas observaciones; consideradas juntas parecen sugerir que la función ovárica y adrenal pueden estar conectadas por una vía sin identificar.

Tabla 6.4 Tiempo de ovulación e índice de puesta de gallinas ponedoras, secuencias de dos a seis huevos en regímenes de 14L : 10O (encendido de la luz a la 6 horas y apagado a las 20 h). La última ovulación de una secuencia es seguida por un día sin ovulación. Modificada de Fraps (1955).

Duración de la secuencia	*Posición de la ovulación en la secuencia*						*Huevos por 100 aves/d*
	1	*2*	*3*	*4*	*5*	*6*	
2	06.38	11,10	–	–	–	–	66
3	05.58	09,56	12,39	–	–	–	75
4	05.49	09,17	11,16	13,12	–	–	80
5	05.48	08,56	10,34	12,02	13,33	–	83
6	06.05	08,57	10,55	12,02	12,49	14,14	86

6.5 Ciclo ovárico

Las ovulaciones ocurren en secuencias que varían en duración, desde dos huevos a tanto como 360 (Tabla 6.4). El ritmo de producción de huevos depende de la duración de la secuencia y por tanto los factores fisiológicos que controlan esa duración son de capital importancia en la industria avícola.

El ciclo ovulatorio de las gallinas se define como el intervalo entre ovulaciones consecutivas. Se puede calcular la duración del ciclo ovulatorio por sustracción de los tiempos consecutivos de ovulación de la Tabla 6.4 y se presentan en secuencias de dos a seis huevos en la Tabla 6.5. El estudio de la duración de los ciclos ovulatorios revela que varían desde un mínimo de 25,12 horas a un máximo de 28,53 horas, dentro de tal secuencia. La última ovulación de la secuencia está separada por, aproximadamente, 40 horas de la pri-

Tabla 6.5 Duración de los ciclos ovulatorios en secuencias de dos a seis huevos, calculada por sustracción consecutiva de los tiempos de ovulación dentro de una secuencia. Datos de Fraps (1955).

Duración de la frecuencia	*Duración del ciclo ovulatorio (h)*				
	Ov_1-Ov_2	Ov_2-Ov_3	Ov_3-Ov_4	Ov_4-Ov_5	Ov_5-Ov_6
2	28,53	–	–	–	–
3	27,97	26,72	–	–	–
4	27,47	25,98	25,93	–	–
5	27,13	25,63	25,47	25,52	–
6	26,87	25,97	25,12	24,78	25,42

mera ovulación de la siguiente secuencia porque hay un intervalo de todo un día en el que no hay ovulación.

Es evidente que, por los tiempos de ovulación de la Tabla 6.4, la ruptura folicular está restringida a unas 8 horas del día, comenzando aproximadamente a las 6 y terminando a las 14 horas. El intervalo de 8 horas durante el cual ocurre espontáneamente la ovulación se considera como el *período abierto*. Este fenómeno es consecuente a un ritmo circadiano y por tanto ocurre sólo una vez durante el ciclo oscuro en programas de iluminación estándar. Por ello, la duración mínima del ciclo ovulatorio de las gallinas mantenidas en régimen de 14L : 10O, es por ello de 24 horas. Este mínimo sólo lo pueden alcanzar una pequeña proporción de animales, cuando el ritmo de puesta es muy alto durante el pico de producción.

En la práctica, es técnicamente difícil establecer directamente los tiempos de ovulación. Sin embargo, la ovulación del segundo y subsiguientes ova en una secuencia, ocurre 30-45 minutos después de la oviposición del huevo precedente y esta relación es utilizada para estimar el tiempo de la ovulación. En secuencias de cuatro o más huevos, el tiempo de la primera ovulación de la secuencia se determina sustrayendo la duración del ciclo ovulatorio (aproximadamente 27 horas; véase Tabla 6.5) del tiempo de la primera oviposición de la secuencia y se utiliza un intervalo ligeramente más largo, cuando la secuencia es menor de cuatro huevos.

En las Tablas 6.6-6.10 se incluyen los tiempos de oviposición para gallinas, pavos, codorniz japonesa, perdiz Chukar y gallinitas de Guinea. En todas estas especies es evidente la organización de la oviposición en secuencias, lo que indica que algunos mecanismos fisiológicos comunes juegan un papel importante en la regulación del ritmo de ovulación. Estos sistemas fisiológi-

Tabla 6.6 Tiempos de sucesivas oviposiciones de gallinas ponedoras con un fotoperíodo de 14L : 10O (encendido desde las 6 a las 20 horas). La última ovulación de una secuencia es seguida de un día en el que no hay ovulación. Datos de Etches & Schoch (1984).

Duración de la secuencia	*Posición de las oviposiciones en la secuencia*								
	1	*2*	*3*	*4*	*5*	*6*	*7*	*8*	*9*
2	9,05	13,30	–	–	–	–	–	–	–
3	8,41	11,26	15,15	–	–	–	–	–	–
4	8,01	10,09	12,03	15,23	–	–	–	–	–
5	7,24	9,22	10,26	11,46	15,05	–	–	–	–
6	7,33	9,20	10,34	11,30	12,34	15,40	–	–	–
7	7,45	9,12	10,10	10,51	11,39	12,38	15,28	–	–
8	7,36	8,59	9,57	10,26	10,47	11,43	12,49	15,44	–
9	7,18	8,39	9,25	9,44	9,53	10,26	10,59	12,02	15,18

Tabla 6.7 Tiempos de sucesivas oviposiciones de pavas con un fotoperíodo de 14L : 10O (encendido desde las 6 a las 20 horas). La última ovulación de una secuencia es seguida de un día en el que no hay ovulación. Datos de Woodard *et al.* (1963).

Duración de la secuencia	*Posición de las oviposiciones en la secuencia*				
	1	*2*	*3*	*4*	*5*
2	12,06	17,23	–	–	–
3	11,27	14,00	17,38	–	–
4	11,34	13,32	15,09	18,13	–
5	10,36	12,12	13,36	15,13	17,31

Tabla 6.8 Tiempos de sucesivas oviposiciones de codorniz japonesa con un fotoperíodo de 14L : 10O (encendido desde las 6 a las 20 horas). La última ovulación de una secuencia es seguida de un día en el que no hay ovulación. Datos de Opel (1966).

Duración de la secuencia	*Posición de las oviposiciones en la secuencia*							
	1	*2*	*3*	*4*	*5*	*6*	*7*	*8*
2	16,30	17,06	–	–	–	–	–	–
3	16,18	17,06	17,24	–	–	–	–	–
4	16,06	17,48	17,24	17,42	–	–	–	–
5	16,06	16,30	16,54	17,36	17,54	–	–	–
6	15,48	16,18	16,48	17,12	17,42	17,54	–	–
7	15,24	15,48	16,18	16,48	17,12	17,42	17,48	–
8	14,54	15,30	15,48	16,30	16,42	17,30	17,48	17,54

cos son el período abierto que regula el tiempo de la ovulación y el ritmo de la maduración folicular que determina el progreso de la ovulación entre cada sucesiva ovulación dentro de la secuencia.

Si de 24 horas sustraemos el intervalo entre oviposiciones consecutivas dentro de una secuencia, podremos estimar el avance o el retraso de la oviposición con relación a la previa de cada animal. Sumando los valores de los retrasos individuales para todas las oviposiciones en la secuencia se obtiene el retraso acumulado. En la Figura 6.13 se presentan los valores de retardo, tanto individual como acumulado en secuencias que contienen hasta 13 huevos; examinando estos valores podremos evidenciar dos características de los ciclos ovulatorios de las aves domésticas. Primero, el retardo acumulado es de aproximadamente 8 horas, independientemente de la duración de la secuencia. Segundo, el retraso individual es mayor al principio y final de la secuencia y mínimo en la mitad de ella. Estas características del ciclo ovulatorio y la secuencia reflejan una única regulación endocrina y

Tabla 6.9 Tiempos de sucesivas oviposiciones de la perdiz Chukar con un fotoperíodo de 16L : 8O (encendido desde las 4 a las 20 horas). La última ovulación de una secuencia es seguida de un día en el que no hay ovulación. Datos de Woodard *et al.* (1973).

Duración de la secuencia	*Posición de las oviposiciones en la secuencia*			
	1	*2*	*3*	*4*
2	10,30	16,10	–	–
3	9,37	12,41	17,16	–
4	10,12	11,17	13,16	17,21

Tabla 6.10 Tiempos de sucesivas oviposiciones de la gallinita de Guinea con un fotoperíodo de 14L : 10O (encendido desde las 5 a las 19 horas). La última ovulación de una secuencia es seguida de un día en el que no hay ovulación. Datos de Mishiwaki & Ichinoe (1981).

Duración de la secuencia	*Posición de las oviposiciones en la secuencia*						
	1	*2*	*3*	*4*	*5*	*6*	*7*
2	10,23	13,50	–	–	–	–	–
3	9,31	11,13	13,41	–	–	–	–
4	9,48	11,16	12,53	14,48	–	–	–
5	9,46	11,44	13,07	13,37	14,46	–	–
6	7,10	9,21	10,52	12,47	13,51	15,21	–
7	9,33	10,23	11,34	12,40	13,13	13,43	14,55

neuroendocrina de la función ovárica, que precisa de la sincronización de los sistemas fisiológicos que controlan la capacidad para ovular en respuesta a la oleada preovulatoria de LH con la apropiada fase del ritmo circadiano que frena la generación de esa oleada preovulatoria de LH a un período de 8 horas del día. En los párrafos siguientes se describen los cambios fisiológicos que ocurren en la maduración folicular y las propiedades del ciclo circadiano.

El período abierto para la liberación de LH

Como no se ha determinado ni descrito en términos endocrinos, la localización anatómica del período abierto para la liberación de LH, es preciso disponer de información adecuada respecto a la vía en que la generación de la oleada preovulatoria de LH es evitada durante 16 horas del día (o facilitada durante 8 h). En ausencia de esta información que impide la descripción del período abierto para la liberación de LH en las aves, se restringen nuestros conocimientos del período abierto a las conclusiones derivadas de la respues-

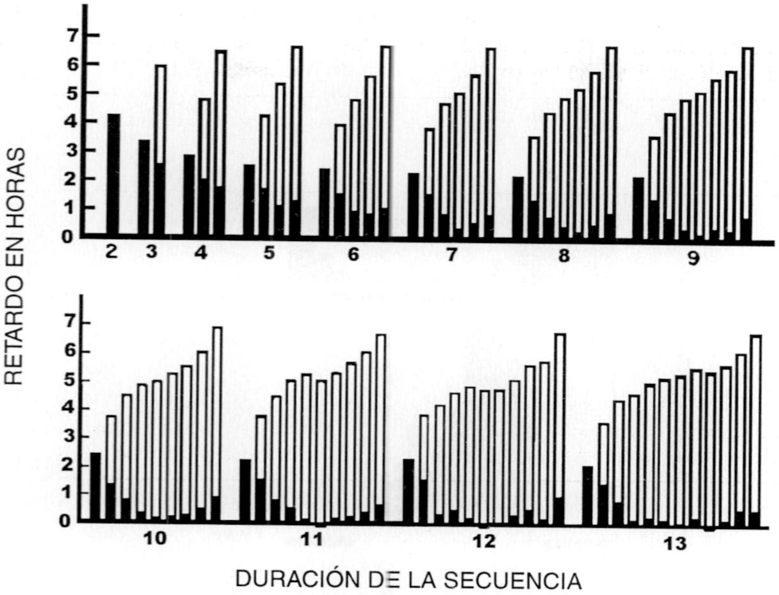

Figura 6.13 Retardo de las oviposiciones individuales (barras negras) y acumuladas (barras blacas y negras), en secuencias que contienen 2-13 huevos. El retardo individual es mayor al comienzo y final de las secuencias y más pequeño en la mitad de ellas. En las secuencias largas el retardo mínimo se acerca a cero. El retardo acumulado no excede las 8 horas, independientemente de la duración de la secuencia. Datos de Fraps (1955).

ta de poblaciones de gallinas a los ciclos luz-oscuridad. Estos estudios indican que el tan citado período abierto es un ritmo circadiano.

Los ritmos circadianos de cambio de fase asociados con ciclos luz-oscuridad y con muchos experimentos como los descritos en la Figura 6.14, demuestran que el adelanto o retardo del esquema luminoso produce un cambio en el tiempo de la ovulación. También son conocidos ritmos circadianos para adaptar los esquemas luminosos entre 21 y 30 horas, ritmo ahemeral (no de 24 h). La distribución de los tiempos de ovulación en la Figura 6.15, indica que la ritmicidad del período abierto para la liberación de LH se iguala al período del ciclo luz-oscuridad y por tanto se satisfacen dos de los tres requisitos de los ritmos circadianos para la respuesta del período abierto a alteraciones del fotoperíodo. El tercer requisito teórico que indica que el ritmo circadiano será libre en ausencia de inconvenientes es más difícil de demostrar. Aunque las oviposiciones ocurren durante las 24 horas del día solar, cuando se mantiene a las gallinas con luz constante o constante oscuridad, ocurren más oviposiciones que las esperadas durante el período modal de

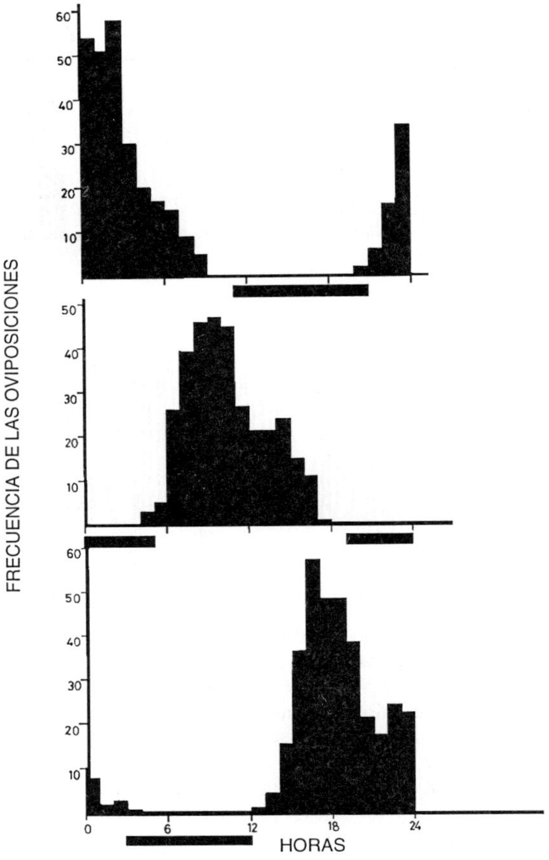

Figura 6.14 Frecuencia de oviposiciones que ocurren durante cada hora del día solar en relación con el ciclo luz/oscuridad. Las gallinas fueron mantenidas con techo iluminado, proporcionándolas 14 horas de luz y 10 de oscuridad (indicado por los rectángulos negros). La oscuridad se mantuvo entre las 12 y 22 horas (parte superior), entre las 20 y las 6 (parte media) o entre las 4 y las 14 horas (parte inferior). Cada histograma contiene entre 317 y 345 oviposiciones. De Etches *et al.* (1984). Reproducido con permiso de Wiley-Liss Inc, compañía subsidiaria de John Wiley & Son, Inc.

distribución de 8 horas (Fig. 6.16). Dado que las oviposiciones no se distribuyen de igual forma durante el día en ausencia de ciclo luz-oscuridad, se ha sugerido que las gallinas poseen unos exquisitos mecanismos de regulación para detectar otros cambios nocturnos y/o diurnos en el ambiente, tales como temperatura, ruido y ciclos de alimentación que son difíciles, casi imposibles de eliminar de la mayoría de los ambientes experimentales. Se pueden construir «cajas» sofisticadas para aislar individualmente a las gallinas del am-

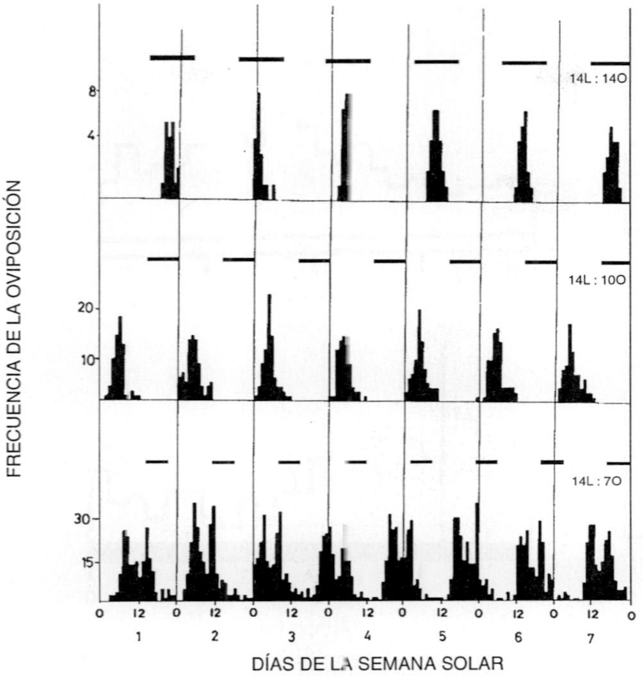

Figura 6.15 Frecuencia de oviposiciones en gallinas mantenidas en ciclos ahemerales de luz-óscuridad. Las oviposiciones se muestran en cada hora del día, durante una semana solar. En la parte superior hay seis ciclos de 14L : 14O, en la parte media siete ciclos de 14L : 10O y en la parte inferior, ocho ciclos de 14L : 7O. Cada período de oscuridad se presenta por rectángulos negros. Los histogramas para 28, 24 y 21 horas contienen 113, 579 y 1.580 observaciones, respectivamente. Datos de Etches *et al.* (1984). Reproducido con permiso de Wiley-Liss Inc., subsidiaria de John Wiley & Sons, Inc.

biente, pero la dificultad de medir el período abierto en un único individuo, hacen impracticable este sistema. Independientemente de los fallos atribuidos a los componentes del sistema libre para el período abierto, el acuerdo general entre las expectativas de un ritmo circadiano y el período abierto proporcionan un buen fundamento sobre el que podemos basar la compresión teórica del ciclo ovulatorio.

La localización del período abierto dentro de un esquema luminoso, está estrechamente ligada a la transición desde la fotofase o período de iluminación, a la escotofase o período de oscuridad. En la Figura 6.17 se presenta la relación entre la transición desde la conexión hasta la desconexión (por ej., oscuridad) de la luz. En condiciones estándar de luminosidad, 14L : 8O, el tiempo medio de la oviposición es de aproximadamente 15 horas después del crepúsculo. La extensión o disminución de la fase oscura a 18 ó 6 horas,

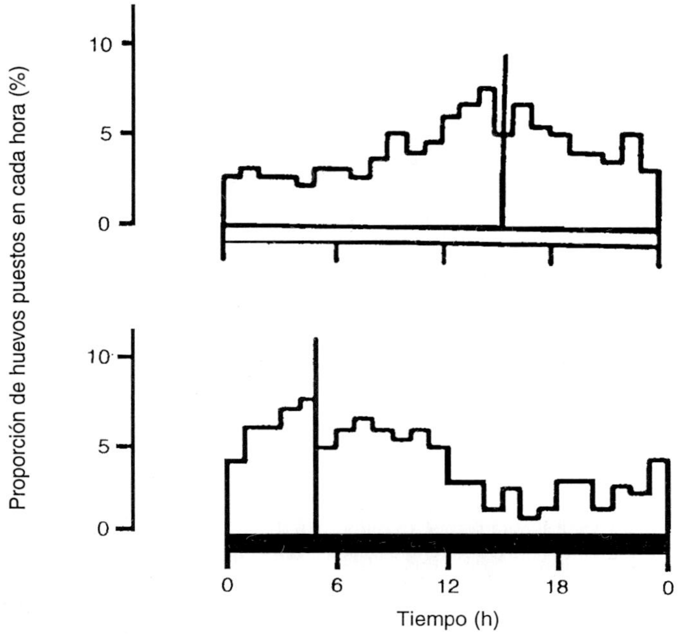

Figura 6.16 Frecuencia de las oviposiciones de gallinas mantenidas con iluminación constante. Las oviposiciones ocurren en cualquier momento del día, pero el 47% de los huevos son puestos durante el período modal de 8 horas bajo iluminación continua (parte superior) y el 50% de los huevos se ponen en el período modal de 8 horas bajo oscuridad continua (parte inferior). La desviación desde la distribución esperada en la que el 33% de las oviposiciones se espera estén en la modal de 8 horas, indica que algunas gallinas están entrenadas a mínimas alteraciones del ambiente. Datos de Bhatti (1987).

aumenta y decrece el tiempo medio de la oviposición en 4 y 3 horas, respectivamente. En ciclos ahemerales cortos la precisión de la relación entre crepúsculo y tiempo medio de oviposición está confusa por la amplitud de distribución en los tiempos de oviposición (Fig. 6.18), aunque el tiempo modal de oviposición permanezca en las 15 horas después del crepúsculo, en fotoperíodos de 14L : 7O. En programas de iluminación como 14L : 14O, la precisión indicada por la distribución más estrecha en los tiempos de postura, se mantiene pero el tiempo medio de la oviposición es reducido a 8 horas después del crepúsculo (Fig. 6.18).

La importancia de la transición de la luz a la oscuridad también se puede valorar reduciendo la fase de oscuridad al mínimo, mientras se observa la capacidad del programa luminoso para acoplar la fase del período abierto de la liberación de la LH. Los datos de la Figura 6.19 indican que una oscuridad tan pequeña como la de 1 hora es suficiente para sincronizar el tiempo de

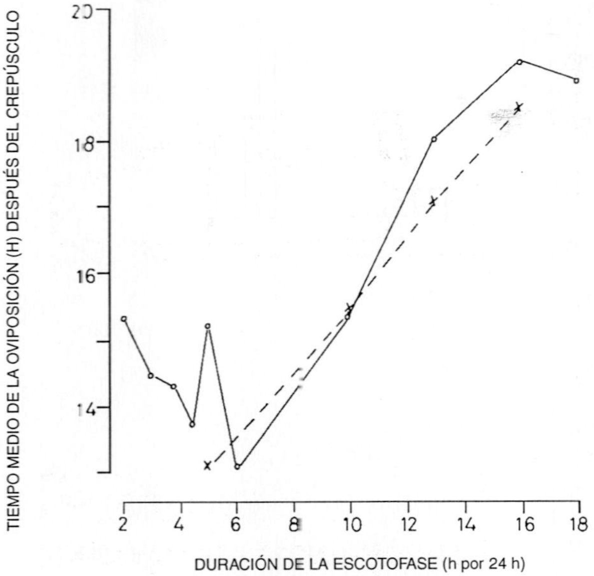

Figura 6.17 Relaciones entre el tiempo medio de la oviposición que sigue a la desconexión lumínica o «crepúsculo» y la duración de la fase oscura. En ciclos estándar de luz-oscuridad con una frecuencia de 24 horas, los grandes cambios en la escotofase tienen pocos efectos sobre el tiempo medio de la oviposición. Datos de Etches (1990).

liberación de la LH en la mayoría de las gallinas, y que la distribución del tiempo de ovulación de las gallinas expuestas a 1,25 horas de oscuridad no es diferente del de las gallinas con programas convencionales de iluminación.

El programa convencional de luminosidad, para ponedoras comerciales, es de 14L : 8O a 17L : 7O y, bajo estas condiciones, las gallinas suelen poner los huevos en las primeras horas de la mañana de la fotofase (Fig. 6.14 y Tabla 6.6). Sin embargo, con otros programas, las gallinas ponen durante la oscuridad. Por ejemplo, gallinas en foroperíodos de 14L : 7O ponen muchos huevos, inmediatamente después del crepúsculo, y otras con 14L : 14O los ponen todos en la fase oscura (Fig. 6.18). Si la fase oscura en un día convencional de 24 horas, se extiende a 14 horas, muchas oviposiciones ocurren en la oscuridad y en un programa 4L : 20O, la mayoría de los huevos son puestos en la noche (Fig. 6.17). En programas partidos (véase Fig. 5.7, pág. 121), la postura puede ser forzada a la fase oscura, al proporcionar períodos de oscuridad a la distribución modal de 2 horas. En condiciones de luz intermitente, tales como 14(0,25L : 0,75O) : 10O, aproximadamente el 75% de los huevos se ponen en períodos de oscuridad. Por tanto, es evidente que el tiempo de la oviposición no queda restringido a la porción luminosa del fotoperíodo. Más bien, el tiempo de la oviposición es la lógica consecuencia fisiológica de un

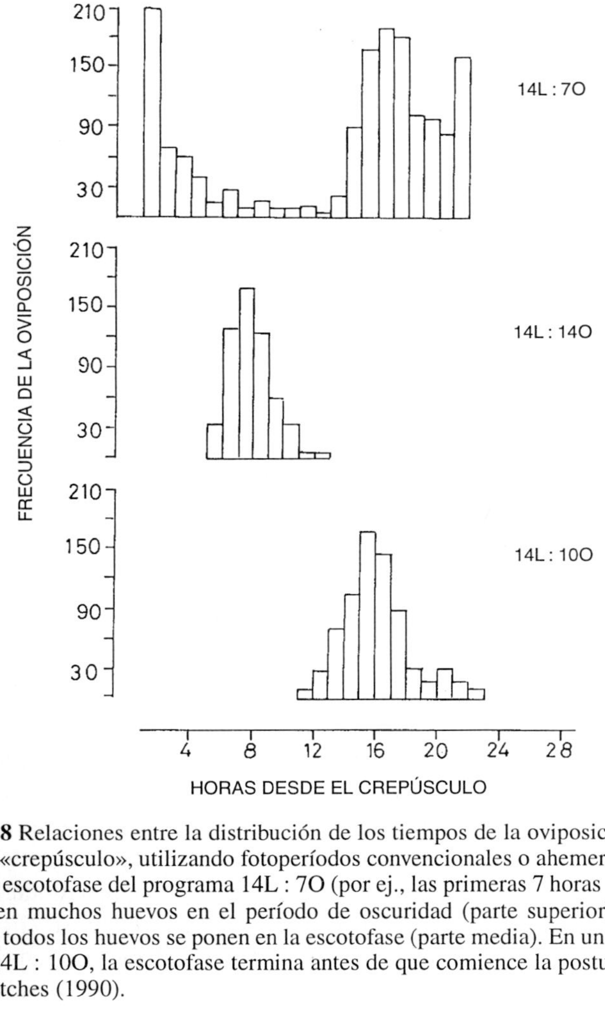

Figura 6.18 Relaciones entre la distribución de los tiempos de la oviposición y desconexión de la luz o «crepúsculo», utilizando fotoperíodos convencionales o ahemerales. Durante las 7 horas de la escotofase del programa 14L : 7O (por ej., las primeras 7 horas desde el crepúsculo) se ponen muchos huevos en el período de oscuridad (parte superior). En el programa 14L : 10O, todos los huevos se ponen en la escotofase (parte media). En un programa convencional de 14L : 10O, la escotofase termina antes de que comience la postura (parte inferior). Datos de Etches (1990).

ritmo circadiano restringido a la oleada preovulatoria de LH a un período de 8 horas. Usualmente, la fase de este ritmo es acoplada por la transición desde la luz a la oscuridad, aunque la relación entre transición luz-oscuridad y tiempo modal de puesta puede modificarse particularmente por ciclos ahemerales de luz-oscuridad.

En ciclos de 24 horas luz-oscuridad, el retardo es mayor al principio y final de las secuencias y más corto en la mitad de ellas (Fig. 6.13). Esta observación ha sido interpretada como evidencia de que el ritmo circadiano controla un umbral dentro de los eventos neuroendocrinos que culminan con la generación de la oleada preovulatoria de LH. Aunque la localización del umbral

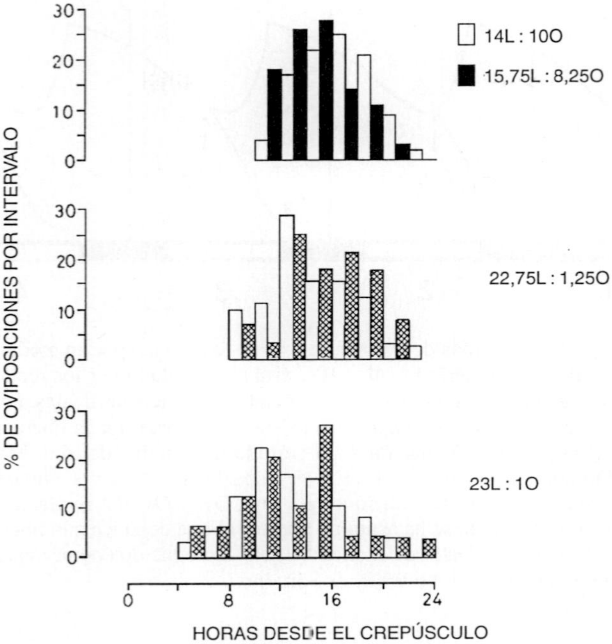

Figura 6.19 Distribución de las oviposiciones de gallinas (histogramas blancos) y pollitas (histogramas sombreados) mantenidos en un régimen de 23L : 1O (parte inferior) y 22,75L : 1,25O (parte media). Para comparación, se incluye la distribución de oviposiciones en programas convencionales 14L : 10O (histogramas blancos) y 15,75L : 8,25O (histogramas negros), (parte superior). Datos de Etches (1990).

no ha sido anatómica o fisiológicamente identificada, un modelo matemático, basado en el concepto de que el período abierto es un umbral que crece y disminuye según la fase de un ritmo circadiano, predice con mucha seguridad el tiempo de la ovulación. Mientras que no se confirme la existencia del rirtmo circadiano por la concordancia entre el modelo matemático y la realidad, se cree que el período abierto es un umbral dentro de los sucesos neuroendocrinos que controlan la oleada preovulatoria de LH.

Secuencia ovulatoria

En la Figura 6.20 se ilustran los acontecimientos de una secuencia que contiene tres ovulaciones. Como en las secuencias de cualquier duración la secuencia de tres huevos termina cuando no ocurre una ovulación durante un ciclo circadiano. Bajo condiciones de ciclos luz-oscuridad de 24 horas, la última ovulación de una secuencia y la primera ovulación de la siguiente están separadas por unas 40 horas (Fig. 6.21). Las secuencias terminan cuan-

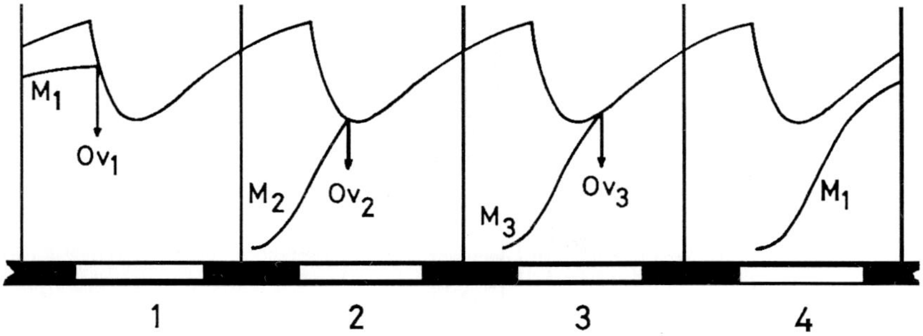

Figura 6.20 Eventos en la secuencia de tres huevos, según lo previsto por un modelo matemático del ciclo ovulatorio. El fotoperíodo 14L : 10O está representado por los rectángulos negros y blancos que espacian los intervalos de días indicados por líneas verticales. La curva más superior representa el componente circadiano en el sistema que restringe la liberación de hormona luteinizante (LH), para la ovulación a un período de 8 horas del día. M_1, M_2 y M_3 representan la maduración de los folículos F_1, F_2 y F_3 respectivamente, y sus ovulaciones están indicadas en la intersección de las dos funciones por Ov_1, Ov_2 y Ov_3. La ovulación del huevo previo dentro de la jerarquización, se ha asumido que sea el que conduce a la iniciación de la maduración del siguiente ovum. Datos de Etches (1984). Reproducido con permiso de Wiley-Liss Inc, compañía subsidiaria de John Wiley & Son, Inc.

do los folículos F_1 no maduran en sincronía con el nadir del umbral circadiano dentro de los mecanismos que generan la oleada preovulatoria de LH. Si se extiende el período del ritmo circadiano, al prolongar el ciclo luz-oscuridad a 28 horas, los folículos siempre maduran dentro de la fase baja del umbral del ritmo circadiano y las secuencias no parecen ser más largas; la ovulación ocurre una vez cada 28 horas (Fig. 6.21). Si el período del ritmo se acorta, reduciendo el ciclo a 21 horas, el número de ciclos circadianos durante los que no hay ovulación aumenta y, consecuentemente se reduce la duración de la secuencia a tres o cuatro huevos en la mayoría de las gallinas. Como la maduración folicular es independiente del período del ritmo circadiano, el intervalo entre huevos consecutivos dentro de una secuencia no es diferente del observado con ciclos de luz-oscuridad de 24 horas (Fig. 6.21). Sin embargo, en un ciclo de luz-oscuridad de 21 horas (Fig. 6.21) el intervalo entre la última ovulación de una secuencia y la primera ovulación de la siguiente se reduce a 35 horas, porque el período del ritmo circadiano se reajusta para igualar la duración del fotoperíodo.

En los esquemas de 24 horas, la duración de la secuencia ovulatoria está determinada por el ritmo de maduración folicular. Las gallinas en las que un folículo madura cada 24 horas en cada ciclo circadiano, tendrá secuencias muy duraderas y su índice de puesta será del 100%. La duración de la secuencia de gallinas en las que los folículos maduran cada 23 horas en un fotoperíodo

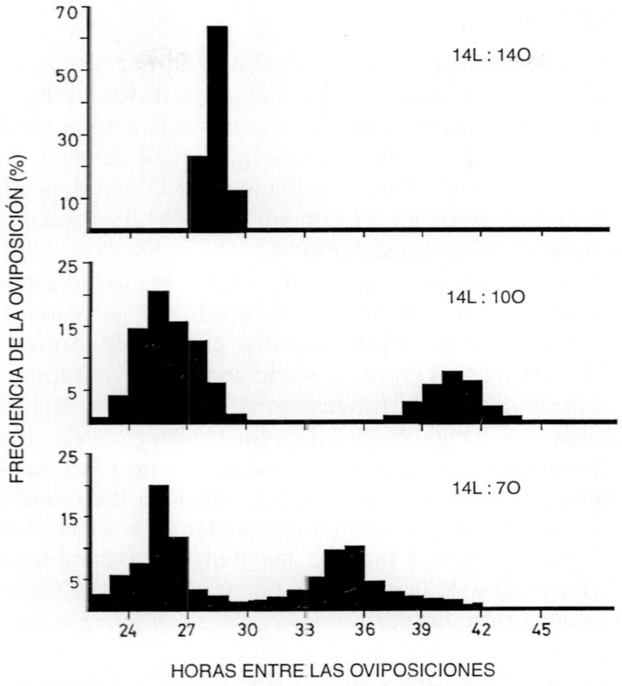

Figura 6.21 Frecuencia de los intervalos entre oviposiciones sucesivas para gallinas mantenidas en ciclos de 14L : 14O (parte superior) 14L : 10O (parte media) y 14L : 7O (parte inferior). En el esquema de 14L : 14O las secuencias no son evidentes porque la ovulación ocurre durante cada ciclo circadiano. En 14L : 10O, la distribución en el intervalo entre oviposiciones es bimodal. El intervalo modal de 25 horas representa el ciclo ovulatorio y los intervalos modales de 40 horas representan el intervalo entre secuencias. En 14L : 7O la distribución también es bimodal. El intervalo modal del ciclo ovulatorio permanece constante, pero el intervalo modal entre secuencias se reduce a 35 horas. Los histogramas para 14L : 14O, 14L : 10O y 14L : 7O contienen 83, 353 y 1.585 observaciones, respectivamente. Datos de Etches *et al.* (1984).

de 24 horas será, igualmente largo su índice también del 100% y ovulará en cada ciclo circadiano. Cuando se sitúe en un fotoperíodo de 23 horas, la gallina en la que un folículo madure en 23 horas continuará ovulando cada ciclo circadiano, mientras que en la gallina cuyo folículo madure en 24 horas avanzaría en cada ciclo sucesivo hasta que un folículo maduro no estuviera presente en el ovario durante la fase baja del umbral del ritmo circadiano produciéndose un «día» con ausencia de ovulación. En la mayoría de las gallinas, los folículos maduran en aproximadamente, 25 horas (Fig. 6.21). Por tanto, en un fotoperíodo convencional de 14L : 10O madura un folículo ovárico y el período abierto para la liberación de LH se desincroniza haciendo que termine la secuencia. Durante el último día de la secuencia no hay ovulación.

Maduración folicular

La maduración folicular puede ser contemplada por el crecimiento del folículo y por el desarrollo de la capacidad endocrina de los tejidos foliculares y la capacidad de ovulación. Medidas tales como la acumulación de masa y crecimiento folicular acontecen de forma exponencial después del reclutamiento dentro de la jerarquización de folículos que tienen depositada yema amarilla (Fig. 6.9). Sin embargo, el tamaño folicular no parece que sea el principal determinante de la maduración.

Desde el punto de vista histológico, el folículo mantiene una estructura similar durante el período de deposión rápida de la yema aunque la esteroidogénesis por parte del tejido folicular cambia de la producción de estrógenos a la de andrógenos entre las posiciones F_n y F_2. Durante las horas que preceden a la ovulación, la progesterona es el único esteroide que se produce en el folículo F_1 (Figs. 6.4 y 6.12). Sin embargo, todos los folículos del ovario están sujetos a las oleadas preovulatorias de LH y las hormonas esteroides durante cada ciclo (Fig. 6.22) a causa de las concentraciones plasmáticas de ellas y por tanto los folículos pueden estar expuestos a cientos de oleadas de LH preovulatorias antes de que ovulen. Los cambios que tienen lugar en los tejidos tecal y de la granulosa que transforman el folículo desde no ovulable al estadio entre las posiciones F_2 y F_1, son los responsables de la maduración folicular.

Dentro de las 12 horas después que los folículos F_2 se hayan reclutado en la posición F_1, la teca pierde su capacidad para producir andrógenos (Fig. 6.4). No está claro si la ausencia de andrógenos se produce por inhibición de la síntesis de progesterona o si al no poderse metabolizar la progesterona a andrógenos se produce un incremento masivo de liberación de progesterona por parte del folículo, el caso es que sea cualquiera la causa, lo que acontece es la secreción de progesterona en las venas foliculares. La concentración plasmática de progesterona en los vasos periféricos se eleva y se dispara la secreción de GnRH desde las neuronas hipotalámicas. La secreción de esa hormona en el sistema porta hipotalámico (véase Fig. 5.1, pág. 114), inicia la secreción de LH desde las células gonadotropas de la hipófisis, con lo que se elevan las concentraciones plasmáticas de gonadotropina. El aumento de LH en la sangre que irriga el folículo F_1 estimula la posterior secreción de progesterona y la elevación de ésta sigue dirigiendo la secreción de LH. Este mecanismo de retrofuncionalidad positiva entre progesterona y LH, continúa hasta generar la oleada preovulatoria que produce la ruptura del folículo.

La adquisición de capacidad de las células de la granulosa para secretar progesterona desde el folículo F_1, es un aspecto importante de la maduración folicular; la concentración plasmática de progesterona en respuesta al estímulo de LH exógena, puede utilizarse para conocer la maduración folicular (Fig. 6.23). Cuando administrada 6 horas después de haberse reclutado el F_1

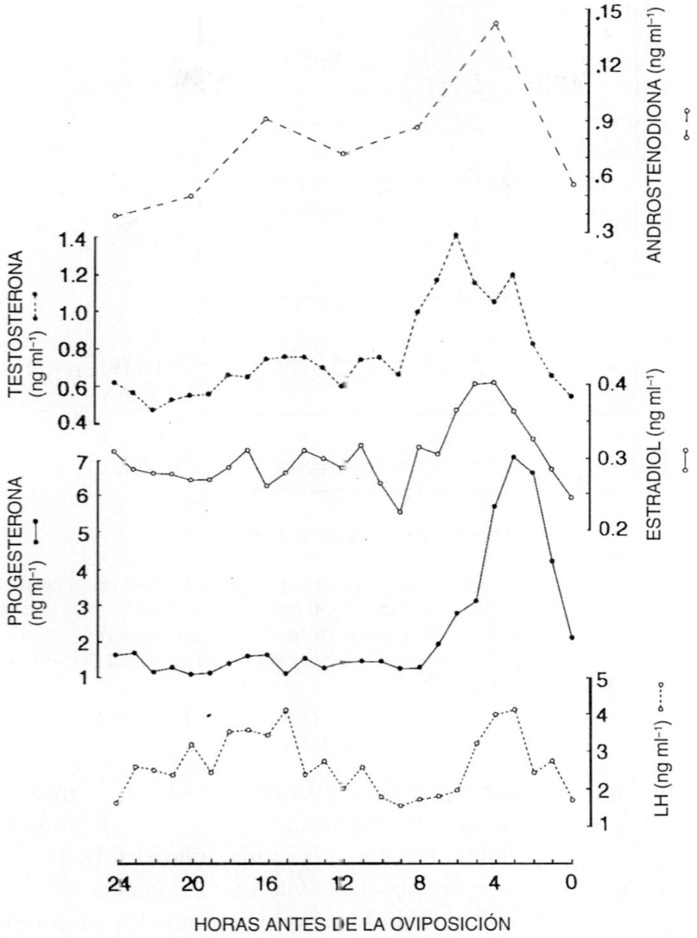

Figura 6.22 Concentraciones plasmáticas de hormona luteinizante (LH), progesterona, testosterona, androstenodiona y estradiol, durante el ciclo ovulatorio de la gallina. Datos de Etches (1990).

la concentración de progesterona en el plasma permanece inalterable después del estímulo de la LH, pero cuando se administraron las inyecciones 27 horas después de llegar el folículo al estadio F_1, se observaron grandes aumentos de progesterona en el plasma. Este cambio de respuesta del folículo a la estimulación de la LH, refleja el proceso de maduración que comienza tan pronto como el folículo está reclutado en la posición F_1.

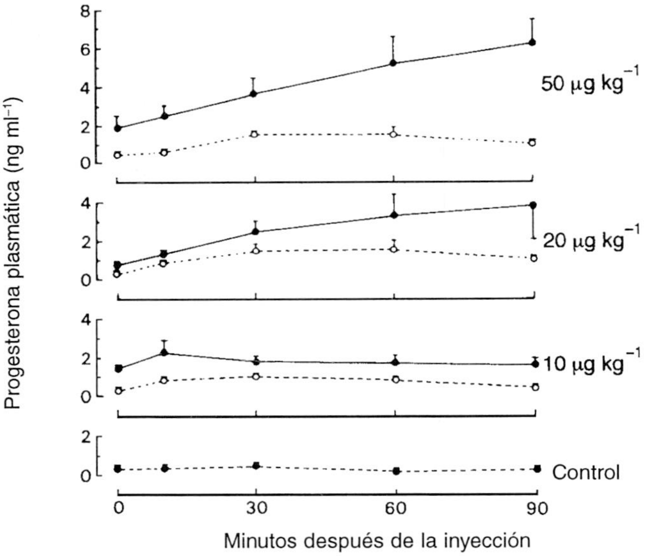

Figura 6.23 Concentración plasmática de progesterona (media ± error estándar de la media) en el plasma de gallinas que reciben LH ovina 26-30 horas después del final de la ovulación de una secuencia (línea continua), 4,5-9,0 horas después de una secuencia mediana (línea discontinua y círculos blancos) o después de la inyección de salina (línea discontinua y círculos negros). Datos de Etches *et al.* (1983).

La maduración folicular puede ser considerada, también, como la capacidad de los folículos para ovular en respuesta a inyecciones de gonadotropina o GnRH. Por ejemplo, cuando se acerca la ovulación del folículo F_1, disminuye la cantidad de extracto de hipófisis aviar que se precisa para inducir la ovulación, lo que indica que el folículo cuando madura está adquiriendo sensibilidad a la LH (Fig. 6.24). Si se inyecta a gallinas en distintos estadios antes de la ovulación una cantidad estándar de GnRH, el número de gallinas que ovulan como respuesta a esa inyección, puede ser considerado también como un índice de la maduración folicular (Fig. 6.25). Utilizando la proporción de gallinas que ovulan después de la administración de GnRH, como medida de la maduración folicular está claro que el folículo F_1 aumenta considerablemente su sensibilidad a la LH cuando es inminente la ovulación.

La maduración folicular también se puede valorar en términos de la capacidad del folículo F_1 para ovular en respuesta a inyecciones de corticosterona o ACTH. Si se administra una inyección de corticosterona 6 horas después de haberse reclutado el folículo F_1, no aparecerá la ovulación y las concentraciones plasmáticas de LH y progesterona no aumentarán. Si la misma hormona se inyecta 21 horas más tarde, la ovulación se induce dentro de las 6 horas y

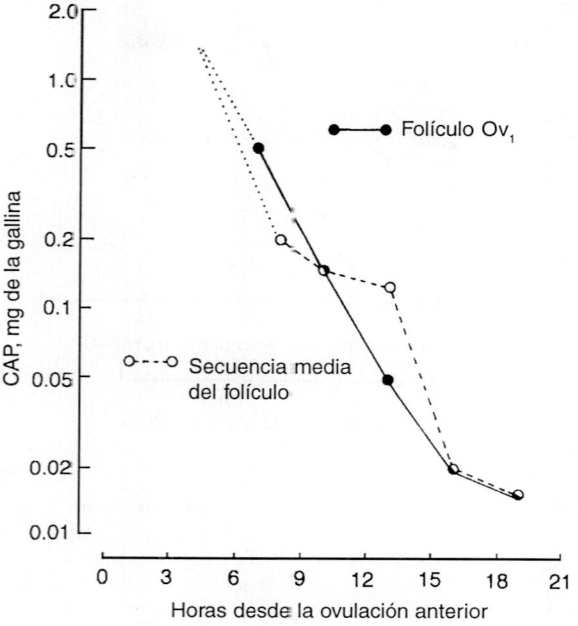

Figura 6.24 Valoración de la sensibilidad del folículo F_1 al estímulo de la gonadotropina medida como la cantidad de extracto de hipófisis anterior (CAP) necesaria para inducir la ovulación en el 50% de las gallinas a diferentes momentos después del reclutamiento en la posición F_1. La reducción de la cantidad de CAP necesaria para inducir a la ovulación indica que el folículo F_1 se hace más sensible al estímulo de la gonadotropina. Datos de Fraps (1970), modificada por Etches (1984).

está precedida por oleadas preovulatorias normales de LH y de progesterona (Fig. 6.26). Como la LH se puede liberar de la hipófisis mediante inyecciones de progesterona, en ambos de estos estadios del ciclo ovulatorio, y como la progesterona sólo se puede secretar a partir de folículos F_1, reclutados al menos 12 horas, se supone que la corticosterona actúa sobre los folículos maduros para iniciar la ovulación. Aún no se han identificado los tejidos específicos responsables de la secreción de progesterona inducida por la corticosterona.

Se ha hecho una comparación de los ritmos de maduración folicular entre gallinas que ponen secuencias largas y cortas de puesta estudiando su respuesta a las inyecciones de GnRH. Como se esperaba, las gallinas con secuencias largas de puesta adquieren la respuesta a la GnRH más rápidamente que las gallinas con secuencias cortas (Tabla 6.11). Al igual que todas las estimaciones de maduración folicular consideradas anteriormente, la valoración de esa maduración tiene poco valor en la identificación de las gallinas

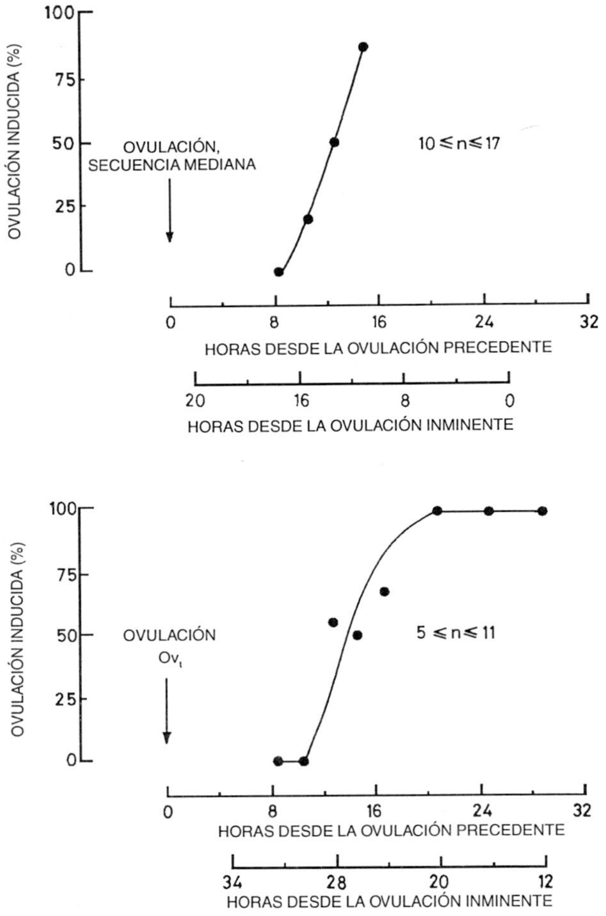

Figura 6.25 Porcentaje de ovulaciones inducidas por una inyección de GnRH administrada 8-16 horas después de una ovulación de secuencia mediana (parte superior) o 8-28 horas después de la ovulación terminal de una secuencia (parte inferior). El número de gallinas inyectadas está indicado por *n*. Datos de Etches *et al.* (1983).

con ritmos rápidos de maduración folicular dentro de grandes poblaciones porque es un método engorroso, caro y tedioso.

La identificación de las gallinas con ritmos rápidos de maduración folicular se puede hacer fácilmente estudiando la duración de la secuencia bajo programas de iluminación menores de 24 horas. Las gallinas que continúan poniendo un huevo, durante cada ciclo circadiano tienen por definición capacidad para madurar un folículo dentro del período del programa. Por ejemplo,

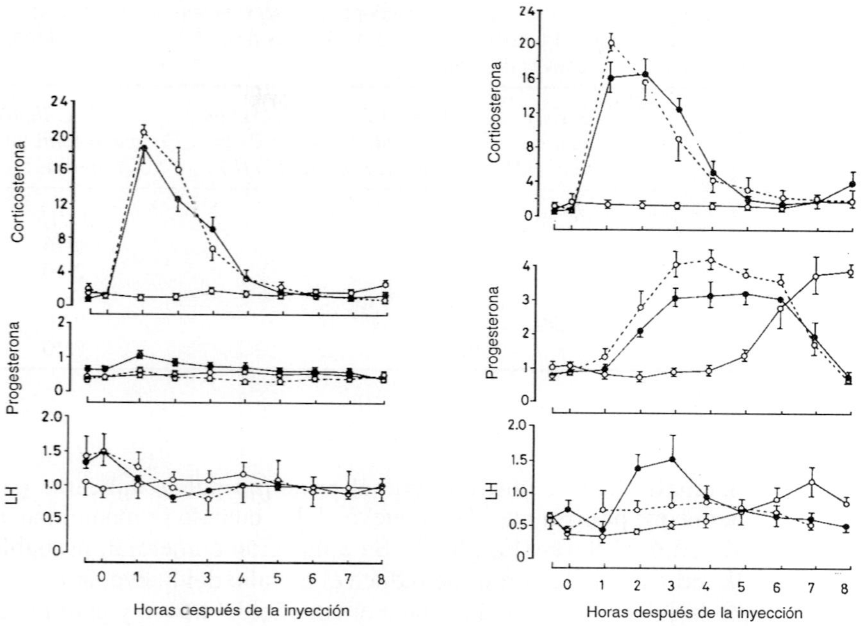

Figura 6.26 Concentraciones plasmáticas de LH, progesterona y corticosterona, en gallinas inyectadas con 10 IU de ACTH (línea continua, círculos negros) ó 1,5 mg de corticosterona (línea discontinua, círculos blancos) o etanol salina (línea continua, círculos blancos) 4-6 horas después del reclutamiento del folículo F_1 (parte izquierda) y 27 horas después del reclutamiento (parte derecha). La ovulación no fue inducida cuando las inyecciones se administraron 4-6 horas después del reclutamiento, pero la ovulación se indujo cuando las inyecciones se administraron después de la maduración del folículo. Datos de Etches & Croze (1983).

gallinas que ponen cada 23 horas en un régimen de 14L : 9D, deben ser capaces de madurar folículos dentro del intervalo de 23 horas. Sin embargo, hay que hacer notar que los ritmos de puesta no establecen el ritmo de maduración folicular; más bien, aquéllos establecen el intervalo máximo durante el que ocurre la maduración. Por ejemplo, la gallina que ponga un huevo cada 23 horas, con un esquema de 14L : 9O puede contener un folículo maduro dentro del ovario, 22 horas después del reclutamiento del F_1, pero allí no habría evidencia del ritmo de puesta. A pesar de que los cortos días ahemerales no son capaces de estimar con precisión el ritmo de maduración folicular, puede ser una valiosa herramienta para los avicultores que deseen incrementar el ritmo de puesta, porque dan a conocer las poblaciones de gallinas con ritmos de maduración folicular mayores de la media. Además, y lo más importante, revelan diferencias entre ritmos de maduración folicular que no se pueden observar bajo esquemas convencionales de 24 horas. Varios progra-

Tabla 6.11 Respuesta ovulatoria de gallinas ponedoras con secuencias largas y cortas, a la inyección de 25 μg de GnRH administrados 12, 13 ó 14 horas después de una ovulación de secuencia media. Datos de Etches *et al.* (1983).

Duración de la secuencia	*Media (± e.s.) intervalo entre oviposiciones (h)*	*Tiempo de administración de GnRH después de la anterior ovulación (h)*	*Nº de gallinas que ovulan/total gallinas*
Larga	24,22 ± 0,20	14	11/15
		13	4/16
		12	2/10
Corta	26,01 ± 0,29	14	2/10
		13	0/10

mas experimentales han demostrado que el principio puede aplicarse para aislar gallineros que pongan más de un huevo al día, cuando se mantengan en regímenes de 22 ó 23 horas (Fig. 6.27). Su aplicación comercial, probablemente, no ha sido aceptada porque se reduce el tamaño del huevo, aunque es probable que la selección simultánea para el tamaño del huevo y la duración de la secuencia bajo cortos días ahemerales, contrarrestarían con la relación negativa entre el ritmo de ovulación y el tamaño del huevo.

Generación de la oleada preovulatoria de LH

Por definición, la ovulación espontánea ocurre cuando un folículo madura durante el período abierto para la liberación de LH. Esta definición, que fue introducida por Richard M. Fraps, en la década de los 50, ha proporcionado un marco útil para describir cómo la forma en la periodicidad circadiana y la maduración folicular se interan para regular la iniciación de la oleada preovulatoria de LH. Sin embargo, la definición no es capaz de indicar cómo se inicia el proceso de retrofuncionalidad positiva entre hipotálamo, hipófisis y ovario. El inicio no parece ser achacable al folículo maduro porque la producción de progesterona por el F_1 en la primera ovulación de una secuencia no se incrementa significativamente después de la ovulación de F_1. Si el folículo maduro no envía ninguna señal, es poco probable que la sensibilidad del hipotálamo a la progesterona esté regulada por el ritmo circadiano. Además, las inyecciones de progesterona y GnRH indican que el hipotálamo y la hipófisis son los responsables de la estimulación de todos los tejidos durante el ciclo ovulatorio, excepto en un breve intervalo durante y después de la oleada preovulatoria de LH. Como la concentración de LH no se eleva durante el período abierto, parece poco probable que el folículo reciba estimulación gonadotrópica, que iniciaría la retrofuncionalidad positiva si el F_1 estuviera maduro de acuerdo con la fase del ritmo circadiano. Se han sugerido varias

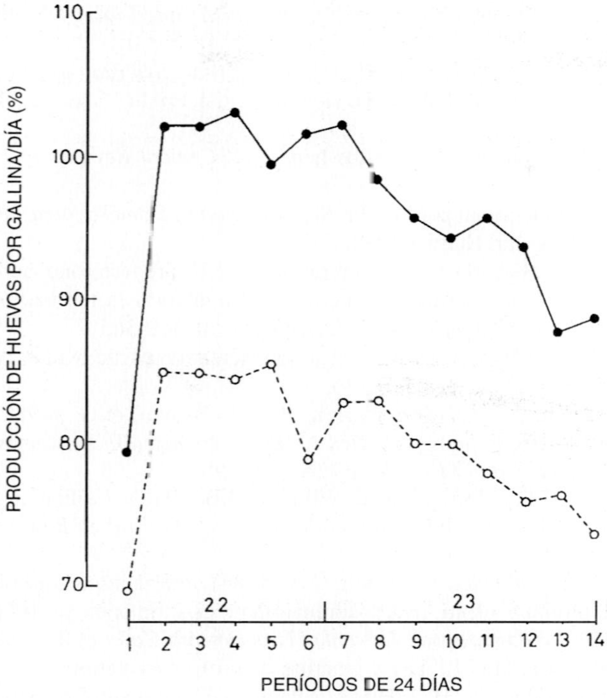

Figura 6.27 Producción de huevos/día (%) de gallinas selectas en 22-23 días (línea continua, círculos negros) y gallinas control de estirpe comercial (línea discontinua, círculos blancos) situadas en programas de iluminación de 22 y 23 horas. El ritmo de puesta de las gallinas selectas durante períodos de 2-7 días fue mayor del 100%. Datos de Bielier (1985), modificada por Etches (1990).

hipótesis y se han realizado varios experimentos, pero ninguno ha sido capaz de revelar las interacciones que genera la oleada preovulatoria de LH. En ausencia de revelaciones más veraces, esta carencia de conocimientos de la fisiología ovárica necesita solucionarse y escapar de los límites del ritmo circadiano que restringe la ovulación a un período de 8 horas del día, lo que debe permanecer en la mente de futuras aplicaciones de la endocriología aviar.

Bibliografía

Bhatti, B.M. (1987). Distribution of oviposition times in continuous darkness or continuous illumination. *British Poultry Science* 28, 295-306.

Biellier, H.V. (1985). Use of ahemeral light-dark cycles in selecting for high rate of lay in chicken hens. *Proceedings of the 34th Annual National Poultry Breeders Roundtable*, 111-145.

Burley, R.V. & Vadehra, D.V. (1989). *The Avian Egg: Chemistry and Biology.* John Wiley and Sons, New York.

Etches, R.J. (1984). Maturation of ovarian follicles. In: *Reproductive Biology of Poultry.* Edited by F.J. Cunningham, P.E. Lake & D. Hewitt. British Poultry Science, Harlow, UK, pp.51-73.

Etches, R.J. (1990). The ovulatory cycle of the hen. *CRC Critical Reviews of Poultry Biology* 2, 293-318.

Etches, R.J. (1993). Reproduction in poultry. In: *Reproduction in Domesticated Animals.* Edited by GJ. King. Elsevier, Huddersfield, UK.

Etches, R.J. & Croze, F. (1983). Plasma concentrations of LH, progesterone, and corticosterone during ACTH- and corticosterone-induced ovulation in the hen *(Gallus domesticus). General and Comparative Endocrinology* 50, 359-365.

Etches, R.J. & Schoch, J.P. (1984). A mathematical representation of the ovulatory cycle of the hen. *British Poultry Science* 25, 65-76.

Etches, R.J., McCutcheon, J., McBride-Warren, P.A. & Brown, R.G. (1982). The ovulation-inducing activity of highly purified ACTH in the hen *(Gallus domesticus). Comparative Biochemistry and Physiology* 72A, 195-198.

Etches, R.J., MacGregor, H.E., Morris, T.R. & Williams, J.B. (1983). Follicular growth and maturation in the domestic hen *(Gallus domesticus). Journal of Reproduction and Fertility* 67, 351-358.

Etches, R.J., Petitte, J.N. & Anderson-Langmuir, C.E. (1984). Interrelationships between the hypothalamus, pituitary gland, ovary, adrenal gland and the open period for LH release in the hen *(Gallus domesticus). Journal of Experimental Zoology* 232, 501-511.

Follett, B.K. & Davies, D.T. (1979). The endocrine control of ovulation in birds. In: *Animal Reproduction.* Edited by H.H. Hawk. Allanheld, Osmun and Co., Montclair.

Fraps, R.M. (1955). Egg production and fertility in poultry. In: *Progress in the Physiology of Farm Animals,* vol 2. Edited by J. Hammond. Butterworths, London, pp. 671-740.

Fraps, R.M. (1970). Regulation of the ovulation cycle of the domestic fowl. In: *La photoregulation de la reproduction chez les oiseaux et les mammiferes.* Edited by J. Benoit & I. Assenmacher. Collogues Internationeaux du Centre National de la Recherches Scientifique, Paris, pp. 281-306.

Fujii, S. & Yoshimura, Y. (1979). Morphological observations on the stigma of the follicular wall concerning the mechanism of ovulation in hens. *Journal of the Faculty of Applied Biological Science, Hiroshima University* 18, 185-189.

Hattori, M., Koga, O. & Nishiyama, H. (1975). The biological property of chicken pituitary luteinizing hormone. *Science Bulletin of the Faculty of Agriculture, Kyushu University* 30, 137-142.

Kamiyoshi, M. & Tanaka, K. (1972). Augmentative effect of FSH on LH-induced ovulation in the hen. *Journal of Reproduction and Fertility* 29, 141-143.

King, J.A. & Millar, R.P. (1982a). Structure of avian hypothalamic gonadotrophin-releasing hormone. *South African Journal of Science* 78, 124-125.

King, J.A. & Millar, R.P. (1982b). Structure of chicken hypothalamic luteinizing hormone-releasing hormone I. Structural determination on partially purified material. *Journal of Biological Chemistry* 257, 10722-10728.

King, J.A. & Millar R.P. (1982c). Structure of chicken hypothalamic luteinizing hormone-releasing hormone II. Isolation and characterisation. *Journal of Biological Chemistry* 257, 10729-10732.

Mishiwaki, M. & Ichinoe, K. (1981). Effects of the photoperiod on the oviposition times in the guinea fowls *(Numida meleagris galeata). Journal of Agricultural Science (Tokyo Nogyo Daigaku)* 26, 209-215.

Miyamoto, K., Hasegawa, Y., Minegishi, T., Nomura, M., Takahashi, Y., Igarashi, M., Kanagawa K. & Matsuo, H. (1982). Isolation and characterization of chicken hypothalamic luteinizing hormone-releasing hormone. *Biochemical and Biophysical Research Communications* 107, 820-827.

Miyamoto, K., Hasegawa, Y., Igarashi, M., Chino, N., Sakakibara, S., Kangawa K. & Matsuo, H. (1983). Evidence that chicken hypothalamic luteinizing hormone-releasing hormone is (Gln^8) LH-RH. *Life Sciences* 32, 1341-1347.

Miyamoto, K., Hasegawa, Y., Namura, M , Igarashi, M., Kanagawa K. & Matsuo, H. (1984). Identification of the second gonadotropin releasing hormone in chicken hypothalamus: evidence that gonadotropin secretion is probably controlled by two distinct gonadotropin releasing hormones in avian species. *Proceeding of the National Academy of Science, USA* 81, 3874-3878.

Opel, H. (1966). The timing of oviposition and ovulation in the quail *(Coturnix coturnix japonica). British Poultry Science,* 7, 29-38.

Perry, M.M. & Gilbert, A.B. (1979). Yolk transport in the ovarian follicle of the hen *(Callus domesticus):* lipoprotein-like particles at the periphery of the oocyte in the rapid growth phase. *Journal of Cell Science* 39, 257-272.

Robinson, F.E. (1986). Ovarian steroidogenesis in the domestic fowl. PhD thesis, University of Guelph, Ontario, Canada.

Robinson, F.E. & Etches, R.J. (1986). Ovarian steroidogenesis during follicular maturation in the domestic fowl *(Gallus domesticus). Biology of Reproduction* 35, 1096-1106.

Sharp, P.J. (1983) Hypothalamic control of gonadotrophin secretion in birds. In: *Progress in Non-mammalian Brain Research.* Edited by G. Nistico & L. Bolis. CRC Press, Boca Raton, Florida, pp.124-176.

Taylor, K. D. (1991). Affinity purification and characterisation of turkey gonadotrophins. MSc thesis, University of Guelph, Ontario, Canada.

Warren, D.C. & Conrad, R.M. (1939). Growth of the hens's ovum. *Journal of Agricultural Research* 58, 875-893.

Woodard A.E., Wilson, W.O. & Mathur, F.B. (1963). The egg-laying rhythm of turkeys in cages. *Poultry Science* 42, 1131-1333.

Woodard, A.E., Abplanalp, H. & Snyder, R.L. (1973). Oviposition time in the chukar partridge. *Poultry Science* 52, 536-539.

Lecturas adicionales

Griffin, H.D. (1992). Manipulation of egg yolk cholesterol: a physioloist's view. *World's Poultry Science Journal* 48, 101-112.

Griffin, H.D. & Hermier, D. (1988). Plasma lipoprotein metabolism and fattening in poultry. In: *Leanness en Domestic Birds.* Edited by B. Leclerq & C.C. Whitehead. Butterworths, London, pp. 175-201.

Griffin, H.D., Perry, M.M. & Gilbert, A.B. (1984). Yolk formation. In: *Physiology and Biochemistry of the Domestic Fowl,* vol. 5. Edited by B.M. Freeman. Academic Press, London.

Retzek, H., Streyer, E., Sanders, E.J., Nimpf, J. & Schneider, W.J. (1992). Molecular cloning and functional characterisation of chicken cathepsin D, a key enzyme for yolk formation. *DNA and Cell Biology* 11, 661-671.

Schneider, W.J. (1992). Lipoprotein receptors in oocyte growth. *Clinical Investigation* 70, 385-390.

7

Formación del Huevo

7.1 Introducción

El sistema reproductor de la hembra (Fig. 7.1), que comúnmente se denomina el oviducto en las aves, recibe el ovum dentro de los 15 minutos siguientes a la ovulación, proporciona el ambiente adecuado para la fertilización y secreta el albumen, o clara, las membranas cascarógenas, la cáscara y la cutícula, en capas concéntricas alrededor del ovum. La oviposición del huevo completo está relacionada con el repertorio comportamental que lleva a cabo la gallina hasta encontrar el lugar adecuado del ponedero. La coordinación de estos acontecimientos afectan a la estimulación mecánica del sistema reproductor por el paso del ovum al control endocrino de la musculatura lisa de la glándula cascarógena y a la regulación endocrina de la movilización del calcio desde los depósitos en el hueso medular y desde el pienso.

7.2 Sistema reproductor de las hembras

En una gallina prepuberal, no fotoestimulada, el aparato reproductor pesa aproximadamente 0,2 g mientras que el de una gallina ponedora pesa unos 50 g. Este incremento de 250 veces está relacionado con la elevación prepuberal de la concentración de andrógenos, estrógenos y progesterona (véase Sección 4.5). Aunque los detalles de la multitud de interacciones que se requieren para orquestar el desarrollo del tracto reproductor bajo la influencia de los esteroides gonadales no han sido totalmente manifestados; sin embargo,

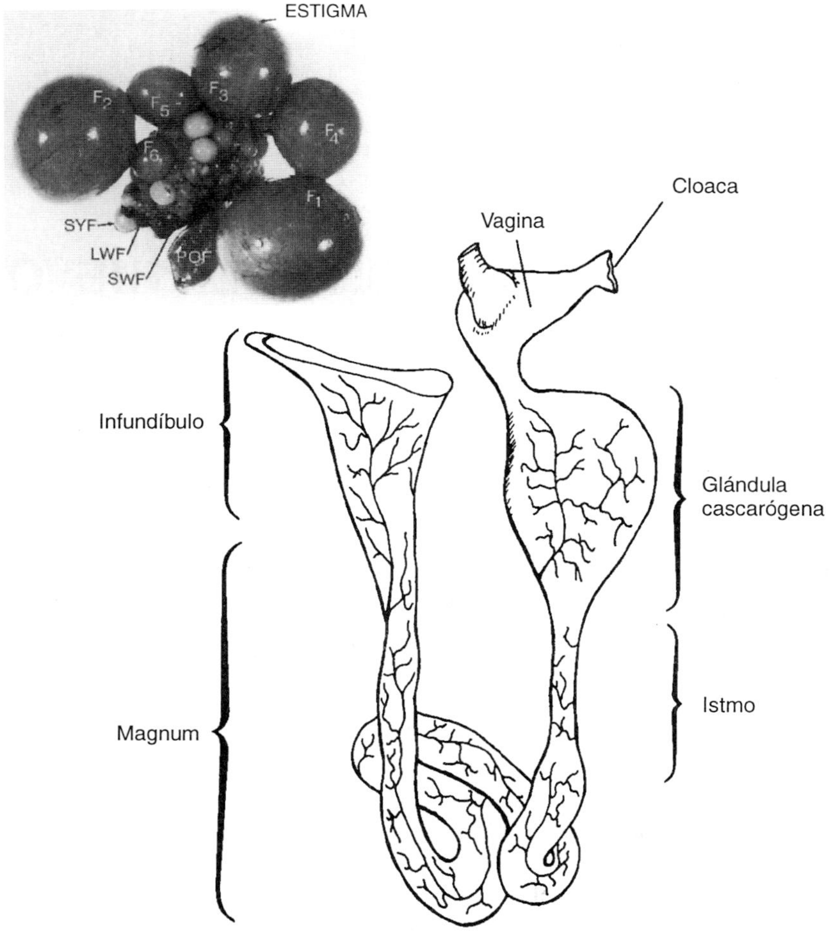

Figura 7.1 Anatomía del sistema reproductor de la gallina ilustrando el infundíbulo, magnum, istmo, glándula cascarógena y vagina. Los ova se liberan del folículo ovárico más grande (F_1), a la cavidad abdominal o, directamente, al infundíbulo; posteriormente, son recubiertos con capas de membrana, albumen y cáscara a medida que el ovum es impulsado hacia la salida del tracto.

la producción de las proteínas de la clara del huevo avidina, lisozima y ovoalbúmina, han sido extensivamente estudiadas por biólogos celulares y moleculares para determinar los cambios que ocurren cuando los esteroides interactúan con los receptores en las células secretoras e inician la síntesis proteica. Las descripciones de otras funciones del sistema reproductor de las aves como la producción de las fibras que forman la membrana de la cáscara y la deposición del calcio, aún no han sido estudiadas a nivel molecular.

El sistema reproductor está suspendido en la cavidad abdominal por un ligamento que lo une en toda su longitud a la parte dorso lateral de la cavidad. En la mayoría de las gallinas solamente está presente el oviducto izquierdo, si bien en algunos casos existe desarrollo espontáneo del oviducto derecho, lo que se ha utilizado en un intento de encontrar estirpes de gallinas que posean los dos oviductos funcionales. El oviducto es un tubo constituido por siete capas a través del cual pasa el ovum para convertirse en huevo (Fig. 7.2). La cubierta más externa es el peritoneo compuesto de células endoteliales. Por debajo de éste asienta un capa longitudinal de musculatura lisa y por encima una lámina de tejido conjuntivo en la que se encuentran los principales vasos sanguíneos. Por debajo de esa encontramos una capa circular de musculatura lisa separada de la mucosa por otra lámina de tejido conectivo. Las células secretoras del sistema reproductor asientan en la mucosa que contiene una región glandular externa y unas células epiteliales de recubrimiento más internamente. Las glándulas tubulares que se localizan en la región externa, contienen una de las dos células secretoras del aparato reproductor. Las secreciones de las glándulas tubulares están producidas por células en la base de los túbulos, y son liberadas al lumen por cortos conductos. Otras células secretoras están interpuestas entre células ciliadas no

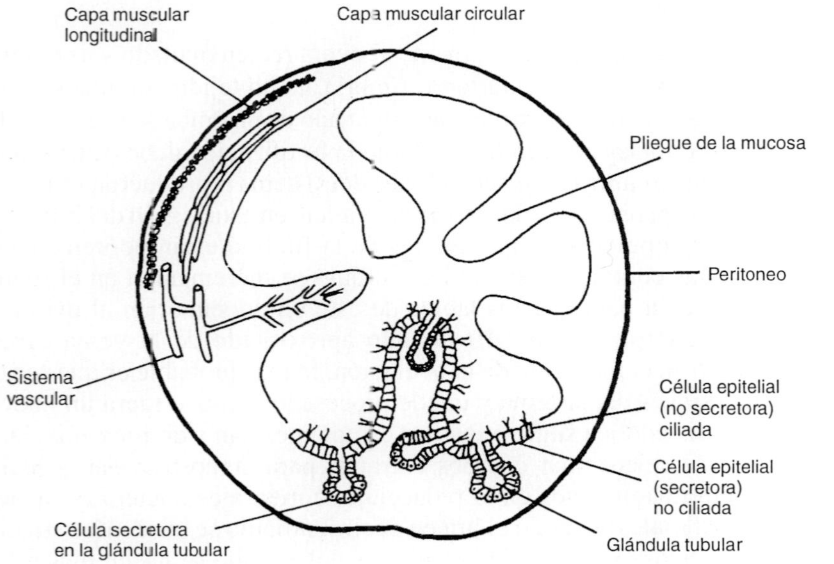

Figura 7.2 Diagrama de un corte de los tejidos que constituyen el aparato reproductor de la gallina.

secretoras en la membrana de recubrimiento frente al lumen del sistema reproductor (Fig. 7.2).

En todas las secciones del aparato reproductor se pueden encontrar todas las capas en mayor o menor extensión. Por ejemplo, las fibras musculares que rodean el infundíbulo están dispersas mientras que la glándula cascarógena y la vagina están rodeadas por una capa interna de fibras musculares circulares y una más externa de musculatura longitudinal. En cada sección del sistema reproductor las células secretoras del epitelio y de las glándulas tubulares están dedicadas a diferentes misiones tales como síntesis de las proteínas de la clara en el magnum, formación de fibras de la membrana de la cáscara, en el istmo o formación de calcio iónico y carbonato en la glándula cascarógena.

A través de toda la mucosa encontramos células linfáticas. Presumiblemente, se trata de focos terciarios de células del sistema inmune que han invadido el tejido como respuesta a un desafío inmunológico.

El tejido muscular del aparato reproductor está bien provisto de aferencias neurales del sistema nervioso autónomo, que mantienen el apropiado nivel de contracción de los diferentes segmentos. Se piensa que el aparato reproductor está también provisto de nervios sensoriales, ya que la inserción de irritantes en la glándula de la cáscara inhibe la deposición de $CaCO_3$ en ella.

El infundíbulo

El infundíbulo, capta activamente al ovum recién ovulado y es el lugar de la fertilización. La parte anterior, o fímbria, es un tejido con una pared muy delgada que se parece al extremo acampanado de un embudo y está recubierta por células ciliadas no secretoras. Como la fertilización debe ocurrir antes de que el ovum se cubra de las secreciones del sistema reproductor, es razonable pensar que la penetración del esperma se inicie en esta región del infundíbulo. Aunque los componentes musculares de la fímbria están pobremente desarrollados, las contracciones del infundíbulo se incrementan en el momento de la ovulación para que los labios de este tejido sumerjan al ovum. Si se coloca un cuerpo extraño del tamaño aproximado de la yema cerca del infundíbulo en el momento de la ovulación, lo más probable es que sea transportado a través del sistema y quede procesado como si fuera un huevo. La evidencia anecdótica sugiere que los estudiantes han sido muy imaginativos a la hora de seleccionar cuerpos extraños para demostrar este principio e igualmente imaginativos en la redacción de mensajes contenidos dentro de huevos artificiales. Cuando el lumen del infundíbulo se hace más estrecho, se pliega la mucosa y las células secretoras del epitelio se hacen más numerosas. Presumiblemente, estas células contribuyen a la formación de la capa extravitelina de la membrana de la yema (ver pág. 25) aunque las glándulas tubulares que son evidentes en el extremo posterior del infundíbulo, pueden también, jugar un importante papel en la producción de la capa más externa de la membrana de la yema. El ovum suele tardar hasta 15 minutos en pasar a la fímbria, siendo transportado en el infundíbulo en igual período de tiempo.

El magnum

En el magnum es donde se producen las proteínas de la clara del huevo y se depositan en el ovum cuando atraviesa esta región en aproximadamente 3 horas. La mucosa del magnum está replegada en 15-22 crestas principales y un número más pequeño de otras secundarias que se alinean espiralmente. Cada cresta puede tener 4-5 mm de altura y, cuando el huevo atraviesa el magnum, las crestas se distienden y sus células secretoras descargan los componentes de la clara. La musculatura que rodea al magnum no es muy extensa, pero suficientemente bien desarrollada para mover el huevo.

Las glándulas tubulares son más numerosas en esta región del sistema reproductor, y son el origen de la ovoalbúmina, que constituye hasta el 54% de la clara (ver págs. 20-22). Las glándulas tubulares se cree que son también la fuente de lisozima, ovotransferrina y ovomucoide y, por tanto, el origen de al menos el 80% de la composición de la clara. No se sabe bien si todas las células de dentro de las glándulas tubulares secretan la misma proteína o una mezcla de ellas; todavía no se ha establecido razonablemente la regulación fisiológica de la producción y deposición de cada una de las 40 o más proteínas que forman parte de la clara del huevo. La secreción de avidina está restringida a las células epiteliales que recubren el lumen del sistema reproductor y, por tanto, es evidente que la formación completa de las proteínas en el huevo no está producida por el mismo tipo de células. La producción de ovomucina probablemente también está restringida a las células epiteliales.

La formación de la clara parece que se efectúa de forma continuada dentro de las células secretoras localizadas tanto en el epitelio como en las glándula tubulares, aunque la producción proteica aumenta aproximadamente dos veces cuando el ovum está en el magnum. Las proteínas se almacenan en gránulos adyacentes al lumen del sistema reproductor o en células secretoras de las glándulas tubulares hasta que se descargan cuando el ovum es transportado a través de la región (Fig. 7.3). Las células secretoras del epitelio no liberan todo el contenido de los gránulos preformados cuando la yema pasa a través del magnum, y pueden contener suficiente cantidad de proteína para que se depositen en el huevo justamente antes de que éste entre en el magnum. No está claro cuál es el mecanismo exacto que dispara la descarga de los gránulos de las células secretoras, pero en general, se cree que está relacionado con la distensión mecánica del tracto reproductor cuando pasa el huevo.

La producción de gránulos dentro, y la liberación de gránulos desde, las células secretoras del epitelio y las glándulas tubulares parecen seguir el clásico modelo descrito para muchos tipos de células que secretan proteínas.

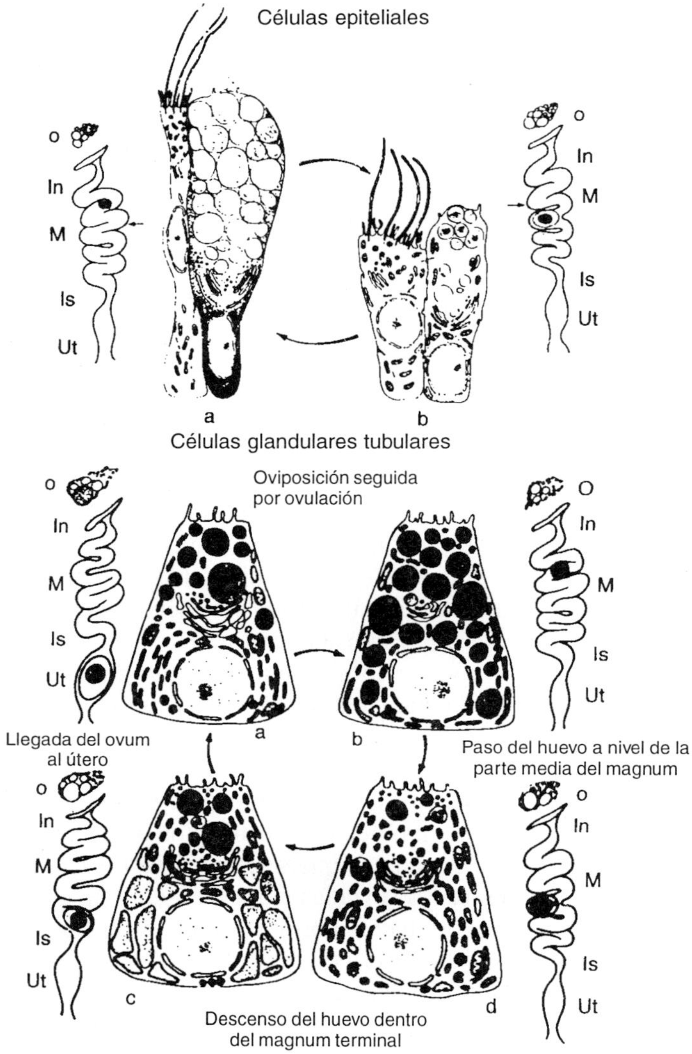

Figura 7.3 Representación diagramática de los cambios que acontecen en las glándulas secretoras del epitelio (parte superior) y glándulas tubulares (parte inferior) del magnum, durante el ciclo ovulatorio. Cuando el huevo entra en el magnum, las células epiteliales tienen 20-30 μm de altura (parte superior, a) y las células ciliadas no secretoras, se encuentran entre las células ciliadas que están contenidas en gránulos secretorios en sus superficies apicales. Cuando el huevo ha atravesado el magnum (parte superior, b), los gránulos secretorios han descargado la mayor parte de su contenido y el epitelio tiene 13-18 μm, de altura. Las características histológicas de las células en las glándulas tubulares indican que son las productoras de las proteínas de la clara de forma continua a través del ciclo ovulatorio y lugar de almacén de proteínas en los gránulos secretorios (representados en negro en la parte inferior, a y b). La

Las proteínas se producen en el retículo endoplásmico, en la base de las células secretoras y son empaquetadas por el aparato de Golgi dentro de gránulos bordeados por una membrana trilaminar en la porción mediana de las células. Los gránulos nacientes se funden en grandes gránulos de almacenaje y se sitúan en la región apical de las células adyacentes al lumen del sistema reproductor o la glándula. El contenido se libera dentro del lumen cuando la membrana que lo bordea se fusiona con la membrana celular.

La estructura y función de los genes que codifican la producción de ovoalbúmina, lisozima y avidina han sido muy bien estudiados, durante la pasada década por biólogos interesados en las interacciones moleculares que controlan la expresión genética. Estos genes han sido seleccionados para su estudio, por cuanto su expresión está inducida por hormonas esteroides y en el caso de la lisozima la proteína se secreta a diferentes ritmos en los diferentes tejidos. Ya se conoce la secuencia de las bases de nucleótidos que codifican estos genes y se ha obtenido un conocimiento parcial de los diferentes factores que controlan la expresión genética. La discusión de las interacciones moleculares que regulan la expresión de estos genes sobrepasa el alcance de este libro, aunque la aplicación de los principios que se están conociendo ahora a nivel molecular, pueden ser aprovechados para aumentar las cantidades de proteínas, incluso de proteínas de características específicas del huevo de gallina en el futuro.

El istmo

El istmo está separado del magnum por una estrecha región traslúcida, donde no hay glándulas tubulares (Fig. 7.4). La mucosa del istmo está replegada como la del magnum, pero sus pliegues son más pequeños y están alineados en sentido longitudinal en vez de espiral. Las células secretoras de las glándulas tubulares parece ser que están encargadas de secretar los núcleos de las fibras que forman parte de la membrana cascarógena y las células secretoras del epitelio se cree que secretan la envoltura que las rodea (ver págs. 12-19). No existe diferencia morfológica aparente entre las células secretoras de las fibras más gruesas de la membrana externa y más delgadas de la membrana interna. Sin embargo, cuando se retira un huevo del extremo posterior del istmo, se puede ver que la membrana más externa de la cáscara

---

Figura 7.3 ***(Continuación)*** mayor parte de la proteína preformada se libera cuando el huevo pasa por el magnum (parte inferior, c) y el retículo endoplásmico rugoso (ER) se hace más visible a la hora siguiente de que el huevo abandone la región (parte inferior, d). Las proteínas producidas por el retículo endoplásmico son agrupadas en el aparato de Golgi, dentro de gránulos secretorios que son más abundantes cuando el huevo entra en el magnum. Datos de Sandoz *et al.* (1971).

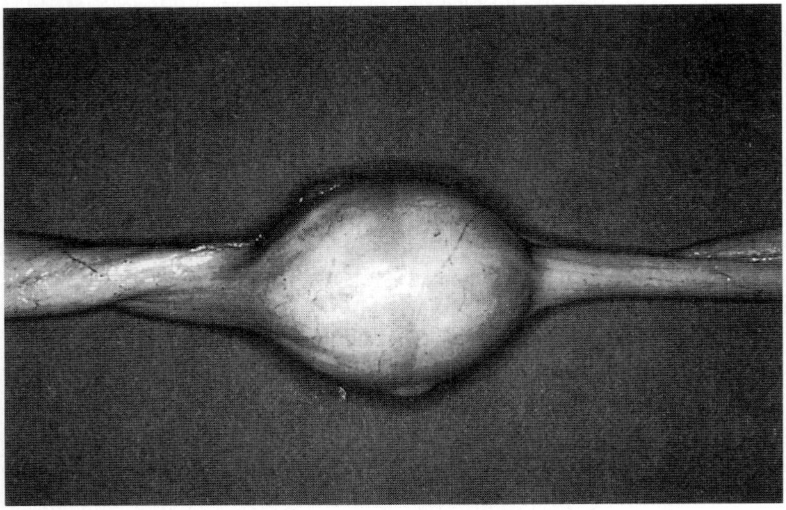

Figura 7.4 El magnum y el istmo están separados por una estrecha banda de tejido desprovista de glándulas tubulares.

cubre más parte del huevo que la membrana interna, con lo que las glándulas tubulares productoras de las fibras más gruesas parecen estar más concentradas en la parte superior del istmo. Está claro que deben ocurrir una serie de cambios físico-químicos para formar una fibra a partir de la proteína que se secreta en la glándula tubular, aunque este proceso ha recibido muy poca, o ninguna, atención con lo que no se puede describir con detalle. La microscopía electrónica ha demostrado que los productos de los gránulos secretorios de las células de la glándula tubular se reúnen dentro del conducto para formar una fibra que es extruida de la abertura de la glándula al lumen del aparato reproductor. Cuando el huevo pasa a través del istmo en aproximadamente 1,5 horas, las fibras están entretejidas dentro de las membranas externa e interna de la cáscara.

La glándula cascarógena

Dependiendo del fotoperíodo, el huevo permanece en la glándula cascarógena 18-22 horas (véase Sección 6.5). Mientras esté en esta región el huevo toma aproximadamente, 15 g de agua, intercambiando varios electrolitos, incluyendo Na^+, K^+ y Cl^-, con el líquido de la glándula y recibe su recubrimiento de CO_3Ca, proteína, pigmento, cutícula y otros componentes de la cáscara. Al final de su estancia en la glándula cascarógena, el huevo es expelido con fuerza por las contracciones de la musculatura lisa que rodea a la mucosa. Para cumplir estas complejas y variadas misiones, la glándula contiene varios tipos de células secretoras, tanto en el epitelio como en las glándulas tubulares, y está rodeada por musculatura longitudinal y circular bien desarrollada.

Aunque toda la mucosa de la glándula cascarógena está organizada en pequeños pliegues, en forma de hoja, cubiertos de células ciliadas y no ciliadas, contiene glándulas tubulares (Fig. 7 2) y se ha dividido en dos regiones, por parte de algunos histólgos. Una sección anterior de aproximadamente 2 cm de longitud y descrita como glándula cascarógena tubular o unión istmo-uterina ha sido considerada como el origen del líquido que contiene el huevo. Durante las primeras 5 horas de haber entrado el huevo en esta región, se acumulan en él unos 8 ml de agua con electrólitos (Fig. 7.5). Cuando el ritmo de calcificación aumenta después de este período inicial (Fig. 7.5), el ritmo de captación fluida desciende a 0,15 ml 8 h^{-1}, o menos. Esta región superior puede que sea también la responsable de la organización de las fibras, que se producen y depositan en el istmo dentro de núcleos mamilares que aseguran los cristales de carbonato cálcico a la membrana de la cáscara (véase Fig. 2.7, pág. 17). El huevo pasa rápidamente de la glándula cascarógena tubular a la parte interior de la bolsa glandular, donde permanece durante el tiempo que dura la calcificación. A diferencia de otras partes del sistema reproductor, en las que las células ciliadas no son secretoras, las células de la glándula poseen las características histológicas típicamente observadas en las células secretoras y su actividad cambia según el estado de formación de la cáscara. Las células no ciliadas que recubren la superficie epitelial de los pliegues de la glándula, semejantes a hojas, y las células secretoras de dentro de las glándulas tubulares también cambian según el estadio de formación de la cáscara. Se ha sugerido que el Ca^{2+} es transportado en el líquido de la glándula cascarógena por las células, ciliados o no, en el epitelio de la glándula y que las células de las glándulas tubulares producen anhidrasa carbónica; sin embargo, existen pocos datos, o son contradictorios, que soporten esa afirmación. Por ejemplo, el calcio unido a las proteínas que se piensa es preciso en el transporte del Ca^{2+}, desde la sangre al líquido de la glándula, está presente en las células de las glándulas tubulares y las células epiteliales. Utilizando diferentes técnicas para poder identificar la localización de la anhidrasa carbónica, que se piensa es la enzima responsable de la producción de CO_3^{2-}, para la formación de la cáscara, diferentes autores han indicado que la enzima se encuentra, principalmente en las glándulas tubulares o distribuida por igual en las glándulas tubulares y las células epiteliales. Sin duda, se precisan investigaciones adicionales para poder identificar las funciones e interacciones entre las células de la glándula cascarógena. La o las fuentes de otras enzimas necesarias para la deposición del CO_3Ca, no se conocen y por ello no es posible indicar qué relación existe entre las células del epitelio y las glándulas tubulares, para producir las porciones proteicas de la cáscara.

El pigmento se produce en las células ciliadas y no ciliadas que recubren la superficie epitelial de la glándula cascarógena. Los pigmentos, que son porfirinas

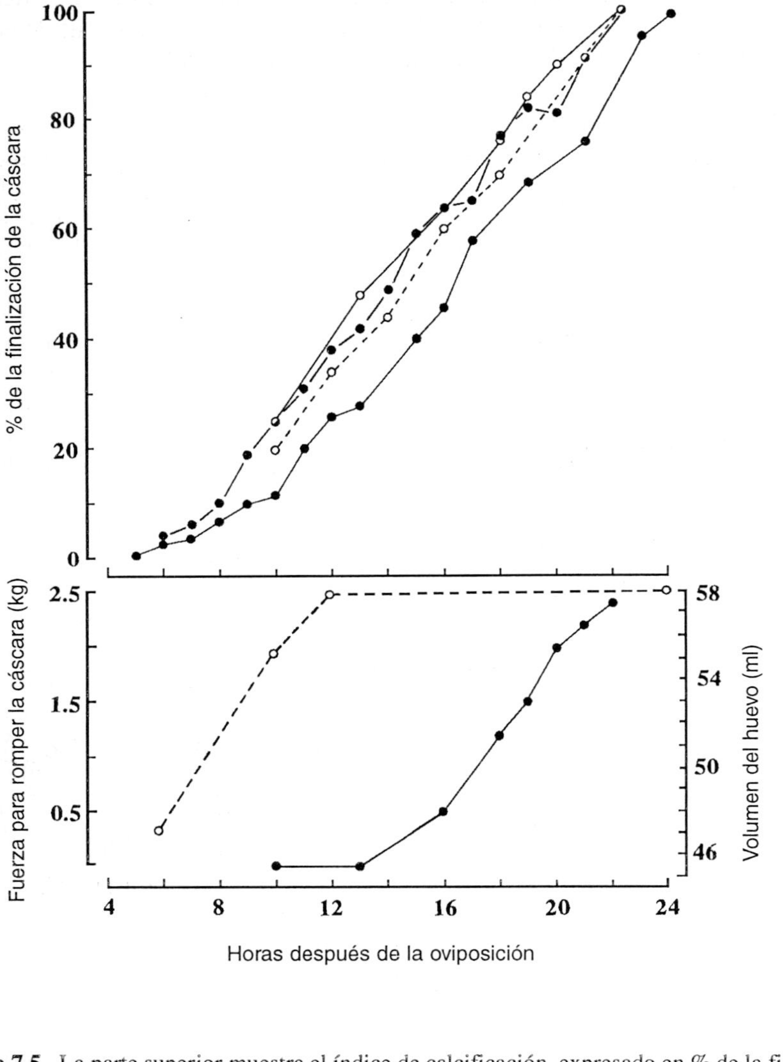

Figura 7.5 La parte superior muestra el índice de calcificación, expresado en % de la finalización de la cáscara. Datos de Burmester, 1940 (círculos negros y líneas negras); Sauveur & Mongin, 1971 (círculos blancos y líneas discontinuas); Talbot & Tyler, 1974 (círculos negros y líneas discontinuas); y Nys *et al.,* 1991 (círculos blancos y líneas continuas). La parte inferior muestra el aumento de volumen del hueso en la glándula cascarógena (datos de Bradfield, 1951; círculos blancos y líneas discontinuas) y aumento de la fuerza para romper la cáscara datos de Nys *et al.,* 1991; círculos negros y líneas continuas) durante la formación de la cáscara. La oviposición anterior se utiliza como referencia temporal; el huevo entra en la glándula cascarógena unas 6 horas después de la oviposición previa y la formación de la cáscara ocurre entre la décima y la vigésimo cuarta horas.

derivadas del metabolismo de la hemoglobina, se depositan durante las dos últimas horas de la formación de la cáscara (Fig. 7.6). La cutícula se deposita en el huevo completo, por parte de las células secretoras no ciliadas de la glándula cascarógena cuando ha terminado de formarse la cáscara.

Deposición de calcio en la cáscara

A pesar de las pérdidas globales anuales de aproximadamente, 500 millones de dólares USA atribuidas a la deficiente calidad de la cáscara, se sabe muy poco acerca de los mecanismos moleculares que transfieren el Ca^{2+} des-

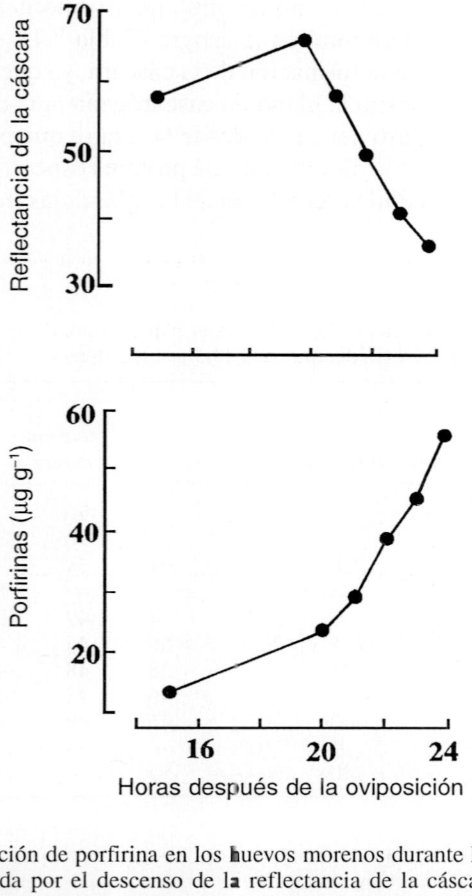

Figura 7.6 Deposición de porfirina en los huevos morenos durante las 10 horas previas a la oviposición estimada por el descenso de la reflectancia de la cáscara (parte superior) y el aumento de concentración de porfirina en la misma (parte inferior). La oviposición previa se utiliza como referencia temporal; el huevo entra en la glándula cascarógena unas 6 horas después de la oviposición anterior la formación de la cáscara ocurre entre las 10 y las 24 horas y la oviposición entre la hora 24 y la 25. Datos de Nys *et al.* (1991).

de la sangre a la superficie de la cáscara donde se precipita con el ion carbonato. Sin embargo, se reconoce que la gallina ponedora posee importantes adaptaciones fisiológicas que facilitan la absorción, deposición y almacenaje del Ca^{2+} de los alimentos y que utiliza el CO_2 disuelto en la sangre para sintetizar el ion carbonato en la cáscara.

La concentración de Ca^{2+} en el plasma sanguíneo, se eleva desde unos 100 $\mu g\ ml^{-1}$ antes de la aparición de la postura a 200-270 $\mu g\ ml^{-1}$ durante la formación de la cáscara (Tabla 7.1). La mayor parte del calcio está asociada con las partículas VLDL y la vitelogenina cuando son transportadas desde el lugar de su síntesis en el hígado, al folículo en desarrollo y, de esta forma, no puede utilizarse por la glándula cascarógena. Aunque el Ca^{2+} (que también recibe el nombre de calcio libre no acomplejado o inorgánico) solamente representa el 20% del calcio total en la sangre (Tabla 7.1), es la forma más importante, en términos de la formación de la cáscara, ya que sólo la molécula ionizada es la que secuestra la glándula cascarógena para depositarse en el líquido de la misma. El paso del calcio desde la sangre que perfunde la glándula al líquido de ésta está facilitado por una proteína específica que se une al calcio localizada en las células secretoras de las glándulas tubulares. Las cé-

Tabla 7.1 Concentraciones de calcio ($\mu g\ ml^{-1}$) en el plasma sanguíneo y el líquido uterino cuando se está formando la cáscara durante las 20 horas precedentes a la oviposición.

Horas después de la oviposición	*Ca total en sangre*				*Ca^{2+} ionizado en sangre*			*Ca^{2+} ionizado en útero*
Referencia	1	2	3	4	5	6	7	8
0-2*	264	–	228	224	61	54	–	–
3-4*	–	275	238	257	–	–	52	–
5-7†	261	–	–	232	64	49	50	–
9-11	266	–	225	223	58	45	48	221
12-14‡	–	252	214	–	58	48	45	265
15-17‡	242	–	–	201	46	48	45	626
19-21‡	–	–	200	202	46	49	–	352
22-24‡	221	235	–	202	–	53	43	313
25-26§	–	–	180	204	52	–	–	281

* Huevo en el infundíbulo.
† Entrada del huevo en la glándula cascarógena.
‡ Períodos de máxima deposición de la cáscara.
§ Tiempo aproximado de la oviposición.
[1] Winget & Smith (1958); [2] Hertelendy & Taylor (1961); [3] Mongin & Sauveur (1979); [4] Parsons & Combs (1981); [5] Luck & Scanes (1979); [6] Singh *et al.* (1986); [7] Nys *et al.* (1992); [8] Nys *et al.* (1991).

lulas epiteliales pueden jugar también, un papel importante en el transporte de ese calcio aunque los detalles de su papel no estén del todo aclarados. Para satisfacer las necesidades de la calcificación de la cáscara del huevo, la concentración de la proteína portadora en la glándula cascarógena aumenta considerablemente al tiempo de la madurez sexual como respuesta al aumento de concentraciones de andrógenos y estrógenos (véase Sección 4.5). El aumento de la concentración plasmática de estrógenos estimula la producción de 1,25-dihidroxicolecalciferol (1,25-$(OH)_2$ D_3) al incrementarse la actividad de las enzimas que transforman a sus precursores en el riñón (Fig. 7.7).

La capacidad de la glándula cascarógena para acumular calcio desde la sangre y transferirlo al líquido de la glándula, es muy singular y durante todo el período de calcificación en ese líquido se mantiene una concentración supersaturada de calcio para soportar la precipitación de cristales de carbonato cálcico en la cáscara (Tabla 7 1). Las necesidades de Ca^{2+} durante la formación de la cáscara, reduce tanto la concentración de calcio total como la del iónico en el plasma sanguíneo, mientras que la concentración del mismo en el líquido de la cáscara se mantiene entre 4 y 12 veces más alto (Tabla 7.1). Además, cuando la concentración de Ca^{2+} en el fluido de la glándula cascarógena es máxima, la concentración de Ca^{2+} en la sangre es mínima (Tabla 7.1). Aunque no se comprenden todavía los mecanismos moleculares que soportan este enorme flujo de Ca^{2+} entre varios compartimentos fisiológicos, está claro que el movimiento del Ca^{2+} desde el tracto gastrointestinal a la cáscara, está influenciado por la producción de vitamina D por parte del riñón, y por la hormona paratiroidea (PTH) desde las glándulas paratiroides (Fig. 7.7).

La principal fuente de Ca^{2+} es el alimento, pero la enorme demanda que existe durante la deposición de la cáscara, requiere una repartición de Ca^{2+} durante y después de la absorción para mantener una concentración, relativamente constante en la sangre que entra en la glándula durante el período de deposición de la cáscara (Fig. 7.8). Como el período más activo de esta deposición ocurre durante la escotofase, cuando las gallinas ni comen ni beben, la dificultad de suministrar una adecuada cantidad de Ca^{2+} a la glándula cascarógena puede estar exagerada por la falta de consumo de pienso. Con el fin de mantener un aporte de Ca^{2+} que sea capaz de soportar la deposición adecuada en la cáscara, el Ca^{2+} se almacena temporalmente en el hueso, cuando la demanda para la formación de cáscara es baja y el paso de arenilla calcárea a través del sistema digestivo queda a la vez regulada para optimizar la utilización directa del calcio desde el pienso.

Los depósitos de calcio en el hueso, se desarrollan bajo la influencia del estímulo de los estrógenos, cuando la concentración de la hormona se eleva en la madurez sexual. Los depósitos que están compuestos por una forma lábil de fosfato cálcico llamada hueso medular, se localizan principalmente

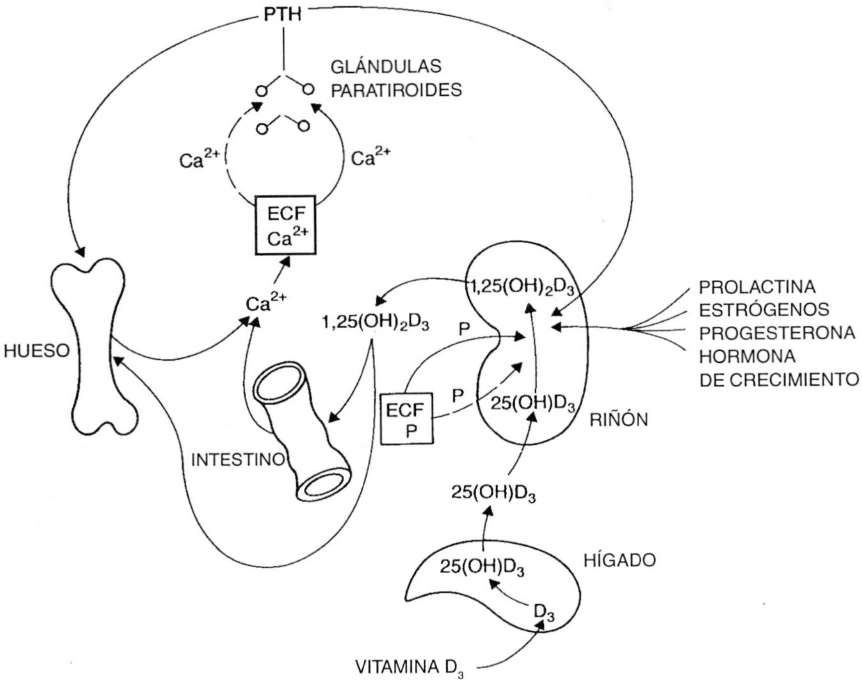

Figura 7.7 La vitamina D_3, que proviene de los alimentos, es hidrolizada secuencialmente por el hígado y los riñones para producir 1,25-dihidroxicolecalciferol (1,25-$(OH)_2D_3$). La conversión del 25-hidroxicolecalciferol (25-$(OH)D_3$) en 1,25-$(OH)_2D_3$ está estimulada por los estrógenos después de la madurez sexual. La hormona paratiroidea (PTH), que se produce bajo la influencia de las bajas concentraciones plasmáticas de Ca^{2+}, también estimula la producción de la enzima 1α-hidroxilasa que convierte el 25-$(OH)D_3$ en 1,25-$(OH)_2D_3$, tanto la PTH como el 1,25-$(OH)_2D_3$ estimulan la liberación de Ca^{2+} desde el hueso y el 1,25-$(OH)_2D_3$) aumenta la absorción del calcio en el intestino al incrementarse la concentración de calcio unido a las proteínas en las células efectoras. Las líneas continuas representan la estimulación y las líneas discontinuas la inhibición. Otras abreviaturas son: Ca^{2+} (calcio), P (fósforo) y ECF (líquido extracelular). Datos de Drezner & Harrelson (1979).

en los huesos largos (Fig. 7.9). Los depósitos en el hueso medular se mantienen a un nivel relativamente constante en la gallina ponedora, aún cuando el consumo de calcio falle para satisfacer los requisitos de la formación de la cáscara. Cuando la escasez de calcio sea crónica, todo el esqueleto puede ser desmineralizado para mantener los depósitos de hueso medular y el posible fallo de la integridad estructural del hueso medular. Esta condición que es conocida comúnmente como fatiga del ponedero se caracteriza por muerte inmediata, como consecuencia de la tetania inducida por las bajas concentra-

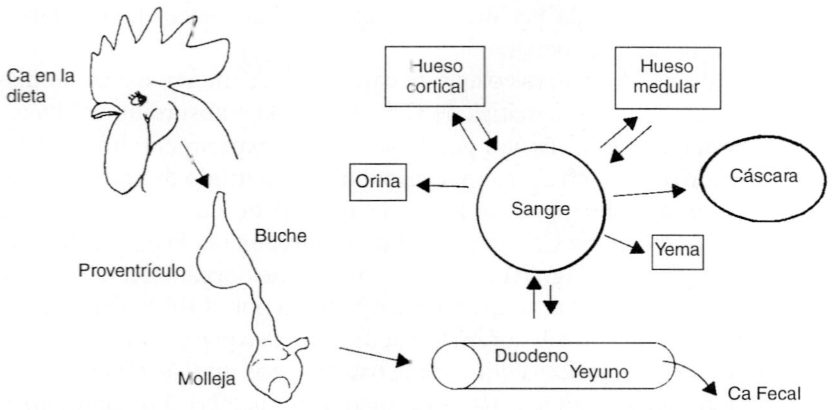

Figura 7.8 El calcio ingerido se almacena en el buche, se tritura en la molleja y se disuelve en el ambiente ácido de los proventrículos, con lo que el Ca^{2+} iónico pasa a las regiones superiores del intestino delgado donde se transporta a la sangre. Desde el sistema vascular, el Ca^{2+} puede ser utilizado directamente en la formación de la cáscara o almacenado, bien en la parte cortical o en la medular del hueso. Una pequeña cantidad de Ca^{2+} se excreta en la orina y otra cantidad significativa se excreta en las heces. Modificada de Etches (1987).

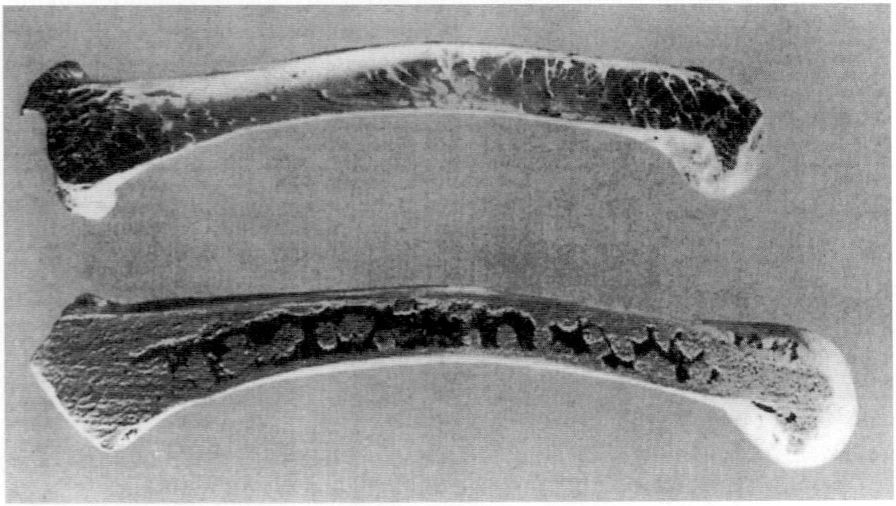

Figura 7.9 El hueso medular es un reservorio lábil de Ca almacenado, principalmente en los huesos largos de las gallinas sexualmente maduras. El fémur ilustrado arriba, muestra la deposición de fosfato cálcico como hueso medular en el hueco central del hueso. El fémur inferior, que no contiene hueso medular pertenece a una gallina no ponedora. Datos de Taylor (1970).

ciones plasmáticas de Ca^{2+} y en la autopsia se observa elasticidad y desmineralización de los huesos.

La utilización de las reservas óseas de calcio parece iniciarse cuando disminuye la concentración plasmática de Ca^{2+}, ya que la reabsorción del hueso durante la formación de la cáscara puede prevenirse experimentalmente mediante la infusión de Ca^{2+} en el sistema vascular en el período de calcificación (Fig. 7.10). Como el hueso es una sal de fosfato de cal, en una matriz inorgánica, la liberación de Ca^{2+} desde el hueso, incrementa la concentración de fosfato en el plasma (Fig. 7.11) y los componentes orgánicos del hueso, incluyendo la hidroxiprolina, se excretan en la orina por el riñón (Fig. 7.10).

El mantenimiento del nivel apropiado de Ca^{2+} en la sangre, movilizándolo del hueso, requiere la participación de los osteoclastos que descomponen el hueso, particularmente cuando están estimulados por la PTH. Por tanto, no es sorprendente que la concentración plasmática de PTH sea más alta cuando el índice de deposición en la cáscara sea mayor (Fig. 7.12). Probablemente, la disminución de concentración de Ca^{2+} iónico en la sangre cuando haya calcificación (Tabla 7.1) estimula la liberación de PTH desde las glándulas paratiroides. Cuando la necesidad de calcio en la glándula cascarógena disminuya, aumentan sus concentraciones en la sangre y disminuye la de la PTH a la vez que disminuye también la actividad de los osteoclastos. Los osteoblastos encargados de estimular la deposición de Ca^{2+} en el hueso, se activan por la calcificación de la cáscara, pero en los períodos cuando aquella no se está calcificando aumenta su actividad y su efecto real sobre el flujo de Ca^{2+} asegura un acúmulo de Ca^{2+} dentro de los depósitos óseos. En la Figura 7.13 se representa la actividad enzimática de las fosfatasas ácida y alcalina, que se producen por los osteoclastos y osteoblastos, respectivamente.

Como las gallinas no comen durante los períodos de oscuridad y como el período más activo de la formación de la cáscara ocurre en ese tiempo, bajo un fotoperíodo estándar de 14L : 10O, el hueso se reabsorbe durante la noche para proporcionar Ca^{2+} para la formación de la cáscara. La demanda de Ca^{2+} también es satisfecha por los cambios que se efectúan en el aparato digestivo con el paso de los alimentos, a fin de coordinar la disponibilidad del Ca^{2+}, con las necesidades para la calcificación. El consumo de pienso aumenta durante las dos horas que preceden a la oscuridad y ese pienso parece que es almacenado en el buche (Tabla 7.2). Durante la escotofase, el paso de alimento a través del sistema digestivo, trata de maximizar la distribución de calcio, en ausencia de consumo de pienso. La actividad de la molleja que proporciona el medio ácido en el que se solubiliza el calcio, puede también contribuir a la distribución de Ca^{2+} al lugar de absorción en el yeyuno, puesto que su concentración en el contenido de la molleja es mucho más alto cuando se está formando la cáscara con un ritmo más alto durante la noche (Tabla 7.2). En las dietas utilizadas en avicultura, la reabsorción ósea queda reducida al mí-

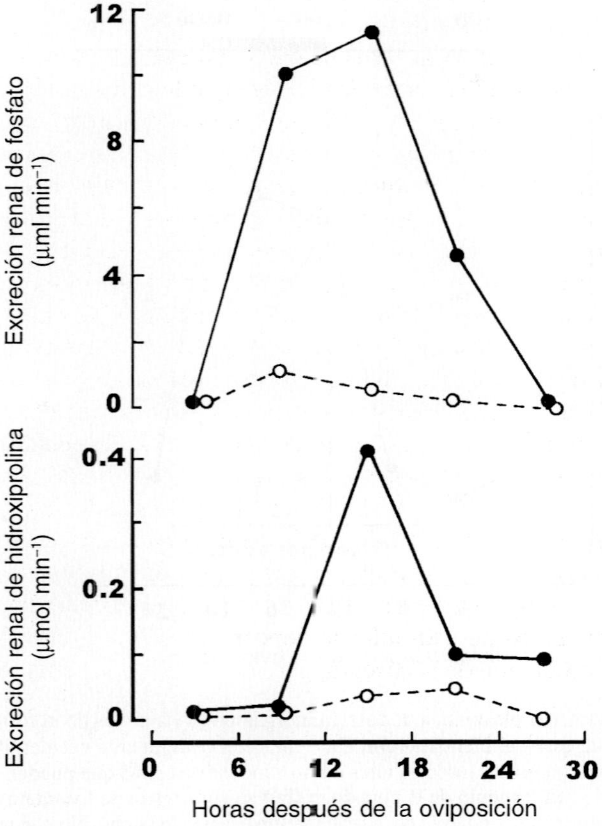

Figura 7.10 Durante la calcificación de la cáscara, la concentración plasmática de Ca^{2+} se mantiene por el catabolismo óseo. Cuando el hueso se reabsorbe para proporcionar Ca^{2+} se liberan fosfato e hidroxiprolina a partir de las sales inorgánicas y de la matriz orgánica respectivamente y se excretan como se indica en la línea continua. Cuando el Ca^{2+} se infunde durante el período de deposición de la cáscara, no hay reabsorción ósea, según se indica por las líneas discontinuas. Datos de Prashad & Edwards (1973).

nimo al administrar Ca^{2+} en forma de partículas como caparazones de ostras o pelets de piedra caliza que son vistas y picoteadas por las gallinas. Cuando éstas disponen de esa oportunidad para hacer máximo el aporte de calcio, ingieren bastante cantidad de mineral durante las dos horas que preceden a la aparición de la oscuridad y en el buche queda un almacén temporal de calcio. El paso del calcio desde el buche a la parte inferior del intestino, queda regulado por el período de oscuridad a fin de que se disponga de Ca^{2+} suficiente

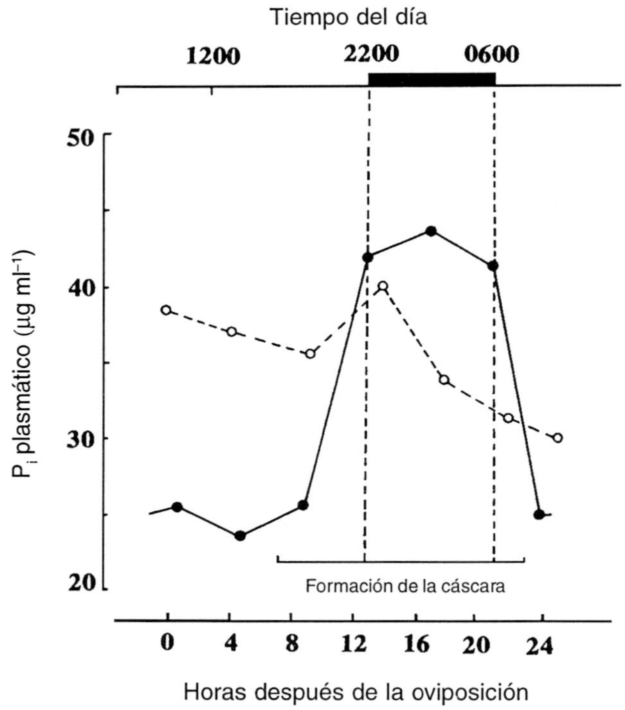

Figura 7.11 Concentración plasmática de fosfato inorgánico (P_i) a través de la formación del huevo en gallinas que están alimentadas con Ca^{2+} como un componente no identificable del pienso (línea continua) y como partículas tales como conchas de ostras que pueden ser consumidas a voluntad. El gran aumento de P_i cuando el Ca^{2+} se administra de forma no identificable, indica un aumento correspondiente en la reabsorción ósea en la noche. No hay reabsorción ósea nocturna si el Ca^{2+} se administra de forma identificable como componente de la dieta, aunque las concentraciones más altas de P_i indican que la cesión ósea está aumentada. Datos de Mongin & Sauveur (1979).

para satisfacer las demandas de la formación de la cáscara. Aunque es difícil establecer con precisión los relativos aportes del hueso y el pienso a la calcificación, la concentración plasmática de fosfato que es el índice del metabolismo óseo, indica que el incremento nocturno de la reabsorción ósea es mínimo cuando el calcio se administra en forma de partículas que pueden ser reconocidas y consumidas a voluntad por las gallinas (Fig. 7.11).

La absorción intestinal de Ca^{2+} y su liberación desde el hueso están maximizadas por la influencia del metabolito biológicamente activo de la vitamina D, 1,25- dihidroxicolecalciferol. Las fuentes dietéticas de vitamina D_3 se convierten en el hígado en 25-hidroxicolecalciferol, hidrolizándose por

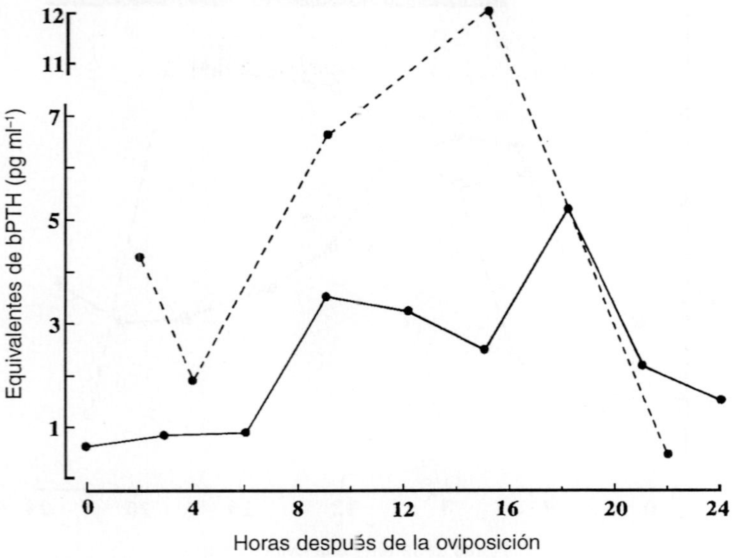

Figura 7.12 Concentración plasmática de hormona paratiroidea (PTH) durante el ciclo ovulatorio de la gallina. Las concentraciones más altas de PTH se observan durante la deposición de la cáscara entre las 8 y 24 horas después de la oviposición previa. Los datos de la línea discontinua son de Velde *et al.* (1984) y los de la continua de Singh *et al.* (1986).

segunda vez en el riñón para producir 1,25-dihidroxicolecalciferol, que estimula la actividad de los osteoclastos en el hueso y la absorción de Ca^{2+} desde el intestino (Fig. 7.7). Si estas dos fuentes de calcio son insuficientes, la baja concentración de Ca^{2+} en el líquido extracelular de la glándula paratiroides estimula la secreción de PTH, que aumenta directamente la concentración plasmática de Ca^{2+} al estimular la actividad osteoclástica en el hueso e, indirectamente, por aumentar la conversión del 25-hidroxicolecalciferol a 1,25-dihidroxicolecalciferol (Fig. 7.7). La deposición de Ca^{2+}, durante la formación de la cáscara, está relacionada con la disminución del Ca^{2+} plasmático (Tabla 7.1) y el consiguiente aumento de la concentración de 1,25-dihidroxicolecalciferol para movilizar las reservas óseas de calcio (Fig. 7.14).

Deposición de carbonato sobre la cáscara

El anión carbonato en los cristales de carbonato cálcico que forman el grueso de la cáscara del huevo, deriva del CO_2 procedente de la respiración. La condensación de CO_2 y de H_2O es catalizada por la anhidrasa carbónica, que ha sido localizada en las células epiteliales, en las células de las glándu-

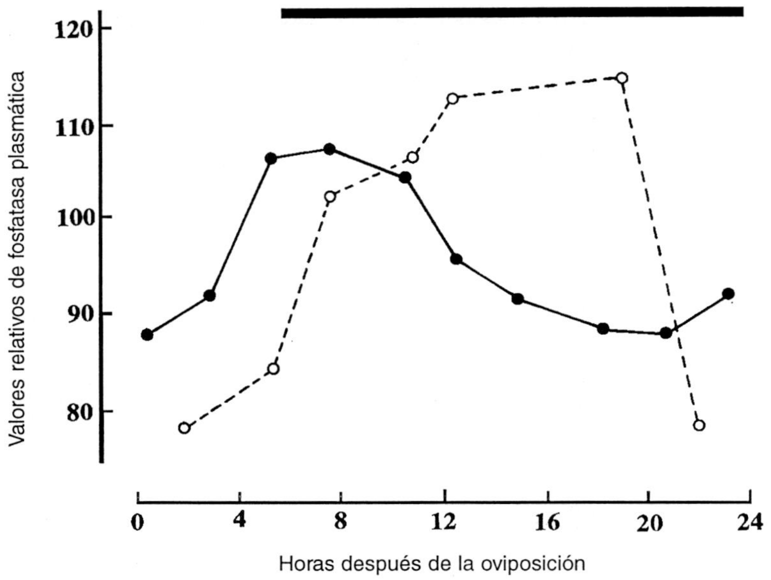

Figura 7.13 La actividad de las fosfatasas plasmáticas, ácida y alcalina, están representadas por las líneas discontinua y continua respectivamente. La actividad de la fosfatasa alcalina revela la deposición de Ca^{2+} en el hueso por los osteoblastos y la fosfatasa ácida refleja la liberación de Ca^{2+} del hueso por los osteoclastos. La oviposición previa es utilizada como una referencia temporal; la formación de la cáscara está indicada por la barra negra. Datos de Taylor *et al.* (1965).

Tabla 7.2 Consumo de pienso, materia seca contenida en el buche y concentración de Ca^{2+} en la molleja de gallinas ponedoras a intervalos de dos horas a lo largo del día con un programa de iluminación de 14L : 10O (encendido a las 6 y apagado a las 20 horas). Datos de Mongin (1976) y Etches (1987).

Hora del día	*Horas después de la oviposición*	*Consumo[1] de pienso*	*Materia seca en buche (g)*	*Ca^{2+} en molleja ($mEq\ kg^{-1}$ en materia seca)*
10,00-12,00	2	14	0,6	84
14,00-16,00	6	15	1,0	135
18,00-20,00	10	17	6,1	205
22,00-24,00	14	0	4,4	255
02,00-04,00	18	0	4,7	225
06,00-08,00	22	10	2,0	156

[1] Expresado como porcentaje de la ingestión diaria.

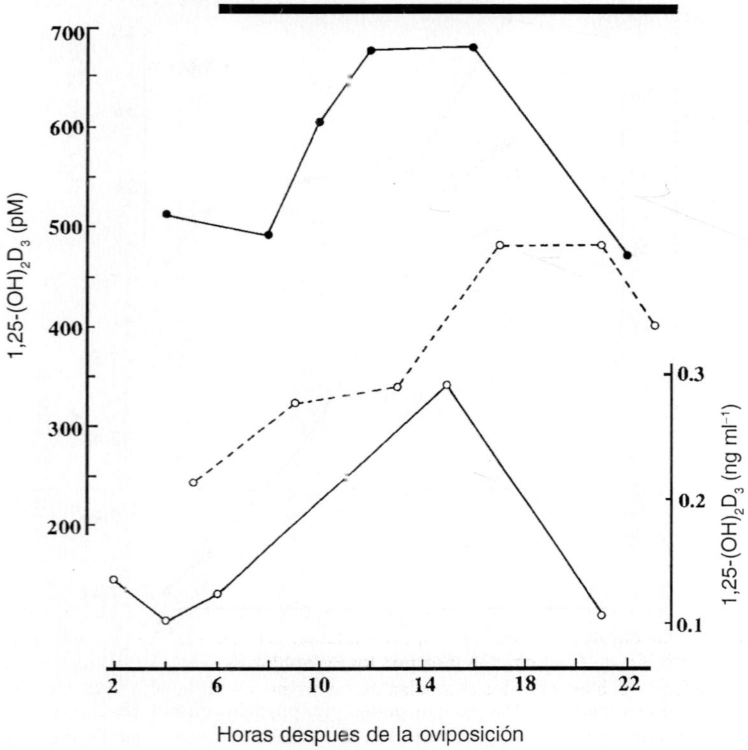

Figura 7.14 Concentraciones plasmáticas de 1,25-dihidroxicolecalciferol durante la formación de la cáscara (indicada por la barra negra, superior), estimadas por Abe *et al.,* 1979 (círculos blancos y línea continua); Nys *et al.,* 1986 (círculos blancos y línea discontinua) y Nys *et al.,* 1992 (círculos negros y línea continua).

las tubulares y en el líquido de la glándula cascarógena. Independientemente del origen y localización de la enzima, la condensación de CO_2 y de H_2O produce H^+ y HCO_3^- según la siguiente ecuación:

$$H_2O + CO_2 \leftrightarrow H^+ + HCO_3^-$$

Los hidrogeniones producidos en esta reacción se difunden en el interior del sistema vascular y rebajan el pH de la sangre (Fig. 7.15), que a su vez disminuye el pH de la orina, cuando el riñón transfiere H^+ de la sangre a la orina (Fig. 7.16). El amoníaco también sirve de vehículo para la excreción de hidrogeniones en la orina y por tanto el aclaramiento renal del NH_4^+ también aumenta durante la formación de la cáscara. La utilización del CO_2, por parte de la glándula cascarógena y la consecuente reducción de los niveles

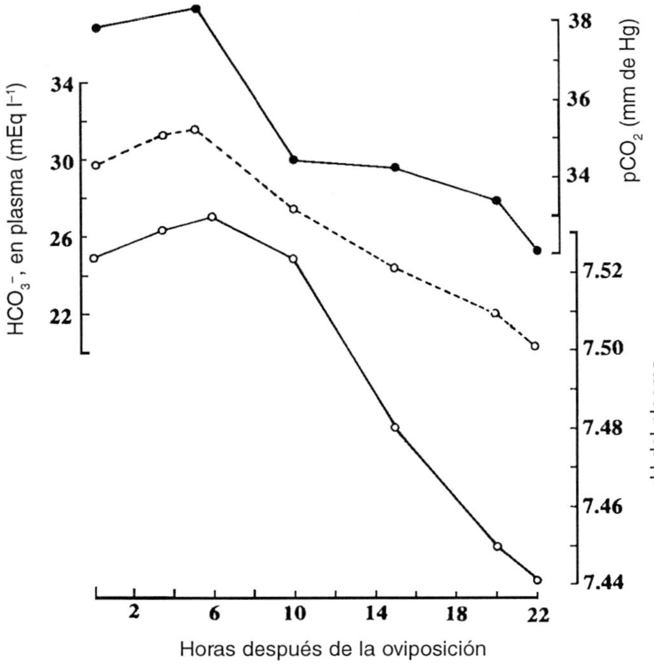

Figura 7.15 Concentraciones plasmáticas de CO_2 (expresadas en mm de Hg), bicarbonato y H^+ (expresados como pH) durante la formación de la cáscara. La oviposición previa se utiliza como referencia temporal; el huevo entra en la glándula cascarógena unas 6 horas después de la oviposición anterior y la formación de la cáscara ocurre entre la décima y la vigésimo cuarta hora. Datos de Mongin & Lacassagne (1964).

plasmáticos de CO_2 (Fig. 7.15) también reduce la concentración del ion bicarbonato (HCO_3^-) tanto en la sangre (Fig. 7.15) como en la orina (Fig. 7.16) a medida que se forma la cáscara. La magnitud de la transferencia del CO_2 y del HCO_3^-, al cruzar la glándula cascarógena queda ejemplarizada al comparar sus concentraciones en el líquido de la glándula (Fig. 7.17) con las de la sangre (Fig. 7.15), lo que revela que tanto el CO_2 como el HCO_3^- aumentan aproximadamente cuatro veces en el líquido de la glándula cascarógena durante la calcificación. Sin embargo, el pH de ese líquido presenta pocos cambios cuando se está formando la cáscara del huevo (Fig. 7.17), posiblemente como consecuencia de que los hidrogeniones liberados durante la formación del HCO_3^- se transportan desde la mucosa de la glándula cascarógena al sistema vascular. Además, la alta concentración de bicarbonato en el líquido de esa glándula, le proporciona una alta capacidad amortiguadora para neutralizar los iones hidrógeno que se producen durante la formación del carbonato.

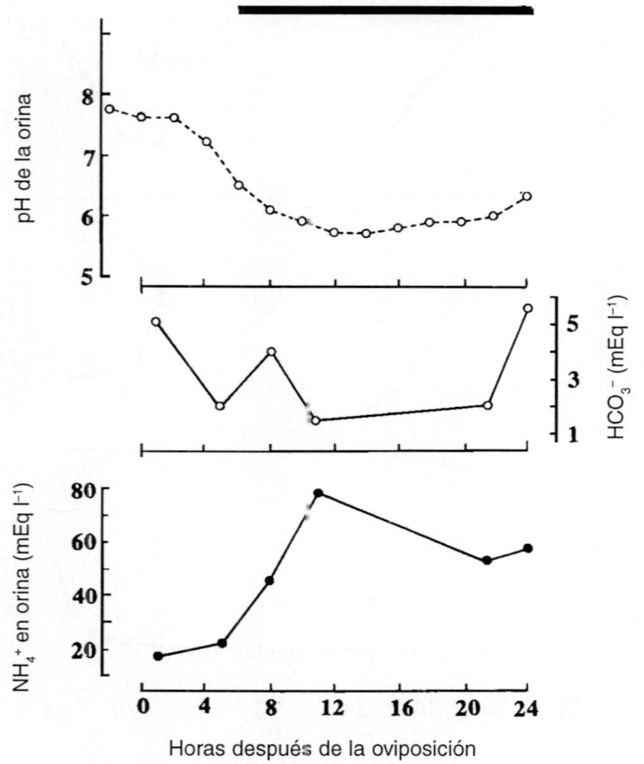

Figura 7.16 Concentraciones de H^+, HCO_3^- y NH_4^+ en la orina durante la deposición de la cáscara. La oviposición previa se utiliza como referencia temporal; la formación de la cáscara está indicada por la línea continua superior. Datos de Anderson (1970) y Simkiss (1970).

El aumento de las concentraciones plasmáticas de CO_2 y H^+ son potentes estímulos para incrementar el ritmo respiratorio en la mayoría de los animales. Como la demanda de CO_2, durante la formación de la cáscara baja su concentración plasmática, el H^+ que se libera en la sangre como HCO_3^- estimula los centros respiratorios y la respiración aumenta desde 7 a 12 frecuencias por minuto durante la calcificación. El aumento del ritmo respiratorio disminuye la concentración plasmática de CO_2 y consecuentemente la producción de H^+ baja como se indica en la ecuación de disociación anteriormente citada. De una forma evidente, la necesidad de CO_2 para soportar la formación de la cáscara contrasta con la necesidad de mantener el equilibrio ácido-base durante esa misma fase aunque los mecanismos responsables de este equilibrio no estén bien precisados. Sin embargo, cuando se eleva la temperatura ambiental, la gallina comienza a jadear con lo que se exhala más CO_2 de lo normal. La resul-

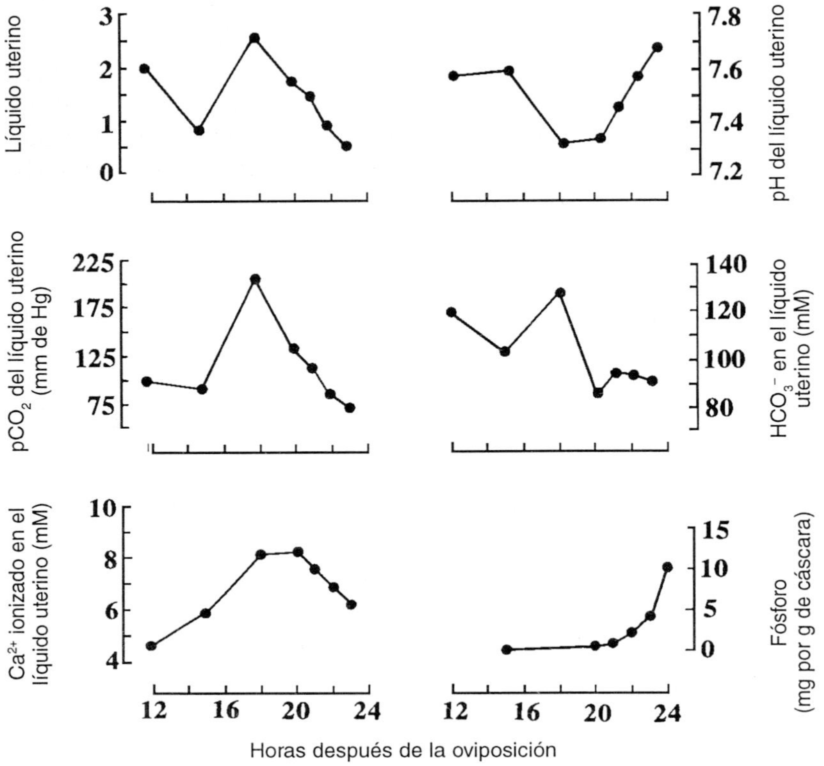

Figura 7.17 Volumen de líquido en la glándula cascarógena y concentración de H^+, CO_2, HCO_3^+ y Ca^{2+} ionizado en el líquido y concentración de fósforo en la cáscara durante la calcificación. La oviposición previa se utiliza como referencia temporal; el huevo entra en la glándula cascarógena 6 horas después de la anterior oviposición y la formación de la cáscara ocurre entre la décima y la vigésimo cuarta hora. Datos de Nys *et al.* (1991).

tante disminución de concentraciones de CO_2 en la sangre, reduce la disponibilidad de CO_3^{2-} y se reduce la calidad de la cáscara (véase Sección 2.3). Contrariamente, la calidad de la cáscara del huevo se puede mejorar proporcionando altas concentraciones de CO_2 en el aire inhalado, aunque esto no sea una medida práctica para mejorar la calidad de la cáscara en los gallineros.

Dinámica de la deposición de la cáscara

La deposición de carbonato cálcico en la cáscara está acompañada por una serie de cambios en el flujo de K^+, Mg^{2+} y glucosa al interior del líquido de la glándula (Figs. 7.18 y 7.19) y de Na^+ y Cl^- hacia afuera (Fig. 7.18).

Presumiblemente, los cambios iónicos están relacionados con el transporte activo de CO_2 y HCO_3^- (Figs. 7.15 y 7.17) y de Ca^{2+} (Fig. 7.17 y Tabla 7.1) en el líquido de la glándula cascarógena utilizando sistemas ATPasa que requieren Na^+, K^+, Cl^- y Mg^{2+}. El aumento de la concentración de glucosa en el líquido glandular es posiblemente, la consecuencia de los enormes requisitos de energía para mover Ca^{2+} y HCO_3^- contra el gradiente de concentración que separa sus orígenes en la sangre desde su contenido en el líquido de la glán-

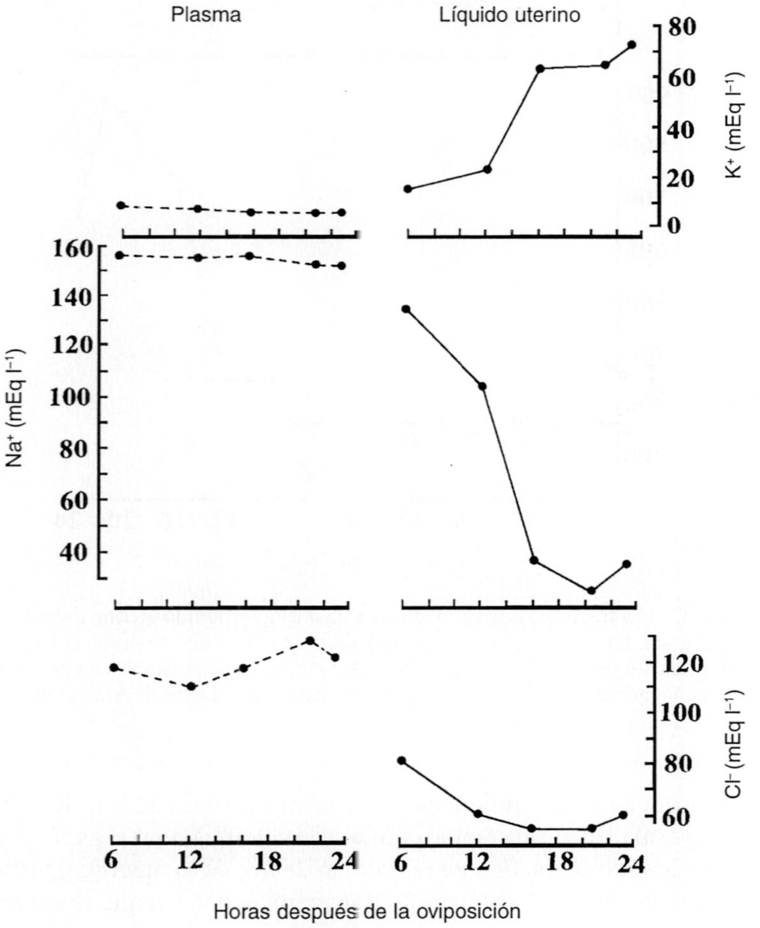

Figura 7.18 Concentraciones de K^+, Na^+ y Cl^- en plasma y líquido uterino durante la formación de la cáscara. La oviposición previa se utiliza como referencia temporal; el huevo entra en la glándula cascarógena unas 6 horas después de la anterior oviposición y la formación de la cáscara tiene lugar entre la décima y la vigésimo cuarta hora. Datos de Arad *et al.* (1989).

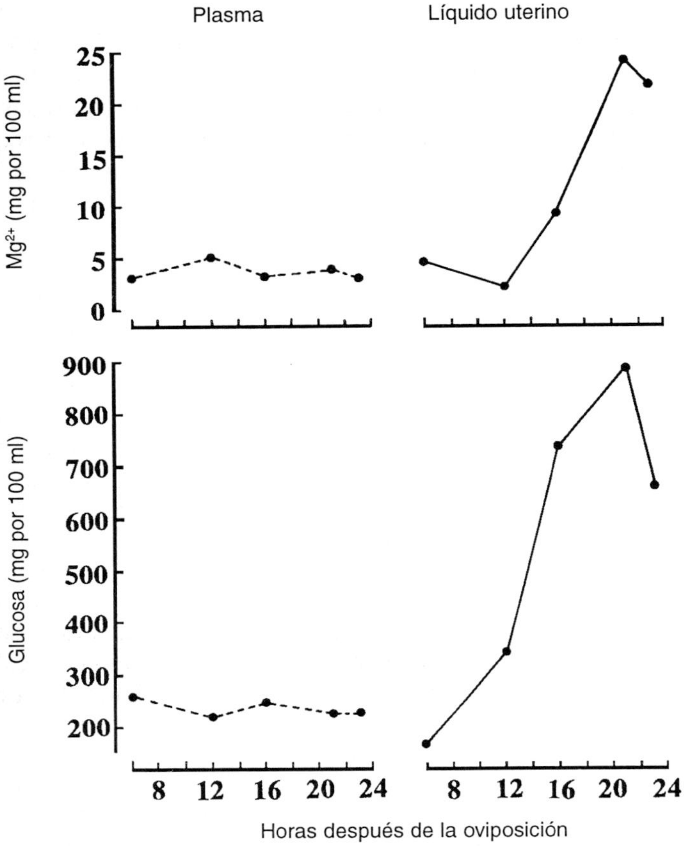

Figura 7.19 Concentraciones de Mg^{2+} y glucosa en plasma y líquido uterino durante la formación de la cáscara. La oviposición previa se utiliza como referencia temporal; el huevo entra en la glándula cascarógena unas 6 horas después de la anterior oviposición y la formación de la cáscara tiene lugar entre la décima y la vigésimo cuarta hora. Datos de Arad *et al.* (1989).

dula cascarógena. Como quiera que las concentraciones de Na^+, K^+, Cl^-, Mg^{2+} y glucosa permanecen sin cambios durante la calcificación (Figs. 7.18 y 7.19), está generalmente aceptado que recirculan dentro de la mucosa de la glándula cascarógena mediante sistemas de transporte activo sin que se excreten por el riñón durante la formación de la cáscara. Independientemente de su preciso papel, está claro que se trata de un equilibrio complejo, en el líquido de la glándula cascarógena entre los distintos cationes y aniones y que sus relaciones cambian de acuerdo con el progreso de la calcificación. El volumen del líquido también cambia durante la formación de la cáscara, manteniéndose a un alto nivel durante unas 6 horas y decreciendo luego en las últimas 6 horas de la calcificación (Fig. 7.17). Aún no está resuelta la significación de este cambio del volumen del líquido uterino.

La precipitación de los cristales de la cáscara en forma de carbonato cálcico, precisa de la conversión de HCO_3^- en CO_3^{2-}, reacción que está catalizada por la anhidrasa carbónica en el líquido de la glándula cascarógena según la fórmula:

$$HCO_3^- \leftrightarrow H^+ + CO_3^{2-}$$

y completada no enzimáticamente por la reacción:

$$Ca^{2+} + CO_3^{2-} \leftrightarrow CaCO_3$$

En los modelos matemáticos fisiológicos propuestos por Mueller (1976) y Mongin & Carter (1977) (ver Sección 7.10), se estudian las interacciones complejas que existen entre las secreciones de las glándulas tubulares y las células epiteliales de la glándula cascarógena. Aunque estos modelos nos proporcionan una herramienta útil para considerar los posibles mecanismos que intervienen en la calcificación están un tanto limitados por la carencia de conocimientos sobre el papel de las glándulas tubulares y de las células epiteliales. Es igualmente importante desarrollar un sistema para poder comprender los acontecimientos fisiológicos que inician y terminan la calcificación a nivel celular y molecular. El examen de la deposición de la cáscara revela que la calcificación concluye unas 2 horas antes de que el huevo sea puesto (Fig. 7.5), pero el control fisiológico que da la señal del cese de la formación de la cáscara, por el momento permanece un tanto especulativo. Como la concentración de fosfatos (Fig. 7.17) se incrementa en el líquido de la glándula cascarógena durante las dos últimas horas de la calcificación, tanto las proteínas fosforadas como el propio fósforo han sido implicados también en este proceso. De igual forma, el aumento de magnesio en el líquido de la glándula que forma la cáscara hacia el final de la calcificación (Fig. 7.19) y el hecho de que las capas más externas de la cáscara contengan cantidades mayores de Mg^{2+}, ha sido considerado como evidencia de que este ion está implicado en la terminación de la deposición de la cáscara.

Conservación del esperma *in vivo*

La introducción de semen que contenga 100-200 millones de espermios viables dentro del sistema reproductor de la gallina o la pava por monta natural o inseminación artificial, estará seguida de la producción de huevos fértiles hasta unos 14 y 28 días respectivamente (Fig. 7.20). Los espermatozoides se almacenan en las glándulas tubulares localizadas en una banda estrecha de aproximadamente 2-5 mm de ancha, inmediatamente por detrás de la glándula cascarógena y anterior a la vagina. La mucosa de esta región está dispuesta con tres pliegues circulares, recubiertos sobre la superficie epitelial de células ciliadas y no secretoras y por celúlas no ciliadas que secretan un mucopolisarárido ácido sin identificar. Las glándulas tubulares, en los pliegues circulares reciben y conservan espermatozoides durante el período fértil; por ello, reciben el nombre de túbulos conservadores de esperma. La organización de éstos es similar a la de las glándulas tubulares, en otras regiones del sistema reproductor (Fig. 7.21, abajo a la izquierda). En la gallina existen unos 25.000 túbulos conservadores de espermios, cada uno de ellos contiene entre unos pocos y varios cientos de espermios orientados paralelamente unos con otros con sus cabezas hacia el extremo ciego de la glándula (Fig. 7.21, arriba). Por término medio, se conservan en cada túbulo unos 400 espermios y casi el 75% de los túbulos en una gallina que se haya inseminada reciente-

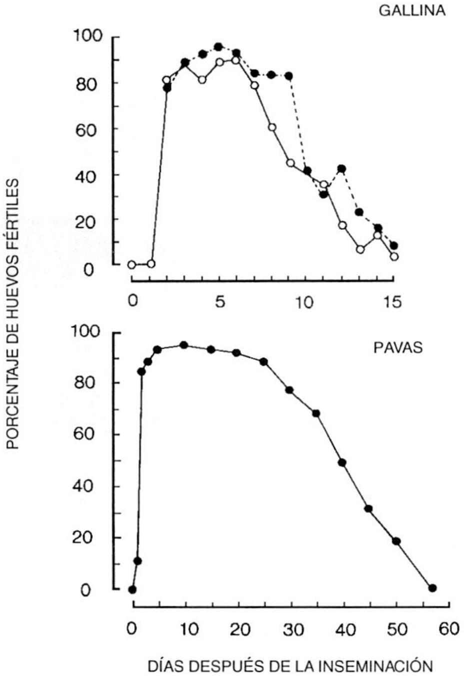

Figura 7.20 Porcentaje de fertilidad que sigue a una simple inseminación en la gallina (parte superior) y pava (parte inferior). Las primeras se inseminaron con 20 μl de semen sin diluir (círculos blancos y línea continua) o con 40 μl de semen diluido 1:1 (círculos negros y línea discontinua) para aumentar tanto el nivel como la duración de la fertilidad. Las pavas se inseminaron con 25 ó 50 μl de semen sin diluir. La fertilidad se mantuvo a un alto nivel durante 7 y 21 días en la gallina y la pava respectivamente; aunque algunos huevos fueron puestos después de 15 y 55 días por gallinas y pavas. Datos de Lorenz (1950) y Lake & Stewart (1978), resumida por Etches (1993).

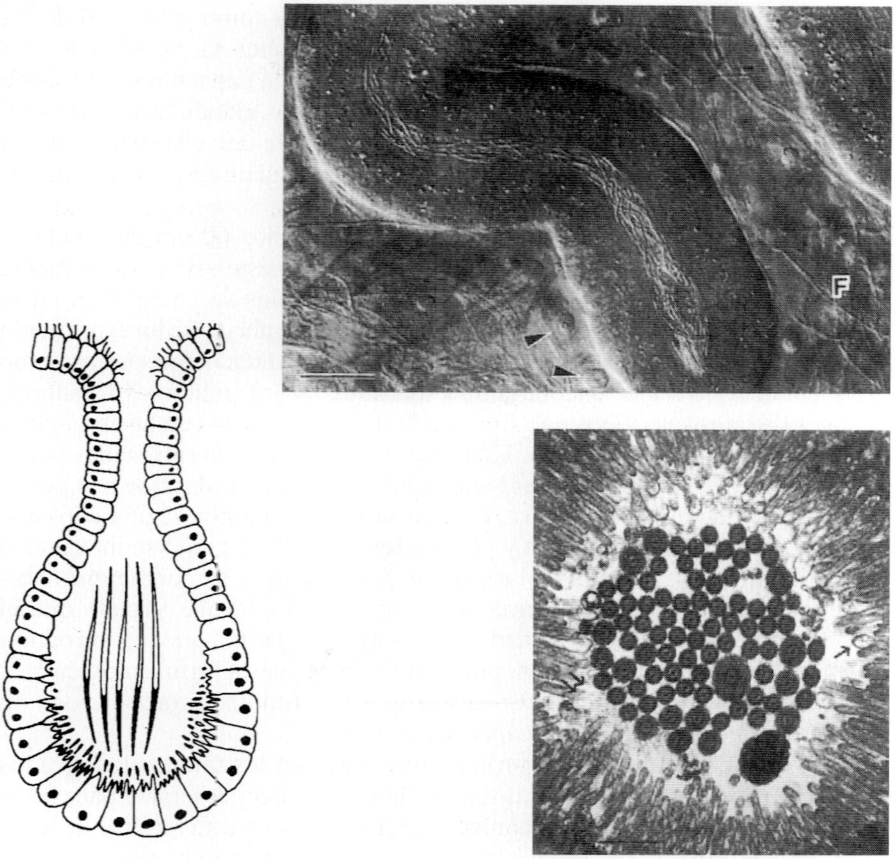

Figura 7.21 Parte inferior izquierda: representación diagramática del túbulo conservador de esperma, ilustrando los elementos secretores de las células que recubren la base de la glándula, el corto conducto que abandona el lumen y el haz de espermios contenidos dentro de las glándulas. Parte superior: tercio basal del túbulo conservador del esperma en la pava que contiene espermatozoides revelados por microscopía de contraste diferencial. Se encuentran presentes fibras de tejido conjuntivo, un fibroblasto (F) y eritrocitos extracelulares (cabezas de flechas). Datos de Bakst (1992). Parte inferior derecha: glándula espermática uterovaginal de una pava que contiene espermatozoides. Los microvilli se proyectan desde los bordes apicales de las células del túbulo hacia el esperma. Algunos microvilli se están proyectando (flecha) al haberse roto la sustancia citoplásmica de soporte (doble flecha), Datos de Schuppin *et al.* (1984).

mente contendrán espermatozoides. Por tanto, en una gallina inseminada con 150 millones de espermios, aproximadamente 10 millones o el 7% de las células introducidas en el sistema reproductor residirán en los túbulos. Lípidos, glucógeno y fosfatasas ácidas han sido identificados como productos de las células secretoras de los túbulos, aunque se desconoce la significación de estas secreciones con respecto a la conservación de la capacidad fertilizante *in vivo*. Desde los bordes apicales de las células de las glándulas tubulares se proyectan numerosos microvilli (Fig. 7.21, abajo a la derecha) pero todavía no se ha establecido la significación fisiológica de esta observación anatómica.

Como el lugar de fertilización se encuentra a unos 60 cm de donde se almacena el esperma, se supone que la liberación de éste está perfectamente controlada para que el número máximo de espermios se encuentren en el infundíbulo cuando el ovum quede atrapado por la fimbria. Se ha especulado mucho con la existencia de otros lugares de almacenamiento de esperma como consecuencia de haber encontrando espermios en las glándulas tubulares, después de largos períodos que siguen a la introducción de semen en la glándula cascarógena o el magnum. Estas especulaciones están reforzadas por la observación de espermatozoides lesionados, espermatozoides que han perdido su capacidad de fertilizar ova, cuando se introducen por vagina pero que se almacenan en el infundíbulo y pueden fertilizar ova cuando se introducen en la glándula cascarógena o el magnum. Sin embargo, en condiciones normales, es raro encontrar esperma en el infundíbulo, lo que sugiere que el incremento de vida y de capacidad fecundante del esperma que sea introducido en gran cantidad en la región, puede ser una respuesta farmacológica más que fisiológica. No obstante, parece ser que el infundíbulo proporciona un buen ambiente acogedor a los espermatozoides.

Está comprobado que el esperma almacenado en los túbulos localizados en la unión de la glándula cascarógena y la vagina, debe liberarse para mantener la fertilidad, si bien el mecanismo de liberación no está totalmente aclarado. Parece ser que los espermios se liberan de forma continua desde las glándulas y ascienden por el oviducto de forma aleatoria, más que dirigida, en busca de un ovum recién ovulado. Como éste normalmente, es penetrado por varios espermios (véase Sección 3.2), es razonable pensar que diariamente se libera un gran número de éstos para mantener la fertilidad al óptimo. Las glándulas que hospedan al esperma normalmente están llenas o vacías, lo que indica que el proceso de llenado/vaciado es un proceso de todo o nada. No se han identificado los mecanismos que atraen el esperma hacia la glándula, aunque se acepta que los espermios deben ser móviles y estar vivos para entrar en la glándula. La liberación del esperma puede estar facilitada por la distensión mecánica durante la oviposición, cuando el huevo pasa a través del esfínter entre la glándula y la vagina, pero como se ha encontrado esperma en el oviducto en cualquier momento del día, parece que la liberación de esperma puede ser continua. El estudio histológico de las glándulas que albergan el esperma durante el período fértil de la gallina, ha revelado que el número de glándulas almacenadoras de esperma vacías aumenta después de una inseminación, aunque se pueda observar esperma en unas cuantas de esas glándulas después de que haya sido puesto el último huevo fértil. Como las glándulas vacías están distribuidas al azar, parece ser que la descarga de espermatozoides está regulada autonómicamente para cada glándula.

El esfínter situado entre la glándula cascarógena y la vagina parece actuar de barrera al transporte de los espermatozoides no móviles, ya que las partículas de tinta china no atraviesan el esfínter después de una inseminación intravaginal. Sin embargo, cuando el esfínter es traspasado al introducir la tinta en la glándula cascarógena o el magnum, las partículas ascienden en unos minutos por todo el sistema reproductor (Fig. 7.22).

La vagina

La vagina es un tubo corto en forma de S, a través de la cual pasa el huevo cuando se mueve desde la glándula cascarógena a la cloaca durante la

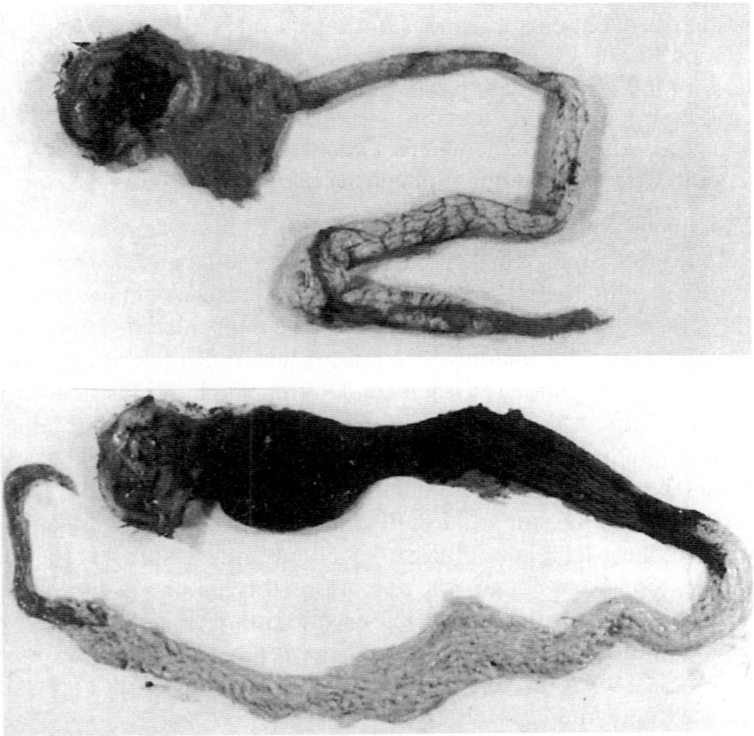

Figura 7.22 Movimiento de partículas de tinta china a través del sistema reproductor después de la inseminación intravaginal (parte superior) e inseminación en la glándula cascarógena con catéter (parte inferior). En ambos casos, la gallina fue sacrificada y el oviducto analizado tan rápido como fue posible después de la inseminación. Datos de Etches (1972).

oviposición. Tiene bien desarrollada una capa de musculatura circular, aunque ambas contribuyen a las contracciones musculares que expelen el huevo. La mucosa está muy poco desarrollada y no existen glándulas tubulares. El epitelio es continuo con el de la región que contienen los túbulos que albergan el semen y está revestido por células ciliadas no secretoras y células no ciliadas que secretan un mucopolisacárido ácido.

7.3 Oviposición

La expulsión del huevo totalmente calcificado desde el sistema reproductor, requiere la coordinación de la actividad muscular de la glándula cascarógena con el repertorio comportamental durante el cual la gallina busca y selecciona un ponedero. Excepto para el último huevo de una secuencia, la expulsión de aquel se inicia por una serie de eventos endocrinos preovulatorios que están asociados con la ovulación. Estas interrelaciones entre ovulación y oviposición quedan mejor ilustradas por los clásicos experimentos de Fraps, quien demostró que la inducción de una ovulación prematura produce una oviposición también prematura, aunque la oviposición prematura no tenga efecto sobre el tiempo de ovulación.

Contracción de los músculos de la glándula cascarógena

Cuando el ovum desciende a través del infundíbulo, magnum e istmo, las contracciones de la musculatura que rodea la glándula cascarógena, son débiles e infrecuentes (Fig. 7.23). Sin embargo, cuando el huevo entra en la glándula cascarógena aumentan la frecuencia e intensidad de las contracciones, permaneciendo así mientras esté allí el huevo. En los últimos minutos anteriores a la oviposición, la intensidad y frecuencia de las contracciones musculares aumentan más y están asociadas al incremento de las concentraciones plasmáticas de prostaglandina E_2, prostaglandina $F_{2\alpha}$ y arginina vasotocina (Fig. 7.24). Inmediatamente después de la oviposición, la intensidad de las contracciones musculares disminuye y la concentración plasmática de esas hormonas declina. Como se sabe que tanto la prostaglandina $F_{2\alpha}$, como la arginina vasotocina, son potentes estimulantes de la contracción muscular lisa y que la prostaglandina E_2 produce relajación del esfínter vaginal está generalmente aceptado que su liberación simultánea durante la oviposición, es la responsable del inicio y facilitación de la expulsión del huevo desde la glándula cascarógena.

La contractilidad de la musculatura que rodea la glándula cascarógena está iniciada por la producción de prostaglandina $F_{2\alpha}$, desde las células de la granulosa de los dos folículos mayores preovulatorios y postovulatorios del ovario. Las prostaglandinas son elaboradas por las células de la granulosa

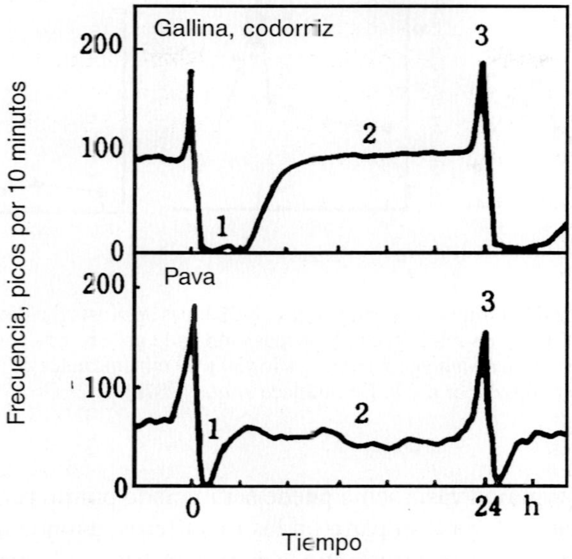

Figura 7.23 Contracciones de la musculatura de la glándula cascarógena durante el paso de un huevo a través del sistema reproductor de la gallina, pava y codorniz. 1= descenso del huevo a través del sistema reproductor, 2 = período de formación de la cáscara, 3 = expulsión del huevo en la oviposición. Datos de Shimada & Etches (1986).

junto con las oleadas preovulatorias de LH y exportadas por el drenaje venoso de los folículos, las cuales elevan la concentración plasmática periférica y producen el perfil señalado en la Figura 7.24. El aumento de concentración plasmática de prostaglandina es seguido por un aumento dentro de los 5-10 minutos de concentración de arginina vasotocina que se cree es elaborada por la hipófisis posterior.

En la primera ovulación de una secuencia, la liberación preovulatoria de prostaglandinas a partir de los folículos preovulatorios más grandes, está asociada a una marcada contracción de la glándula cascarógena aunque no haya oviposición (Fig. 7.25D). En la segunda y subsiguientes ovulaciones de la secuencia, la producción de prostaglandina $F_{2\alpha}$, a partir de los folículos pre y postovulatorios más grandes (Fig. 7.25 A y B), inicia la contracción de la glándula cascarógena para expeler el huevo previo de la secuencia y la producción de prostaglandina E_2 estimula la relajación del esfínter vaginal para que pase el huevo. Cuando comienzan las contracciones de la glándula cascarógena y el huevo se mueve hacia la vagina, la concentración de arginina vasotocina en la sangre periférica, se eleva para estimular más la contracción muscular de alrededor de la glándula (Fig. 7.24). El aumento de producción

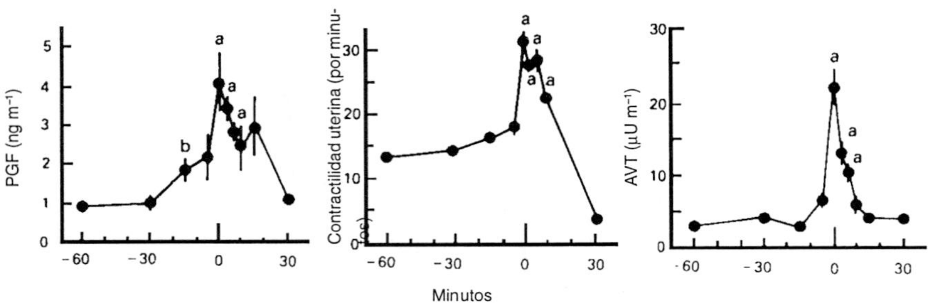

Figura 7.24 Contracción uterina y concentraciones plasmáticas de prostaglandina $F_{2\alpha}$ (PGF) y arginina vasotocina (AVT), en relación con la oviposición en la gallina. Las concentraciones medias de PGF son significativamente diferentes a los 30 y 60 minutos antes de la oviposición y están indicadas en la figura por **a** y **b**. De Shimada *et al.* (1987b).

y/o secreción de arginina vasotocina puede ser iniciado por un reflejo neural, similar al que ocurre durante el parto en los mamíferos, aunque no se hayan identificado conexiones nerviosas entre la parte posterior de la hipófisis y las secciones posteriores del oviducto.

La primera ovulación de una secuencia coincide con un aumento de la concentración de prostaglandina $F_{2\alpha}$, tanto en los tejidos de F_1 (Fig. 7.25E) como en el drenaje venoso del folículo F_1 (Fig. 7.25A). Las otras oviposiciones de la secuencia están relacionadas con el mismo perfil endocrino (Fig. 7.25B y F), pero la concentración tisular de prostaglandina $F_{2\alpha}$, en los mayores folículos postovulatorios también se encuentra elevada (Fig. 7.25F). Sin embargo, la última oviposición de la secuencia ocurre sin ovulación (Fig. 7.25D) y sin aumentos de la concentración de prostaglandina $F_{2\alpha}$, en el drenaje venoso del folículo F_1 (Fig. 7.25C). Más bien, la oviposición terminal está relacionada con un aumento marginal de la concentración venosa de prostaglandina $F_{2\alpha}$, en el segundo mayor folículo preovulatorio (Fig. 7.25C) y en la concentración tisular del mayor folículo postovulatorio (Fig. 7.25G). Parece ser que

---

Figura 7.25 Ilustración esquemática de la relación temporal entre la contracción de la glándula cascarógena durante una secuencia de 5 días (**D**), concentración de prostaglandina $F_{2\alpha}$ en la vena folicular y la sangre periférica (**A, B** y **C**) y la cantidad de prostaglandina $F_{2\alpha}$ en el tejido folicular (**E, F** y **G**). Los tiempos de ovulación están indicados como Ov_1, Ov_2, Ov_3 y Ov_4 y los tiempos de oviposición se indican como C_1, C_2, C_3 y C_4. El fotoperíodo está señalado con rectángulos negros y blancos. P indica sangre periférica, F_x identifica el folículo preovulatorio y R_x el folículo postovulatorio de donde se escogieron las muestras de sangre o tejido para determinar la cantidad de $PGF_{2\alpha}$. La contracción de la glándula cascarógena fue medida por la frecuencia de las descargas de picos con amplitud superior a los 30 μV, por intervalos de 10

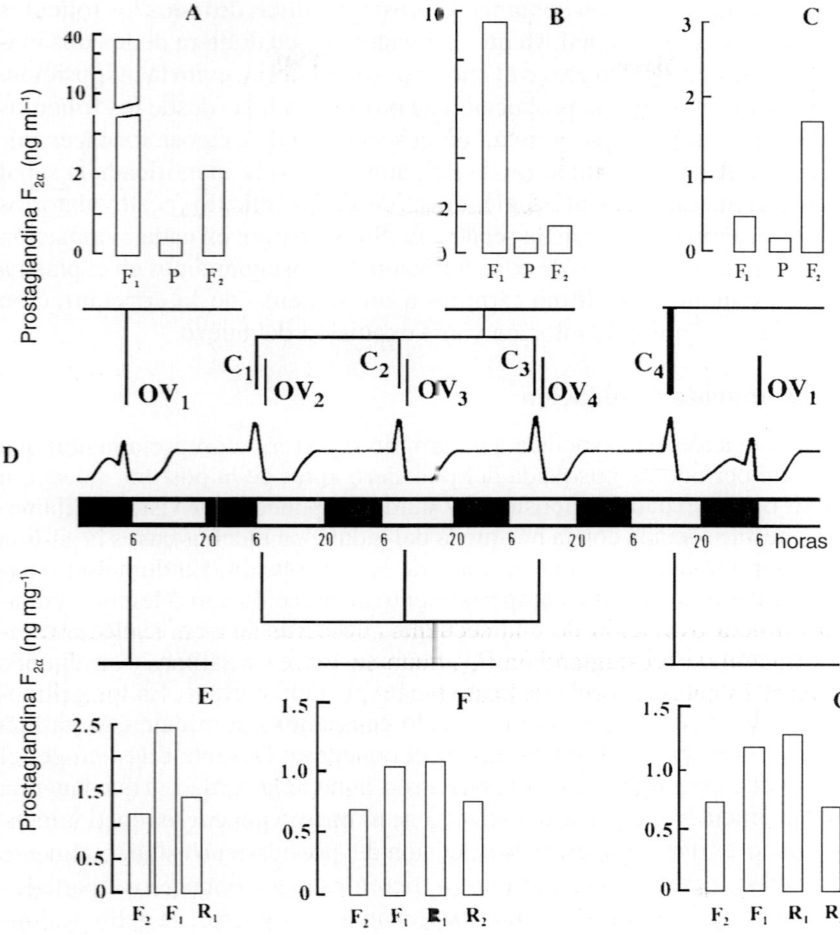

Figura 7.25 ***(Continuación)*** min. La contribución de los dos mayores folículos preovulatorios y los dos mayores postovulatorios a la producción de prostaglandina varía según la posición del huevo en la secuencia. La primera ovulación de una secuencia no acompañada de oviposición, está relacionada con una contracción marcada de la glándula cascarógena (**D**). En este estadio de la secuencia, la cantidad de $PGF_{2\alpha}$ en el tejido F_1 es aproximadamente, el doble que la del mayor folículo postovulatorio (**E**) y la concentración de $PGF_{2\alpha}$ en el plasma que sale de F_1 es aproximadamente 140 veces mayor que la del plasma periférico (**A**). En la segunda y subsiguientes ovulaciones (Ov_2, Ov_3 y Ov_4), la concentración de $PGF_{2\alpha}$, en el plasma venoso de F_1, es unas 40 veces mayor que la del plasma periférico (**B**) y la cantidad de $PGF_{2\alpha}$ en el tejido de F_1 es igual a la del mayor folículo postovulatorio (**F**). Al final de la oviposición de una secuencia (C_4), no acompañada de ovulación, ni el F_1, ni el F_2, secretan $PGF_{2\alpha}$ (**C**). Sin embargo, la cantidad de $PGF_{2\alpha}$ en el tejido de F_1 y el mayor folículo postovulatorio es aproximadamente igual (**G**) y similar a la de las Ov_2, Ov_3 y Ov_4, precedentes (**F**). Datos de Shimada *et al.* (1984), Olson *et al.* (1986) y Shimada & Saito (1989).

se precisa de la producción conjunta de prostaglandinas de todos los folículos para la oviposición terminal, ya que la ligadura de cualquiera de los dos mayores folículos preovulatorios o el mayor postovulatorio, evita la oviposición. Aunque es evidente que la producción de prostaglandinas desde los folículos preovulatorios al principio y mitad de la secuencia de oviposiciones, es iniciada por la oleada preovulatoria de LH, aún no ha sido identificada la señal que inicia la liberación de prostaglandinas, desde los folículos postovulatorios en la oviposición terminal de la secuencia. Sin embargo, en cada oviposición de la secuencia, el aumento de concentración de prostaglandinas en el plasma periférico conduce en último término a un aumento de la concentración plasmática de arginina vasotocina y a la expulsión del huevo.

Comportamiento de nidación

La oviposición está asociada a un amplio repertorio comportamental que afecta a un período de búsqueda del ponedero antes de la postura, selección del lugar más adecuado, oviposición y salida del ponedero. Existe una llamada pre-puesta asociada con la búsqueda del nidal y en muchos casos la gallina cacarea durante unos minutos después de la oviposición. La duración y expresión de cada aspecto del comportamiento de nidación son diferentes cuando las gallinas están alojadas en jaulas que cuando están en el suelo. En ambos ambientes existen considerables variaciones entre las gallinas y en algunos casos específicos partes del comportamiento pueden omitirse. En los gallineros donde los animales están en el suelo equipados con nidales, la gallina tarda por lo menos una hora en buscar el ponedero. Durante este tiempo, el animal puede investigar hasta 40 ponederos, aunque la verdad es que hay una fuerte tendencia a que la gallina seleccione el mismo ponedero repetidamente. Los factores que influyen en la selección del ponedero no están totalmente identificados, pero es evidente que prefieren escoger ponederos apartados que ya contengan huevos. Mientras examinan los ponederos, la gallina adopta un andar exagerado, en el que las patas están como arqueadas y las mueve muy lentamente hacia adelante. Cuando selecciona el ponedero, la gallina entra y permanece allí durante 1-2 horas, estando quieta o puede construir un rudimentario nido empujando materiales del ponedero hacia atrás y alrededor de ella. Cuando el huevo es expelido por las intensas contracciones musculares de la glándula cascarógena y la vagina, generalmente asume una posición vertical, como de «pingüino». Esta postura tan característica, la adopta cuando el huevo va a caer desde una altura de varios centímetros. En las jaulas en batería, el comportamiento de nidación está modificado por la ausencia de ponedero con lo que el comportamiento de búsqueda del mismo no existe; en todo caso, la oviposición está precedida por un andar estereotipado que suele durar una hora. En algunos casos, las gallinas se sientan sobre la malla del suelo de la jaula antes de la oviposición y pueden mostrar tendencia

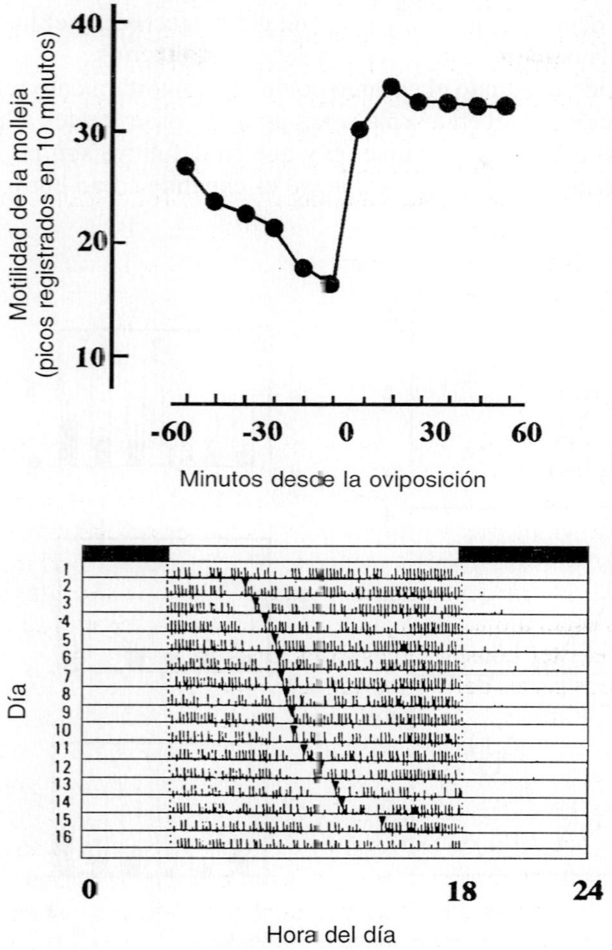

Figura 7.26 Consumo de pienso y de agua (parte inferior) y motilidad de la molleja (parte superior) en relación con la oviposición. Se muestran las oviposiciones (indicadas por los triángulos invertidos) de una gallina que produjo una secuencia de 14 huevos. El consumo de pienso y de agua se midió de forma continua y queda registrado como líneas verticales por encima y debajo de las horizontales. El tiempo medio de cada actividad está registrado a intervalos de 5 minutos y la longitud de la línea vertical es proporcional al tiempo empleado en cada actividad. El consumo de pienso y agua terminó una hora antes de la oviposición y la motilidad de la molleja se redujo simultáneamente. Nótese como el consumo de pienso y agua quedó restringido a la porción luminosa del fotoperíodo (ilustrado por rectángulos blancos y negros). Datos de Shimada (1986) y Shimada *et al.* (1987a).

a construir su nidal aún en ausencia de materiales adecuados. Normalmente, la oviposición ocurre estando la gallina de pie o agachada y el huevo cae al suelo de la jaula desde una distancia de varios centímetros.

Se ha sugerido que tanto el cacareo como el comportamiento relacionado con la oviposición se deben a señales temporales consecuentes a la relación entre hormonas esteroides y ovulación y que en definitiva son las responsables de la liberación de la yema que luego es expelida como huevo. Sin em-

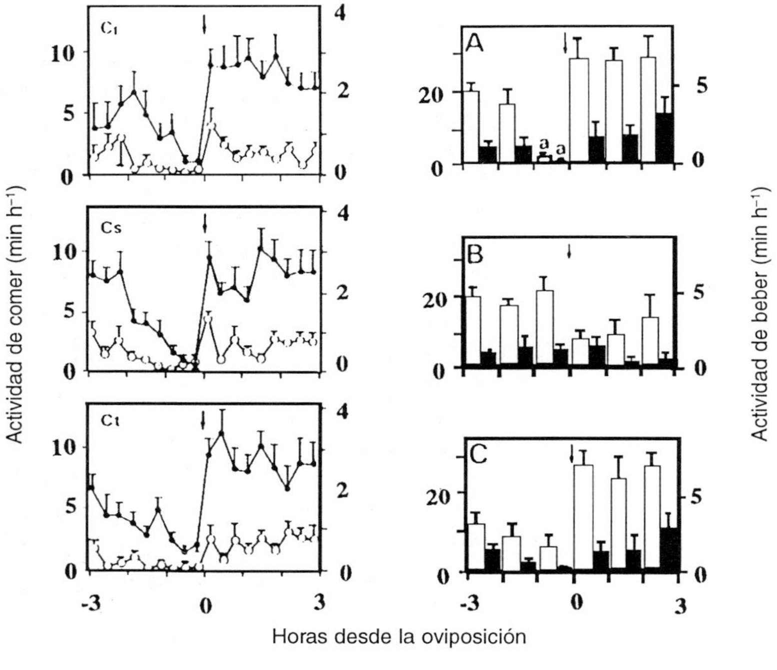

Figura 7.27 Cambios en el comportamiento de comer y beber en relación con la ovulación espontánea e inducida y la oviposición de la gallina. En las figuras de la izquierda se muestran la actividad de comer y beber en el momento de la primera (C_l), media (C_s) y última (C_t) oviposición de una secuencia. Nótese que el comportamiento de comer y beber se restringe antes de la última oviposición de una secuencia que no está acompañada de ovulación. La oviposición espontánea está relacionada con reducción del consumo de pienso y agua (**A**), pero cuando la oviposición se induce 3 horas antes mediante la inyección de prostaglandina $F_{2\alpha}$, el descenso del consumo continúa (**B**) y es mínimo cuando la ovulación ocurre 3 horas después de la oviposición inducida (**C**). Las actividades de comer y beber están representadas por círculos negros o barras blancas y por círculos blancos o barras negras respectivamente. Las escalas de esas actividades están trazadas sobre los ejes de la izquierda y la derecha respectivamente. Datos de Shimada *et al.* (1987a).

bargo, la descripción completa del control fisiológico del comportamiento de nidación precisa de más información, ya que es igualmente posible que todo ese repertorio comportamental relacionado con la oviposición, puede ser de-

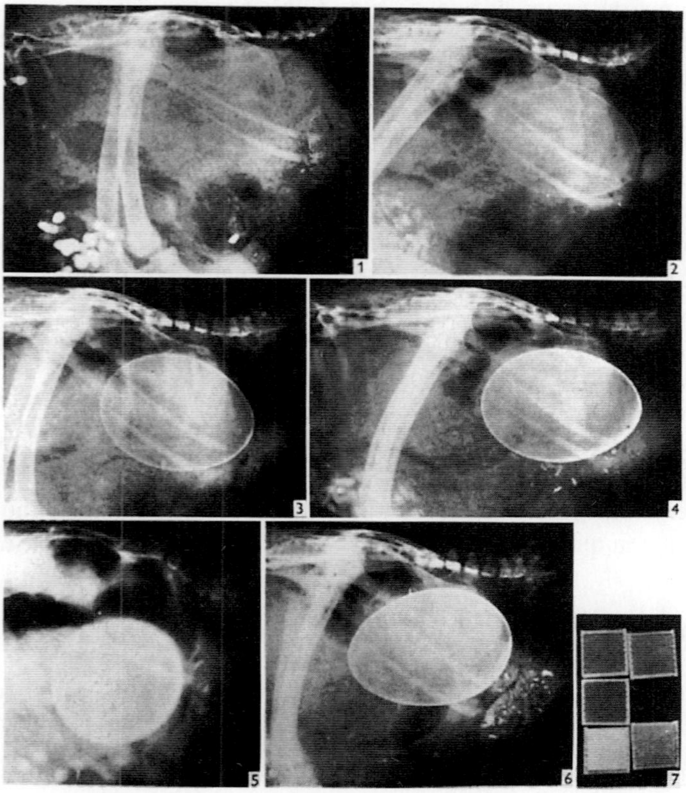

Figura 7.28 Serie de fotografías por rayos X que ilustran la rotación del huevo en la glándula cascarógena antes de la oviposición (Datos de Bradfield, 1951). 1. Tomada 6,5 horas después de la oviposición cuando el huevo ha entrado en la glándula cascarógena. 2. El mismo huevo 9,5 horas después de la oviposición. 3. El mismo huevo 12 horas después de la oviposición. 4. El mismo huevo 23,5 horas después de la oviposición. El aumento de grosor de la cáscara es evidente por el aumento de la intensidad de la imagen. 5. Un huevo diferente que se observó a intervalos frecuentes durante las dos horas previas a su postura para poder seguir su rotación. Esta radiografía fue tomada en la mitad de la rotación con lo que el plano es distinto. La foto está ligeramente borrosa a causa de los movimientos respiratorios de la gallina. Nótese la baja posición del huevo en la cavidad. El tiempo requerido para rotar es de unos 2 minutos. 6. El huevo mostrado en 1-4 unas 0,5 horas antes de ser puesto. En las fotos precedentes el extremo agudo es caudal pero la rotación hace que el extremo romo sea ahora caudal. 7. Suspensiones de $CaCO_3$ utilizadas como estándar de referencia.

bido a cambios de las concentraciones plasmáticas de prostaglandinas y arginina vasotocina.

La búsqueda de un apropiado ponedero o nidal es el comportamiento compulsivo que sustituye la motivación de comer y beber y está asociado con una reducción de la motilidad de la molleja durante un período de unas 2 horas antes de poner el huevo (Fig. 7.26). Las señales fisiológicas que controlan ese cambio de comportamiento parecen estar relacionadas tanto con la ovulación como con la oviposición, ya que las acciones de comer y beber quedan suspendidas cuando la rotura folicular se separa experimentalmente de la oviposición (Fig. 7.27B) y en la última oviposición de una secuencia, cuando hay oviposición sin ovulación (Fig. 7.27A). En vista de las íntimas relaciones entre ovulación y oviposición, se puede suponer que la ingestión de agua y pienso está regulada, tanto directa como indirectamente por las oleadas preovulatorias de estrógenos, andrógenos y progesterona, responsables de la ovulación (véase Sección 6.5) y por el aumento de la concentración plasmática de prostaglandinas y arginina vasotocina que preceden a la oviposición.

Aproximadamente, en el 40% de las gallinas el huevo rota 180°, 1 hora antes de la oviposición con lo que el extremo romo es el primero en salir (Fig. 7.28). Se desconocen las causas y ventajas de esta reorientación del huevo y tampoco existen estudios documentados que relacionen alguna causa de la oviposición con que la gallina ponga el huevo por uno u otro extremo.

Bibliografía

Abe, A., Tanabe, R., Suda, T. & Yoshiki, S. (1979). Circadian rhythm of 1α, 25-dihydroxyvitamin D_3 production in egg laying hens. *Biochemical and Biophysical Research Communications* 88, 500-507.

Anderson, R.S. (1970). Normal and experimental variations in acid secretion by the laying hen. *Annales de Biologie Animale, Biochimie, Biophysique* 10(2), 171-184.

Arad, Z., Eylath, U., Ginsburg, M. & Eyal-Giladi, H. (1989). Changes in the uterine fluid composition and acid-base status during shell formation in the chicken. *American Journal of Physiology* 257 *(Regulatory, Integrative and Comparative Physiology* 26), R732-R737.

Bakst, M.R. (1992). Observations on the turkey oviductal sperm storage tubule using differential interference contrast microscopy. *Journal of Reproduction and Fertility* 95, 877-883.

Bradfield, J.R.G. (1951). Radiographic studies on the formation of the hen's eggshell. *Journal of Experimental Biology* 28, 125-140.

Burmester, B.R. (1940). A study of the physical and chemical changes of the egg during its passage through the isthmus and uterus of the hen's oviduct. *Journal of Experimental Zoology* 84, 445-500.

Drezner, M.K. & Harrelson, J.H. (1979). Newer knowledge of vitamin D and its metabolises in health and disease. *Clinical Orthopaedics* 139, 207-230.

Etches, R.J. (1972). The effect of site of insemination on fertility, embryo mortality, progeny viability and sperm competition in the chicken. MSc thesis, McGill University, Canada.

Etches, R.J. (1987). Calcium logistics in the hen. *Journal of Nutrition* 117, 619-628.

Etches, R.J. (1993). Reproduction in poultry. In: *Reproduction in Domesticated Animals.* Edited by GJ. King. Elsevier, Amsterdam.

Hertelendy, F. & Taylor, T.G. (1961). Changes in blood calcium associated with egg shell calcification in the domestic fowl. 1. Changes in the total calcium. *Poultry Science* 40, 108-114.

Lake, P.E. & Stewart, J.M. (1978). Artificial insemination in poultry. In: *Ministry of Agriculture, Fisheries and Food Bulletin 213*. Her Majesty's Stationery Office, London.

Lorenz, F.W. (1950). Onset and duration of fertility in turkeys. *Poultry Science* 29, 20-26.

Luck M.R. & Scanes, C.G. (1979). Plasma levels of ionized calcium in the laying hen *(Gallus domesticus). Comparative Biochemistry and Physiology* 63A, 177-181.

Mongin, P. (1976). Composition of crop and gizzard contents in the laying hen. *British Poultry Science* 17, 499-507.

Mongin, P. & Carter, N.W. (1977). Studies on the avian shell gland during egg formation: aqueous and electrolytic composition of the mucosa. *British Poultry Science* 18, 339-351.

Mongin, P. & Lacassagne, L. (1964). Physiologic de la formation de la coquille de l'oeuf de poule et equilibre acido-basique du sang. *Comptes Rendus Heldomadieres des Seances de l'Academie des Sciences* 258, 3093-3094.

Mongin, P. & Sauveur, B. (1979). Plasma inorganic phosphorus concentrations during eggshell formation – effect of physical form of the dietary calcium. *British Poultry Science* 20, 401-412.

Mueller, W.J. (1976). Eggshell and skeletal metabolism. In: *Asian Physiology.* Edited by P.D. Sturkie. Springer Verlag, New York, pp. 320-326.

Nys, Y., N'Guyen, T.M., Williams, J. & Etches, R.J. (1986). Blood levels of ionized calcium, inorganic phosphorus, 1,25-dihydroxycholecalciferol and gonadal hormones in hens laying hard-shelled or shell-less eggs. *Journal of Endocrinology* 111, 151-157.

Nys, Y., Zawadski, J., Gautron, J. & Mills, A.D. (1991). Whitening of brown shelled eggs: mineral composition of uterine fluid and rate of protoporphyrin deposition. *Poultry Science* 70, 1236-1245.

Nys, Y., van Baelen, H. & Bouillon, R. (1992). Plasma 1,25 dihydroxycholecalciferol and its free index are potentiated by ovulation dependent factors and shell formation induced hypocalcemia in the laying hens. *Journal of Domestic Animal Endocrinology* 3, 37-47.

Olson, D.M., Shimada, K. & Etches, R.J. (1986). Prostaglandin concentrations in peripheral plasma and ovarian and uterine plasma and tissue in relation to oviposition in hens. *Biology of Reproduction* 35, 1140-1146.

Parsons, A.H. & Combs, G.F., Jr. (1981). Blood ionized calcium cycles in the chicken. *Poultry Science* 60, 1520-1524.

Prashad, D.N. & Edwards, N.A. (1973). Phosphate excretion in the laying hen. *Comparative Biochemistry and Physiology* 46A. 131-137.

Sandoz, D., Ulrich, E. & Brard, E. (1971). Etude des ultrastructures du magnum des oiseaux. I. Evolution au cours du cycle de ponte chez la poule *Gallus domesticus. Journal de Microscopie* 11, 371-400.

Sauveur, B. & Mongin, P. (1971). Etude comparative du fluide uterin et de l'albumen de l'oeuf *in utero* chez la poule. *Annales de Biologie Animale, Biochimie, Biophysique* 11, 213-224.

Schuppin, G.T., van Krey, H.P., Denbow, D.M., Bakst, M.R. & Meyer, G.B. (1984). Ultrastructural analyses of uterovaginal sperm storage glands in fertile and infertile turkey breeder hens. *Poultry Science* 63, 1872-1882.

Shimada, K. (1986). Gizzard motility in relation to oviposition in the chicken. *Poultry Science* 65, 1796-1800.

Shimada K. & Etches, R.J. (1986). Uterine contractile activities of chicken, quail and turkey during laying cycles. *Japanese Poultry Science* 23, 125-130.

Shimada, K. & Saito, N. (1989). Control of oviposition in poultry. *Critical Reviews in Poultry Biology* 2, 235-253.

Shimada, K., Olson, D.M. & Etches, R.J. (1984). Follicular and uterine prostaglandin levels in relation to uterine contraction and the first ovulation of a sequence in the hen. *Biology of Reproduction* 31, 76-82.

Shimada, K., Tatematsu, A. & Sato, K. (1987a). Effect of ovulation and oviposition on feeding and drinking activities in the laying hen. *Japanese Poultry Science* 24, 288-294.

Shimada, K., Saito, N., Itogawa, K. & Koike, T.I. (1987b). Changes in plasma concentrations of arginine vasotocin after intrauterine injections of prostaglandin $F_{2\alpha}$ and acetylcholine at various times during the oviposition cycle of the domestic hen. *Journal of Reproduction and Fertility* 80, 143-150.

Simkiss, K. (1970). Sex differences in the acid-base balance of adult and immature fowl. *Comparative Physiology and Biochemistry* 34, 777-788.

Singh, R., Joyner, C.J., Peddie, M.J. & Taylor, T.G. (1986). Changes in the concentrations of parathyroid hormone and ionic calcium in the plasma of laying hens during the egg cycle in relation to dietary deficiencies of calcium and vitamin D. *General and Comparative Endocrinology* 61, 20-28.

Talbot, C.J. & Tyler, C. (1974). A study of the progressive deposition of shell in the shell gland of the domestic hen. *British Poultry Science* 15, 217-224.

Taylor, T.G. (1970). How an eggshell is made. *Scientific American* 222, 89-95.

Taylor, T.G., Williams, A., & Kirkley, J. (1965). Cyclic changes in the activities of plasma acid and alkaline phosphatases during eggshell calcification in the domestic fowl. *Canadian Journal of Biochemistry* 43, 451-457.

van de Velde, J-P., Loveridge, N. & Vermeiden, J.P.W. (1984). Parathyroid hormone responses to calcium stress during eggshell formation. *Endocrinology* 115, 1901-1904.

Winget, C.M. & Smith, A.H. (1958). Changes in plasma calcium concentration during egg formation. *Poultry Science* 37, 509-512.

Lecturas adicionales

Aitken, R.N.C. (1971). The oviduct. In: *Physiology and Biochemistry of the Domestic Fowl,* vol. 4. Edited by D.J. Bell and B.M. Freeman. Academic Press, London, pp. 1237-1289.

Gilbert, A.B. (1979). Female genital organs. In: *Form and Function in Birds,* vol. 1. Edited by A.S. King and J. McLelland. Academic Press, London.

Mongin, P. & Lacassagne, L. (1966). Rhythme respiratoire et physiologic de la formation de la coquille de l'oeuf. *Annales de Biologie Animale, Biochimie, Biophysique* 6, 101-111.

Solomon, S.E. (1983). Oviduct. In: *Physiology and Biochemistry of the Domestic Fowl,* vol. 4. Edited by D.J. Bell and B.M. Freeman. Academic Press, London, pp. 379-419.

8

El Macho

8.1 Introducción

La función del macho es producir semen y en el caso de apareamiento natural, copular y eyacular el semen dentro de la cloaca evertida de la hembra. Un gallo sexualmente activo, produce al día unos tres billones de espermios, lo que significa una producción de unas 35.000 células por segundo. Este elevado nivel de producción es elaborado por los testículos que poseen una función gametogenética, convirtiendo los precursores diploides del esperma a células haploides capaces de fertilizar. También poseen una función endocrina responsable de mantener la espermatogénesis, los caracteres sexuales secundarios y el comportamiento sexual.

8.2 Testículos

Los testículos están localizados en el centro de la cavidad abdominal, con lo que la espermatogénesis se efectúa a la temperatura interna de unos 41ºC en las aves en oposición a la temperatura escrotal de los mamíferos, que es de unos 24-26ºC. Los testículos están unidos por ligamentos a la superficie dorsal de la cavidad peritoneal, adyacentes a las glándulas adrenales y ventrales a los riñones. La superficie dorsal de los testículos está a sólo unos milímetros de la superficie ventral de la columna vertebral (Fig. 8.1). Aunque solamente el ovario izquierdo es el funcional en la hembra, en el macho son funcionales los dos testículos. Al llegar a la madurez sexual, el peso de am-

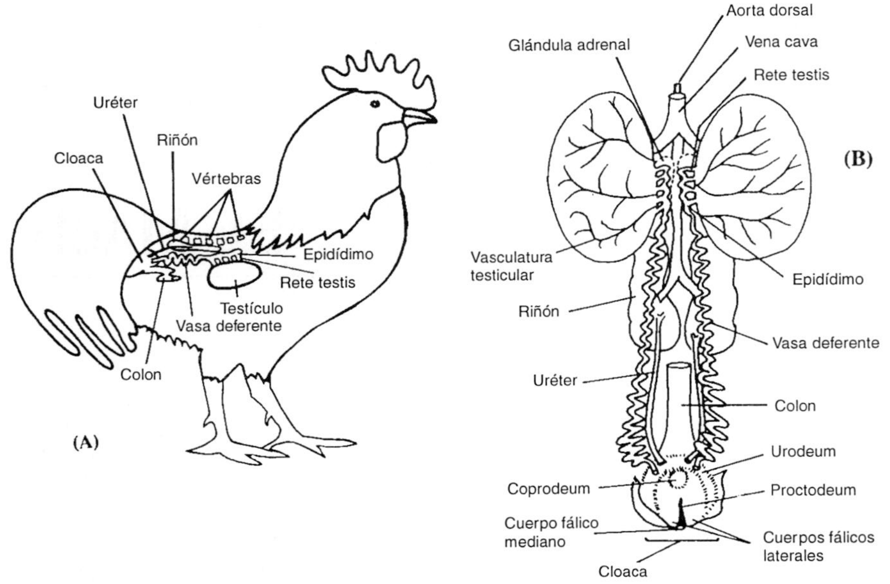

Figura 8.1 (**A**) En las aves, los testículos y sus conductos están localizados dentro de la cavidad abdominal ventrales a la columna y riñón. Una corta rete testis conecta sus túbulos seminíferos con el epidídimo vía vasa aferente que son ilustrados en (**B**) y en la Figura 8.3. El semen del epidídimo se vierte a la vasa deferente que se vacía en la cloaca (véase también la Fig. 8.6). En la eyaculación, el semen es expelido desde la parte inferior de las vasas deferentes al urodeum y fluye a través del proctodeum, entre los pliegues de los cuerpos fálicos laterales. Datos de Burrows & Quinn (1937).

bos testículos pasa de 2-4 g a 25-35 g; normalmente, el testículo izquierdo es 0,5-3 g más pesado que el derecho.

Cada testículo está rodeado por una capa de tejido conectivo, y contiene los túbulos seminíferos y las células de Leydig, que están dispersas en los espacios entre los túbulos (Fig. 8.2). Las células intersticiales producen varios andrógenos, pero la principal hormona en la sangre es la testosterona. Cuando se alcanza la madurez sexual, la producción de testosterona está estimulada por las concentraciones sanguíneas de la gonadotropina, hormona luteinizante (LH) (véase Sección 4.5). En el animal maduro, las concentraciones de LH en sangre se mantienen por un mecanismo de retrofuncionalidad negativa, en el que las elevadas concentraciones de testosterona inhiben la secreción de hormona liberadora de gonadotropina (GnRH), que inhibe a su vez la secreción de LH. Cuando la secreción de ésta disminuye, declina la de andrógenos y por tanto aumenta la de GnRH y la de LH. En ausencia de la retrofuncionalidad negativa, que es el caso de los castrados, la concentración de LH es 20-30 veces mayor que en el macho intacto.

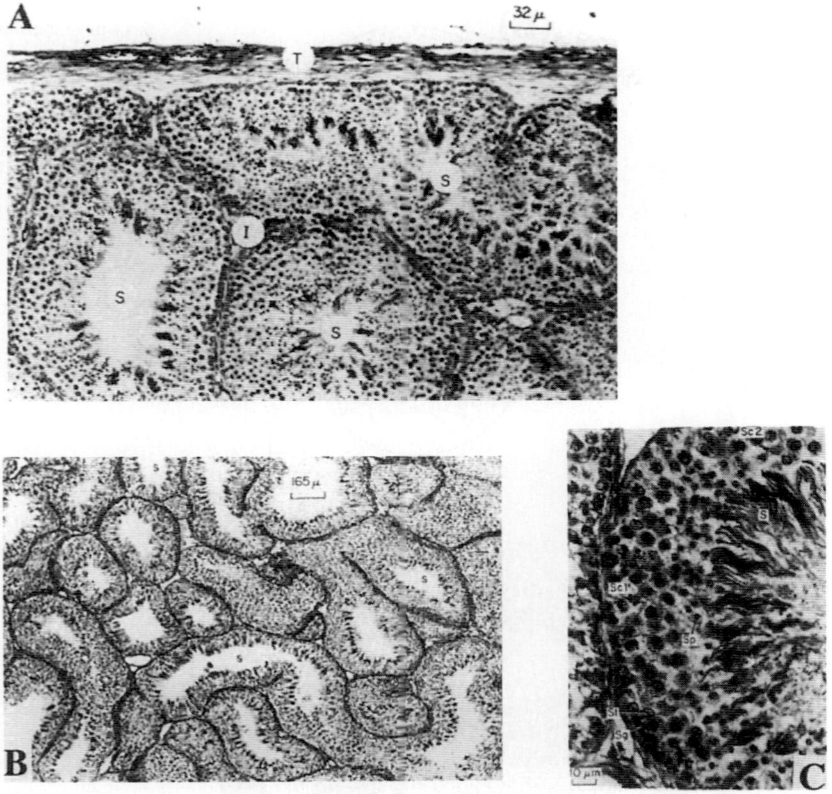

Figura 8.2 (**A**) Los testículos aumentados por un poderoso objetivo en la parte superior izquierda, están rodeados por una capa de tejido conectivo (T). La malla de interconexión de los túbulos seminíferos (S), que ocupa la mayor parte del testículo, se presenta en cortes transverso, oblicuo y alargado en (**B**). En (**C**) se muestran los túbulos individuales con gran detalle. Las células de Sertoli (St) y las espermatogonias (Sg) están presentes en la periferia de los túbulos seminíferos y los espermatozoides (S) son evidentes en el lumen. En las posiciones intermedias se localizan espermatocitos primarios y secundarios (Sc1 y Sc2, respectivamente) y una espermátida en sus primeros estadios. Las células de Leydig (I) son visibles en los espacios entre túbulos adyacentes en (**A**) y en la parte inferior izquierda de (**C**). Datos de Lake (1971, 1981).

Los túbulos seminíferos en las aves, están dispuestos en una red de conductos interconectados que vacían dentro de la rete testis (Fig. 8.3). La periferia de los túbulos seminíferos está recubierta de espermatogonias (Fig. 8.2), normalmente consideradas como el primer estadio de la espermatogénesis. Las espermatogonias son diploides y, por tanto, se dividen mitóticamente para mantener constante la población de células troncales de la espermatogénesis

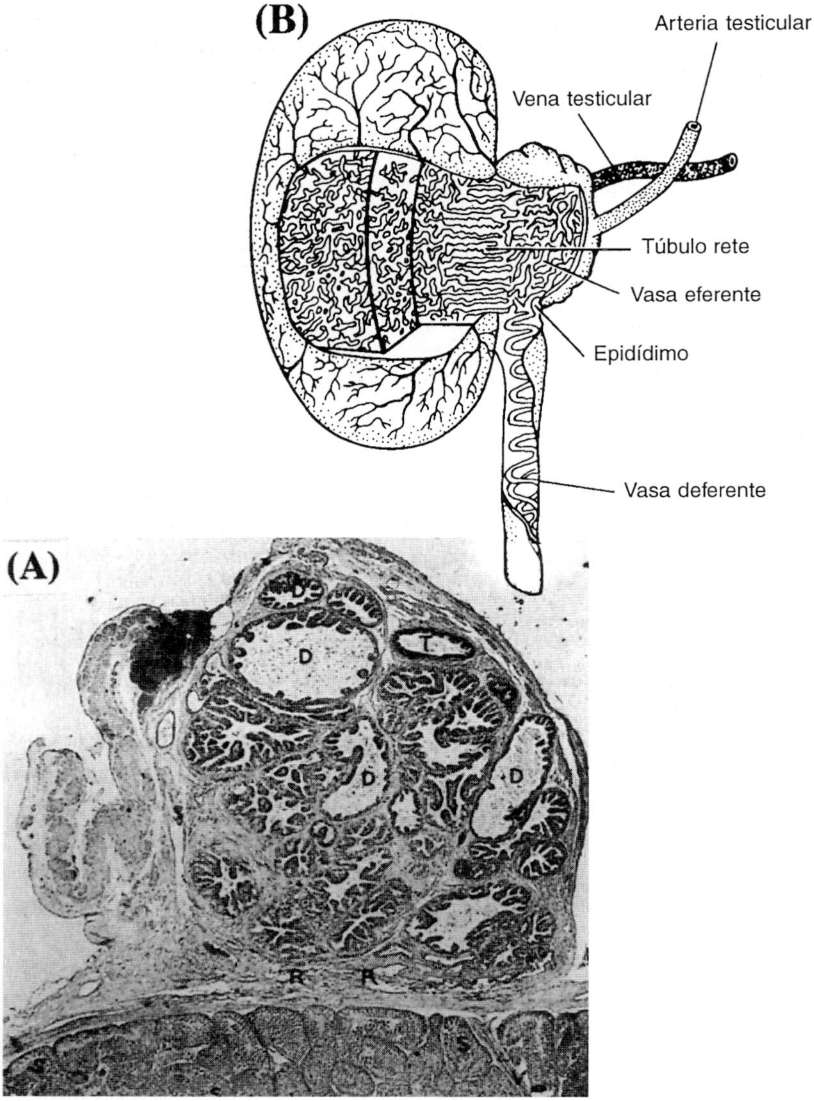

Figura 8.3 Los túbulos seminíferos son una red interconectada que drena en la rete testis. Los túbulos convolutos de la vasa eferente conectan la rete testis al epidídimo, que conduce el semen a la vasa deferente. (**A**) Corte que muestra los túbulos seminíferos (S), la rete testis (R), la vasa eferente (D) y los túbulos epididimales, datos de Parker *et al.* (1942). (**B**) Ilustración diagramática de las conexiones entre los túbulos seminíferos, la rete testis, la vasa eferente, el epidídimo y la vasa deferente. Datos de Lake (1957) y Sturkie & Opel (1976).

y para producir los espermatocitos que se convertirán en espermatozoides (Fig. 8.4). El paso de espermatogonia a espermatocito haploide requiere la participación de las células de Sertoli, que están situadas en la periferia de los túbulos (Fig. 8.2). Estas células proporcionan el microambiente preciso para

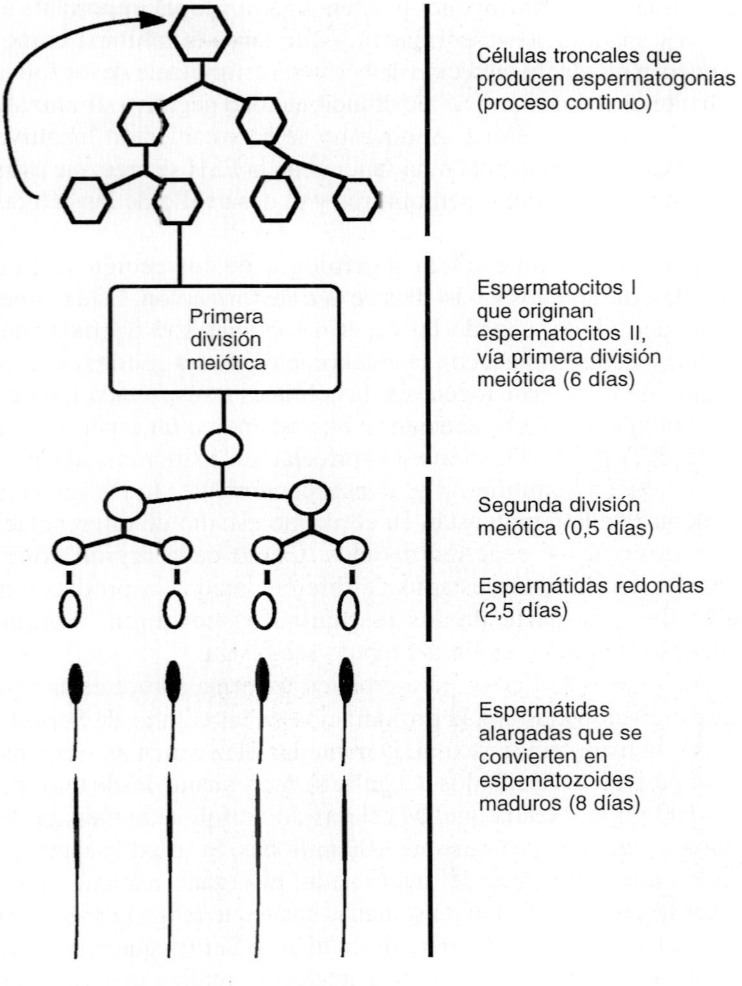

Figura 8.4 Formación de los espermatozoides durante la espermatogénesis en el pollo. Las espermatogonias se producen de manera continua por división mitótica, para producir subsiguientes generaciones de espermatogonias y espermatocitos que entran en primera división meiótica. Después de aproximadamente seis días, se completa la segunda división meiótica y las cuatro espermátidas haploides comienzan a elongarse. La espermatogénesis se completa durante los siguientes siete o nueve días, cuando se adquiere la morfología de los espermatozoides maduros. Datos de Reviers (1988).

que se efectúe la diferenciación aludida. En los mamíferos, las células de Sertoli secretan andrógenos que se unen a proteínas para aumentar la concentración de hormonas esteroides testiculares en los túbulos seminíferos y en algunas especies secretan estrógenos e inhibina. Aunque se sospechan funciones similares en las aves no han sido estudiadas en profundidad. Sin embargo, se presume que los estrógenos pueden jugar un papel importante en la diferenciación y maduración espermática y que tanto la inhibina como los estrógenos pueden regular la secreción de hormona estimulante de los folículos (FSH), mediante un mecanismo de retrofuncionalidad negativa similar al que controla la LH y la testosterona. Aunque no se ha establecido inequívocamente en las aves, ni la existencia ni la función de la FSH se cree que estimula el crecimiento de los túbulos seminíferos y el desarrollo de las células de Sertoli.

En la Figura 8.4 se muestra la morfología de los recién formados espermatozoides, durante los 13-14 días de la transformación. Ésta comienza en la periferia del túbulo, cuando las espermatogonias son liberadas de las células troncales y se completa con la colaboración de las células de Sertoli. En cada estadio de la espermatogénesis, la célula es transportada muy cerca del lumen del túbulo, donde finalmente es liberada como un espermatozoide completo (Fig. 8.2). La maduración está perfectamente sincronizada en cada región de los túbulos seminíferos y, consecuentemente, todas las células germinales dentro de la región están en el mismo estadio de diferenciación, entre espermatogonias y espermatozoides. Como cada región contiene espermatozoides en diferente estadio de diferenciación, la producción de espermatozoides por parte de los testículos es continua, aunque la espermatogénesis de cada sección del túbulo sea fásica.

La capacidad de los testículos para producir esperma parece estar regulada por sucesos relacionados con la proliferación de las células de Sertoli que ocurre antes de la maduración sexual. Durante las diez semanas siguientes a la eclosión, el peso de los testículos del gallo se incrementa desde unos cuantos mg a 60-100 mg a medida que las células de Sertoli se aumentan desde aproximadamente un millón hasta unos 100 millones. Si se extirpa uno de los testículos a las pocas semanas del nacimiento, el órgano restante crece de forma compensatoria en seis u ocho semanas hasta que tenga la misma masa de tejido testicular y el mismo número de células de Sertoli que cuando tenía ambos testículos (Fig. 8.1). Si la hemicastración se realiza una vez que las células de Sertoli han completado la mitosis, no se presenta crecimiento compensatorio (Tabla 8.1). Por tanto, parece estar claro que el número de células de Sertoli está estrechamente relacionado con la capacidad de los testículos para producir espermatozoides.

El número de células de Sertoli presentes en los testículos, es proporcional al tamaño testicular y por ello la producción diaria de esperma está tam-

Tabla 8.1 Peso testicular, longitud de los túbulos seminíferos, número de células de Sertoli y producción diaria de espermatocitos I, espermátidas redondas y espermátidas alargadas, de gallos hemicastrados entre 1 y 24 semanas de edad. Las medidas de la morfología testicular fueron tomadas a las 30 semanas de edad. Datos de Reviers & Williams (1984).

	Edad de la hemicastración (semanas)						*Media de ambos testículos en machos intactos*
	1	*4*	*8*	*12*	*16*	*24*	
Número de aves	3	9	11	8	10	8	12
Peso testicular (g)	63	45	43	38	32	28	24
Longitud total de los túbulos seminíferos (m)	775	493	465	383	306	303	342
Número de células de Sertoli $\times 10^6$	131	94	84	61	56	60	60
Producción diaria de espermatocitos I $\times 10^9$	2,6	1,6	2,1	1,3	1,1	0,9	1,1
Producción diaria de espermátidas redondas $\times 10^9$	8,4	4,1	5,2	4,2	3,8	3,2	3,0
Producción diaria de espermátidas alargadas $\times 10^9$	5,6	3,9	4,2	3,5	3,1	2,0	2,2

bién relacionada con el tamaño testicular (Fig. 8.5). En general, los machos grandes tienen grandes testículos y, por ello, los machos productores de broilers producen más semen que los productores de Leghorn (Tabla 8.2). En un ambiente estable, donde se procure pienso y agua adecuadamente y bajo un fotoperíodo constante y que el macho esté libre de enfermedades, la producción diaria de esperma es constante, independientemente de la frecuencia de las eyaculaciones (Tabla 8.3). Hasta el 87% de la producción diaria de esperma, puede recogerse por masaje abdominal, si el macho monta con frecuencia o eyacula al menos 5 veces por semana, para un programa de inseminación artificial (Tabla 8.3). En ausencia de eyaculación, los espermatozoides se almacenan, hasta unos cuantos días, en la parte inferior de las vasas deferentes y luego se reabsorben dentro de los conductos de expulsión.

Aunque la producción diaria de esperma parece producirse con un ritmo constante, tanto el volumen de eyaculado como la concentración de espermios en el eyaculado, se encuentran reducidos cuando el semen se recoge con más frecuencia en pollos (Tabla 8.4) y pavos (Tabla 8.5). El intervalo óptimo entre colecciones de semen para inseminación artificial depende del objetivo de los cruces. Si se desea un gran número de crías por monta, el semen se debe

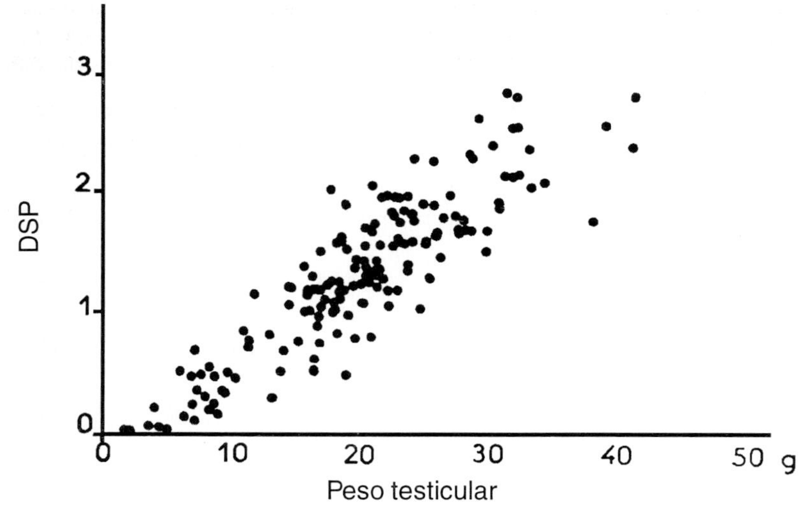

Figura 8.5 Relación entre la producción diaria de esperma × 10^9 (DSP) y peso testicular en 160 gallos productores de broilers. Datos de Reviers & Williams (1984).

recolectar aproximadamente a intervalos de semana; sin embargo, si se desea el mayor número de crías por macho, éstos deberán eyacular hasta cinco veces por semana.

Tabla 8.2 Volumen de semen, concentración de espermatozoides y número de inseminaciones por eyaculado para varias especies o tipos de aves. Datos de Lake & Stewart (1978) y Rouvier *et al.* (1984).

Especies o tipo	*Volumen (ml)*		*Concentración (10^9 células ml^{-1})*		*Número de inseminaciones por eyaculado**
	Media	*Márgenes*	*Media*	*Márgenes*	
Productoras de:					
Broilers	0,35	0,1-0,9	5,7	3,0-8,0	20
Huevos ligeros	0,15	0,15-0,3	5,0	5,0-7,5	7,5
Huevos medios	0,2	0,08-0,5	5,0	3,5-6,0	10
Pavos ligeros	0,15	0,08-0,3	9,0	8,0-14,0	13,5
Pavos pesados	0,2	0,1-0,33	9,5	9,0-13,5	19
Gallinitas de Guinea	0,075	0,05-0,15	6,0	4,0-8,0	4,5
Pato pequinés	0,23	0,1-1,0	4,0	0,02-6,0	9,2
Pato moscovita	1,1	1,0-1,5	1,8	–	20

* Considerando 100 × 10^6 células por inseminación.

Tabla 8.3 Relaciones entre el número de eyaculados por semana, número de espermatozoides producidos por semana, número de espermatozoides producidos por eyaculado y número potencial de inseminaciones por semana, considerando 100 millones de células por inseminación. Datos de Reviers (1988).

	Número de eyaculaciones por semana		
	2	*3*	*5*
Nº de espermios producidos por semana ($\times 10^9$)	22	25	23
Nº de espermios por eyaculado ($\times 10^9$)	6	5	4
Nº de espermios recogidos por semana ($\times 10^9$)	11	15	20
% del esperma producido que se recolectó	50	60	87
Número potencial de inseminaciones por semana	110	150	200

Tabla 8.4 Efecto de la frecuencia de la eyaculación por la técnica del masaje sobre las características del semen de pollos. Datos de Parker (1968).

Intervalo entre eyaculaciones	*Volumen medio del eyaculado (ml)*	*Concentración de espermatozoides ($\times 10^9$ células ml^{-1})*	*Nº de espermios eyaculados ($\times 10^9$)*
0,25	0,80	0,5	0,5
0,5	0,70	0,8	0,5
1	0,75	2,4	1,7
2	0,87	3,9	3,3
3	1,20	3,9	4,7
8	0,98	4,5	5,3

Tabla 8.5 Efecto de la frecuencia de la eyaculación por la técnica del masaje, sobre las características del semen de pavos. Datos de Buckland *et al.* (1980).

Frecuencia de eyaculación	*Volumen medio del eyaculado (ml)*	*Concentración de espermatozoides (unidades O.D.)*	*Capacidad fertilizante (%)*
1 por semana	0,34	0,436	83
3 por semana	0,25	0,399	89
5 por semana	0,15	0,327	86

8.3 Transporte y almacenaje de esperma

Cuando los espermatozoides son liberados al lumen de los túbulos seminíferos van hacia la rete testis. El mecanismo preciso de este movimiento no se conoce bien en las aves, pero por analogía con lo que sucede en los mamíferos, parece que el flujo abundante de líquido desde los túbulos, proporciona el medio adecuado para la propulsión de los espermios. La mayor parte de este fluido se reabsorbe en la rete testis y los vasa eferente con lo que se produce una suspensión concentrada de espermatozoides que pasa a través del epidídimo hasta la vasa deferente. La rete testis está recubierta por células ciliadas que se cree colaboran al transporte del semen hacia el epidídimo. La rete testis contiene unas cuantas células contráctiles que están muy inervadas y se piensa que estas contracciones también ayudan al transporte del semen.

Las descripciones histológicas de la rete testis y el epidídimo sugieren que parte de las células que recubren estos conductos sintetizan y secretan proteínas aunque no se conoce su naturaleza, pero es atractivo pensar que ellas están relacionadas con la adquisición simultánea de motilidad y capacidad fecundante cuando el semen se transporta a través de aquellas estructuras (Tabla 8.6). Esta especulación es coincidente con la reciente observación de que la alteración o eliminación de las proteínas del esperma eyaculado, mediante exposición a neuraminidasa o altas concentraciones de sal evitan el transporte del semen. También es coincidente con la observación de que el esperma recuperado de los testículos y el esperma cuyas posibles proteínas epididimales o de la rete testis se alteraron o se eliminaron, pudieron fertilizar huevos cuando se situaba en la región más alta del oviducto.

Tabla 8.6 Motilidad y capacidad fecundante de espermatozoides recogidos del testículo, epidídimo y vasa deferente. Datos de Munro (1938).

	Origen de los espermatozoides		
	Testículo	*Epidídimo*	*Vasa deferente*
Motilidad[1]	+	++	++++
Capacidad fertilizante			
Gallinas fértiles/gallinas inseminadas	3/69	5/39	57/77
% gallinas fértiles	4	13	74
Huevos fértiles puestos por gallinas fértiles	3/19	16/36	250/351
% huevos fértiles puestos por gallinas fértiles	16	44	71

[1] Basado en las observaciones de semen de 30 machos. + = espermios móviles raros ++ = menos del 50% de los espermios eran móviles +++ = todos los espermios eran móviles.

La vasa deferente conduce el semen desde el epidídimo a la cloaca y se comporta como un reservorio para el semen antes de la eyaculación. El transporte del semen a través del epidídimo y la vasa deferente, está asistido por los movimientos peristálticos de las capas musculares que recubren estos conductos. El esperma puede alcanzar la parte inferior de la vasa deferente, desde el epidídimo en 24 horas y la mayor parte del esperma en el epidídimo se habrá transportado en 72 horas. El volumen de semen en la parte inferior de la vasa deferente inmediatamente después de la eyaculación es ligeramente mayor que la del eyaculado previo, lo que sugiere que la reserva es ligeramente mayor de una o dos eyaculaciones. Los machos, sexualmente experimentados mantenidos aislados durante 36 horas y luego introducidos en un corral de gallinas, pueden cubrir hasta 4 veces en 15 minutos, aunque el 40-60% de la producción combinada de semen esté contenida en el primer eyaculado (Tabla 8.7).

En la eyaculación, los músculos bien desarrollados de las regiones inferiores de la vasa deferente expelen el semen a través de la papila que extiende la vasa deferente dentro del urodeum (Fig. 8.6). El eyaculado fluye al protodeum entre los pliegues fálicos laterales ingurgitados en ese momento. Cada pliegue fálico está ingurgitado por la linfa del cuerpo vascular paracloacal que contiene una red de sinuosidades conectadas al sistema linfático (Fig. 8.7). Durante la cubrición natural o durante la recolección de semen por masaje abdominal, estas sinuosidades se ingurgitan con líquido linfático, lo que hace que los pliegues laterales del proctodeum se protuyan desde la cloaca. En la

Tabla 8.7 Volumen, concentración y número de espermatozoides en sucesivas eyaculaciones dentro de los 15 minutos siguientes de haber introducido machos sexualmente experimentados en un corral de gallinas. Los gallos habían estado aislados 36 horas antes de la cubrición. Datos de Parker *et al.* (1942).

Número de eyaculados	*Eyaculado Número*	*Volumen del eyaculado (ml)*	*Concentración del eyaculado (× 10^9 células ml^{-1})*	*Nº de espermios por eyaculado (× 10^6)*
3	1	0,46	3,17	1.549
	2	0,29	1,96	731
	3	0,22	1,23	343
	Total	0,97	–	2.623
4	1	0,38	2,57	1.150
	2	0,28	1,69	576
	3	0,30	1,28	517
	4	0,29	1,46	504
	Total	1,25	–	2.748

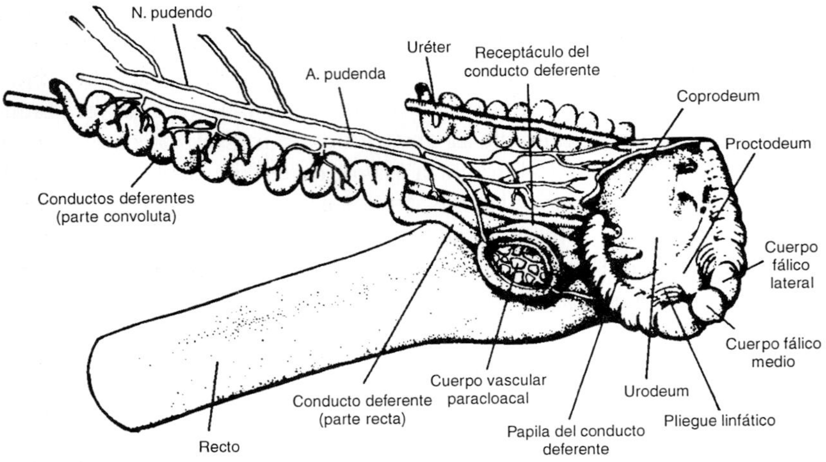

Figura 8.6 Vista lateral de la cloaca ilustrando la entrada de la vasa deferente y uréteres a través de las papilas en el urodeum, localización de los cuerpos paracloacales y pliegues fálicos del proctodeum. El nervio pudendo y la arteria pudenda están indicados como n. y a. pudendo/ a, respectivamente. Datos de Lake (1981).

eyaculación, normalmente el semen fluye desde las vasas deferentes al urodeum y pasa entre los pliegues citados del proctodeum (Fig. 8.8). En algu-

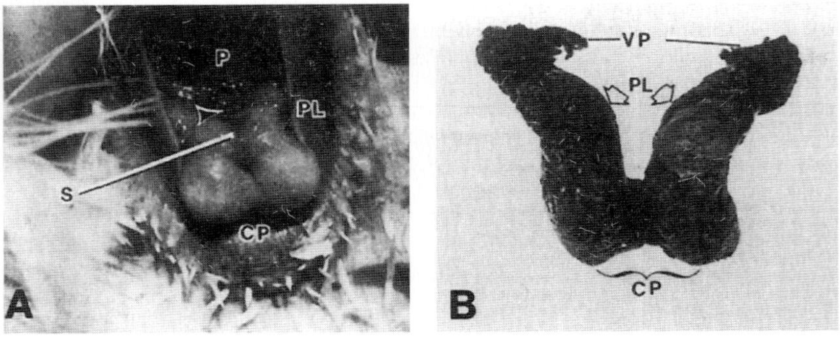

Figura 8.7 (**A**) Cloaca del pavo, inmediatamente antes de la eyaculación y (**B**) red vascular inyectada con látex de los cuerpos paracloacales que aportan líquido linfático durante la excitación sexual. P, protodeum; PL, pliegues linfáticos laterales; CP, pliegues fálicos laterales; S, estría o surco por donde fluye el semen a través del proctodeum; VP, cuerpo vascular paracloacal. Datos de Knight *et al.* (1984).

nos casos particularmente en gallos, el semen puede ser expelido desde las vasas con tal fuerza que nunca toca la cloaca (Fig. 8.8). El semen recogido sin contacto con la cloaca es preferido para la inseminación artificial y para su manipulación *in vitro,* ya que así contiene pocos contaminantes procedentes del sistema gastrointestinal del útero y menos linfa de los cuerpos vasculares paracloacales.

Los órganos copulatorios de las aves acuáticas son mayores que los de las gallináceas y los pliegues extendidos semejantes a falos, se pueden protuir varios centímetros, desde la cloaca (Fig. 8.9). Sin embargo, a pesar de sus aparentes similitudes anatómicas con el pene de los mamíferos, el órgano copulatorio de las aves acuáticas es funcionalmente similar al de las gallináceas, porque el semen es transportado en un surco abierto, que en forma de espiral desciende a la superficie externa del órgano protuido (Fig. 8.9).

En la aves domésticas no hay órganos sexuales secundarios que se puedan comparar a los de los mamíferos. Por tanto, el líquido seminal probablemente deriva en su totalidad de los testículos y los conductos correspondientes

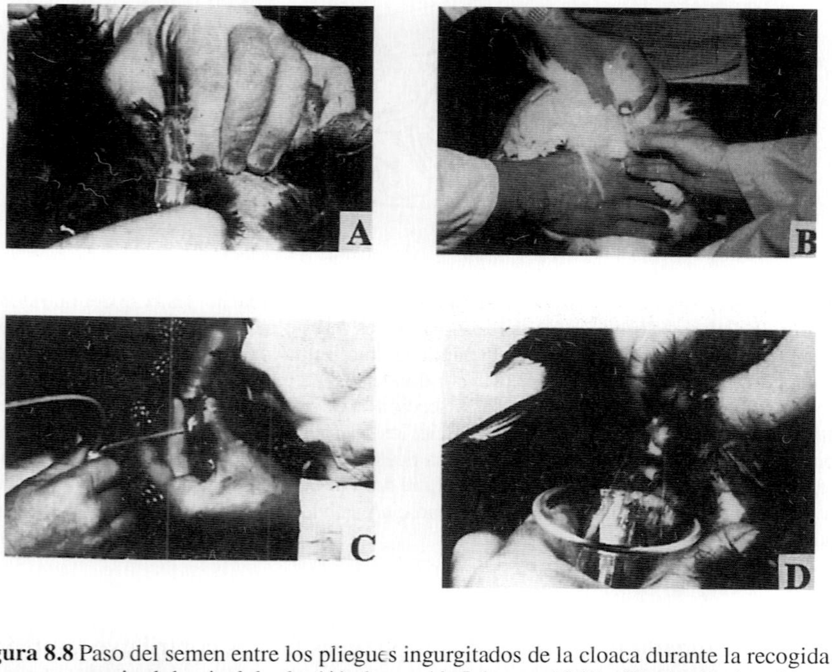

Figura 8.8 Paso del semen entre los pliegues ingurgitados de la cloaca durante la recogida de semen por masaje abdominal desde: (**A**) el pavo (de Johnson, 1953); (**B**) el pollo (amablemente cedida por K. Rose Universidad de Guelph); (**C**) un gallito de guinea; (**D**) En algunos casos el semen es expelido desde la vasa deferente con suficiente fuerza para que se pueda recoger un chorro de semen sin que haya tocado la cloaca (fotografía amablemente cedida por P.E. Lake).

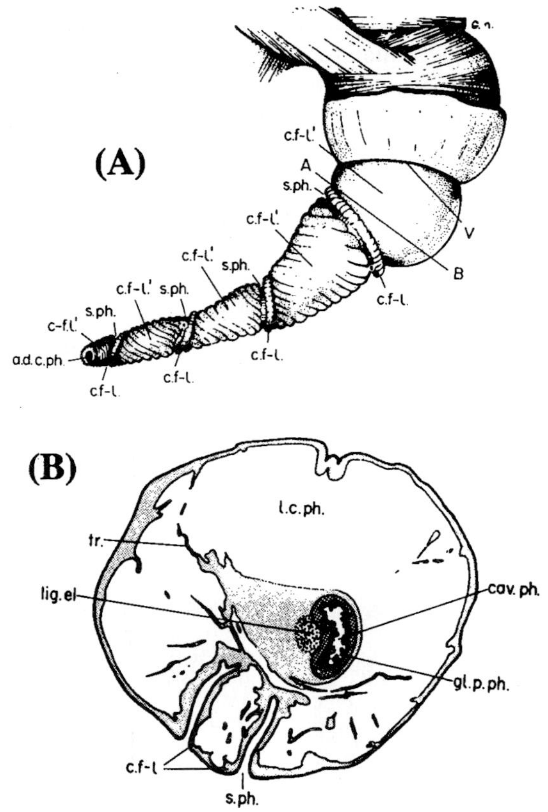

Figura 8.9 (**A**) Vista lateral izquierda del falo erecto del pato macho. La base del falo llena la abertura. El cuerpo fibrolinfático derecho (c-f.l.) es mucho más estrecho que el del lado izquierdo (c-f.l'.), pero ambos llegan a la punta del falo. Entre los dos cuerpos, sobre la superficie del falo, está el surco del falo (s.ph.) por donde el semen es conducido a la vagina durante la copulación. A-B indica el plano de la sección transversal en (**B**). (**B**) Aunque el cuerpo linfático derecho es visible sobre la superficie, los cuerpos fibrolinfáticos izquierdo y derecho vierten internamente a una cavidad linfática del falo (l.c.ph.). El centro del falo contiene el ligamento elástico del falo (lig.el.) y la cavidad tubular del falo (cav.ph.), que están rodeados por tejido glandular (gl.p.ph.). V, abertura; ad.c.ph., cavidad del falo adicional; tr., trabécula. Datos de King (1981).

aunque el exudado linfático desde los pliegues fálicos contribuye también al eyaculado cuando el semen se recoge por masaje abdominal. Como los mecanismos de la transferencia del semen y la composición del mismo durante la copulación natural ha recibido muy poca atención, no está claro si el líquido linfático es un componente normal del semen aviar.

La cloaca de la gallina, la pava y la codorniz contiene una glándula en el proctodeum dorsal, que se debe considerar como un órgano sexual secundario en la codorniz. En contraste con la glándula proctodeal dorsal de la gallina y pava, que no es dependiente de los andrógenos y solamente produce una pequeña cantidad de líquido viscoso, la glándula proctodeal de la codorniz si es dependiente de andrógenos y contribuye con una secreción espumosa al semen. La función de esta secreción no está clara aun cuando la fertilidad queda gravemente alterada cuando se extirpan las glándulas quirúrgicamente. Esa espuma puede aumentar el transporte de los espermatozoides por mecanismos sin identificar y puede proporcionar un medio en el que los espermios queden expuestos a altas concentraciones de oxígeno para soportar el metabolismo aeróbico.

8.4 Morfología del esperma

Las células espermáticas de las aves domésticas son largas, cilíndricas y rematadas en ambas puntas (Fig. 8.10). Como sucede en otros animales, los espermatozoides contienen un acrosoma, una pieza intermedia y una cola; en la parte más ancha mide 0,5 µm y unos 100 µm de longitud con un volumen de alrededor de 10 μm^3. Como las células proceden de las espermátidas que miden unos 6 µm de diámetro y contienen 75 μm^3, los espermatozoides se encuentran más alargados y su volumen está sustancialmente reducido.

Aunque los componentes de la espermatogonia se reagrupan durante la espermatogénesis, el acrosoma, la cabeza, la pieza intermedia y la cola están contenidas dentro de una membrana (Fig. 8.11). El acrosoma deriva del aparato de Golgi de la espermatogonia y está compuesto de un capuchón acrosomal y una columna. Esta región contiene una o más de las enzimas proteolíticas necesarias para la fertilización (véase Sección 3.2). El núcleo está incluido dentro de la cabeza y los cromosomas están muy condensados durante la espermatogénesis. La membrana nuclear se encuentra apuesta a la membrana celular, ya que el citoplasma del espermatocito queda eliminado en el túbulo seminífero.

La pieza intermedia y la cola del espermatozoide derivan de las mitocondrias y el citoesqueleto de la célula proporciona la motilidad al espermatozoide funcional. La pieza intermedia está unida a la cabeza por el centríolo proximal (Figs. 8.12 y 8.13). El centríolo distal forma el núcleo de la pieza intermedia y está estrechamente unido al centríolo proximal. El centríolo distal asegura las dos fibras centrales que se proyectan dentro de la cola del espermatozoide (Fig. 8.12). Estas fibras están rodeadas de nueve juegos de túbulos triples que se originan entre los centríolos proximal y distal (Fig. 8.13) y se extienden. a través de la pieza principal de la cola hasta el extremo

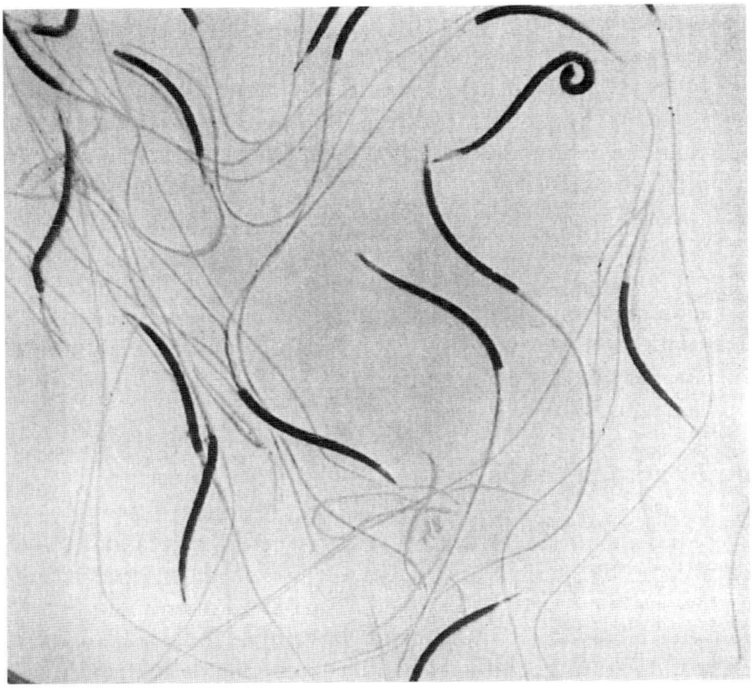

Figura 8.10 Microfotografía de un espermatozoide de gallo utilizando luz ultravioleta (275 nm), por lo que la cabeza aparece de color negro. El espermatozoide mide 0,5 μm en su parte más ancha y aproximadamente 100 μm de largo. El acrosoma, cabeza, pieza intermedia y cola miden unos 2, 13, 4 y 85 μm, respectivamente y el volumen del espermatozoide es de 10 μm^3. Datos de Polge (1950).

de ella (Fig. 8.12). La pieza intermedia está rodeada de aproximadamente 30 mitocondrias que contribuyen a la capacidad enzimática para el metabolismo energético.

8.5 Metabolismo de las células espermáticas

Las células espermáticas de las especies avícolas al igual que la mayoría de los animales, deben sobrevivir en un ambiente especial dentro de los testículos y conductos excretores sin que tengan relación alguna con el sistema vascular que les aportaría oxígeno y sustratos para el metabolismo energético y que sirviera de conductor de los productos de desecho. Dentro del sistema reproductor femenino, la supervivencia de las células espermáticas avícolas se ve prolongada en glándulas colectoras que poseen sistemas metabólicos

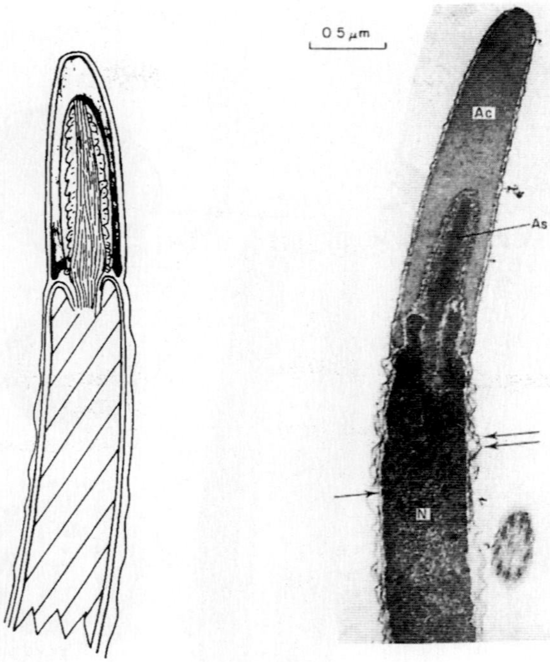

Figura 8.11 Micrografía electrónica de una sección oblicua a través del acrosoma y cabeza de un espermatozoide de un ave doméstica. La parte izquierda es una representación diagramática de la fotografía. Se puede apreciar, claramente, la membrana nuclear (flecha simple), que está estrechamente unida a la cromatina, y la membrana celular (doble flecha) que no se fija a la región nuclear. Ac, capuchón acrosomal; As, columna acrosomal; N, núcleo. Datos de Lake (1981).

poco usuales para mantener la capacidad fecundante durante su permanencia *in vivo*. Sin embargo, cuando se les mantiene *in vitro,* la capacidad fecundante y la motilidad de los espermatozoides de las aves, comienza a declinar a los 15 minutos después de la eyaculación. Por tanto, el entender las capacidades metabólicas de estas células únicas tiene un interés teórico considerable por sus valores bioquímicos y pragmáticos para aquellos interesados en la valoración del semen aviar tanto *in vivo*, como *in vitro*.

Metabolismo energético

Desde el punto de vista comparativo, es interesante anotar que los espematozoides del gallo y el pavo tengan capacidades completamente diferentes para proveerse de energía de los sustratos presentes en el líquido seminal, túbulos de almacenaje de esperma o diluyentes designados para la insemina-

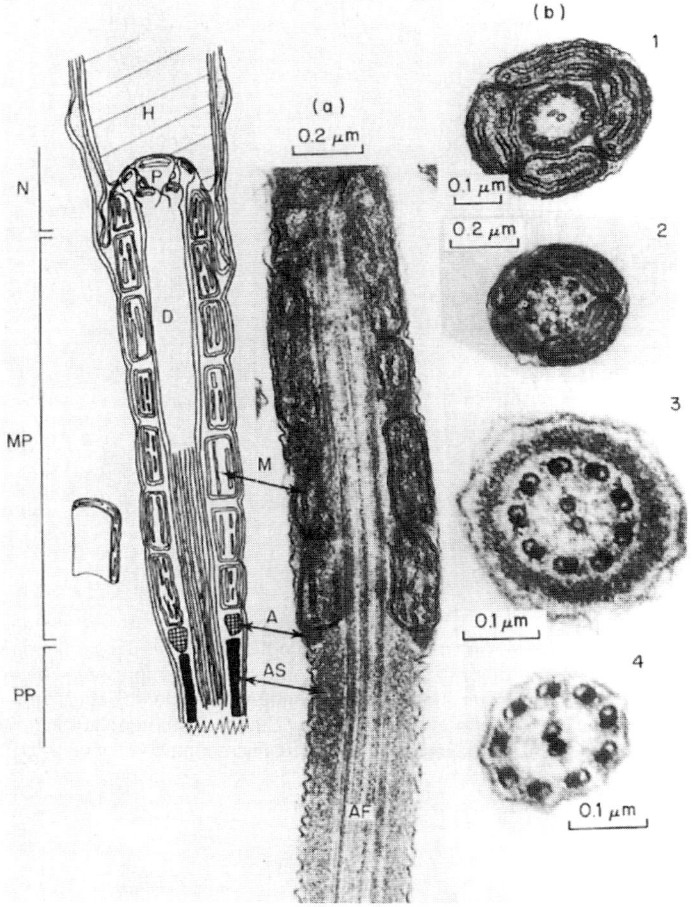

Figura 8.12 Micrografías electrónicas de la cola del espermatozoide de las aves domésticas. (**a**) Sección longitudinal de la parte distal de la pieza intermedia distal al centríolo distal y parte proximal de la pieza principal. (**b**) Sección transversal de la pieza media y pieza principal a varios niveles (desde la parte proximal a la distal de arriba abajo, aunque no con los mismos aumentos). 1. Pieza intermedia a nivel de la parte distal del centríolo distal, que muestra las nueve fibras externas y las dos internas del complejo centriolar, rodeadas de mitocondrias. 2. Pieza intermedia distal al centríolo distal. Aquí las nueve fibras aparecen como dobletes separados. 3. Parte distal de la pieza principal. A este nivel el complejo de filamentos axiales está rodeado solamente por un material denso y amorfo. 4. Punta de la pieza principal. A la izquierda se encuentra una representación diagramática de una sección longitudinal del espermatozoide, entre la unión de la cabeza y la cola proximal y la pieza intermedia y la pieza principal distal. A, Annulus; AF, filamento axial complejo; AS, vaina amorfa; D, centríolo distal; H, cabeza; M, mitocondrias; MP, pieza intermedia de la cola; N, cuello de la cola; P, centríolo proximal; PP, pieza principal de la cola. Datos de Lake (1981).

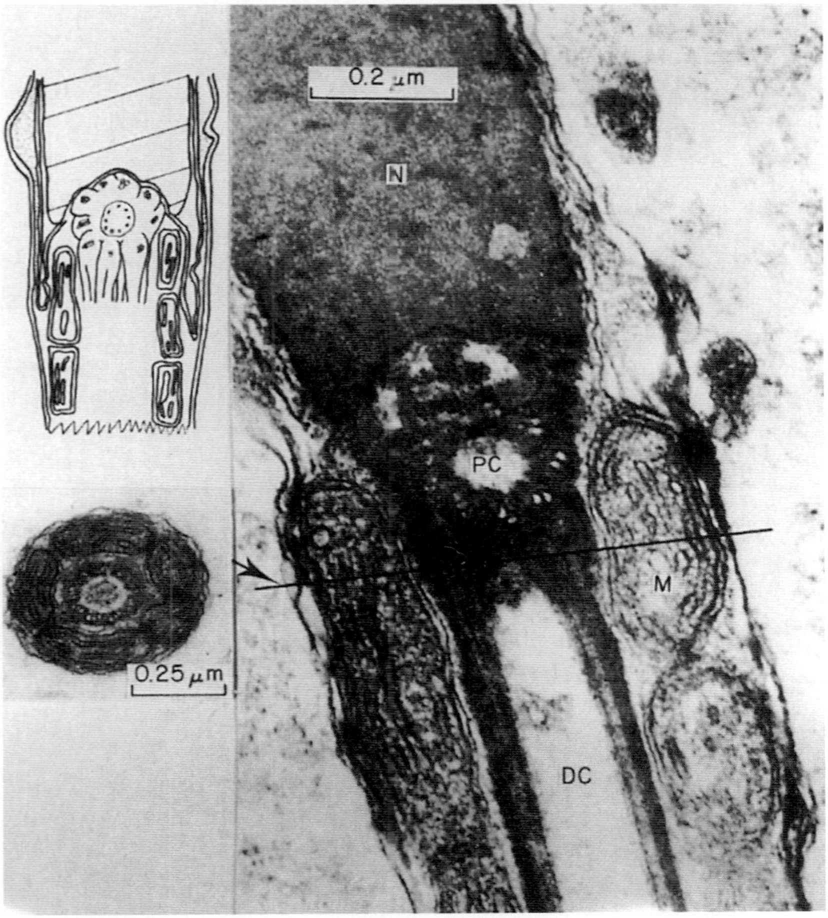

Figura 8.13 A la derecha una microfotografía electrónica de una sección longitudinal del cuello y parte proximal de la pieza intermedia del espermatozoide de un ave doméstica. A la izquierda, representación diagramática de esta región y micrografía de una sección transversal de la unión de los centríolos proximal y distal. DC, centríolo distal; M, mitocondrias; N, núcleo (cabeza); PC, centríolo proximal. Datos de Lake (1981).

ción artificial y conservación de semen *in vitro*. Mientras el esperma del gallo puede metabolizar la glucosa a lactato con toda eficacia, en condiciones anaeróbicas, el esperma del pavo no puede obtener cantidades significantes en metabolismo anaeróbico. Sin embargo, el semen de ambas especies puede oxidar glucosa a ATP bajo condiciones aeróbicas (Fig. 8.14). No se han identificado los sustratos endógenos que son utilizados por los espermatozoides

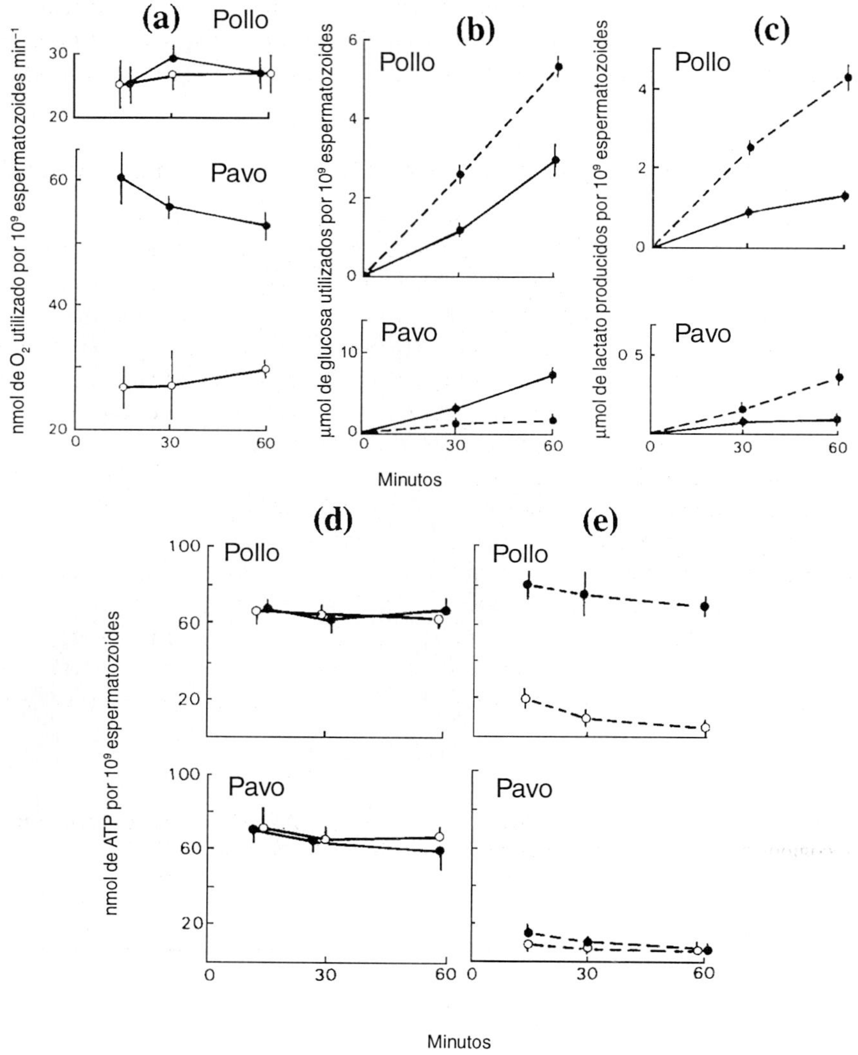

Figura 8.14 Ritmo de utilización de oxígeno (**a**) glucosa, (**b**) y producción de lactato (**c**) y concentraciones de ATP de los espermatozoides del gallo y pavo, incubados en condiciones aeróbicas (**d**) y anaeróbicas (**e**) a 40 °C *in vitro*. Los círculos negros y blancos indican presencia y ausencia, respectivamente de glucosa 10 mM. Las líneas continuas y discontinuas indican condiciones anaeróbicas y aeróbicas, respectivamente. Datos de Wishart (1982).

de las aves en ausencia de glucosa suplementaria, pero se ha sugerido que pueden utilizar los fosfolípidos como sustrato para el metabolismo energético. También es importante señalar que el glutamato no se puede utilizar como fuente energética por los espermatozoides, a pesar de las poco usuales altas concentraciones de este aminoácido en las secreciones del sistema reproductor del macho.

Tampones, sustratos y productos metabólicos en los líquidos seminales

Cuando los espermatozoides pasan a través de los testículos, rete testis, epidídimo y vasa deferente van suspendidos en las secreciones de los testículos y conductos excretores que proporcionan los sustratos y tampones y reabsorben los productos finales del metabolismo. Cuando el semen se recoge por masaje abdominal, se puede contaminar con uratos y heces al fluir por el proctodeum y por ello es difícil de conocer la composición exacta del plasma seminal en el eyaculado. Sin embargo, comparando la composición del plasma sanguíneo con los principales componentes del plasma seminal, parece que la contribución del líquido linfático es mínima aunque se resaltan algunas características del plasma seminal del pollo y el pavo (Tabla 8.8). No parece que el plasma seminal proporcione sustrato para el metabolismo energétic ya que hay muy poca glucosa. En el plasma seminal, el glutamato está presente en alta concentración y parece reemplanzar al Cl^-, como anión. No obstante, la significación funcional del glutamato es enigmática, ya que el esperma carece de capacidad metabólica adecuada para utilizarlo como fuente de energía. Aunque la adición de glutamato a los tampones es benefi-

Tabla 8.8 Concentración (mM) de los componentes principales de la sangre y el plasma seminal, recogidos de pollos y pavos. Datos de Lake (1984) y Lake & Wishart (1984).

Componente	*Plasma seminal de pollos*	*Plasma seminal de pavos*	*Plasma sanguíneo*
Glucosa	0,18	–	12
Cl^-	46	23	121
Na^+	145	140	160
K^+	13	20	6
Ca^{2+}	1,4	0,3	6
Glutamato	75	88	0,2
Lactato	3,7	2,4	5,5
Piruvato	0,3	0,4	0,4
α-cetoglutarato	0,4	0,2	0,1
Carnitina	3,2	1,7	0,2
Acetil carnitina	0,5-2,0	0,5-2,0	0,1
Proteína (g l^{-1})	8	22	40

ciosa para la conservación del semen, no es un componente esencial de los diluyentes para el semen de las aves. En comparación con la sangre, hay menos proteínas y Cl^- en el plasma seminal. Sin embargo, si el líquido linfático no contribuye a la conservación del semen, se deben adicionar cantidades significantes de proteínas ya que la concentración de proteínas y Cl^- en la linfa es aproximadamente, igual a la de la sangre.

8.6 Monta natural

A excepción del palomo, en el que el vínculo de la pareja es imprescindible para el proceso reproductor, las aves que han sido domesticadas para que produzcan carne y huevos son polígamas. Por ejemplo, para mantener una óptima fertilidad en corrales de gallinas, se precisa un macho por cada 7-14 gallinas depende de la estirpe condición corporal y edad. La presencia física del macho no es precisa para estimular la ovulación de la hembra y la monta tampoco parece tener efecto sobre el ritmo de ovulación. La relación macho:hembra en los broilers, es más baja que en los gallineros dedicados a la producción de ponedoras y en mucho casos se precisa la adición de machos supletorios durante la estación reproductora. Sin embargo, la introdución de nuevos machos a un gallinero establecido se asocia con comportamientos agresivos entre los machos para establecer la jerarquización social. El establecimiento de esa jerarquización precede a la aparición de la actividad de la monta natural, con lo que el máximo de fertilización no se consigue hasta que no se establece esa jerarquización. Los machos con mejor posición dentro de una clasificación jerárquica, cubren más veces que los que están en posiciones inferiores, sobre todo en los gallineros grandes donde los machos deben competir para mantener su harén; no obstante, los machos de las posiciones inferiores aprovechan para cubrir cuando los de posición más alta están ya cubriendo a otras gallinas. Los machos de mejor clasificación tendrán más intentos fallidos de cubrición que los otros, particularmente si el cruzamiento se hace en la proximidad. En los grandes gallineros comerciales los machos establecen su territorio y tratan como a un extraño a cualquier macho que intente cubrir en aquel territorio.

El tiempo que hay que emplear para medir con exactitud la frecuencia de las montas y la dificultad técnica de equipar a los machos con arneses colectores de semen que no les impida la monta, ha hecho que existan opiniones divergentes con respecto a la frecuencia de las montas durante el día, el volumen de semen transferido, la composición del semen eyaculado y la proporción de montas acompañadas de eyaculación. Sin embargo, cabe señalar que los pollos pueden montar hasta 30 veces por día y que normalmente más del 50% de las copulaciones no están asociadas a transferencia de semen (Tabla

8.9). En ciertas ocasiones, las cubriciones ocurren con más frecuencia por las mañanas, aunque en otras circunstancias son más frecuentes por la tarde.

La cubrición o monta suele estar precedida por un cortejo de los machos a las hembras. Las reacciones comportamentales que se observan en ese período se conocen con el nombre de «vals», donde el macho deja como caer un ala y se aproxima a la gallina casi arrastrándose y «abordar por detrás», donde el macho sujeta la cresta o el cuello de la gallina o extiende sus alas sobre ella. Otras actividades del cortejo incluyen dar vueltas alrededor de la gallina con pasos exageradamente altos, «engatusamiento» donde el macho picotea y escarba el suelo mostrando a la gallina comida y «esquinazo» cuando el macho corre hacia una esquina, patalea y se construye una especie de cama, con movimientos con los que logra una depresión semejante a un nidal mientras canta (llama) a las gallinas. Otros signos de cortejo pueden ser: revolcarse en la tierra, aleteo, movimientos exagerados de la cabeza, plumas erizadas, movimiento de cola, arreglarse las plumas con el pico, contornearse y especie de gimoteo en la vocalización, aunque en ocasiones no sean signos específicos del cortejo. Los machos dirigen la mayor parte de su comportamiento de cortejo al resto del gallinero, aunque el vals y el abordaje estén dirigidos sólo a una gallina. Los machos prefieren cortejar a gallinas con fenotipos

Tabla 8.9 Registros de montas y fertilidades resultantes en machos observados desde las 6 de la mañana a las 6 de la tarde en condiciones de luz natural cuando la duración del día era aproximadamente de 14L : 10O. Datos de Penquite *et al.* (1930).

Macho	*Gallinas cubiertas*	*Gallinas fértiles*	*Intervalo mínimo/ máximo entre montas (min)*	*Número de gallinas que pusieron en los 16 días siguientes*	*Montas con huevos fértiles y fertilidad (en paréntesis)*
786	21	5	2/267	16	1 (14); 4 (50); 8 (38); 9 (38); 21 (67)
785	16	2	6/177	15	11 (9); 16 (50)
787	18	4	1/83	16	4 (14); 10 (55); 11 (20) 18 (19)
768	28	8	1/160	27	1 (37); 2 (58); 3 (60); 6 (18); 8 (?); 9 (18); 10 (18); 24 (33)
790	14	6	5/215	14	1 (50); 3 (21); 4 (39); 5 (57); 9 (43); 14 (29)
791	6	4	5/423	6	2 (6); 4 (60); 5 (46); 6 (33)

definidos que ellos conocen desde el período de crecimiento, aunque esta preferencia no excluye de cortejos a fenotipos no familiares.

El cortejo del macho provoca una respuesta selectiva en la hembra, que puede acercarse a la demostración del macho o le puede rechazar. No están muy claros los criterios que determinan la selección de un macho por parte de la hembra, aunque lo más probable es que los machos de ciertas estirpes sean más atractivos que los de otras para las hembras. La correlación entre frecuencia del comportamiento de cortejo y monta es relativamente pequeña, lo que indica que pueden existir otras causas, igual o más importantes, en la interacción señal/respuesta según se indica en la Figura 8.15. En los gallineros pequeños, las hembras se cruzarán con algunos machos, pero no con otros a causa de la aparición de determinados caracteres sexuales secundarios, en algunos machos pero no en todos. Sin embargo, como las gallinas se aparean con más de un macho, es evidente que las preferencias por los machos no producen cruces monogámicos. Aunque como se ha dicho, no se conocen bien las causas que motivan las preferencias por unos machos, suelen ser las

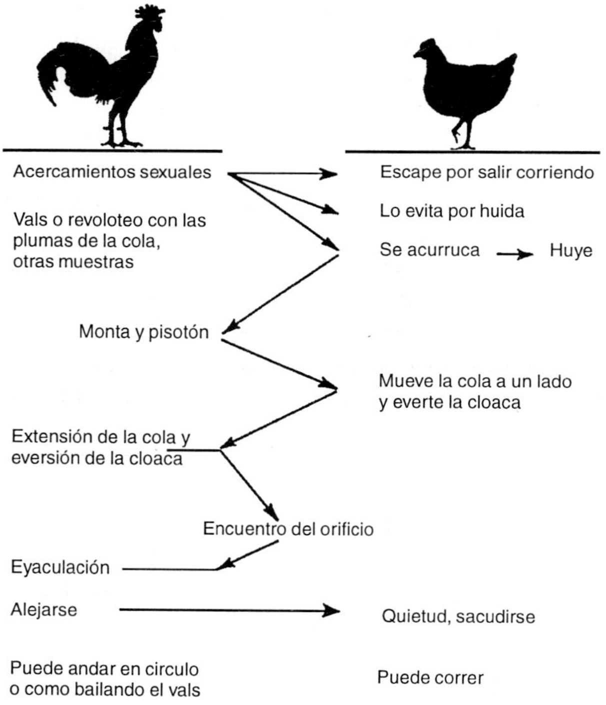

Figura 8.15 Secuencia simplificada de señal/respuesta en el comportamiento sexual de gallinas. Datos de Guhl (1962).

mismas para varios grupos de gallinas, lo que demuestra que el proceso selectivo puede ser un atributo universal del comportamiento sexual de las gallinas.

La gallina receptiva se acurruca antes de que el macho la pise con sus patas. El gallo la monta, agarra las plumas de su cuello con su pico y pisa el dorso de la gallina. La gallina eleva su cola y la mueve hacia un lado mientras el gallo baja la suya y la desliza sobre la parte trasera de la gallina. El semen se eyacula a través de los pliegues fálicos ingurgitados, dentro de la cloaca evertida de la hembra, entrando los dos órganos en un breve contacto. Inmediatamente que el macho se retira se retrae la cloaca de la gallina. Ésta asume una postura característica de quietud y sacudimiento vigoroso, mientras el macho puede circular alrededor o imitar el baile del vals. Entre la iniciación de la monta, cuando la gallina se acurruca y la sacudida que marca su final transcurren unos tres o cuatro segundos. El contacto cloacal se mantiene menos de un segundo.

Hasta el momento, ha recibido muy poca atención el comportamiento de machos y hembras al cruzarse en gallineros comerciales grandes donde cientos de aves tienen la capacidad potencial de interarse unas con otras. Por ello, la extrapolación de lo que acontece en gallineros pequeños puede ser erróneo. Sin embargo, parece evidente que algunos machos de gallineros grandes, muestran el comportamiento de cortejo pero no son escogidos por la gallina para copular. También es evidente que la valoración de la capacidad fertilizante de los machos en los gallineros de broilers, según su comportamiento de cortejo puede ser muy errónea. Se precisa de un mejor conocimiento de las causas que hacen que la hembra seleccione a determinados machos y del número de aves que forman una unidad funcional dentro de un gallinero grande antes de hacer una interpretación del significado de la frecuencia del comportamiento sexual con repercusión académica y valor pragmático. Por ejemplo, los estudios epidemiológicos han demostrado que la frecuencia del cortejo y copulación aparente varían tanto como cuatro veces en los efectivos genéticos y que la cantidad de tiempo empleado en cada aspecto del cortejo varía según la raza, edad, experiencia sexual y condiciones de manejo. No obstante, estas cuantificaciones del comportamiento sexual no se correlacionan con la fertilidad de las líneas de selección.

El comportamiento de cortejo y monta en otras aves, son similares aunque haya algunas notables diferencias. El cortejo, por parte del pavo se denomina «pavonearse», cuando el macho deja caer sus alas hasta que las puntas tocan el suelo andando hacia adelante con un movimiento deliberado a la vez que «trompetea» una serie de profundas notas. Aunque la frecuencia de ese comportamiento de cortejo aumenta a medida que llega a la madurez sexual, no es extraño verlo en pavos muy jóvenes y su frecuencia puede inducirse prematuramente mediante la administración de estrógenos. Cuando se mantienen juntos machos sexualmente maduros suelen sincronizar ese comportamiento y emisión de sonidos.

Bibliografía

Buckland, R.B., Scott, T.A. & Ansah, G.A. (1980). Genetic and environmental variation in semen production and fertility of chickens and turkeys. *Proceedings of the 9th Congress on Animal Reproduction and Artificial Insemination* 2, 535-545.

Burrows, W.H. & Quinn, J.P. (1937). The collection of spermatozoa from the domestic fowl and turkey. *Poultry Science* 16, 19-24.

de Reviers, M. (1988). Appareil genital male et production des spermatozoides. In: *Reproduction des volailles et production d'oenfs.* Edited by B. Sauveur. INRA, Paris.

de Reviers, M. & Williams, J.B. (1984). Testis development and production of spermatozoa in the cockerel *(Gallus domesticus).* In: *Reproductive Biology of Poultry.* Edited by F.J. Cunningham, P.E. Lake and D. Hewitt. British Poultry Science, Harlow, pp. 183-202.

Guhl, A.M. (1962). The behaviour of chickens. In: *The Behaviour of Domestic Animals.* Edited by E.S.E. Hafez. Bailliere, Tindall and Cox, London, pp. 491-530.

Johnson, A. (1953). Artificial insemination of turkeys. Publication 897. Canada Department of Agriculture.

King, A.S. (1981). Phallus. In: *Form and Function in Birds,* vol. 2. Edited by A.S. King & J. McLelland. Academic Press, London, pp. 107-147.

Knight, C.E., Bakst, M.R. & Cecil, H.E. (1984). Anatomy of the *Corpus vasculare paracloacale* of the male turkey. *Poultry Science* 63, 1883-1891.

Lake, P.E. (1957). The male reproductive tract of the fowl. *Journal of Anatomy* 91, 116-129.

Lake, P.E. (1971). The male in reproduction. In: *Physiology and Biochemistry of the Domestic Fowl* vol. 3. Edited by D.J. Bell & B.M. Freeman. Academic Press, London, pp. 1411-1447.

Lake, P.E. (1981). Male genital organs. In: *Form and Function in Birds,* vol. 2. Edited by A.S. King & J. McLelland. Academic Press, London, pp. 1-61.

Lake, P.E. (1984). The male in reproduction. In: *Physiology and Biochemistry of the Domestic Fowl,* vol. 5. Edited by B.M. Freeman. Academic Press, London, pp. 381-405.

Lake, P.E. & Stewart, J.M. (1978). Artificial insemination in poultry. In: *Ministry of Agriculture, Fisheries and Food Bulletin 213.* Her Majesty's Stationery Office, London.

Lake, P.E. & Wishart, G.J. (1984). Comparative physiology of turkey and fowl semen. In: *Reproductive Biology of Poultry.* Edited by F.J. Cunningham, P.E. Lake & D. Hewitt. British Poultry Science, Harlow, pp. 151-160.

Munro, S.S. (1938). Functional changes in fowl sperm during their passage through the excurrent ducts of the male. *Journal of Experimental Zoology* 79, 71-92.

Parker, J.E. (1968). Reproductive physiology in poultry. In: *Reproduction in Farm Animals,* 2nd edn. Edited by E.S.E. Hafez. Lea and Febiger, Philadelphia, pp. 235-254.

Parker, J.E., McKenzie, F.F. & Kempster, H.L. (1942). Fertility in the male domestic fowl. University of Missouri Agricultural Experiment Station Bulletin 347.

Penquite, R.L., Craft, W.A. & Thompson, R.B. (1930). Variation in activity and production of spermatozoa by White Leghorn males. *Poultry Science* 9, 247-256.

Polge, C. (1950). Artificial insemination in fowl. *Proceedings of the Society of Fertility* 2, 16-22.

Rouvier, R., Tai, J.J.L. & Tai, C. (1984). L'insemination artificielle des canes communes pour la production de mulards a Taiwan. La situation actuelle. In: *Insemination artifcielle et amelioration genetique: bilan et perspectives critiques.* Les Colloques de l'INRA, No. 29. Institut National de la Recherche Agronomique Editions, Versailles, pp. 359-368.

Sturkie, P.D & Opel, H. (1976). Reproduction in the male, fertilisation and early embryonic development. In: *Avian Physiology,* 3rd edn. Edited by P.D. Sturkie. Springer Verlag, New York.

Wishart, G.J. (1982). Maintenance of ATP concentrations in and of fertilising ability of fowl and turkey spermatozoa *in vitro*. *Journal of Reproduction and Fertility* 66, 457-462.

Lecturas adicionales

Wishart, G.J. & Steele, M.G. (1990). The influence of sperm surface characteristics on sperm function in the female reproductive tract. In: *Control of Fertility in Domestic Birds.* Edited by J.P. Brillard. Institut National de la Recherche Agronomique Editions, Versailles, pp. 101- 112.

9

INSEMINACIÓN ARTIFICIAL

9.1 Introducción

Dentro de la jerarquización de la industria avícola (véase Fig. 1.1, pág. 4), la inseminación artificial se ha aplicado muy esporádicamente. Es el método de elección para los cruces de mantenimiento geneticista y por ello ha encontrado una aplicación sustancial en las industrias de cría. En la producción de efectivos de puesta, las generaciones sucesivas derivan de montas naturales ya que el índice de fertilización no puede ser superado por la inseminación artificial. La selección genética de pavos de ancho pecho ha producido un ave que físicamente es incapaz de cubrir de forma natural con lo que se utiliza la inseminación artificial exclusivamente para producir huevos fértiles en la producción de pavos. La práctica de la inseminación artificial en la industria del broiler, está actualmente cambiando y no está claro el que la demanda de broilers con crecimientos más rápidos y con pechugas más amplias, se combine con la necesidad de huevos fértiles. Es evidente que el tiempo necesario para producir un broiler de 2 kg ha disminuido aproximadamente un día por año, desde 1950 a 1990 (Fig. 9.1), y la extrapolación de esta curva indica que en el año 2025 se podría vender un broiler de 2 kg al día siguiente de nacer. Claramente, esta predicción es errónea, pero no están bien definidos los límites biológicos que acortarán el aumento lineal del crecimiento manifestado en los últimos 40 años. Al mismo tiempo, se han imaginado una nueva serie de prácticas de manejo acomodables a la industria del broiler (véase Sección 11.3), que precisan una situación especial de los comederos para restringir su crecimiento y evitar la deposición de grasa en todos los estadios de la produc-

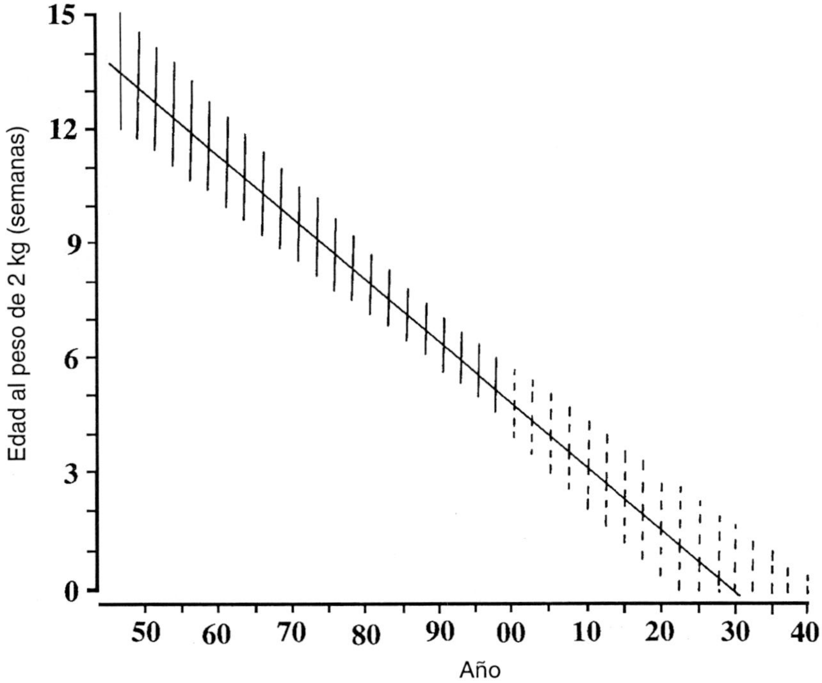

Figura 9.1 El tiempo requerido para producir un broiler de 2 kg ha disminuido desde 12 semanas en 1950, a menos de 6 semanas en 1995. La extrapolación de esta relación predice que en el año 2025 se podrían vender pollos de 2 kg al día siguiente de su nacimiento. Las líneas continuas y discontinuas verticales representan el margen histórico y el previsto de las medias respectivamente.

ción. El gran tamaño de las razas de broilers, ha comprometido su fertilidad y comportamiento de monta, y se predice que la fertilidad continuará disminuyendo a medida que se incremente el tamaño corporal (Fig. 9.2). En algunos casos, la inseminación artificial ha sido parte de sistemas de manejos sofisticados y efectivos para optimizar la eficacia reproductora en los broilers. Sin embargo, el nivel de sofisticación técnica necesario para realizar una inseminación artificial con efectividad y sus costes de atención ha impedido su aplicación a gran escala. Históricamente, la aplicación de esta tecnología no ha progresado demasiado por el rápido deterioro de la capacidad fertilizante del semen conservado tanto en estado líquido como congelado. No obstante, los recientes avances de la tecnología del semen han proporcionado métodos adecuados para mantener semen unas 24 horas sin pérdida de su fertilidad, y estos métodos podrían ser utilizados para reorganizar la jerarquización industrial. El semen podría ser distribuido desde unos 20 centros, a través de

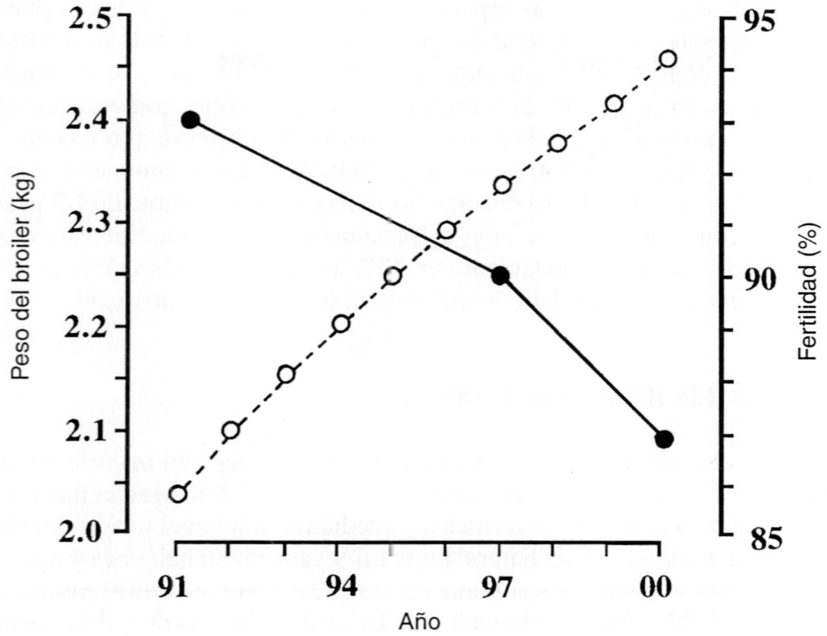

Figura 9.2 Predicción del aumento de peso del broiler a las seis semanas (línea discontinua) y disminución correlacionada de la fertilidad de machos broilers (línea continua). La correlación negativa entre fertilidad y peso corporal, se sospecha que sea la causa de reducción de la fertilidad, desde el 93% al 87%, entre el año 1991 y el 2000, aunque por otra parte se podrá variar mediante programas de selección que equilibren el crecimiento rápido deseado con altos niveles de fertilidad. Datos de Reddy & Sadjadi (1990).

todo el mundo si estuvieran localizados dentro de las 24 horas de distancia de los mejores productores de broilers, utilizando las líneas de éstos como sistemas preferentes. El uso extensivo de la inseminación artificial reduciría el número de machos necesarios para cada estadio de la jerarquización y consecuentemente se deberían utilizar en cada generación una mayor proporción de machos genéticamente superiores. Además, las organizaciones primarias tendrían mayor control sobre la distribución de sus efectivos. Si se desarrollan estructuras apropiadas en las industrias y mayores beneficios; es muy posible que en el futuro, la inseminación artificial sea más ampliamente utilizada.

En otras especies de aves domésticas, se ha utilizado ampliamente la inseminación artificial para superar los inconvenientes de sus comportamientos de apareo. Por ejemplo, la relación machos/hembras en las gallinitas de Guinea es más baja que en otras especies de aves domésticas porque el macho tiene un pequeño harén de sólo 2-3 hembras. Estas características del comportamiento de monta han apuntado la extensión del uso de la inseminación artificial cuando se produzcan estos tipos de aves con fines comerciales y así disminuir el número de machos en el gallinero y los costes de producción. El cruce interespecífico entre machos de patos moscovitas y comunes está asociado con baja fertilidad si la relación normal de macho/hembra de 1/7 pasa a 1/10. La reducción de la relación a 1/4 aumenta la fertilidad de este cruce interespecífico a aproximadamente un 40% aunque se pueden obtener niveles más altos a coste más bajo empleando la inseminación artificial.

9.2 Recogida de semen de las aves

La recogida de semen de las aves domésticas se hace con más efectividad empleado el masaje abdominal sobre todo en las gallináceas como pollo, pavo, guineas, faisanes y codornices, y mediante la interceptación del flujo de semen durante la cópula natural en patos y gansos. En halcones y águilas, la recogida de semen para inseminación artificial, requiere que el macho sea acostumbrado al colector de semen y en las grullas la colección de semen se facilita imitando el coportamiento de la hembra durante la fase del cortejo.

Las razones de que el simple masaje abdominal estimule la eyaculación del semen del gallo y el pavo no son muy evidentes, por cuanto la técnica en nada recuerda a la monta natural. El macho se mantiene con las patas haciendo un ángulo recto aproximado con su cuerpo mientras su vientre y dorso se masajean suavemente un par de veces. En un macho bien entrenado, este estímulo produce una tumescencia de los pliegues fálicos y en algunos casos es más que suficiente para que se inicie el flujo de semen. La mano que da masaje al dorso se lleva luego a la zona de la cloaca de tal forma que el dedo pulgar y el índice se localicen en la parte lateral de la cloaca y ligeramente anterior a la abertura. Se aplica una ligera presión para expeler el semen de los conductos deferentes sin forzar el líquido a través de los pliegues fálicos (véase Fig. 8.8, pág. 234). Normalmente, se necesitan tres o cuatro sesiones de entrenamiento durante 7-10 días, para asegurar una producción óptima de semen claro, libre de uratos y heces.

Preferiblemente, el semen se recoge por aspiración en una ampolla que contenga diluyente de semen a 15°C, alguno de los que figuran en la Tabla 9.1 para pollos y en la Tabla 9.2 para pavos. Las ventajas de este sistema son triples: primero, la dilución dentro de un líquido a temperatura constante evita el contacto del semen con superficies frías, causantes de caída inmediata de la temperatura de las células espermáticas; en segundo lugar, los diluyentes amortiguan los productos acídicos del metabolismo de los

Tabla 9.1 Composición de los diluyentes del semen formulados para optimizar la fertilidad en los pollos.

	Diluyente descrito por			
Componente	*van Wambeke (1972)*[1]	*Lake & Ravie (1979)*	*Sexton (1977)*	*Chaudhuri & Lake (1988)*[2]
Citrato sódico · $2H_2O$ (g)	7,7	–	–	–
Ácido cítrico (g)	1,3	–	–	–
Glutamato sódico · H_2O (g)	20,[illegible]	15,2	8,67	–
Glucosa · H_2O (g)	20,[illegible]	6,0	–	6,0
Leche desnatada (ml)	200	–	–	–
Clara de huevo (ml)	150	–	–	–
Citrato potásico · H_2O (g)	–	1,28	0,64	–
BES[3] (g)	–	30,5	–	–
Acetato magnésico · $4H_2O$ (g)	–	0,8	–	–
NaOH 1 M (ml)	–	58	–	27,5
Acetato sódico · $3H_2O$ (g)	–	–	4,30	–
$Cl_2Mg \cdot 6H_2O$ (g)	–	–	0,34	–
$K_2HPO_4 \cdot 3H_2O$ (g)	–	–	12,7	–
KH_2PO_4 (g)	–	–	0,65	–
Fructosa · H_2O (g)	–	–	5,00	–
TES[4] (g)	–	–	1,95	13,74
ClNa (g)	–	–	–	8,0
Mezcla de antibióticos[5] (ml)	–	–	–	1,0
Volumen total (ml)	1.000	1.000	1.000	1.000
pH	6,3	7,05	7,5	7,4
Presión osmótica (mOsm kg^{-1} H_2O)	460	411	333	382

[1] Este diluyente se puede liofilizar y reconstituirse cuando se precise.
[2] Este diluyente fue formulado para conservar el semen a 20-40ºC.
[3] Ácido *N,N*Bis(2-hidroxietil)-2-aminoetanosulfónico.
[4] Ácido *N*-tris(hidroximetil)metil-2-aminoetanosulfónico.
[5] 0,25 g de estreptomicina y 0,3 g de penicilina disueltos en 5 ml.

espermatozoides. Como los espermios de las aves son metabólicamente muy activos y los ambientes ácidos son tóxicos para aquellos, su viabilidad aumenta si se diluyen inmediatamente en bufer apropiado. Este aparente beneficioso efecto sobre la fertilidad, se pone de manifiesto en conservaciones tan breves como las de 30 minutos (Fig 9.3). Finalmente, el volumen de semen que se puede recoger de las aves domésticas, es pequeño (véase Tabla 8.2, pág. 228) y, consecuentemente, el volumen de semen sin diluir que se requiere para mantener la máxima fertilidad es demasiado pequeño para ser manejado convenientemente. Por tanto, la dilución de semen proporciona un volu-

Tabla 9.2 Composición de diluyentes de semen formulados para optimizar la fertilidad en los pavos.

	Diluyente descrito por			
Componente	*van Wambeke (1972)*	*Lake & Ravie (1982)*	*Sexton (1980)*	*Lake et al. (1984)*
Citrato sódico · $2H_2O$ (g)	7,7	–	–	–
Ácido cítrico (g)	1,3	–	–	–
Glutamato sódico · H_2O (g)	20,1	19,2	9,63	11,0
Glucosa · H_2O (g)	20,1	3,6	–	3,6
Leche desnatada (ml)	200	–	–	–
Clara de huevo (ml)	150	–	–	–
Citrato potásico · H_2O (g)	–	2,2	0,71	1,28
BES[1]	–	18,9	–	30,5
Acetato sódico (anhidro) (g)	–	2,0	–	1,46
Acetato magnésico · $4H_2O$ (g)	–	1,05	–	0,8
NaOH 1M (ml)	–	36,0	–	56,0
Acetato sódico · $3H_2O$	–	–	4,78	–
$Cl_2Mg \cdot 6H_2O$	–	–	0,38	–
$PO_4HK_2 \cdot 3H_2O$	–	–	14,1	–
PO_4H_2K	–	–	0,72	–
Fructosa · H_2O	–	–	5,55	–
PO_4HNa_2 (anhidro) (g)	–	–	–	1,36
Volumen total (ml)	1.000	1.000	1.000	1.000
pH	6,3	7,13	7,5	7,1
Presión osmótica (mOsm kg^{-1} H_2O)	460	406	366	402

[1] Ácido *N,N*Bis(2-hidroxietil)-2-aminoetanosulfónico.

men que puede ser cargado en una pipeta inseminadora utilizando tecnología fácilmente adaptable al ambiente y condiciones que se encuentran normalmente, en las unidades de producción aviar.

Los componentes de los diluyentes del semen (Tablas 9.1 y 9.2) han derivado de ensayos empíricos por extrapolación de la información del semen de mamíferos de consideraciones teóricas de tampones y su capacidad para mantener el pH de células metabólicamente activas y de análisis de la composición del plasma seminal de pollos y pavos (véase Tabla 8.8, pág. 241). La alta concentración de glutamato y la baja concentración de Cl^- en el plasma seminal de aves domésticas ha conducido a su inclusión en fórmulas similares en la mayor parte, aunque no en todos los diluyentes. En general, la inclusión de

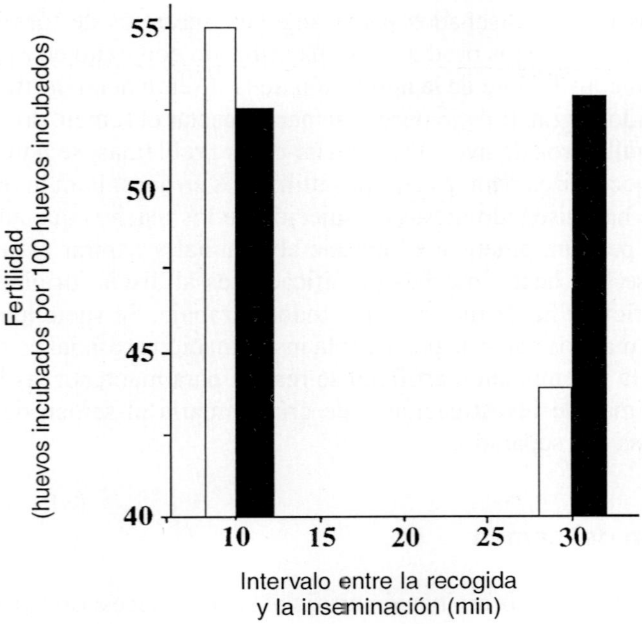

Figura 9.3 Proporción de embriones incubados a partir de huevos que fueron incubados después de inseminación con semen con diluyente (barras negras) y puro (barras blancas) en gallinitas de Guinea. El semen se diluyó según se obtenía y la inseminación se practicó 10 ó 30 minutos después de obtenido. Datos de Brillard & Reviers (1979).

glutamato y la exclusión del cloro, en el diluyente, aminora la precipitación que disminuye la capacidad fertilizante que ocurre en el semen sin diluir. Como los espermatozoides de pollos y pavos pueden metabolizar la fructosa y la glucosa, cualquiera de estos azúcares han sido normalmente incorporados como fuente de energía en los diluyentes que se han diseñado para mantener la capacidad fecundante durante períodos de hasta 48 horas. Los tampones tales como TES y BES (ácido *N*-tris(hidroximetil)-2-aminoetanosulfónico y ácido *N, N*-bis(2hidroxietil)-2-aminoetanosulfónico, respectivamente) y las sales de fosfato en tampones con pH de 6,8 a 7,5 han sido incorporados en la mayor parte de los diluyentes más ampliamente utilizados para optimizar la concentración de los iones hidrógeno en el líquido que rodea a las células espermáticas. En la industria avícola se utilizan varios diluyentes registrados (véase lista más adelante) y en general se cree que derivan de aquellas descritas en el dominio público como las indicadas en las Tablas 9.1 y 9.2. Aunque los productos lácteos y del huevo se utilizan normalmente en los medios diseñados para congelar espermios de toro, solamente una fórmula con estos productos se ha utilizado con éxito en aves.

El principal inconveniente de la aplicación de la inseminación artificial, a gran escala ha sido el gran trabajo necesario para colectar el semen, procesarlo e inseminar gallineros de aves. Para obviar estos problemas, se han desarrollado varios accesorios para los equipos utilizados en aves. Para la recogida del semen se han diseñado mesas de sujeción de los machos que además permitan a una persona practicar el masaje abdominal y aspirar el semen. Normalmente, se han hecho muchas modificaciones al diseño original tratando de simplificar y hacer más efectivo todo el trabajo. Se suele juntar el semen de 10-30 machos antes de practicar la inseminación artificial en pollos y pavos pero si la inseminación artificial se realiza para mantener las líneas puras en programas de investigación o de cría primaria el semen de cada animal se procesa por separado.

9.3 Valoración del semen

Para los programas de inseminación artificial se hace necesario valorar el semen por dos razones; primero, es necesario tener información suficiente de la calidad del semen de cada macho cuando éstos lleguen a la madurez, para asegurar que solamente los que produzcan espermatozoides con alta capacidad fertilizante sean los que se mantengan como sementales; en segundo lugar, cuando se recogen eyaculados sucesivos se precisa conocer la concentración de espermatozoides y el volumen de semen para calcular la dilución apropiada, a fin de obtener 100 millones de células por dosis.

Aunque el objetivo de la valoración del semen es predecir la capacidad fertilizante de las células espermáticas, los controles que se utilizan normalmente sobre la morfología y actividad metabólica no guardan una estrecha relación con su capacidad fertilizante. No obstante, el semen que a primera vista se vea anormal en cualquiera de las pruebas *in vitro,* es muy posible que posea una pobre capacidad fecundante. Sin embargo, lo contrario ya no es tan fácil de predecir; los espermatozoides que aparentemente sean normales según los criterios de estructura y metabolismo, puede que no tengan buena capacidad fecundante, particularmente si el semen ha sido sometido a alguna manipulación *in vitro,* tal como la congelación y descongelación o períodos de conservación excesivamente largos.

La evaluación más simple de la calidad del semen es su color. El semen debe ser blanco perla y la aparición de cualquier otro color es indicativo de la presencia de algún contaminante. Los depósitos amarillentos o blanquecinos indican contaminaciones fecales. El semen de algunos pavos tiene una coloración rojo amarillenta de etiología desconocida, y está relacionado con una pobre fertilidad. Finalmente, los pigmentos rojo-marrón en el semen indican presencia de eritrocitos. Cualquier contaminante disminuye la capacidad fecundante del semen, aunque el grado de deterioro depende de la concentración del mismo, la presencia o ausencia de otros contaminantes, el índice de dilución, el tiempo desde que se recogió hasta la inseminación y el número de espermios utilizados en la inseminación. Aunque es difícil predecir el efecto de colores anormales en el semen, la posibilidad de obtener un buen índice de fertilidad será máxima si el semen tiene un color blanco perla.

La motilidad espermática es la forma más común de valorar el semen al microscopio. Normalmente, la motilidad es valorada según una escala subjetiva de 1 a 5 o de 1 a 10, donde el valor menor corresponde al semen con menor motilidad y el valor superior al que sea más móvil. En general, el semen con poca motilidad es muy poco probable que posea buena fertilidad, aunque semen con buena motilidad, necesariamente, no es signo definitivo de óptima capacidad fecundante. Existen métodos de valoración más sofisticados que miden el ritmo de motilidad y la velocidad de la progresión hacia adelante del esperma, aunque la seguridad con la que una información más precisa prediga la fertilización no es mejor que la obtenida por el examen visual. Para estimar la motilidad de las células, el semen normalmente se diluye 1:3 ó 1:4, aunque algunos prefieren hacerlo con el semen sin diluir. Una buena motilidad de semen sin diluir, viene determinada por una oleada de células que atraviesan el campo microscópico.

El volumen de semen eyaculado es importante por cuanto se precisa para calcular la dilución adecuada para obtener los 100 millones de células por inseminación; el volumen para una inseminación habitualmente es de 50 µl. La cantidad de semen producida por las aves domésticas es pequeña (véase Tabla 8.2, pág. 228) con lo que para calcular el volumen, es más efectivo pesar el eyaculado, asumiendo que la densidad es de 1 mg μl^{-1}. La cantidad de volumen eyaculado no es negativa ni positiva desde el punto de vista de su capacidad fecundante aunque sea más beneficioso obtener grandes volúmenes de semen del menor número de machos en los programas de inseminación artificial. Por tanto, son preferibles los machos que produzcan mayor cantidad de semen siempre y cuando contenga la concentración normal de células espermáticas.

La concentración de células en el eyaculado se puede determinar por varios métodos. El contaje directo de células por microscopía utilizando semen diluido y una cámara de volumen conocido se considera como un método que sirve de estándar para otros más sofisticados. Como el contaje directo es un tanto impreciso (Tabla 9.3), se deben contrastar varias submuestras del eyaculado. Desde el punto de vista industrial y de la investigación, son más aconsejables otros métodos que empleen menos tiempo que el contaje directo. Para tal fin se utilizan contadores electrónicos de células que son capaces

Tabla 9.3 Coeficientes de interceptación, inclinación y correlación entre distintas determinaciones de concentración en semen puro y diluido obtenidos utilizando hemocitómetro, espectrofotómetro, contador Coulter y espermatocrito, y los coeficientes de variación de las correspondientes estimaciones. Datos de Brillard & McDaniel (1985).

Instrumento	*Variable independiente*	*Variable dependiente*	*C.V. (%)*	*Dilución*	*a*	*b*	*r*
Hemocitómetro	10^9 células ml^{-1}		17,9				
Espectrofotómetro		Unidades OD	2,24	Puro	0,216	0,050	0,86
				1 : 1	0,113	0,051	0,78
				1 : 3	0,052	0,058	0,93
Contador Coulter		10^9 células ml^{-1}	1,57	Puro	2,039	0,653	0,89
				1 : 1	1,043	0,715	0,88
				1 : 3	0,453	0,763	0,93
Espermatocrito		100 × (altura de la columna de espermios/ altura de la columna de semen	9,95	Puro	5,413	4,260	0,83
				1 : 1	1,969	1,567	0,77
				1 : 3	3,440	3,895	0,35

C.V.: Coeficiente de variación.
a: Intersección de la ecuación de regresión lineal que describe la relación entre la variable dependiente y la independiente.
b: Inclinación de la ecuación de regresión lineal que describe las relaciones entre la variable dependiente y la independiente.
r: Coeficiente de correlación que describe las relaciones entre la variable dependiente y la independiente.

de contar las células contenidas en un fino chorro de semen diluido que pasan por un detector; estos contadores son más seguros (Tabla 9.3), pero su coste es una limitación. Varios laboratorios han demostrado que el volumen de células espermáticas en un tubo capilar seguido de centrifugación normalmente conocido como espermatocrito, está muy relacionado con el número de células obtenidas por contaje directo (Tabla 9.3). Esta técnica es muy atractiva porque se lleva a cabo con material barato y asequible, ya que puede valer el que se utiliza en los análisis de sangre; pero en los espermas con baja concentración de células el volumen de éstas en el fondo del tubo, no está muy relacionado con el número de células espermáticas en la muestra.

Muchos laboratorios de investigación e industriales han demostrado que existe una alta correlación entre la transmisión de luz a través del semen y la concentración de células espermáticas estimadas por contaje directo (Tabla 9.3). La transmisión de luz se puede determinar utilizando un espectrofotómetro y las determinaciones se pueden hacer muy rápidamente con experiencia mínima en el laboratorio. Las calibraciones entre el número de células espermáticas estimado por contaje directo y los números estimados por espermatocrito y espectrofotometría son muy variables entre los distintos laboratorios. Como los procederes de recogida, dilución y determinación de la concentración de semen están desarrollados según unas disponibilidades lo mejor es que cada uno se construya su propia curva estándar.

La integridad de la membrana que rodea a la célula espermática puede ser estimada por varios métodos para obtener la relación entre células vivas y células muertas en el eyaculado. Como la lesión de la membrana conduce a la muerte de la célula la tinción «vivo-muerto» se puede hacer con cualquiera de los colorantes habituales que penetrará en el interior de las células que tengan lesionada la membrana. Las mezclas de eosina y nigrosina o eosina y azul de anilina producen una buena discriminación, los colores de eosina tiñen a las células lesionadas de color rosa mientras que las vivas permanecen incoloras contra un fondo negro o azul, producido por la nigrosina y anilina respectivamente. Como los espermatozoides de las aves son pequeños, el uso de un objetivo de inmersión para obtener una aumento de × 1.000 facilita la diferenciación entre células teñidas y sin teñir. El bromuro de etidium también se puede utilizar para determinar la proporción de espermios con la membrana lesionada en una muestra de semen midiendo la fluorescencia inducida por la reacción del bromuro de etidium con la doble hélice del DNA. La relación de fluorescencia de una muestra diluida de semen con la de la muestra después de que se hayan roto las membranas por la adición de digitonina, nos proporciona un conocimiento de la proporción de células vivas y muertas y la concentración de células espermáticas en el eyaculado derivada de la relación lineal entre fluorescencia y concentración espermática (Fig. 9.4).

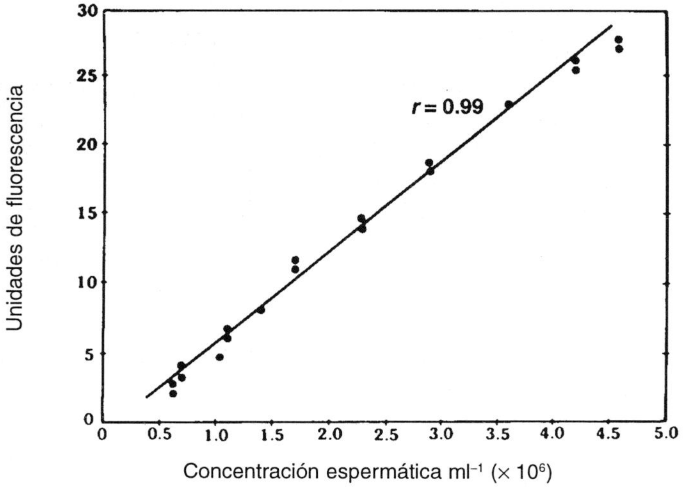

Figura 9.4 Relaciones entre la concentración espermática y las unidades de fluorescencia. De Bilgili & Renden (1984).

9.4 Volumen y número de espermios por inseminación

El número mínimo de células necesario para obtener una fertilidad óptima depende de la edad del gallo, la edad de la gallina, el método de recogida del semen, el intervalo entre la recogida y la inseminación, la técnica de aplicación empleada y cualquier otro factor que pueda alterar la capacidad fertilizante de las células. Con dosis de 50 millones de células (Fig. 9.5) se han conseguido altos niveles de fertilidad, aunque después de estudios intensos y su aplicación al terreno práctico se vienen utilizando por lo general dosis de 100 millones de células, en todas las especies de gallináceas domésticas. A pesar de que ese número proporciona un doble margen de seguridad, la experiencia adquirida en las explotaciones de pavos ha conducido a utilizar 200 millones de espermios en la semana precedente a la aparición de la puesta y durante la segunda mitad de éste período cuando la fertilidad está disminuida. La inseminación de gran número de células la semana antes de que aparezca la postura, juega un importante papel en la consecución y mantenimiento de altos niveles de fertilidad durante todo el período de la producción de huevos.

Cuando se prepare semen para practicar la inseminación se deben conocer el número de inseminaciones que se pueden preparar a partir de un eyaculado o de un conjunto de eyaculados y el volumen de semen diluido. El número de inseminaciones *(N)* se calcula por la ecuación:

$$N = \frac{\text{volumen (ml)} \times \text{concentración (células ml}^{-1}\text{)}}{\text{100 millones de células por inseminación}}$$

En la mayoría de especies de aves domésticas con un eyaculado se pueden inseminar entre 5 y 20 gallinas (véase Tabla 8.2, pág. 228), aunque se puede inseminar el doble de gallinas si se reduce el número de células a la mitad por cada inseminación. Como cada macho puede eyacular cuatro o cinco veces por semana, es posible cubrir entre 40 y 200 gallinas por cada gallo por semana en condiciones óptimas.

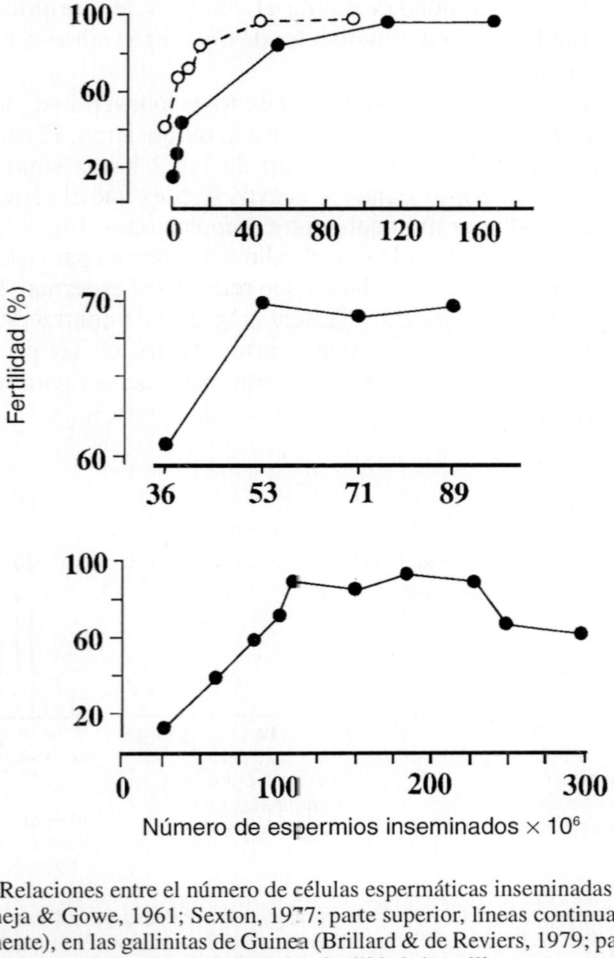

Figura 9.5 Relaciones entre el número de células espermáticas inseminadas y fertilidad en la gallina (Taneja & Gowe, 1961; Sexton, 1977; parte superior, líneas continuas y discontinuas, respectivamente), en las gallinitas de Guinea (Brillard & de Reviers, 1979; parte intermedia) y en pavas (Wall & Jones, parte inferior). La fertilidad de gallinas y pavas fue estimada por ovoscopio. La fertilidad de las gallinitas se estimó como porcentaje de nacidos del número de huevos incubados. Datos de Brillard (1982).

A menudo, es conveniente inseminar con 0,05 ml de semen diluido, porque volúmenes más pequeños que éste suelen ser difíciles de dispensar y si se utilizan volúmenes mayores cabe la posibilidad de que se salgan de la vagina. Utilizando un volumen de inseminación estándar de 0,05 ml, el volumen total *(V)* de semen diluido se calcula por la siguiente ecuación:

$$V = \frac{\text{volumen sin diluir (ml)} \times \text{concentración (células ml}^{-1})}{\text{células por inseminación}} \times (0{,}05 \text{ ml})$$

El uso de pipetas de inseminación capaces de suministrar cualquier volumen proporciona la oportunidad de alterar el volumen de inseminación, más que el volumen final de semen diluido a fin de obtener el número deseado de células por inseminación.

Un factor importante para determinar el éxito de la inseminación artificial es el tiempo de la inseminación con relación a la oviposición. El semen situado en el sistema reproductor en, o dentro de las 2 horas siguientes a la oviposición produce un 20-40% menos huevos fértiles que el semen colocado en la vagina en cualquier momento entre oviposiciones (Fig. 9.6). El fallo de la fertilización está relacionado con el fallo del esperma para ascender por el oviducto e incorporarse en los túbulos que retienen el esperma (Tabla 9.4). Presumiblemente, la infrecuencia y la baja amplitud de contracciones de la glándula cascarógena y la vagina, que ocurren dentro de las primeras 1-3 horas después de la oviposición (Fig. 9.7), son insuficientes para transportar el esperma recién inseminado hasta los túbulos de almacenaje.

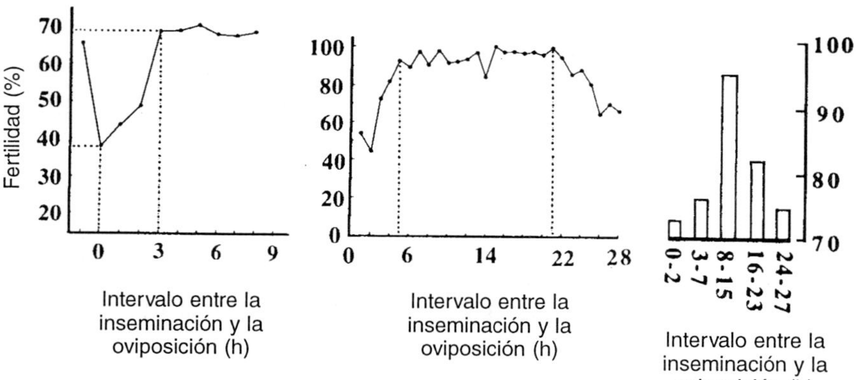

Figura 9.6 Relaciones entre el tiempo de inseminación y fertilidad en gallinitas de Guinea (izquierda, Brillard & de Reviers, 1979), gallinas (medio, Johnston & Parker, 1970) y pavas (derecha, Christensen y Johnston, 1977). La fertilidad de las gallinas se estimó por ovoscopio. La fertilidad de las gallinitas por el porcentaje de nacidos a partir del número de huevos incubados.

Tabla 9.4 Porcentaje de secciones transversales de los túbulos de almacenaje de esperma que contienen uno o más espermatozoides después de la inseminación artificial de gallinas productoras de broilers, entre 1 y 6 horas después de la oviposición. Datos de Brillard (1993).

	Porcentaje de túbulos almacenadores de esperma con espermios[1]	
Número de la gallina	*1 horas*	*6 h*
1	0	62
2	0	32
3	0,7	15
4	2,0	6
5	0	10
Media	0,6	25

[1] Estimado desde 150 secciones de 7 µm, de túbulos almacenadores de esperma para cada individuo. Las gallinas se sacrificaron 24 horas después de la inseminación con 240 millones de espermatozoides.

Como las gallinas deben ser inseminadas después de iniciada la puesta en la mayoría del gallinero, muchas gallinas pondrán el primer huevo fértil al segundo día después de la inseminación (véase Fig. 7.20, pág. 204), puesto que el ovum que estaba ovulando el día de la inseminación, se encontraba en el magnum o en el istmo con lo que no se podía fertilizar con el esperma que

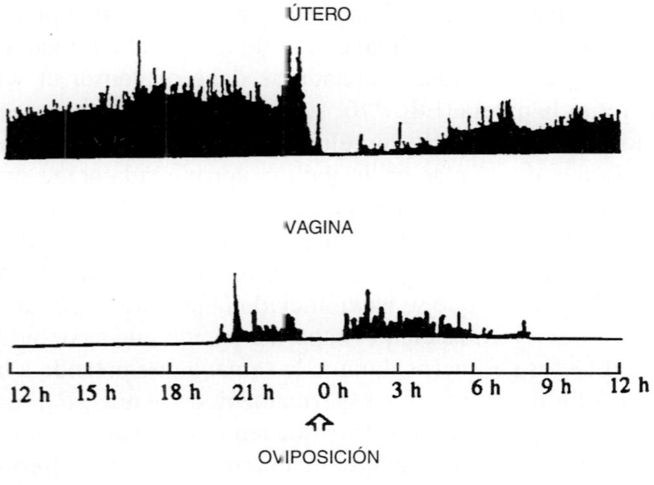

Figura 9.7 Actividad mioeléctrica de la glándula cascarógena y de la vagina de gallinas durante el ciclo ovulatorio. Durante la primera a la tercera hora después de la oviposición la frecuencia e intensidad de las contracciones son bajas y el esperma no se transporta al interior de los túbulos de almacenaje cuando se insemina al mismo tiempo. Datos de Brillard (1993).

ascendía por el oviducto. La fertilidad se mantiene a un buen nivel durante los siguientes 7 días en las gallina y 14 días en la pava; por ello, se recomienda mantener el mismo programa en inseminaciones subsiguientes. Sin embargo, la duración de la alta fertilidad que sigue a la inseminación, está sujeta a considerables variaciones que ocasionalmente precisarán que algunas gallinas y pavas vuelvan a ser inseminadas a intervalos de 5 y 7 días respectivamente. Como quiera que existen muchos factores como calidad del semen, edad del macho y la hembra, práctica del inseminador, etc., que pueden tener repercusiones profundas sobre la relación frecuencia de la inseminación y fertilidad, los intervalos entre las inseminaciones llegan a ser muy significativos. En la mayoría de los casos, se debe registrar el índice de fertilidad al incubar los huevos y el intervalo entre inseminaciones deberá acortarse si aparece una pobre fertilidad que no pueda ser atribuida a otros aspectos de la recogida de semen y procederes de inseminación.

La colocación del semen dentro del sistema reproductor de la gallina, está acompañada de la eversión de la cloaca para exhibir la entrada de la vagina, de la inserción de la pipeta de inseminación y de la dispensación de las células espermáticas en lugar próximo a los túbulos de almacenaje de espermios (véanse págs. 203-207). En las gallinas, la cloaca se evierte al sujetar los muslos entre los dedos índice y pulgar a la vez que el cuerpo descansa sobre la palma de la mano izquierda; entonces, se ejerce una ligera presión de ésta mano hacia atrás llevando la cola hacia adelante con la mano derecha. Otra persona introduce la pipeta de inseminación en la profundidad de la vagina, a unos 3 cm de la abertura de la cloaca sin ejercer ya ninguna presión sobre el cuerpo para que se relaje el animal con el fin de que el oviducto regrese a su estado natural, siendo entonces cuando se debe dispensar el semen y con cuidado se retira la pipeta (Fig. 9.8).

Se desconoce el destino de las células espermáticas, pero si se inseminan 100-150 millones de células en la gallina aproximadamente cinco o siete millones se albergan en los túbulos a las pocas horas. Cuando se inseminan pavas, antes de que pongan el primer huevo, la proporción de células espermáticas que se retienen en esos túbulos es mayor que en las hembras inseminadas después de que se haya iniciado la postura y este aumento de la capacidad de atraer y almacenar el esperma parece que es debido a la superior fertilidad de los gallineros durante la semana que precede a la aparición de la puesta. Intuitivamente, los espermatozoides tienden a almacenarse lo más cerca posible de los túbulos. Hay que tener la precaución de que cuando se inserte la pipeta no se lesione ninguna parte del sistema reproductor de la hembra, ya que esto sería causa de disminución de la fertilidad. En las gallinas y las gallinitas, la fertilidad llega al máximo si la pipeta se inserta, aproximadamente a 3 cm, mientras que en las pavas se obtiene mejor resultado insertándola a 6 cm de profundidad.

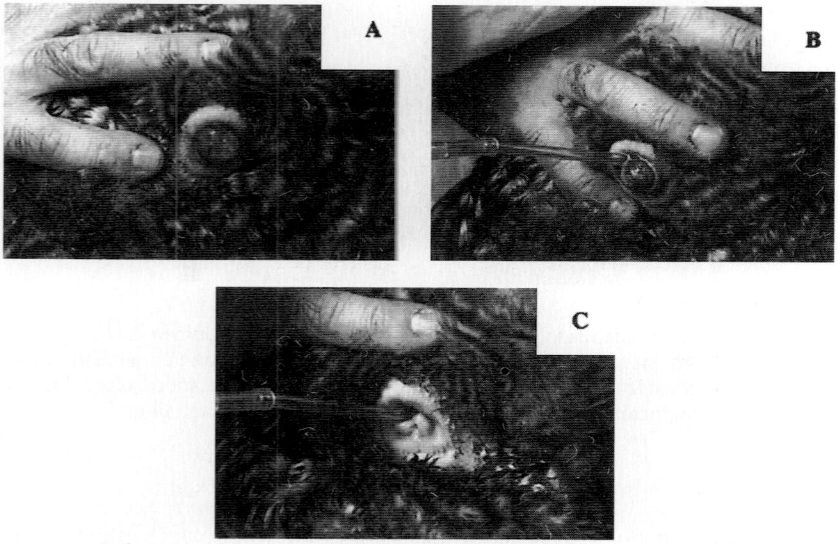

Figura 9.8 Para realizar la inseminación artificial, (**A**) se evierte el oviducto de la gallina aplicando una ligera presión en el abdomen y la cola para descubrir la unión de la vagina y la cloaca, (**B**) se inserta la pipeta a una profundidad de unos 3 cm y (**C**) el semen se dispensa después de suprimir la presión abdominal para permitir que el oviducto retorne a su posición natural.

En los últimos años, se han lanzado al mercado varios sistemas automáticos para facilitar la inseminación artificial al reducirse la mano de obra. En uno de estos sistemas utilizado en primer lugar en las gallinitas de Guinea, la pipeta está fija y la vagina evertida se sitúa sobre la pajuela. La pipeta está calibrada para que a un movimiento del inseminador dispense la dosis apropiada (Fig. 9.9). También se han diseñado dispositivos de sujeción, sobre todo para gallinas productoras de broilers con el fin de permitir el pipeteo automático del semen mediante un único inseminador (Fig. 9.10); también se ha diseñado uno similar para la pava. Todos estos sistemas tienen el inconveniente de que se utiliza el mismo equipo para muchas aves, pero sorprendentemente, se han atribuido pocos casos de transmisión de enfermedades al utilizar esta práctica.

9.5 Conservación del semen *in vitro*

Al no darse las condiciones adecuadas para la conservación *in vitro* del semen, la inseminación artificial de gallinas y pavas se reduce a un período

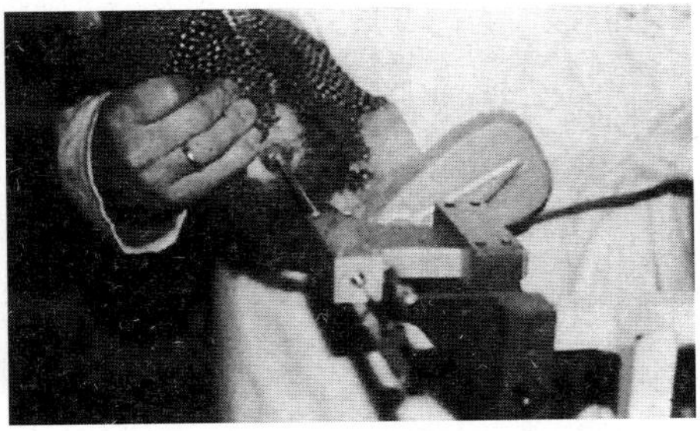

Figura 9.9 Sistema automatizado para inseminación de gallinitas de Guinea. La cloaca evertida se coloca sobre una pipeta de inseminación fija. Cuando se presiona la almohadilla situada enfrente del antebrazo izquierdo del inseminador, se dispensa la dosis adecuada calibrada para que contenga aproximadamente 100 millones de espermios que penetran en la vagina de la gallina.

de 30 minutos después de la recogida. La ampliación de este intervalo, bien manteniendo el semen en un medio líquido o mediante congelación y descongelación de los espermatozoides, aumenta la flexibilidad y la oportunidad de desarrollar granjas dedicadas al manejo de machos para maximizar la producción de semen de machos genéticamente superiores. Mientras que en teoría, la congelación del semen proporcionaría mayor flexibilidad, su uso, en muchas partes del mundo, está limitado por la disponibilidad de nitrógeno líquido. Además, los procederes de congelar y descongelar el semen aún no se han desarrollado a nivel comercial, con tecnología adecuada. Sin embargo, la conservación de semen líquido puede hacerse en cualquier región donde la producción de aves sea inminente y se está desarrollando dentro de la industria del pollo para optimizar el uso de animales genéticamente superiores.

Conservación de semen líquido

La conservación de la capacidad fertilizante del esperma aviar hasta 48 horas, requiere el aporte de oxígeno, un diluyente que contenga fructosa o glucosa como sustancias productoras de ATP, suficiente capacidad tamponizante para mantener el pH y una temperatura ambiental de 5-7°C. El oxígeno puede suministrarse desde la misma atmósfera, utilizando contenedores que tengan una gran área superficial por unidad de volumen, agitando el semen para asegurarse que ningún espermatozoide se quede acantonado en el fondo del recipiente, donde la llegada del oxígeno está más dificultada, también se puede aportar oxígeno mediante bombeo. La mayoría de los diluyentes citados en las Tablas 9.1 y 9.2 satisfacen los requisitos precisos en lo que a metabolismo energético y capacidad fecundante se refiere. Bajo es-

Figura 9.10 Sistema automatizado para inseminación artificial de gallinas productoras de broilers. La unidad está equipada con rieles que soportan un caballete suspendido sobre todos los pisos de jaulas (parte izquierda). También existe un sistema para sujetar las gallinas (parte derecha) y un asiento para el técnico (parte izquierda). Las dos patas de cada gallina se sujetan con seguridad mientras se inseminan los animales con una pipeta automática (parte derecha). Las gallinas se sueltan después de inseminadas deslizándolas hacia sus jaulas. Fotos cortesía de IMV (Francia).

tas condiciones, el semen diluido de pavo se puede conservar a 5ºC, durante 24 horas, sin que decaiga su capacidad fecundante y hasta 48 horas con una mínima pérdida de esa capacidad (Tabla 9.5), durante las primeras 15 semanas de producción de huevos. La disminución de fertilidad que se observa después de este tiempo ha sido atribuida a vejez tanto del macho como de la hembra y a la estación en que la gallina comienza a poner huevos. Sin embargo, altos niveles de fertilidad se han relacionado con la producción de huevos, cuando el semen se conservaba 6 horas y se practicaba la inseminación en cualquier época del año (Fig. 9.11). El semen de los gallos se puede guardar hasta 48 horas, en condiciones aeróbicas sin pérdida de la capacidad fecundante (Tabla 9.6). Por tanto, es evidente que la oportunidad de aplicar la inseminación artificial a gran escala tanto en el pollo como en el pavo, no está disminuida por carencia de tecnología. Los machos deben ser alojados y masajeados para optimizar la producción de semen y éste puede distribuirse localmente entre los criadores de broilers que son parte de un sistema de producción integrada, o el semen se debe comprar de granjas que puedan ofrecer una buena genética que satisfaga las necesidades del mercado.

Conservación de semen congelado

Aunque la crioconservación de células tomadas de animales vivos o derivadas de células animales en cultivo, normalmente puede ser óptima, la congelación y descongelación está siempre acompañada de una sustancial pérdida de viabilidad. En algunos casos, es más conveniente criopreservar las células y aceptar la pérdida que mantener a los animales, o mantener las células en

Tabla 9.5 Fertilidad del semen de pavo, conservado hasta 48 horas a 5-7ºC y aportando el oxígeno por agitación. La fertilidad se expresa por porcentaje de huevos en los que se inicia el desarrollo. La fertilidad durante las semanas 1-7 y 8-14 en las partes izquierda y derecha de la barra oblicua excepto para la cita de Sexton & Giesen (1982), que se presentan los datos de las semanas 1-15 y 16-26 respectivamente.

Diluyente de	*Número de espermios inseminados* $\times 10^6$	*Duración de la conservación (h)*					*Datos de*
		0	*6*	*18*	*24*	*48*	
van Wambeke (1972)	140	99/99	98/98	–/–	98/94	–/–	Huyghebaert *et al.* (1984)
Lake & Ravie	125	99/99	99/99	–/–	–/–	–/–	Huyghebaert & de Groote (1983)
Sexton (1980)	125	99/99	98/98	–/–	–/–	–/–	Huyghebaert & de Groote (1983)
van Wambeke (1972)	125	99/99	99/99	–/–	–/–	–/–	Huyghebaert & de Groote (1983)
Lake *et al.* (1984)	60-180	94/93	–/–	–/–	92/93	85/86	Lake *et al.* (1984)
Sexton (1980)	250	84/82	–/–	84/83	–/–	–/–	Giesen & Sexton (1983)
Sexton (1980)	200	95	–/–	–/–	77	–/–	Sexton (1988)
Sexton & Giesen (1982) (A & W)	250	88/92	–/–	82/95	–/–	–/–	Sexton (1987)
Sexton & Giesen (1982) (S & S)	250	87/92	–/–	85/75	–/–	–/–	Sexton (1987)

A & W, inseminaciones practicadas en los meses de otoño e invierno; S & S, inseminaciones practicadas en los meses de primavera y verano.

cultivo y, bajo estas condiciones la tecnología de la conservación es beneficiosa. Si se pueden obtener las células en abundancia, las pérdidas por criopreservación son insignificantes, pero el aporte de células muchas veces está muy limitado con lo que esa técnica puede ser impracticable. La conge-

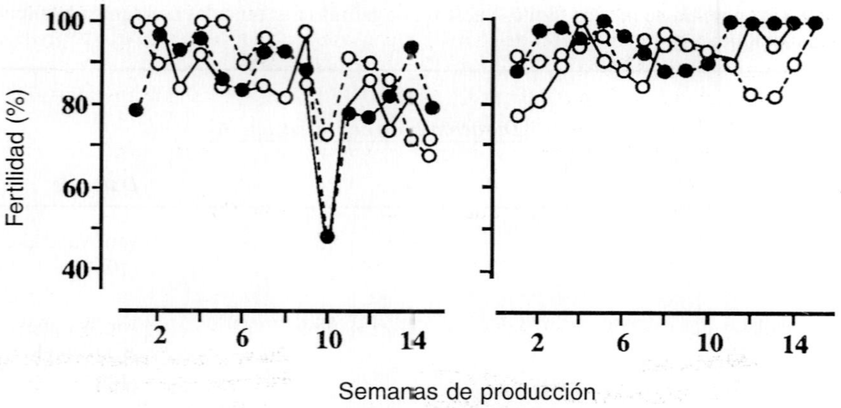

Figura 9.11 Relaciones entre capacidad fertilizante y número de espermios que se han almacenado durante 6 horas a 5ºC cuando el semen de pavo se inseminó en los meses de la primavera y el verano (parte derecha de la figura) y en los de otoño e invierno (parte izquierda). Las hembras se inseminaron con 150×10^6 espermatozoides una vez por semana (círculos negros, líneas discontinuas), 250×10^6 espermatozoides, una vez por semana (círculos blancos, líneas discontinuas), o 100, 150, 200 y 250×10^6 espermatozoides, una vez por semana durante las semanas 1-3, 4-6, 7-8 y 10-15, respectivamente (círculos blancos y líneas continuas). De Sexton (1986).

lación-descongelación de semen de pollo está asociada con la pérdida del 98-99% de las células (Fig. 9.12) y por ello es muy precisa la necesidad de aplicar nuevas tecnologías para estos casos. La adopción de protocolos actuales para la crioconservación puede beneficiar a los gallineros de líneas puras, pero su empleo a otros niveles no parece aconsejable, porque el uso de semen líquido satisface con creces las necesidades de los programas de inseminación artificial, ya que la pérdida de espermios, durante la crioconservación elimina sus beneficios potenciales. Como el número de machos que se deben mantener para inseminar un gallinero con semen congelado es lo menos cinco veces mayor que el requerido para la inseminación artificial utilizando semen líquido el uso de material genético superior se puede conseguir más fácilmente distribuyendo semen líquido dentro de las 24 horas siguientes a su recogida. Aún no se ha desarrollado un método rutinario de congelar-descongelar semen de pavo con lo que los sistemas de distribución de semen para la industria del pavo continuará siendo el uso de semen en medio líquido.

La preparación de las células para su congelación precisa la adición de crioconservantes como el dimetilsulfóxido (DMSO) o glicerina a los diluyentes similares a los utilizados para conservar el semen líquido (Tabla 9.7). En general, el semen se diluye 2-5 veces con diluyente, tan pronto como sea

Tabla 9.6 Proporción de huevos fértiles puestos por gallinas inseminadas con semen mantenido hasta 48 horas a 2-5°C.

Diluyente de	*Número de espermios inseminados × 10⁶*	*Duración de la conservación (h)* 0	4	24	48	*Datos de*
van Wambeke (1967)	ca. 200	–	–	93	–	van Wambeke (1967)
van Wambeke (1972)	250	–	–	95	93	van Wambeke & Mestagh (1987)
Sexton (1977)	50	87	82	88	–	Sexton (1978)
Lake & Ravie (1979)	150	–	–	92	–	Lake & Ravie (1979)
Lake & Ravie (1979)	160	99	–	–	92	Vishart (1981)

posible después de recogerlo y se alicuota en viales o pajuelas especialmente diseñadas para la crioconservación. La mezcla se incuba a 5-15°C, hasta unas 2 horas para facilitar la entrada del conservante dentro de la célula y transportar el semen al laboratorio para su posterior procesado. La suspensión de células se congela bajando la temperatura 1°C min^{-1} a –35 ó –40°C, antes de introducir los viales en tanques de nitrógeno líquido donde se colocan luego y así se conservan. Los viales se descongelan situándolos en un baño de agua a 5°C, antes de utilizar el semen para inseminar siempre que el conservante haya sido el DMSO. Si se utiliza la glicerina, se debe diluir a menos del 0,7% (v/v) antes de inseminar para evitar que sea la causa que afecte a la fertilidad. Desde el punto de vista técnico, la glicerina es menos conveniente, pero no es tan tóxica para los espermios como el DMSO. La eliminación de la glicerina requiere la adición de volúmenes precisos de diluyentes no glicerinados a intervalos precisos antes de eliminar el supernadante por centrifugación a 5°C. Luego, las células se resuspenden en diluyentes antes de la inseminación. Como este protocolo no es muy recomendable para aplicaciones rutinarias en los gallineros, su uso ha quedado restringido a los laboratorios de investigación y desarrollo. Sin embargo, los grandes avances en la tecnología de la diálisis pueden producir una tecnología que sea más conductiva para

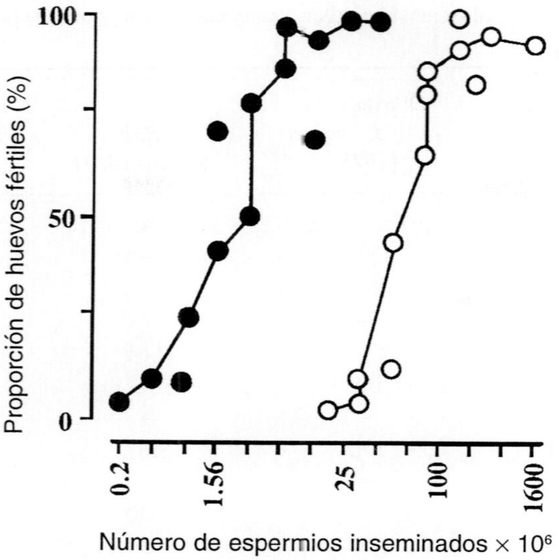

Figura 9.12 Relación entre capacidad fertilizante y número de espermios inseminados cuando se utiliza semen diluido sin congelar (círculos negros), o congelado y descongelado antes de la inseminación (círculos blancos). La capacidad fertilizante fue estimada como la proporción de huevos fértiles puestos por gallinas entre los días 2 y 8 después de la inseminación de entre 1 y 500 millones de células. Mientras que se precisan aproximadamente $1{,}5 \times 10^6$ células para fertilizar el 50% de huevos de gallinas inseminadas con semen fresco, se precisan unas 100×10^6 células para fertilizar el 50% de los huevos puestos por gallinas inseminadas con semen congelado. Datos de Wishart (1985).

uso rutinario (Fig. 9.13). Independientemente del método de procesado, las pérdidas de células al ser diluidas y las lesiones infligidas a los espermios cuando se congelan y descongelan indican que el equivalente de 100 µl de semen neto deben inseminarse a intervalos de aproximadamente 3 días para obtener altos niveles de fertilidad (Tabla 9.8). Cuando se utiliza DMSO como crioconservador, se mantiene la capacidad fertilizante del semen, tanto de pollo como de pavo; pero en general, una proporción variable y reducida de huevos procedentes de gallinas inseminadas con semen congelado son fértiles (Tabla 9.9). Aunque este nivel de fertilidad es suficiente para mantener bancos de semen para propósitos especiales, se precisa de mejores tecnologías antes de que el semen congelado se pueda utilizar de forma amplia y rutinaria.

La capacidad fertilizante de esperma congelado-descongelado puede ser mejorada al inseminar bien dentro de la glándula cascarógena o dentro del

Tabla 9.7 Composición de los diluyentes que se han formulado para optimizar la crioconservación del esperma del pollo.

Componente	*Diluyente de Lake & Stewart (1978)*	*BPSE (Sexton, 1977)*	*Diluyente de Tajima et al. (1989)*
Dimetilsulfóxido (ml)	–	40	–
Glicerina (g)	136,4	–	80
Acetato K (g)	5,0	–	2,1
Glutamato K (g)	–	–	2,1
Citrato K · H_2O (g)	–	0,64	0,5
Acetato Mg · $4H_2O$ (g)	0,8	–	–
SO_4Mg (g)	–	–	0,35
Glutamato Na · H^2O (g)	19,2	8,67	6,0
Acetato Na (g)	–	–	2,5
Acetato Na · $3H_2O$(g)	–	4,30	–
$Cl_2Mg \cdot 6H_2O$ (g)	–	0,34	–
$PO_4HK_2 \cdot 3H_2O$ (g)	–	12,7	–
PO_4HK_2 (g)	–	–	7,0
PO_4H_2K (g)	–	0,65	1,6
PO_4HNa_2 (g)	–	–	0,8
KOH (g)	–	–	1,0
Fructosa · H_2O (g)	8,0	5,00	–
Glucosa (g)	–	–	10,0
Sorbitol (g)	–	–	0,7
TES[1] (g)	–	1,95	4,0
Hepes[2] (g)	–	–	4,0
BES[3] (g)	–	–	3,0
Polivinilpirrolidona (MW 10.000) (g)	3,0	–	–
Volumen total (ml)	1.000	1.000	1.000

[1] Ácido *N*-tris(hidroximetil)metil-2-aminoetano sulfónico.
[2] Ácido *N*-2-hidroximetil piperacina-*N'*-2-etano sulfónico.
[3] Ácido *N,N*-bis(2-hidroxietil)-2-aminoetano sulfónico.

magnum, lo que incrementa el número de espermios en las glándulas uterovaginales e infundibulares (ver págs. 203-207). Sin embargo, la penetración de semen en el esfínter glándula-vagina, es seguida por una disminución de la producción de huevos y la inseminación dentro del magnum requiere una intervención quirúrgica. Ambas técnicas solamente pueden utilizarse cuando se necesita recuperar el semen mediante medidas heroicas.

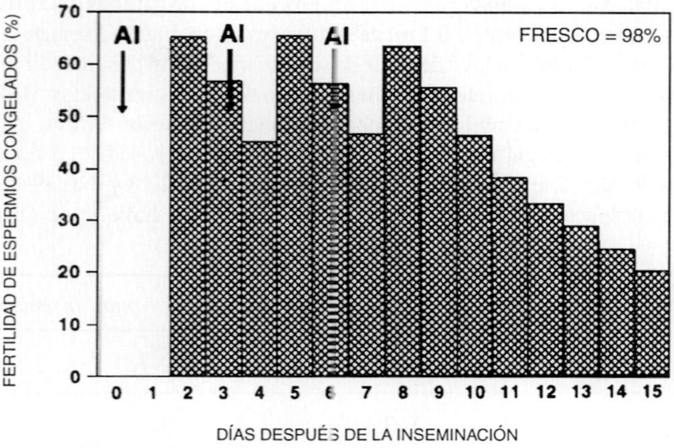

Figura 9.13 Fertilidad de esperma congelado en glicerina al 12% en el diluyente descrito por Tajima *et al.* (1989) y dializado utilizando un membrana registrada para reducir la concentración de la glicerina a aproximadamente 1% (v/v) antes de inseminar 170×10^6 espermios, por gallina. Las inseminaciones quedan indicadas por las flechas. La fertilización ocurrió en el 98% de los huevos puestos por gallinas inseminadas con semen diluido, no congelado. Datos de Buss (1993).

9.6 Aspectos económicos de la inseminación artificial

El beneficio económico de la inseminación artificial en la industria del pavo, es muy evidente, puesto que el cruce natural es físicamente imposible en la mayoría de los efectivos. En el caso de los broilers, cuanto mayor sean éstos más declina la fertilidad (Fig. 9.2), con lo que la posible aplicación de la inseminación artificial aumenta y los beneficios llegan a ser atractivos. El beneficio máximo de la inseminación artificial se consigue cuando, tanto los machos como las hembras se alojan en jaulas y el gen del enanismo se incorpora a la gallina criadora de broilers. El alojamiento indicado proporciona la oportunidad de mantener con mayor precisión el peso de los machos a la vez que se evitan las peleas entre los machos más agresivos. Estas mejoras, en el manejo y bienestar de los machos, pueden reducir la mortalidad desde el 13 al 2% (Tabla 9.10). Además, el número de machos necesarios por explotación se reduce 5 ó 10 veces, con lo que los mejores genotipos se pueden utilizar más extensivamente en cada generación. Como en los programas de inseminación artificial no se necesita que se manifieste el comportamiento de apareo, se puede ejercer mayor presión selectiva en cada generación, en los componentes que colaboran a la mejor calidad de las carcasas. Sin embargo,

Tabla 9.8 Fertilidad e incubabilidad de los huevos procedentes de gallinas inseminadas cuatro veces en 10 días, con el equivalente a 0,1 ml de semen fresco sin diluir. El semen se diluyó con glicerina antes de congelarlo y se lavó después de su descongelación para reducir la concentración de glicerina. F/T, número de huevos fértiles/número de huevos incubados; % de F/T, entre paréntesis. H/FIE, número de embriones incubados/número de huevos fértiles, intactos; % de H/FIE, entre paréntesis. Las gallinas fueron inseminadas los días 1, 4, 7 y 10. La fertilidad se computó durante los días 2 al 12 (A), desde los días 12-16, días 12-18 y días 19-25 (B, C y D, respectivamente) después de la primera inseminación. Datos de Lake *et al.* (1981) y Lake (1986).

	Huevos recogidos (días después de la primera inseminación)			
	A (2-12)	*B (12-16)*	*C (12-18)*	*D (19-25)*
F/T	290/313 (93%)	147/158 (93%)	187/216 (87%)	71/231 (31%)
H/FIE	282/287 (98%)	141/146 (97%)	177/184 (96%)	62/69 (90%)

el mayor beneficio deriva del uso de gallinas enanas, ya que éstas consumen hasta un 30% menos de pienso que las no enanas y los costes del pienso representan alrededor del 60% de la producción de los broilers. También se reduce la edad de la madurez sexual y la proporción de huevos incubables se incrementa cuando a las gallinas se las retiene en jaulas. El peso corporal, tanto del macho como de la hembra, se reduce y es menos variable cuando se utilizan las jaulas, lo que proporciona beneficios económicos adicionales, que son evidentes al reducirse la cantidad de pienso consumido por kilo de huevos producidos y de la cantidad de pienso consumido por broiler produci-

Tabla 9.9 Proporción de huevos fértiles puestos por pavas y gallinas inseminadas con semen congelado en presencia de DMSO y descongelado antes de la inseminación.

Especie	*Referencia*	*Fertilidad (%)*
Pollo	Sexton (1976)	61
Pollo	Williamson *et al.* (1981)	42-71
Pollo	Duplaix & Sexton (1984)	40-50
Pavo	Graham *et al.* (1982)	30-40
Pavo	Sexton (1981)	61

Tabla 9.10 Producción de huevos, consumo de pienso, fertilidad, incubabilidad y apariencia de la descendencia de machos normales cruzados con hembras enanas por inseminación artificial y alojadas en jaulas y por monta natural en gallineros en el suelo.

	Hembras enanas en jaulas[1]	*Hembras normales en suelo*[1]	*Hembras enanas en jaulas*[2]	*Hembras normales en jaulas*[2]
Maduración sexual (edad al 50% de puesta)	–	–	171	185
Producción acumulada de huevos	163	168	171	159
Huevos incubables de los producidos (%)	96	94	95	95
Peso del huevo (g)	60,4	62,4	60,7	63,6
Consumo de pienso (g gallina^{-1} día^{-1})	111	123	118	147
Conversión del pienso (kg de pienso, kg de huevos)	–	–	3,12	3,96
Pienso consumido por pollo producido (g)	–	–	232	301
Peso a las 64 semanas				
Machos (g)	4.520	5.030	–	–
Hembras (g)	2.590	2.430	2.798	3.859
Mortalidad				
Machos (%)	2	13	–	–
Hembras (%)	6,6	6,5	4,4	5,0
Fertilidad (%)	93[3]	86[4]	98[3]	98[3]
Incubabilidad de los huevos fértiles	93	93	88	87
Apariencia de la descendencia a las 6 semanas				
Machos (kg)	–	–	1.823	1.924
Hembras (kg)	–	–	1.680	1.759
Conversión del pienso (kg de pienso por kg de peso ganado)	–	–	1,94	1,90
Mortalidad (%)	–	–	1,04	2,10

[1] De Reviers (1988).
[2] De van Wambeke *et al.* (1986).
[3] Por inseminación artificial.
[4] Por monta natural.

do (Tabla 9.10). En cuanto a la fertilidad es equivalente cuando se la compara a la de los gallineros que se alojan en el suelo, que tienen una excelente fertilidad, o es mejor si se la compara con la de los gallineros de broilers que tienen una alta proporción de huevos infértiles. El mayor freno económico para usar gallinas enanas en jaulas y utilizar la inseminación artificial es, la ligeramente, peor apariencia de la descendencia de machos heterozigotes (Tabla 9.10). Sin embargo, es muy probable que las líneas de machos con cuerpo grande que no serían seleccionadas para la monta natural por inadecuadas pero proporcionarían grandes progenies cuando se cruzaran por inseminación artificial. Parte de la reducción del tamaño corporal de las gallinas enanas ha sido atribuida a los huevos más pequeños que producen. Esta proposición fue soportada por los estudios pioneros que indicaban que el peso corporal a las seis semanas estaba altamente correlacionado con el peso del incubado que lógicamente depende del tamaño del huevo. La correlación entre tamaño del huevo y peso final del broiler, es menos evidente en las líneas de crecimiento rápido y que son utilizadas normalmente para producir pollos broliers con lo que no parece lógico que el tamaño más pequeño del huevo de la gallina enana se relacione con un ritmo subsiguiente de crecimiento de la descendencia.

Bibliografía

Bilgili, S.F. & Renden, J.A. (1984). Fluorometric determination of avian sperm viability and concentration. *Poultry Science* 63, 2275-2277.

Brillard, J.P. (1982). Aspects pratiques de l'insemination artificielle des femelles (poules, pintades, dindes). In: *Fertilite et insemination artificielle en aviculture.* Institut National de la Recherche Agronomique Editions, Versailles, pp. 77-102.

Brillard, J.P. (1993). Sperm storage and transport following natural mating and artificial insemination. *Poultry Science* 72, 923-928.

Brillard, J.P. & de Reviers, M. (1979). Donnees nouvelles sur l'insemination des pintades. *L'Aviculteur* 393, 63-69.

Brillard, J.P. & McDaniel, G.R. (1985). The reliability and efficiency of various methods for estimating spermatozoa concentration. *Poultry Science* 64, 155-158.

Buss, E.G. (1993). Cryopreservation of rooster sperm. *Poultry Science* 72, 944-954.

Chaudhuri, D. & Lake, P.E. (1988). A new diluent and methods of holding fowl semen for up to 17 h at high temperature. In: *Proceedings of the XVIII World's Poultry Congress,* Nagoya, Japan.

Christensen, V.L. & Johnston, N.P. (1977). Effect of time of day on insemination and the position of the egg in the oviduct on the fertility of turkey hens. *Poultry Science* 56, 458-462.

de Reviers, M. (1988). Appareil genital male et production des spermatozoides. Chapter 7 in: *Reproduction des volailles et production d'oenfs.* Edited by B. Sauveur. Institut National de la Recherche Agronomique Editions, Paris.

Duplaix, M. & Sexton, T.J. (1984). Effects of type of freeze straw and thaw temperature on the fertilizing capacity of frozen chicken semen. *Poultry Science* 63, 775-780.

Giesen, A.F. & Sexton, T.J. (1983). Beltsville poultry semen extender. 9. Effect of storage temperature on turkey semen held eighteen hours. *Poultry Science* 62, 1305-1311.

Graham, E.F., Nelson, D.S. & Schmehl, K.L. (1982). Development of extender and techniques for frozen turkey semen. 2. Fertility trials. *Poultry Science* 61, 558-563.

Huyghebaert, G. & de Groote, G. (1983). The effect of diluent, storage temperature, and number of spermatozoa on fertility and hatchability results obtained with turkey semen stored for 6 hours. *Archiv fur Geflugelkunde* 47, 103-109.

Huyghebaert, G., van Wambeke, F. & de Groote, G. (1984). The effect of pH of diluent, number of spermatozoa, and storage method on fertility and hatchability obtained with turkey semen stored for 6 and 24 hours. *Archiv fur Geflugelkunde* 48, 142-150.

Johnston, N.P. & Parker, J.E. (1970). The effect of time of oviposition in relation to insemination of chicken hens. *Poultry Science* 49, 325-327.

Lake, P.E. (1986). The history and future of the cryopreservation of avian germ plasm. *Poultry Science* 65, 1-15.

Lake, P.E. & Ravie, O. (1979). Effect on fertility of storing fowl semen for 24 h at 5°C in fluids of different pH. *Journal of Reproduction and Fertility* 57, 149-155.

Lake, P.E. & Ravie, O. (1982). Effect on fertility of storing turkey semen for 24 hours at 10°C in fluids of different pH. *British Poultry Science* 23, 41-47.

Lake, P.E. & Stewart, J.M. (1978). Preservation of fowl semen in liquid nitrogen – an improved method. *British Poultry Science* 19, 187-194.

Lake, P.E., Ravie, O. & McAdam, J. (1981). Preservation of fowl semen in liquid nitrogen - application to breeding programmes. *British Poultry Science* 22, 71-77.

Lake, P.E., Cherms, F.L. & Wishart, G.J. (1984). Effect of aeration on the fertilising ability of turkey semen stored for 48 h at 5 and 15°C: A study from the 33rd to the 47th week of age. *Reproduction, Nutrition et Developpement* 24, 147-153.

Reddy, R.P. & Sadjadi, M. (1990). Selection for growth and semen traits in the poultry industry: what can we expect in the future? In: *Control of Fertility in Domestic Birds.* Edited by J.P. Brillard. Institut National de la Recherche Agronomique Editions, Versailles, pp. 47-60.

Sexton, T.J. (1976). Studies on the fertility of frozen fowl semen. *8th International Congress on Animal Reproduction and Artificial Insemination, Cracow* 4, 1079-1082.

Sexton, T.J. (1977). A new poultry semen extender. 1. Effect of extension on the fertility of chicken semen. *Poultry Science* 56 1443-1446.

Sexton, T.J. (1978). A new poultry semen extender. 3. Effect of storage conditions on the fertilising capacity of chicken semen stored at 5°C. *Poultry Science* 57, 285-289.

Sexton, T.J. (1980). A new poultry semen extender. 5. Relationship of diluent components to cytotoxic effects of dimethylsulphexide on turkey spermatozoa. *Poultry Science* 59, 1142-1144.

Sexton, T.J. (1981). Development of a commercial method for freezing turkey semen. 1. Effect of prefreeze techniques on the fertility of processed unfrozen and frozen-thawed semen. *Poultry Science* 60, 1567-1573.

Sexton, T.J. (1986). Relationship of the number of spermatozoa inseminated to fertility of turkey semen stored for 6 h at 5°C. *British Poultry Science* 27, 237-246.

Sexton, T.J. (1987). Effect of semen treatment and age of tom on fertility of unstated semen and semen held 18 hours. *Poultry Science* 66, 1721-1726.

Sexton, T.J. (1988). Comparison of commercial diluents for holding turkey semen for 24 h at 5°C. *Poultry Science* 67, 131-134.

Sexton, T.J. & Giesen, A.F. (1982). Beltsville poultry semen extender. 6. Holding turkey semen for six hours at 15°C. *Poultry Science* 61, 1202-1208.

Tajima, A., Graham, E.F. & Hawkins, D.M. (1989). Estimation of the relative fertilising ability of frozen chicken spermatozoa using a heterospermic method. *Journal of Reproduction and Fertility* 85, 1-5.

Taneja, G.C. & Gowe, R.S. (1961). The effect of dosage of undiluted semen on fertility of two breeds of fowl. *British Poultry Science* 2, 81-89.

van Wambeke, F. (1967). The storage of fowl spermatozoa. 1. Preliminary results with new diluents. *Journal of Reproduction and Fertility* 13, 571-575.

van Wambeke, F. (1972). Fertility and hatchability results with fowl spermatozoa stored in fresh and freeze-dried diluent. *British Poultry Science* 13, 179-183.

van Wambeke, F. & Mestagh, M. (1987). The storage of fowl semen for 24 and 48 hours. *Zootechnica International* Oct., 61-62.

van Wambeke, F., Mestagh, M., Cave, N. & de Groote, G. (1986). A comparison of dwarf and normal breeders with special reference to fertility and hatchability results obtained with fresh and stored semen. *Proceedings of the 7th European Poultry* 2, 941-945.

Wall, K.A. & Jones, J.E. (1977). Relationships between number of sperm inseminated, number of eggs laid and fertility in turkeys. *Poultry Science* 56, 399-402.

Williamson, R.G., Etches, R.J., Reinhart, B.S. & MacPherson, J.W. (1981). The effect of cooling rate before freezing and the temperature of the semen upon addition of DMSO on the fertilizing capacity of chicken semen stored at −196°C. *Reproduction, Nutrition et Developpement* 2, 1033-1042.

Wishart, G.J. (1981). The effect of continuous aeration on the fertility of fowl and turkey semen stored above 0°C. *British Poultry Science* 22, 445-450.

Wishart, G.J. (1985). Quantitation of the fertilising ability of fresh compared with frozen and thawed fowl spermatozoa. *British, Poultry Science* 26, 375-380.

Lecturas adicionales

Bellagambia, F., Cerolini, S. & Cavalchini, L.G. (1993). Cryopreservation of poultry semen: a review. *World's Poultry Science Journal* 49, 157-166.

Boyd, L.L. (1978). Artificial insemination of falcons. In: *Artificial Breeding of Non-domesticated Animals: Symposium of the Zoological Society of London.* Edited by P.F. Watson. Academic Press, London, pp. 73-80.

Gee, G.F. & Temple, S.A. (1978). Artificial insemination for breeding nondomesticated birds. In: *Artificial Breeding of Non-domesticated Animals; Symposium of the Zoological Society of London.* Edited by P.F. Watson. Academic Press, London, pp. 51-72.

Sexton, T.J. (1983). Maximizing the utilisation of the male breeder: a review. *Poultry Science* 62, 1700-1710.

Wishart, G.J. (1989). Physiological changes in fowl and turkey spermatozoa during *in vitro* storage. *British Poultry Science* 30, 443-454.

Direcciones de proveedores

Las siguientes compañías suministran diluyentes de semen utilizados comúnmente en la industria avícola:

Hygeia Biological Laboratories, Lago Formulation Avian Semen Extender, PO Box 8300, Woodland, California 95776, USA.

IMV, 10 rue Georges, Clemenceau, BP 81, 61302 l'Aigle, France.

Minnesota Turkey Growers Association, 2380 Wycliff Street, St. Paul, Minnesota 55114, USA.

Poultry Health Laboratories, Semaid Turkey Extender, 24711 County Road 100A, Davis, California 95616, USA.

Tri Bio Laboratories, Inc., Beltsville Poultry Semen Extender (BPSE), 1400 Fox Hill Road, State College, Pennsylvania 16803, USA.

10

Gestión de la Reproducción Utilizando Diferentes Programas de Iluminación

10.1 Introducción

La manipulación de los programas de iluminación por parte de los criadores de broilers, criadores de gallinas de puesta y criadores de pavos es una de las más poderosas herramientas utilizables en la gestión de la producción avícola. Manipulando adecuadamente los programas de iluminación se puede alterar (retrasar o adelantar) la aparición de la puesta lo mismo que el índice y duración de la misma se puede mejorar la calidad de la cáscara, el tamaño del huevo puede mejorarse y la eficacia del pienso puede ser maximizada. Sin embargo, aún no se puede definir un programa de iluminación universalmente óptimo, por cuanto algunos de los parámetros de la producción como el tamaño y número de huevos, influenciados por los esquemas de iluminación están negativamente correlacionados. Por tanto, teniendo un conocimiento preciso de las influencias relativas del fotoperíodo sobre diferentes aspectos de la producción de huevos, un granjero experimentado puede seleccionar un programa adecuado desde prácticamente un sinfín de posibilidades que optimice la producción dentro de unos parámetros económicos más beneficiosos.

Normalmente, los períodos de iluminación y oscuridad se combinan en una de las tres posibilidades de aplicación, en cualquier combinación comercial o experimental. El programa de iluminación más común es uno que incluye una única fotofase (por ej., período de iluminación) y una simple escotofase (por ej., un período de oscuridad) y que juntos ocupen las 24 horas. Alternativamente, los esquemas ya sean partidos o intermitentes, contienen más de una fotofase y escotofase que se repiten a intervalos de 24 horas. Por otro lado, los esquemas pueden estar caracterizados como simétricos cuando la segunda o subsiguiente fotofase o escotofase tiene la misma duración y asimétricos cuando no es de igual duración. Los esquemas de iluminación ahemeral incluyen períodos recurrentes de luz y oscuridad que juntos pueden ser mayores o menores, pero nunca iguales a las 24 horas. Se pueden dividir en convencionales o intermitentes aunque existen pocos datos que describan las características de los programas de iluminación ahemerales.

10.2 Control de la aparición y mantenimiento de la puesta

El cambio de gallinas desde un día corto a un día largo, es la señal fotoperiódica que inicia la secreción de gonadotropina y, consecuentemente la producción de huevos (véase Capítulo 5). En la Figura 10.1 se incluyen una serie de programas típicos de iluminación para optimizar la producción de huevos y de semen en gallineros con luz controlada. Las aves comienzan con un programa de 24L : 0O, durante 3 días para que se informen de donde está el pienso y el agua. Durante los siguientes 16 días el fotoperíodo se reduce una hora cada día hasta que el programa quede en 8L : 16O. La primera hora de oscuridad debe de ser la misma cada día para permitir que las aves se anticipen a la transición de la luz a la oscuridad y encuentren un lugar adecuado para su descanso antes del «crepúsculo». Una transición no esperada de la iluminación a la oscuridad, a menudo precipita el pánico, incluso aparecen muertes ya que las aves suelen hacinarse en los rincones del gallinero con la confusión de la oscuridad. Un corto régimen de luz no fotoestimulante es conveniente en el período de acostumbramiento. A las 16 semanas de edad para los machos y a las 20 semanas para las hembras, el período se alarga 1-2 horas por semana, hasta llegar a un programa de aproximadamente, 14L : 10O. Aunque haya pocos, quizá ninguno, trabajos serios que compare los regímenes de luz cambiantes paso a paso en los que el fotoperíodo se aumente poco a poco, y se cambia de un día corto (por ej., 8L : 16O) a un día largo (por ej., 14L : 10O), lo cierto es que en la industria avícola se ha comprobado que esto produce menos prolapsos vaginales. El aumento del fotoperíodo de 15 minutos por semana hasta alcanzar las 18L : 6O, retrasa la aparición del período de refractariedad y puede aumentar la producción de huevos en la última mitad del ciclo de puesta.

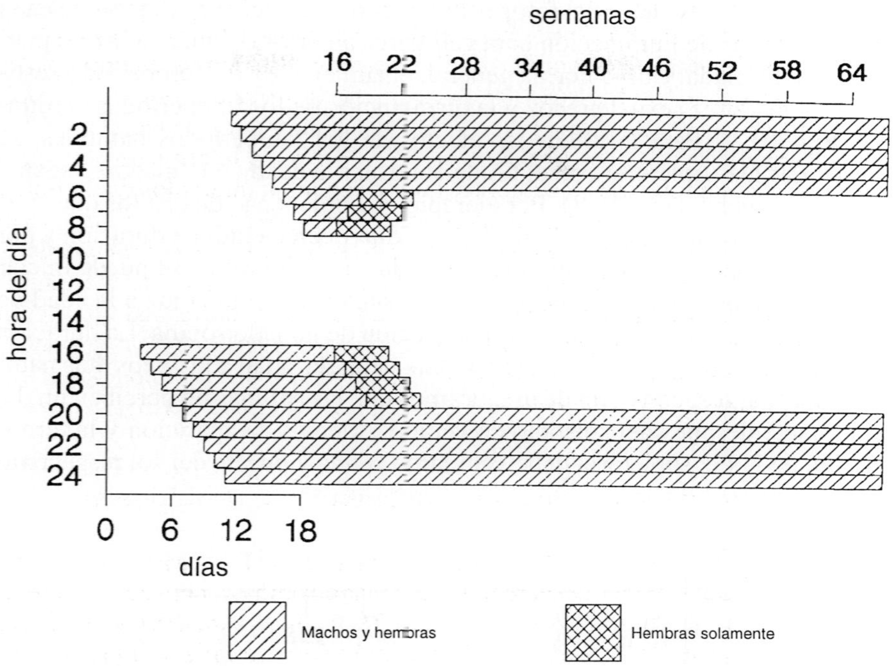

Figura 10.1 Sistema típico de iluminación para broilers alojados bajo condiciones de iluminación controlada. Las áreas sombreadas representan la escotofase; la fotofase viene indicada por ausencia de sombreado. En los tres primeros días hay luz continua hasta que las aves han descubierto el lugar donde esté el pienso y el agua. El día 4 se establece un «crepúsculo» al poner una hora de oscuridad. El período de oscuridad se prolonga una hora cada día hasta alcanzar el régimen de 8L : 16O, con lo que las aves quedan bajo un régimen de días cortos. Ocho semanas antes de que comience la producción de semen o 4 semanas antes de la aparición de la puesta, el fotoperíodo se prolonga 1 hora por semana para que se inicie la actividad reproductora. Datos de Etches (1993).

El efecto de los regímenes de luz está influenciado por experiencias previas (véase Sección 5.10). Por ejemplo, la codorniz japonesa, expuesta a un programa de 8L : 16O y luego transferida a otro de 13 L : 11O, lo interpreta como estimulante con lo que se inicia la función reproductora. Por el contrario, si se la pasa de un programa de 16L : 8O a otro de 13L : 11O, se interpreta como una reducción y la actividad reproductora disminuye. Desde el punto de vista teórico, la respuesta variable a fotoperíodos idénticos indica que la localización precisa de la fase fotosensible puede ser dependiente de la historia fotoperiódica del ave. Desde el punto de vista práctico, esa respuesta variable requiere que se considere el historial fotoperiódico al diseñar los programas de iluminación.

El efecto de ese historial fotoperiódico es más evidente cuando se diseñan los programas de iluminación para gallineros abiertos o donde la luz no pueda ser controlada. Como norma general, el aumento de los fotoperíodos estimula la madurez sexual precoz y la disminución de los fotoperíodos la retrasa (Fig. 10.2). Para invalidar los efectos de los fotoperíodos naturales, se puede dar luz supletoria con el fin de controlar la edad de la madurez sexual en los gallineros (Fig. 10.3). Por ejemplo, los pollos nacidos en los días más largos del año crecen bajo condiciones de días decrecientes de duración y por ello la madurez sexual se retarda. La producción de huevos se puede iniciar en las pollitas nacidas en días más largos suplementando la luz a la edad de 18-22 semanas para incrementar la secreción de gonadotropina. La duración del día que se proporciona artificialmente debe ser igual a la de los días naturales más largos, con el fin de asegurarnos que las gallinas no perciben un día declinante después del solsticio de verano. Además, la aparición y la terminación de la luz supletoria debe simular la salida y puesta del sol respectiva-

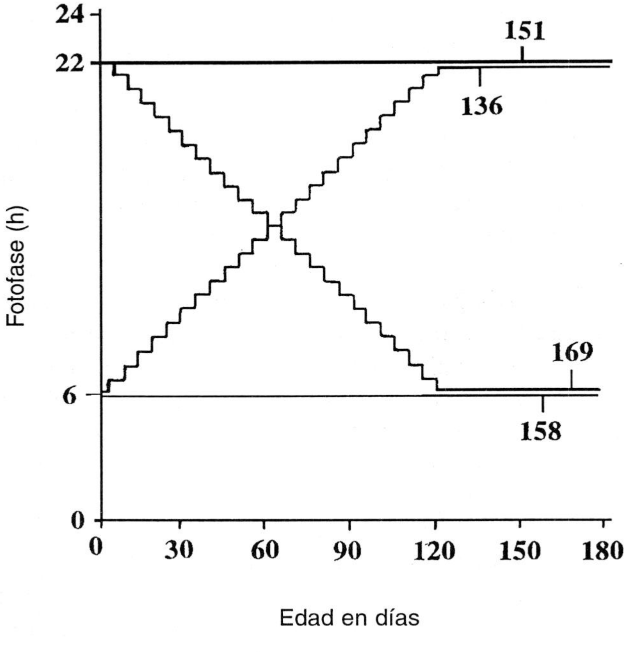

Figura 10.2 Efecto de la disminución de la duración del día, incremento de la duración del día, días de duración constante y días cortos sobre la edad de la madurez sexual de gallinas ponedoras. La edad media de las gallinas cuando pusieron el primer huevo, estando en regímenes de aumento de luz, regímenes contantes de 22L : 2O; constantes de 6L : 18O y regímenes decrecientes, fue de 136, 151, 158 y 169 días respectivamente. Datos de Morris (1979).

mente en los días más largos para asegurar que la combinación de luz natural y supletoria proporciona no más luz que la natural sola.

Los pollitos nacidos en el equinocio de primavera y criados en gallineros abiertos experimentan un incremento de la duración del día en las primeras 12 semanas de vida (Fig. 10.3). Este período aumenta la precocidad de la madurez sexual y por tanto se debe suplementar la luz durante el período de crecimiento para retardar la aparición de la puesta. La duración de luz combinada entre natural y supletoria se diseña a fin de procurar un día que comience y termine al mismo tiempo que los días más largos que el solsticio de verano. Las aves que crecen bajo estas condiciones experimentan una duración del día constante durante el crecimiento, lo que retarda la aparición de la madurez sexual y por ello se obvian los problemas relacionados con los nacimientos de primavera.

La duración del día en los trópicos aproximadamente 12L : 12O, no proporciona ocasión de adelantar o retardar la edad de la madurez sexual en gallineros de paredes abiertas, utilizando los fotoperíodos naturales. Sin embargo, se puede utilizar el suplemento lumínico para crear un declinar de la duración del día o un aumento de ésta para proporcionar un fotoestímulo (Fig. 10.3).

Aunque en los modernos gallineros, la producción de huevos comienza bajo una duración constante de los días, tanto largos como cortos, la fotoestimulación se utiliza rutinariamente para optimizar la aparición de la puesta. Invariablemente, la edad óptima de ésta es menor que cuando la aparición espontánea de la puesta ocurre bajo un fotoperíodo constante, porque el número de días no productivos está reducido. Sin embargo, la edad óptima de aparición de la puesta es mayor que la edad mínima de la madurez sexual, porque los huevos de gallinas que comienzan a poner muy jóvenes son demasiado pequeños para comercializarlos y para incubarlos (Tabla 10.1). El tamaño del huevo también está determinado por la nutrición y el tamaño del animal y por ello el tiempo preciso para facilitar la fotoestimulación depende del grado de crecimiento de las gallinas, durante su cría, y de la importancia económica de los huevos pequeños.

Además del efecto sobre el peso del huevo, la madurez sexual precoz es un determinante de gran importancia del subsiguiente ritmo de puesta, producción de huevos y número de huevos por gallina (Tabla 10.2). Como está muy claro que el tamaño del huevo, el índice de postura y la producción de huevos son menores cuando la madurez sexual se adelanta o retrasa, el encontrar los mejores programas de iluminación no es tan sencillo, ya que factores tales como mortalidad, densidad de los alojamientos, alimentación y manejo no han sido considerados. Además, no es factible una lógica extrapolación de estos ejemplos dada la gran cantidad de fotoesquemas que se pueden emplear durante el crecimiento, con lo que la aplicación precisa de

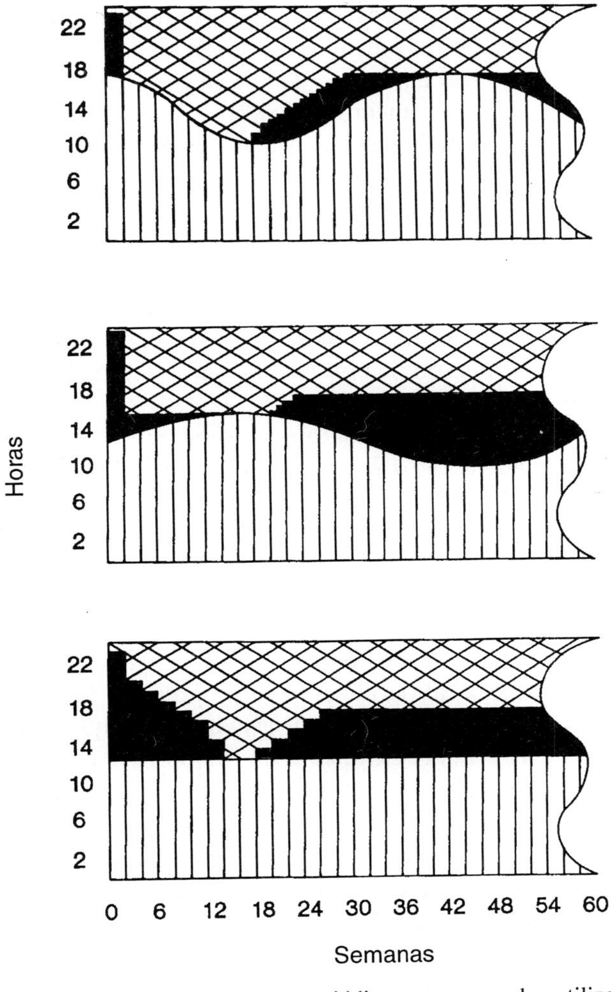

Figura 10.3 Ejemplos de regímenes fotoperiódicos que se pueden utilizar para controlar la edad de la madurez sexual, cuando los gallineros están expuestos a un fotoperíodo natural. En todas las figuras el día natural viene indicado por barras verticales, la luz supletoria está indicada por la zona negra y la noche natural está indicada por líneas oblicuas. La parte superior ilustra el fotoperíodo utilizado en un gallinero cuyas pollitas nacieron los días más largos del año. La duración del día se extendió a 23L : 1O, con luz supletoria durante las 2 primeras semanas para permitir que los animales se familiarizasen con el entorno. Luego se expusieron a la luz natural declinante con el acortamiento de los días y así se retardó la madurez sexual. A las 18 y 19 semanas de edad, el fotoperíodo fue de 11L : 13O y 12L : 12O, respectivamente y después el fotoperíodo se prolongó a razón de 0,5 horas por semana hasta alcanzar un programa de 17L : 7O, a las 29 semanas de edad. El fotoperíodo de la parte central de la figura fue el que se utilizó en un gallinero donde la eclosión fue en el equinocio de primavera. Se suplementó la luz de tal forma que las aves nunca estuvieran expuestas a la duración de un día aumentado. A la edad de 18 semanas se proporcionó la fotoestimulación al incrementar el fotoperíodo

esos esquemas permanece como un proceder *ad hoc,* que se debe guiar por los principios derivados de los datos experimentales pero decididos por la experiencia.

10.3 Control de la maduración sexual de los machos

El uso exclusivo de la inseminación artificial en la industria del pavo y el incremento de esta tecnología en la producción de broilers ha tenido su repercusión en la industria del pollo, cual es la distribución del semen de individuos genéticamente superiores (véase Capítulo 9). A medida que se incrementa la tecnología de la conservación, embalaje y distribución del semen, las líneas de machos se mantienen en unidades especiales dedicadas al manejo de estos efectivos. Se pueden diseñar programas de iluminación para ser utilizados en machos, con el fin de que adelanten su maduración sexual y obtener así volúmenes mayores de semen fértil tan pronto como sea posible. En la Figura 10.4 se ilustra el efecto de adelantar la madurez sexual sobre la calidad del semen de los pavos y se puede apreciar que la capacidad fertilizante del semen de pavos, a los que se les programó la iluminación a las 12 semanas de edad y que iniciaron la producción de semen a las 21 semanas, era igual que la de sus congéneres a los que se les había retrasado la madurez sexual seis semanas; al reducir ésta un 25%, en pavos que consumían 500-600 g de pienso al día se obtuvo un mejor impacto sobre los aspectos económicos de la producción de semen y se fomentó el desarrollo de tecnología más útil para producir, recoger y distribuir semen en la industria del pollo. Además, el intervalo generacional de las líneas de machos se puede reducir cuando la fotoestimulación se establece lo más precozmente posible, proporcionando mayores oportunidades de mejora genética.

También se han utilizado programas de iluminación para aumentar la producción de semen, durante un período prolongado de iluminación con el fin de retardar la fotorrefractariedad (véase Sección 5.7). Al menos una importante compañía dedicada a la cría de pavos ha repuesto machos con programas de 14L : 10O y luego los ha transferido a 12L : 12O, a las 22 semanas de

---

Fig. 10.3 ***(continuación)*** 0,5 horas por semana, hasta alcanzar las 17L : 7O. La parte inferior de la figura, ilustra un fotoesquema apropiado para aves en el trópico, donde el fotoperíodo natural, sea siempre de 12L : 12O. Se suplementa luz durante el período de crecimiento, pero la duración del día decreció con el aumento de edad, para retardar la aparición de la madurez sexual. Comenzando a las 18 semanas de edad, la duración del día se aumentó 1 hora cada dos semanas hasta alcanzar un fotoperíodo de 17L : 7O, a las 26 semanas de edad. Independientemente del fotoperíodo natural, la duración efectiva del día (por ej., el período combinado de exposición a la luz, tanto natural como suplementada) nunca se decreció después de comenzada la producción de huevos. Datos de Etches (1993).

Tabla 10.1 Efectos de la edad al transferir gallinas de un programa de 8L : 16O a otro de 14L : 10O, sobre la producción de huevos y peso de los mismos. Datos de Leeson & Summers (1980).

Edad en semanas	*Huevos por 100 gallinas por día cuando se fotoestimuló a:*			*Peso de los huevos (g) cuando se fotoestimuló a:*		
	15 sem	*18 sem*	*21 sem*	*15 sem*	*18 sem*	*21 sem*
18-20	30	12	0	42,3	43,3	–
21-23	88	70	52	47,9	46,4	47,3
24-26	92	92	91	51,3	52,4	53,9
27-29	93	92	96	52,9	53,5	55,3
30-33	93	92	93	54,7	55,7	56,3
34-37	87	89	90	57,1	57,4	58,7
38-41	80	82	85	58,4	58,7	59,7

edad para aumentar el período de vida del semen (Fig. 10.5). Aunque este fotoperíodo no es convencional, su éxito en mantener la producción de semen subraya la necesidad de considerar todos los aspectos de los efectos de los programas de iluminación mientras se diseñan programas que aumenten la capacidad reproductora de las aves domésticas.

10.4 Control de la eficacia de la alimentación

El efecto de la iluminación sobre la eficacia del pienso es una función de la actividad locomotora, que queda reducida al mínimo en los períodos de

Tabla 10.2 Efecto de los programas de iluminación sobre la producción de huevos durante el crecimiento desde 20 a 72 semanas de edad. Datos de Morris (1979).

Programa de luz		*Edad al 50% de puesta (días)*	*Ritmo de puesta (%)*	*Peso medio huevo (g)*	*Producción de huevos (kg/ gallina)*	*Huevos por gallina alojada*
0-18 semanas	*> 18 semanas*					
6L : 18O a 14L : 10O[1]	14L : 10O	142	74,9	58,3	15,9	248
14L : 10O	14L : 10O	156	76,8	60,4	16,9	275
6L : 18O	6L : 18O a 18L : 6O[2]	158	78,9	60,4	17,3	270
22L : 2O a 6L : 18O	6L : 18O a 18L : 6O[2]	170	75,1	61,1	16,7	260
Error estándar		0,77	0,58	0,32	0,17	4,1

[1] Aumentado o reducido en incrementos semanalmente iguales.
[2] Aumentado 20 minutos a la semana comenzando a las 18 semanas hasta un máximo de 18L : 6O.

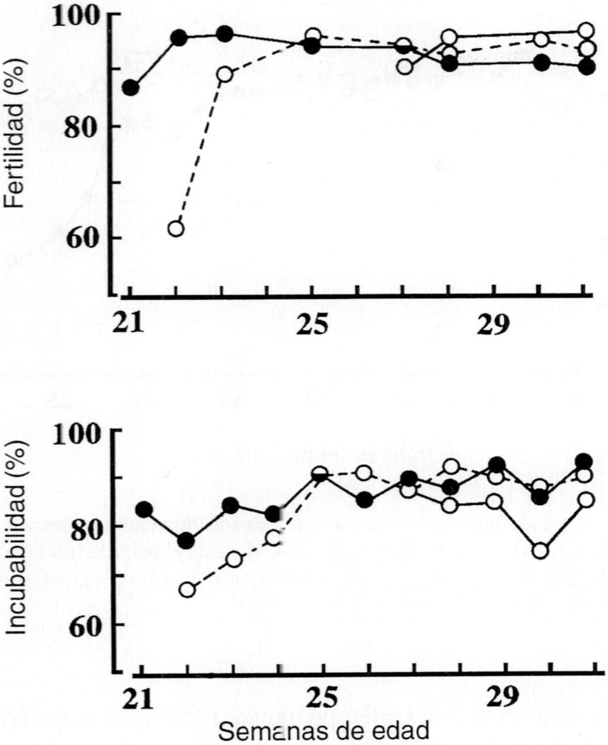

Figura 10.4 Capacidad fertilizante del semen e incubabilidad de los huevos puestos por gallinas inseminadas con semen de gallos que fueron fotoestimulados a las 12 (círculos y líneas continuas), 15 (círculos blancos y líneas discontinuas) y 18 (círculos blancos y líneas continuas) semanas. La producción de semen se inició a las 21, 22 y 27 semanas de edad respectivamente. Datos de Etches *et al.* (1993).

oscuridad. En ausencia de movimiento, la utilización del pienso para el mantenimiento está igualmente reducida con lo que la eficacia de aquél aumenta en los programas de iluminación que contengan bloques de oscuridad. Normalmente, éstos se introducen en los programas intermitentes de iluminación, proporcionando una fotofase como 14 unidades que contenga 15 minutos de luz y 45 minutos de oscuridad y una escotofase como un bloque de 10 horas de oscuridad (véase Fig. 5.7, pág. 121). El régimen de luz intermitente que se produzca proporcionará el mismo estímulo fotoperiódico que 14L : 10O, a la vez que se reducen los requisitos nutricios para la actividad; por tanto, la aplicación de regímenes de iluminación intermitente aumenta la eficacia del pienso. El aumento de la utilización del pienso varía desde el 2 al 5% y a menudo está relacionada con una reducción de la mortalidad.

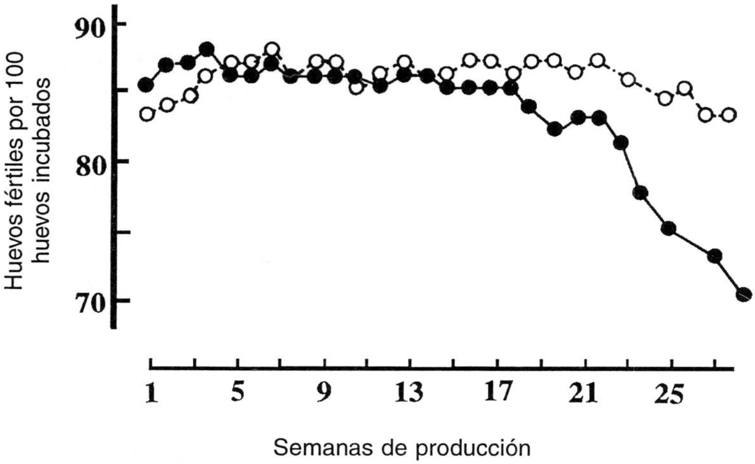

Figura 10.5 Porcentaje de huevos fértiles de gallinas inseminadas con semen recogido de gallos criados en 14L : 10O y transferidos a 12L : 12O durante el período reproductor (círculos blancos y líneas discontinuas) y gallos criados en fotoperíodos naturales en California (círculos negros y líneas continuas). Datos de Cherms (1984).

La utilización del pienso también puede ser maximizada proporcionando programas de iluminación. Los programas partidos se caracterizan por un bloque de oscuridad, que se interpreta como una noche, una transición de la oscuridad a la luz que se interpreta como el amanecer y período de iluminación entre 11 y 13 horas después de la señal del alba que ilumina la fase fotosensible (véase Fig. 5.7, pág. 121). Existe una amplia variedad de programas de iluminación que pueden proporcionar estas señales a las aves domésticas, pero un programa representativo puede ser el siguiente: 4L : 7O 3L : 10O. La producción de huevos no se ve afectada por la luminosidad de dos bloques secuenciales para simular la señal del alba e iluminación de la fase fotosensible respectivamente y el período de oscuridad entre los dos bloques de luz que reduce los requerimientos de pienso para la actividad. Por tanto, los programas de iluminación partidos aumentan la eficacia del pienso sin comprometer el ritmo de producción de huevos.

Tanto los programas intermitentes como los partidos fueron estudiados inicialmente como respuesta a la crisis energética y a las fluctuaciones del mercado de los crudos. La reducción de la cantidad de energía necesaria para el encendido de las luces en los gallineros utilizando programas partidos o intermitentes, es muy pequeña en comparación con el beneficio económico del aumento de la eficacia del pienso que se obtiene con esos programas.

10.5 Control del tiempo de la oviposición

El tiempo de la oviposición es una consideración muy importante en el diseño del fotoperíodo porque los huevos deben ser recogidos tan pronto como sea prácticamente posible con el fin de conservar tanto su calidad interna, desde el punto de vista del mercado, como su capacidad para producir un pollo. Por tanto, los programas de iluminación que se diseñen deberán hacer posible que sea mínimo el intervalo entre la postura y la recogida del huevo, particularmente en las estaciones de climas extremos. Además, el tiempo de la oviposición es importante para los productores de huevos para incubar pollos y pavos que utilicen inseminación artificial, por cuanto que la inseminación de las gallinas entre 1 hora antes y 2 horas después de la oviposición disminuye la posibilidad de que el cruce produzca huevos fértiles (véase Fig. 9.6, pág. 262). Por ello, dependiendo de los objetivos del empresario, los programas de iluminación deben ser diseñados para minimizar el intervalo de la puesta a la recogida de los huevos, especialmente cuando la temperatura ambiente sea alta o baja; para asegurar que la oviposición ocurre en el momento del día cuando la temperatura es más moderada y para reducir al mínimo el número de oviposiciones que ocurran entre 1 hora antes y 2 horas después de la inseminación.

En la Figura 6.14 (ver pág. 158) se ilustró la relación entre el tiempo de la oviposición y el programa de iluminación en un gallinero con un esquema de 14L : 10O. Es evidente que los primeros huevos serán puestos durante las primeras horas de iluminación y que el tiempo modal de la puesta está más estrechamente relacionado con el tiempo de la previa transición desde la conexión de la luz hasta su desconexión o crepúsculo (véase Fig. 6.17, pág. 161).

Los ciclos luz-oscuridad pueden ser programados para que no proporcionen información al reloj circadiano utilizado por la gallina para regular el momento de la puesta. Ejemplos de programas de iluminación que entran dentro de esa categoría son los siguientes: 6L : 2O 14L : 2O; 6L : 5O 8L : 5O; 4(1,5L : 4,5O), 2(6L : 6O) ó 4[(2,5L : 2,25O) + (2,5L : 2,5O)], donde los períodos de oscuridad tienen la misma, o casi la misma duración, lo que hace que la oviposición ocurra en cualquier tiempo del día solar. Normalmente, estos fotoperíodos no se usan porque los huevos pueden permanecer en el ponedero durante bastante tiempo, aunque a veces, se utilizan fotoperíodos simétricos como 4(3L : 3O), 3(4L : 4O) ó 2(6L : 6O) para incrementar el tamaño del huevo y la calidad de la cáscara. Sin embargo, en la mayoría de los casos la utilización de programas de iluminación que no proporcione ninguna ventaja a los relojes circadianos, reducen el ritmo de puesta y la eficacia del pienso.

10.6 Regímenes de luz ahemeral

Los programas de iluminación convencionales contienen períodos de iluminación y de oscuridad que totalizan 24 horas, mientras que los regímenes de iluminación ahemeral totalizan tanto menos como más de un día convencional. Se han hecho ciclos ahemerales cortos de 14L : 7O, 14L :8O ó 14L : 9O que los han utilizado los criadores de pollos para identificar las gallinas con rápidos ritmos de maduración folicular. Aunque ésta, en la mayoría de las gallinas requiere aproximadamente 25 horas, los datos empíricos a partir de programas seleccionados que incluían ciclos de luz-oscuridad de 21, 22 y 23 horas, han demostrado que algunas gallinas pueden madurar folículos en períodos de tiempo equivalentes. Foster (1968) predijo (Tabla 10.3) y ensayos empíricos han demostrado que cuando las gallinas se sitúan en ciclos ahemerales cortos que igualen su ritmo de maduración folicular pueden producir más de un huevo por día de 24 horas (véase Fig. 6.27, pág. 173).

Los días ahemerales largos están compuestos de 14L : 12O, 14L : 13O, 14L : 14O ó 18L : 9O y han sido utilizados por los productores de huevos para mejorar la calidad de la cáscara (Tabla 10.4). Los ciclos ahemerales largos también aumentan el tamaño del huevo, aunque en muchos mercados hay un retorno económico negativo para el productor de huevos muy grandes porque se precisa más pienso para incrementar la masa del huevo aunque no se cotice el resultado. Como quiera que la calidad de la cáscara solamente se considera al final del ciclo de puesta, se han utilizado programas convencionales de iluminación al comienzo de la postura y solamente se han utilizado días ahemerales largos en las últimas semanas de la puesta. También se han recomendado días ahemerales largos como una herramienta del manejo para aumentar el tamaño del huevo durante las primeras semanas de producción, particularmente en gallineros que han sido fotoestimulados a edad muy joven, aunque no han encontrado amplia utilidad en la industria.

La aplicación secuencial de programas ahemerales y convencionales largos requiere un incremento en la relación de la fotofase y la escotofase en el régimen convencional. Se puede estimar el fotoperíodo efectivo *(P)* propor-

Tabla 10.3 Ritmos teóricos de producción de huevos con capacidad para madurar un ovum cada 22 horas, un ovum cada 24 horas y un ovum cada 26 horas cuando las gallinas se sitúan en ciclos de 22-28 horas. Los ritmos de producción se expresan utilizando días de 24 horas como denominador. Datos de Foster (1968).

Ritmo de maduración folicular (h)	*Duración del ciclo luz-oscuridad (h)*						
	22	*23*	*24*	*25*	*26*	*27*	*28*
22	109,1	104,3	100,0	96,0	92,3	88,9	85,7
24	87,3	92,8	100,0	96,0	92,3	88,9	85,7
26	72,7	75,9	80,0	85,3	92,3	88,9	85,7

Tabla 10.4 Estimaciones de la calidad de la cáscara, peso del huevo y ritmo de puesta de gallinas en programas ahemerales normales y largos.

Referencia	*Régimen de luz*	*Huevos por 100 gallinas/d*	*Peso del huevo (g)*	*Peso de la cáscara (g)*	*Grosor de la cáscara (mm)*	*Deformación de la cáscara (μm)*
Morris (1973)	14L : 10O	86,6	55,3	5,27	–	–
	14L : 13O	84,8	57,4	5,81	–	–
Cooper & Barnett (1976)	14L : 10O	72,8	60,8	–	0,33	–
	18L : 10O	64,1	62,2	–	0,35	–
Leeson *et al.* (1979)	14L : 10O	74,0	64,6	6,4	–	24,4
	14L : 14O	76,8	68,4	6,9	–	23,2
Morris (1979)	13L : 11O	87,3	61,7	78,2*	–	–
	13L : 14O	87,0	64,7	83,0*	–	–
Yannakopoulos & Morris (1979)	16L : 8O	73,5	66,1	5,6	–	28,4
	20L : 8O	70,2	70,5	6,4	–	24,2

* mg cm^{-2}.

cionado por un ciclo ahemeral largo de luz-oscuridad utilizando la siguiente ecuación:

$$P = p + c - 24$$

donde p = duración de la fotofase y c = duración del ciclo ahemeral largo (Morris, 1978). Cuando en un gallinero se cambia de una ciclo ahemeral largo a un día convencional de 24 horas, P se debe mantener o exceder en el nuevo programa para proporcionar un fotoestímulo igual o mayor. Esta relación sitúa un límite práctico de 14 horas sobre la fotofase en un día de 28 horas, si las aves luego retornan al día de 24 horas, porque P en un ciclo de 14L : 14O, iguala al de 18 horas.

Las gallinas que ponen siete huevos en siete días (por ej., ponen al 100%) en programas convencionales de iluminación, solamente pondrán seis huevos en siete días (por ej., al 86%) cuando se pasen a un ciclo de 14L : 14O (Tabla 10.3). Sin embargo, como el ritmo de puesta decae en los programas de iluminación convencionales durante el año de postura, la reducción del ritmo de puesta después de pasar a los días ahemerales largos es menos pronunciada. Cuando el ritmo de puesta en los programas de iluminación convencionales desciende al 80%, el transferir las gallinas a ciclos ahemerales largos puede incrementar la producción de huevos (Tabla 10.5) y por tanto el

Tabla 10.5 Ritmo de postura, peso del huevo, y producción de huevos en gallinas que ponen menos o más de seis huevos en secuencias de 16L : 8O después se transfieren a 12L : 16O, a los 420 días de edad. Los datos fueron recogidos entre los 427 y 450 días de edad. Datos de Shanawany *et al.* (1993).

	Día de 24 horas (16L : 8O)		*Día de 28 horas (12L : 16O)*	
	Secuencias ≤6 huevos	*Secuencias > 6 huevos*	*Secuencias ≤6 huevos*	*Secuencias > 6 huevos*
Ritmo de puesta (%)	69	89	80	83
Peso del huevo (g)	75,4	74,9	79,1	78,1
Producción de huevos (g d^{-1})	52,2	66,6	63,3	64,7

beneficio de mantener las gallinas viejas en días ahemerales largos incluye un aumento del ritmo de puesta y una mejora de la calidad de la cáscara.

La selección de ciclos ahemerales largos requiere algunas consideraciones sobre la practicabilidad de la programación por la mano de obra en gallineros oscuros, en momentos incómodos o la iluminación en horas antisociales. Los programas ahemerales que tienen 25, 26 ó 27 horas de duración son difíciles de implantar porque las horas, durante las que el gallinero está iluminado, no coinciden con el horario normal de trabajo y porque se repiten a intervalos infrecuentes. Sin embargo, los ciclos de 28 horas se repiten con exactitud seis veces en una semana solar con lo que es posible programar un esquema de trabajo que se repite cada semana. El inconveniente general de acceder al gallinero en la escotofase puede ser superado proporcionando ciclos alternativos de penumbra y luz brillante (véase Sección 5.6) más que con períodos de oscuridad y luz.

10.7 Iluminación constante

La iluminación continua puede ser intencionada, pero también puede considerarse como un accidente. El uso intencionado de iluminación constante incluye la provisión de un ambiente en el que se ha practicado la selección de un reducido intervalo entre ovulaciones y también como herramienta de manejo para aumentar el tamaño de los huevos y la calidad de la cáscara. Sin embargo, la exposición a iluminación constante acelera la aparición de la fotorrefractariedad y por ello acorta la vida reproductiva del gallinero. Además, la exposición a iluminación continua reduce el ritmo de puesta, particularmente durante las primeras semanas de puesta cuando se produce una maduración folicular rápida. La iluminación continua también es un inconveniente para regular el reloj circadiano de la gallina que lo emplea para regular la oviposición. Consecuentemente, los huevos de gallineros mantenidos con iluminación constante son puestos en cualquier momento del día solar.

Cuando la iluminación continua es por accidente, los productores tratan de paliar la consiguiente reducción de la producción de huevos. Desgraciadamente, tal intento es inasequible aunque se acepta generalmente que las consecuencias son más graves cuanto más se prolonga la iluminación continua y sobre todo si se trata de animales viejos. En la experiencia del autor, la exposición a una iluminación continua de un día de duración en un gallinero de animales jóvenes, no tienen efecto mesurable sobre la producción de huevos, mientras que si se trata de animales de 50-60 semanas y la iluminación continua dura dos semanas, se puede precipitar una muda terminando así la vida productiva.

10.8 Muda

La función reproductora puede terminarse intencionadamente por el traslado de un programa fotoestimulante largo a otro corto no fotoestimulante, haciéndole coincidir con acceso restrictivo al pienso y/o al agua, para precipitar una pérdida de peso corporal. La decisión de inducir una muda en gallinas de puesta se hace sobre la base de la disponibilidad y costes de las aves de reemplazamiento comparada con los costes del mantenimiento de las gallinas en estado no productivo durante 10-12 semanas puesto que no hay casi plumas, el ovario y tracto reproductor regresan, las plumas recrecen y la gallina está fotoestimulada (véase Sección 11.4).

10.9 Diseño y ejecución de un programa de iluminación

La elección y diseño de los regímenes de iluminación vienen determinados por los objetivos de los productores y las condiciones del gallinero. El mayor control de la función reproductora viene determinado por los edificios de iluminación controlada, aunque a menudo se puede ejercer un adecuado control a través de una combinación de luz y pienso supletorios para satisfacer las necesidades corporales especificadas por el criador. En un gallinero con iluminación controlada, se debe decidir previamente la duración del día y del ciclo luz-oscuridad para cada fase del ciclo de producción. En los gallineros con luz controlada y paredes abiertas, los programas de iluminación que se deban utilizar durante la vida de las aves se deben decidir antes de que nazcan los animales para evitar así la realización de una serie de programas de iluminación incompatibles y lograr unas edades óptimas de la madurez sexual.

La ejecución de un programa de iluminación requiere el uso de medidor de luz para comprobar que la relación de la intensidad de la luz durante la escotofase, es al menos diez veces menor que durante la fotofase. En los gallineros con iluminación controlada equipados con iluminación incandescente, el límite práctico más superior, durante la fotofase es de unos 100 lux y por tanto la intensidad máxima durante la escotofase será de 10 lux. Algunas veces, los productores desean reducir la intensidad de la luz durante la fotofase a 5 lux para reducir el canibalismo y el picoteo de las plumas; en estos casos, la intensidad máxima de luz durante la escotofase es de 0,5 lux. Sin embargo, en muchos gallineros no se pueden eliminar los escapes de luz a través de puertas, ventiladores y otras aberturas para alcanzar los 0,5 lux, durante la escotofase, con lo que la relación de la intensidad de la luz es menor de 10 : 1. Si esta relación es mayor las gallinas llegan a acostumbrarse, pero si es menor algunas gallinas lo pueden interpretar como una iluminación constante. Es muy importante que en cada caso se verifique esa relación de intensidad lumínica. La estimación visual de la intensidad de la luz es muy difícil, por no decir imposible, incluso para los más experimentados, con lo que lo más recomendable es utilizar un medidor de la intensidad de la luz para tener un conocimiento exacto. A medida que progresa el año de puesta, la intensidad de la luz requiere una verificación porque variables tales como la limpieza de las bombillas, el número de ellas no funcionales y la dispersión de la propia luz pueden ser causa de distorsionar la relación aludida.

A pesar del amplio uso de tecnología avanzada en la industria aviar, los errores más simples a menudo provocan grandes estragos en los sistemas de producción. En los casos de manejo de reproductores y gallinas de puesta, los errores más frecuentes ocurren por accidente al proporcionar iluminación continua como resultado de un fallo mecánico o un fallo de reajuste de los controles automáticos después de usar el conmutador de desconexión manual para ver a los animales. En vista de los costes tan grandes, de los errores de la iluminación, todos los gallineros deberían estar equipados con sensores de luz que registren la duración tanto de la fotofase como de la escotofase. Si son inadecuados los registradores automáticos, el gallinero debe ser controlado físicamente para asegurar que el programa incluye los períodos apropiados de oscuridad.

Bibliografía

Cherms, F.L. (1984). Management of the male in poultry production. In: *Reproductive Biology of Poultry.* Edited by F.J. Cunningham, P.E. Lake & D. Hewitt. Longman, Harlow, UK.

Cooper, J.B. & Barnett, B.D. (1976). Ahemeral photoperiods for chicken hens. *Poultry Science* 55, 1183-1187.

Etches, R.J. (1993). Reproduction in poultry. In: *Reproduction in Domesticated Animals.* Edited by G.J. King. Elsevier, Amsterdam.

Etches, R.J., Uribe, H.A. & Bagley, L.G. (1993). Precocious semen production in turkeys. *Poultry Science* 72, 193-201.

Foster, W.H. (1968). The effect of light-dark cycles of abnormal lengths upon egg production. *British Poultry Science* 9, 273-284.
Leeson, S. & Summers, J.D. (1980). Effect of early light treatment and diet self-selection on laying performance. *Poultry Science* 59, 11-15.
Leeson, S., Summers, J.D. & Etches, R.J. (1979). Effect of a 28 hour light:dark cycle on egg shell quality of end-of-lay birds. *Poultry Science* 58, 285-287.
Morris, T.R. (1973). The effects of ahemeral light and dark cycles on egg production in the fowl. *Poultry Science* 52, 423-445.
Morris, T.R. (1978). The photoperiodic effect of ahemeral light-dark cycles which entrain circadian rhythms. *British Poultry Science* 19, 207-212.
Morris, T.R. (1979). The influence of light on ovulation in domestic birds. In: *Beltsville Symposia in Agricultural Research 3. Animal Reproduction.* Edited by H.H. Hawk. Allanheld, Osmun & Co. New Jersey.
Shanawany, M.M., Morris, T.R. & Pirchner, F. (1993). Influence of sequence length on the response to ahemeral lighting late in lay. *British Poultry Science* 34, 873-880.
Yannakopoulos, A.L. & Morris, T.R. (1979). Effect of light, vitamin D and dietary phosphorus on egg-shell quality late in the pullet laying year. *British Poultry Science* 20, 337-342.

Lecturas adicionales

Lewis, P.D., Perry, G.C., Morris, T.R. & Midgley, M.M. (1992). Intermittent lighting regimes and mortality rates in laying hens. *World's Poultry Science Journal* 48, 113-120.
Morris, T.R. (1973). The effect of ahemeral light-dark cycles on egg production in the fowl. *Poultry Science* 52, 423-445.
Shanawany, M.M. (1990). Ahemeral light cycles and egg quality. *World's Poultry Science Journal* 46, 101-108.
Shanawany, M.M. (1992). Responses of layers to ahemeral light cycles incorporating age at application and changes in effective photoperiod. *World's Poultry Science Journal* 48, 156-164.

11

Nutrición, Composición de los Alimentos y Reproducción

11.1 Introducción

Las necesidades nutritivas de los pollos y los pavos han sido objeto de estudios extensivos habiéndose publicado miles de trabajos que se resumen en muchos excelentes textos (por ej., Scott *et al.*, 1982; NRC, 1984; Fisher & Boorman, 1986; Wiseman, 1987; Cole & Haresign, 1989; Leeson & Summers, 1991). Los conocimientos acumulados por las investigaciones sobre las necesidades nutritivas de las aves han sido traducidos en unos sistemas industriales altamente sofisticados para alimentar a los pollos, aves acuáticas y aves deportivas. En las unidades de producción comercial, las formulaciones del pienso están diseñadas para tener el máximo beneficio, al optimizar el equilibrio entre el potencial biológico de las modernas estirpes de aves y los costes de realizar esos potenciales. El detalle de las descripciones de los alimentos y sistemas de alimentación y las distintas interacciones que se manifiestan cuando se hacen cambios de las fórmulas, está fuera del alcance de esta obra; sin embargo, dedicaremos especial atención a los efectos que tiene sobre la reproducción el sobrealimentar a los animales, así como la deprivación de nutrientes al inducir la muda y la cría rápida de grandes nidadas.

11.2 Necesidades de nutrientes

Las necesidades de nutrientes de las aves dependen de la edad, raza, estado de salud, temperatura y humedad, sexo y estado reproductivo. En general, las necesidades nutritivas de las aves son bien conocidas y la cantidad de cada nutriente que debe ser suministrada en cada estadio de desarrollo puede ser extraída de las tablas publicadas por el Consejo Nacional de Investigación (NRC) y las principales compañías avícolas. En el Tabla 11.1 se incluyen ejemplos del consumo diario recomendado de varios ingredientes del pienso, que se aproximan a sus necesidades diarias y aplicable a una estirpe comercial de Leghorn blanca. Si se proporciona cada uno de estos nutrientes a los niveles adecuados usando ingredientes convencionales, los requisitos de aminoácidos y ácidos grasos estarán satisfechos. Ninguno de estos nutrientes

Tabla 11.1 Consumo diario recomendado de energía (kcal), proteína cruda (CP, g), metionina (Met, mg), metionina y cisteína (Met + Cys, mg), lisina (Lys, mg), triptófano (Try, mg), ácido linoleico (Lin, mg), calcio (Ca, mg), fósforo disponible (P, mg), sodio (Na, mg) y cloro (Cl, mg), durante el crecimiento y la producción de huevos de gallinas Leghorn blanca.

Edad (d) (semanas)	*Dieta**	*kcal*	*CP*	*Met*	*Met + Cys*	*Lys*	*Try*	*Lin*	*Ca*	*P*	*Na*	*Cl*
0-7	PS	24	1,72	37	62	86	18	96	88	44	15	12
8-14	PS	41	2,90	62	104	146	30	162	149	74	27	20
15-21	S	59	4,10	86	148	185	41	226	223	113	39	31
22-28	S	90	6,20	130	223	279	62	341	341	171	59	47
29-35	S	116	8,00	168	288	360	80	440	440	220	76	60
36-42	S	123	8,50	179	306	383	85	468	468	234	81	64
43-49	G1	127	7,74	158	278	351	77	410	501	250	82	68
50-56	G1	133	8,08	162	290	366	81	428	522	261	85	71
57-63	G1	139	8,25	165	230	373	82	437	534	267	87	73
64-70	G1	141	8,59	172	308	389	86	454	556	278	91	75
71-77	G1	148	9,01	180	323	408	90	477	583	292	95	80
78-84	G1	155	9,44	189	339	427	94	500	611	305	100	83
85-91	G2	160	8,99	180	313	406	93	522	638	319	104	87
92-98	G2	165	9,30	186	324	420	96	540	660	330	108	90
99-105	G2	171	9,61	192	335	434	99	558	682	341	112	93
106-112	G2	176	9,92	198	346	448	102	576	704	352	115	96
113-119	PB	182	11,05	221	390	488	117	650	1.742	310	116	97
120-126	PB	189	11,48	230	405	506	122	675	1.823	324	123	101
127-133	B1	195	13,21	278	480	577	132	1.042	2.711	334	125	104
134-140	B1	200	13,59	286	493	593	136	1.073	2.789	343	129	107
21-34	B1	274	18,62	392	676	813	189	1.470	3.822	470	176	147
35-72	B2	281	17,85	367	643	765	184	1.326	4.284	459	184	153

* PS, iniciación; S, arranque; G1, ración de cría; G2, ración de recría; PB, ración de transición; B1, ración de primera fase de puesta; B2, ración de segunda fase de puesta.

es especialmente importante desde el punto de vista de la reproducción, aunque el comienzo de la puesta está asociado con un aumento sustancial del consumo de energía, proteínas y calcio (véanse Secciones 6.4 y 7.2) para soportar la formación de la yema, el albumen y la cáscara del huevo. Las necesidades de cada uno de los aminoácidos potencialmente limitantes y el consumo de P, Na y Cl están igualmente aumentados para satisfacer las necesidades de la formación del huevo.

Las necesidades nutritivas del macho han recibido mucha menos atención que las de las hembras y lo más común es que los machos reciban dietas formuladas que satisfagan las necesidades nutritivas de las hembras. Por ejemplo, cuando las gallinas de puesta se cruzan, naturalmente, los machos reciben la misma dieta que las hembras. En general, los pollos comen para satisfacer sus necesidades de energía y por ello consumen calcio y proteína por encima de sus necesidades metabólicas. Recientes estudios han demostrado que los procesos metabólicos que están iniciados por los machos para excretar aminoácidos en dietas diseñadas para satisfacer las necesidades de la producción de huevos, induce a altas concentraciones de ácido úrico en el plasma (Tabla 11.2) que en algunos casos conduce a situaciones patológicas en las articulaciones como gota crónica. La proporción de machos que eyaculan como respuesta al masaje abdominal está maximizada cuando la ingestión de proteínas es de unos 10 g d^{-1} (Fig. 11.1), que es aproximadamente la mitad de la ingestión prevista de un macho que consume una dieta formulada para una gallina ponedora. Independientemente de los efectos perjudiciales del consumo excesivo de proteína sobre las concentraciones plasmáticas de ácido úrico y la disminución de machos en los que la espermatogénesis es activa las características del semen de machos reproductores no están afectadas por la ingestión de proteína procedente de la dieta (Tabla 11.2). Sin embargo, como

Tabla 11.2 Consumo diario de proteína, concentraciones plasmáticas de ácido úrico, volumen de semen y número de espermatozoides por eyaculado de broilers machos. Datos de Hocking (1989).

Consumo de proteína cruda (g d^{-1})	*Concentración plasmática de ácido úrico (mg l^{-1})*	*Volumen de semen (μl por eyaculado)*	*Número de espermios por eyaculado (× 10^9)*	*Número de eyaculados por macho en 40 semanas*	*Número de espermios colectados en 40 semanas/macho (× 10^9)*
9,6	77	432	1,91	27,5	46
13,2	67	418	1,83	26,7	44
18,2	118	365	1,50	18,5	25
25,2	175	357	1,57	16,9	25
34,8	244	438	1,82	20,6	35
48,0	301	349	1,43	6,9	12

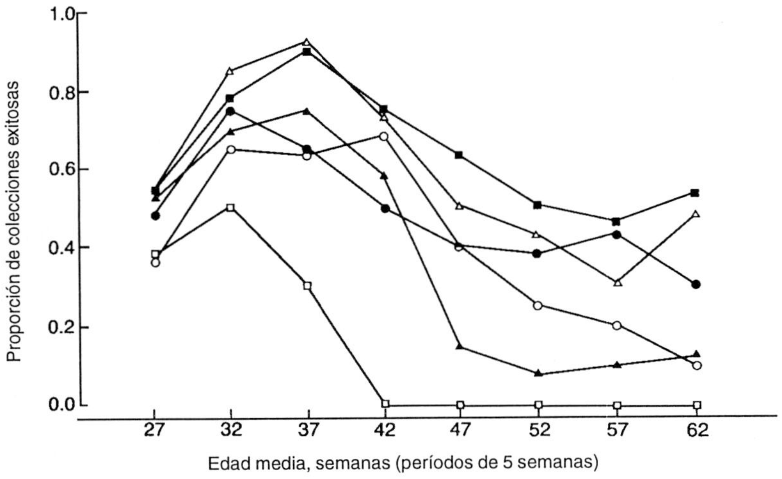

Figura 11.1 Proporción de colecciones de semen con éxito desde machos alimentados con 9,6 (cuadrados negos), 13,2 (triángulos blancos), 18,2 (círculos blancos), 25,2 (triángulos negros), 34,8 (círculos negros) y 48 (cuadrados blancos) gramos de proteína por día. Datos de Hocking (1989).

los machos que consumen cantidades reducidas de proteína eyaculan con más frecuencia, su vida activa espermática excede a la de los que consumen cantidades más altas de proteínas (Tabla 11.2).

Las necesidades de micronutrientes de las aves son generalmente satisfechas mediante la adición de vitaminas y minerales, sin que afecten a los componentes endógenos de los alimentos, ya que su biodisponibilidad, cuando se unen a complejos orgánicos de origen vegetal es desconocida. En la Tabla 11.3 se ilustra un ejemplo de proporciones típicas de incorporación de micronutrientes a las fórmulas de pienso que se utilizan normalmente como se indica en la Tabla 11.1. En general, los índices de incorporación de estos compuestos están aumentados o se mantienen al mismo nivel después de que haya cesado el crecimiento y las gallinas hayan comenzado la puesta, para asegurar que las cantidades adecuadas de micronutrientes se depositan en el huevo con el fin de soportar el crecimiento del posible embrión. La falta de estos componentes dietéticos se manifiesta típicamente como mortalidad durante la mitad del desarrollo embrionario.

11.3 Provisión de nutrientes

Utilizando dietas convencionales de nutrientes típicos, las gallinas de puesta consumirán la cantidad apropiada de pienso que se indica en la Tabla 11.1.

Tabla 11.3 Niveles de dieta recomendados de micronutrientes desde la eclosión al final de la producción de huevos para una línea comercial de Leghorn blanca.

Ingrediente	*PS (0-14 d)*	*S (15-42 d)*	*G1 (43-84 d)*	*G2 (85-112 d)*	*PB (113-126 d)*	*B1 (19-34 sem)*	*B2 (35-72 sem)*
Manganeso (mg kg^{-1})	50	45	40	40	60	60	60
Cinc (mg kg^{-1})	40	40	40	40	65	65	65
Cobre (mg kg^{-1})	10	6	6	6	8	8	8
Yodo (mg kg^{-1})	0,35	0,35	0,35	0,35	0,3	0,3	0,3
Vitamina A (IU kg^{-1})	10.000	8.000	8.000	8.000	10.000	10.000	10.000
Vitamina D_3 (IU kg^{-1})	2.500	2.500	2.500	2.500	2.500	2.500	2.500
Vitamina K_3 (mg kg^{-1})	2	2	2	2	2	2	2
Vitamina E (IU kg^{-1})	25	20	20	20	30	30	30
Vitamina B_{12} (mg kg^{-1})	0,01	0,01	0,01	0,008	0,008	0,008	0,008
Riboflavina (mg kg^{-1})	5	4	4	3	7	7	7
Niacina (mg kg^{-1})	45	30	30	25	12	12	12
Ácido pantoténico (mg kg^{-1})	12	12	12	10	12	12	12
Ácido fólico (mg kg^{-1})	0,5	0,35	0,25	0,25	0,6	0,6	0,6
Tiamina (mg kg^{-1})	1,5	1,5	1,5	1,5	2	2	2
Piridoxina (mg kg^{-1})	4	4	4	4	4	4	4
Biotina (mg kg^{-1})	0,1	0,1	0,1	0,1	0,1	0,1	0,1
Selenio (mg kg^{-1})	0,3	0,3	0,3	0,3	0,3	0,3	0,3
Colina (mg kg^{-1})	1.300	1.300	0	0	0	0	0

* PS, iniciación; S, arranque; G1, ración de cría; G2, ración de recría; PB, ración de transición; B1, ración de primera fase de puesta; B2, ración de segunda fase de puesta.

Sin embargo, el caso de los broilers es distinto ya que consumen una cantidad de pienso que por lo general supera la de sus necesidades cuando se les alimenta *ad libitum*. El exceso de energía que se consume en estas condiciones se deposita como grasa abdominal, lípidos hepáticos y exceso de desarrollo ovárico. Desde ahora, las gallinas se hacen obesas y su ritmo de reproducción disminuye aproximadamente el 40% (véase Sección 4.7). En los machos, el acceso sin restricción al pienso está relacionado con aves grasas, que desarrollan patas y articulaciones deformes y testículos atróficos. La debilidad articular junto a la gordura reducen el éxito de la monta (aunque no la frecuencia) y consecuentemente la fertilidad de los gallineros en los que los machos consuman exceso de pienso es bastante pobre, particularmente después de que aquellos hayan alcanzado las 50 semanas de edad (Fig. 11.2).

La ingestión apropiada de nutrientes para satisfacer las necesidades fisiológicas de mantenimiento y reproducción sin deposición de energía residual en forma de grasa, se puede satisfacer proporcionando grandes cantidades de pienso en el que la concentración de cada nutriente sea baja. Alternativamente, se puede administrar una pequeña cantidad de pienso en la que los nutrientes estén superconcentrados. En la práctica, los piensos que contengan una moderada concentración de nutrientes son más baratos de confeccionar, con lo que a los broilers se les pueden administrar cantidades moderadas de pienso. El método más efectivo de restringir la ingestión de nutrientes en los broilers

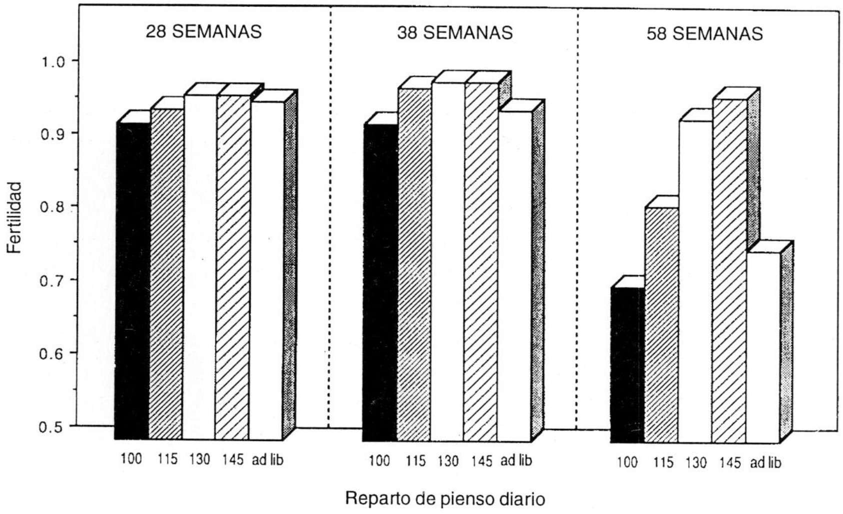

Figura 11.2 Fertilidad de gallinas broilers cruzadas con machos criados con y sin acceso restringido al pienso. Cuando la ingestión de pienso se restringió a 145 g por día, se mantuvo una fertilidad óptima a través de la vida reproductiva. Datos de Duncan *et al.* (1990).

ha recibido mucha atención por cuanto es un problema práctico con enorme impacto económico y sin solución posible. Los requisitos diarios precisos para cada nutriente no ha sido determinado por los modernos criadores de broilers y por tanto los productores caminan sobre problemas empíricos, que usualmente derivan de estudios que restringen el consumo de pienso en la proporción de la ingestión voluntaria. El consumo de pienso se debe restringir aproximadamente al 50-60% de la ingestión voluntaria, desde aproximadamente las cuatro semanas de edad hasta la madurez sexual, si se quieren evitar los efectos adversos del crecimiento rápido, gran tamaño del cuerpo y deposición excesiva de grasa sobre la producción de huevos y la fertilidad. El acceso restringido al pienso puede realizarse facilitando el pienso en días alternos o dando una asignación prefijada a cada animal. El éxito de la restricción física del acceso al pienso depende de la rápida distribución de pienso a través del gallinero y una generosa asignación de espacio en los comederos de tal forma que todas las aves puedan comer simultáneamente cuando se suministra el pienso. En ausencia de espacio en los comederos, solamente las aves más agresivas comerán, con lo que en el gallinero habrá algunas aves que estén excesivamente grasas y otras excesivamente flacas. En los gallineros comerciales, la capacidad del productor para proporcionar a todas las aves una apropiada cantidad de pienso está indicada por la uniformidad del peso corporal. Bajo condiciones ideales, el peso medio del gallinero ± 10%, debe incluir al menos el 85% de las aves. Para acomodar las necesidades de los modernos gallineros han sido desarrollados sistemas de distribución de alta velocidad para asegurar la ingestión de nutrientes.

Una estrategia alternativa para controlar el peso de los broilers es proporcionar piensos a granel que no puedan ser consumidos en cantidad suficiente para permitir el sobreconsumo. En la práctica, esta estrategia a menudo, ha fallado y en muchos casos es muy caro de ejecutar porque las disponibilidades para el manejo del pienso a granel no son las adecuadas. Sin embargo, pueden ser necesarias innovaciones para saciar a los broilers más hambrientos, mantener el peso óptimo desde el punto de vista de la reproducción y satisfacer a todos los segmentos de la sociedad y que el bienestar de las aves sea aceptable.

El gran tamaño y el enorme apetito de los machos broilers han conducido a utilizar sistemas complejos de manejo que intenten equilibrar las fuerzas opuestas de agresión, dimorfismo sexual, hambre y comportamiento sexual. Cuando se restringe el acceso de machos y hembras a una sola fórmula de pienso los machos hambrientos serán los dominantes. Consecuentemente, éstos comen más que sus congéneres, sobreconsumen tanto energía como proteína y estará comprometido su bienestar (Tabla 11.2, Figs. 11.1 y 11.2). Los problemas relacionados con un simple exceso de consumo, por parte de los machos, puede ser aliviado utilizando dos sistemas de distribución de pienso a los que tengan acceso sólo machos o sólo hembras. Se han diseñado sistemas separados de distribución por sexos para asegurar que la parrilla del comedero de las hembras no puede ser traspasada por los machos, debido a las diferencias de tamaño, y que los comederos de los machos estén más altos para que las hembras no lleguen a ellos. De las observaciones prácticas se llega a la conclusión de que es difícil proporcionar suficiente pienso para satisfacer simultáneamente el hambre de los broilers hambrientos, iniciar la madurez sexual y mantener el deseo de cruzarse, a la vez que mantener un apropiado peso que evite la aparición de las deformidades articulares y un aumento de la frecuencia de cópulas no exitosas. Si la tecnología para la inseminación artificial se pudiera aplicar a nivel industrial, los machos podrían ser manejados separadamente para optimizar la producción de semen y muchos de los problemas asociados con la monta natural pueden evitarse (véase Capítulo 9). Mientras tanto, la correlación negativa entre el gran tamaño corporal y la puesta a punto de la reproducción continuará enfrentándose a la destreza de los productores que manejen manualmente gallineros de broilers.

11.4 Inducción a la muda

Muchas de las aves no domésticas que habitan en latitudes templadas y altas, renuevan su plumaje durante una muda posnupcial, que comienza inmediatamente después de que los jóvenes han eclosionado o crecido. Por el contrario, la mayoría de las aves domésticas no tienen oportunidad de mudar nunca porque se llevan al mercado después de un largo período de puesta y nunca atienden a sus crías. Sin embargo, en algunos casos es muy ventajoso inducir una muda y obtener un segundo período de producción de huevos. La decisión de inducir una muda depende de los factores económicos prevalecientes en la región. Por ejemplo, si los costes de mantener el gallinero durante la muda, lo que durará aproximadamente 12 semanas es menor que los costes de reposición de un nuevo gallinero durante 18 semanas, puede ser ventajoso utilizar el proceder de la muda forzada. Sin embargo, también se deben considerar las ganancias por la venta de los huevos producidos durante el segundo período; cuando ellas sean grandes, y considerar que la calidad de sus cáscaras se deteriorá más rápidamente; durante ese segundo ciclo se producirán menos huevos, las gallinas ganarán 200-300 g y se consumirá más pienso por huevo producido. Desde el punto de vista fisiológico, el número de mudas que se pueden inducir es igual al de espectativas de vida en años pero en la práctica sólo se inducen una o dos mudas. Aunque el plumaje de las aves no domésticas se renueva cada año durante la muda es muy corriente inducir ésta a intervalos de ocho meses si se espera conseguir tres ciclos de producción de huevos.

La muda se puede conseguir más fácilmente interrumpiendo bruscamente el aporte de pienso y agua con cambios simultáneos de los programas de iluminación, pasando de días largos a días cortos (véase Sección 10.8). El cambio de la duración del día no es un componente esencial del proceder para inducir la muda, aunque una disminución del fotoperíodo en la segunda mitad del ciclo de postura, inducirá a la mayoría de las gallinas a una muda. Son más efectivos la retirada del pienso y el agua, con lo que se obtendrá una muda uniforme en todas las aves del gallinero. Hay muchos procederes para inducir la muda: por retirada del pienso y el agua o por reducción del fotoperíodo, como por los que utilizan la muda forzada. Sin embargo, la mayoría de los sistemas incluyen entre uno y dos días sin agua y entre dos y siete días sin pienso. La probabilidad de que la muda induzca un segundo ciclo de puesta durante el cual la calidad y producción de huevos sea muy buena, estará aparentemente relacionada con la pérdida de peso del animal consecuente a la deprivación de alimentos. En general, las gallinas perderían aproximadamente 10-20% de su peso corporal durante la muda y aparecería también una regresión parcial o completa del ovario y el oviducto (Tabla 11.4). Las decisiones para reanudar la alimentación de las gallinas y determinar el pienso que se las debe suministrar deben ser meticulosamente estudiadas sobre la base de la pérdida de peso corporal, la extensión de la pérdida de plumas y la producción de huevos.

Los mecanismos fisiológicos que intervienen en la muda forzada no están bien estudiados y son desconocidas las relaciones, en caso de que las haya, con los mecanismos fisiológicos que inducen a la muda postnupcial en las aves no domésticas. La muda postnupcial, en muchas aves no domésticas, está relacionada con un descenso de la concentración plasmática de estrógenos y un aumento de la concentración de tri-yodotironina (T_3) y tiroxina (T_4), que son las que estimulan el crecimiento de las nuevas plumas. Como éstas comienzan a surgir desde la base del folículo, el plumaje previo se ve forzado a caer y la muda se hace aparente cuando las plumas han caído. Como la muda postnupcial en las aves no domésticas se presenta después de la puesta y

Tabla 11.4 Media del peso corporal y del ovario, oviducto y grasa corporal y número de grandes y pequeños folículos en el ovario de gallinas después de restringir su alimentación para inducir la muda o un período equivalente de alimentación normal. Datos de Etches *et al.* (1984) y Williams *et al.* (1985).

	Con muda	*Sin muda*
Peso corporal (kg)	1,85	2,2
Oviducto (g)	49,0	62,7
Grasa abdominal (g)	69,3	125,4
Número de folículos > 250 mg	18	32
Número de folículos 12-22 mg	20	3

eclosión de los jóvenes, la muda tiene lugar cuando las concentraciones plasmáticas de los esteroides sexuales y gonadotropinas son bajas. En muchas aves, el consumo de alimento está muy reducido durante la incubación y por ello la muda en las aves que viven libremente ocurre normalmente después de que disminuya el peso corporal.

Está claro que la inducción a la muda por retirada del alimento induce a una precipitada disminución del peso (Tabla 11.4), una rápida elevación de la corticosterona plasmática, disminución de las gonadotropinas y esteroides sexuales en el plasma y una elevación de las concentraciones de hormonas tiroideas (Fig. 11.3). El primer evento en esta serie de acontecimientos, no está muy bien identificado, pero puede que sea el incremento de secreción de

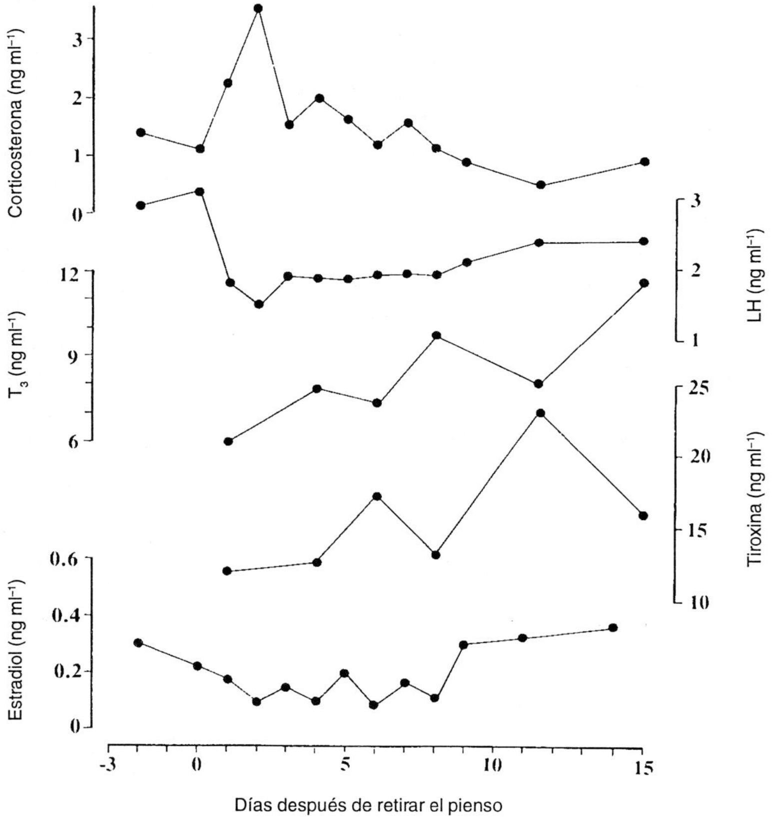

Figura 11.3 Concentraciones plasmáticas (ng ml^{-1}) de hormona luteinizante (LH), estradiol y corticosterona (datos de Etches *et al.*, 1984) y de tri-yodotironina (T_3) y tiroxina (datos de Verheyen *et al.*, 1983), durante los primeros 15 días que siguen a la supresión de pienso y agua para iniciar la muda.

corticosterona ya que la exposición crónica a altas concentraciones de corticosterona producen una regresión ovárica. La involución del sistema reproductor parece estar iniciado dentro del eje hipotálamo-hipófisis, ya que esta última hace refractaria a la estimulación por GnRH exógena. Por el contrario, los pequeños folículos dentro del ovario permanecen sensibles a la estimulación de la gonadotropina y producirán estrógenos cuando se administra LH para que las gallinas muden. Las concentraciones plasmáticas de LH y estradiol disminuyen rápidamente a medida que se elevan las de corticosterona (Fig. 11.3). Dentro de los 14 días siguientes la población folicular se reabsorbe y el ovario en regresión contiene sólo pequeños folículos (Tabla 11.4). Como las concentraciones plasmáticas de T_3 y T_4 comienza a aumentar varios días después de la caída de LH y estradiol (Fig. 11.3) y permanecen altas durante 25-30 días después de iniciarse la muda, estas hormonas no parecen estar comprometidas en la iniciación de la involucción del sistema reproductor. Sin embargo, las altas concentraciones de hormonas tiroideas son necesarias para soportar el crecimiento de las plumas cuando éstas emergen del folículo. En vista de que el perfil endocrino que es evidente después de la muda, se debe a la deprivación de alimentos parece estar claro que la muda postnupcial y la inducida tienen en común muchos cambios fisiológicos. Sin embargo, los eventos que inician la renovación de las plumas durante la muda postnupcial y la inducida, pueden ser diferentes.

La muda es una pérdida ordenada del plumaje que comienza en la cabeza y desciende por el cuello, pechuga, dorso, vientre, alas y cola. La pérdida de plumas en las alas empieza en la unión de las secundarias y las primarias; la Figura 11.4 nos muestra a las primarias numeradas en el orden en que ellas se desprenden. Por tanto, normalmente es posible juzgar el progreso de una

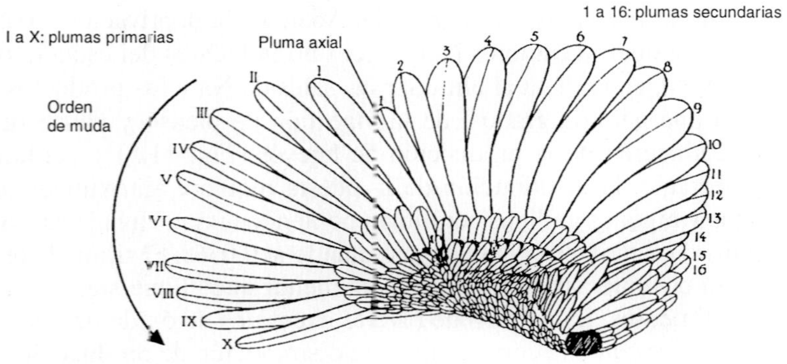

Figura 11.4 Plumas primarias y secundarias numeradas con romanos y arábigos respectivamente que se corresponden con el orden en que se desprenden durante la muda. El ala izquierda se muestra desde una vista ventral. Datos de Lucas & Stettenheim (1972).

muda mediante el examen de las primarias, cada una de las cuales precisa, aproximadamente seis semanas para recrecer. Sin embargo, la muda y la puesta no son exclusivas mutuamente en las modernas estirpes de gallinas ponedoras y no es corriente que las plumas del cuerpo se desprendan masivamente y algunas de las primarias sólo caen en la última mitad de la producción de huevos.

Los datos teóricos sugieren que las gallinas llegan a ser cada vez más sensibles a los fotoperíodos descendente y la deprivación de pienso y agua, después de haber alcanzado el pico de la puesta. En una gran proporción de los animales deprivados por descuido de los alimentos o por causa de desequilibrios nutricionales o cambios de los programas de iluminación, incluyendo la exposición de las gallinas a luz constante (véase Sección 10.7), este aumento de la sensibilidad se manifiesta como una disminución de la producción de huevos y la aparición de la muda. No se puede predecir con precisión, el efecto de una breve exposición a cualquiera o una combinación de los factores indicados en alguna de las fases del ciclo reproductor. Como se sabe que cada una de estas condiciones reduce el ritmo y duración de la puesta, los gallineros que las padezcan sufrirán las consecuencias indicadas. Aunque la caída de la producción de huevos no puede predecirse por la información normalmente disponible, el efecto neto será una reducción del nivel y duración de la producción de huevos.

La muda puede ser inducida por cambios en el contenido de minerales en el pienso en vez de por la retirada de éste y el agua. Por ejemplo, si el nivel de Ca está reducido, al eliminar los productos de origen animal y las sales de calcio de la dieta, la ovulación cesa a los pocos días (Fig. 11.5), la jerarquización de los folículos ováricos se reabsorbe y el oviducto sufre una involución parcial. Sin embargo, la muda que sigue a la deprivación de Ca es variable y consecuentemente la producción y la calidad de los huevos en el segundo ciclo de puesta es impredectible. Además, la deprivación excesiva de Ca puede conducir a cambios patológicos no inducidos del esqueleto. La reducción de Na, en la dieta al eliminar las sales de Na y los productos animales causa una pérdida gradual de la ingestión de pienso y consecuentemente una reducción de la producción de huevos (Fig. 11.5) y pérdida de peso. No obstante, la disminución de la puesta requiere aproximadamente tres semanas y algunas gallinas continúan poniendo aunque a bajo ritmo aún cuando el nivel dietético de Na se haya reducido al 0,03%. El ritmo de puesta en el período postnupcial, normalmente es menor que el que sigue a la restricción de alimentos. La adición de niveles excesivos de óxido de cinc también induce a la muda y la correspondiente disminución de producción (Fig. 11.5). La farmacología de la toxicidad del cinc no ha sido valorada en las gallinas ponedoras pero parece ser que la palatabilidad de las dietas con altos niveles de cinc está sustancialmente reducida. Por tanto, el principal efecto

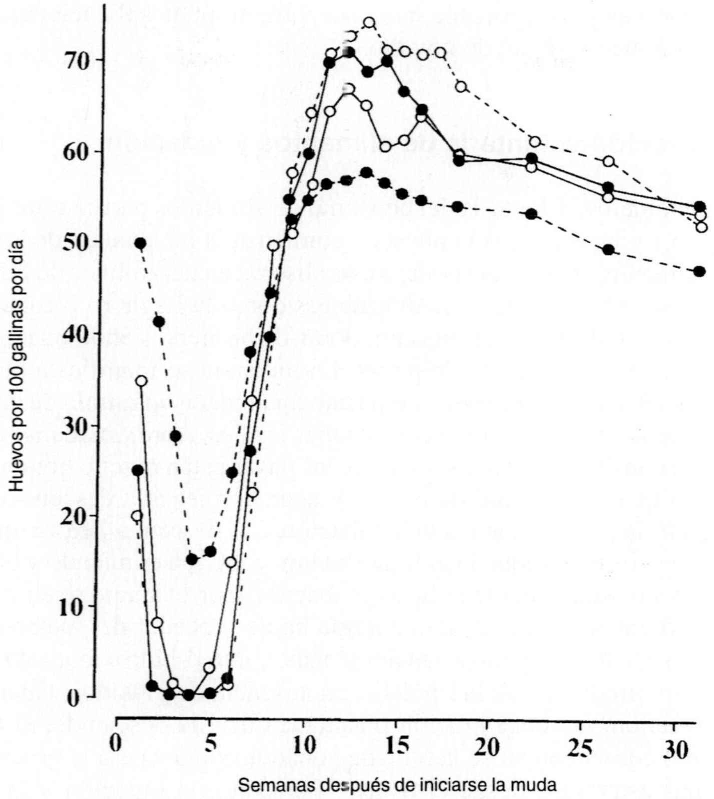

Figura 11.5 Producción de huevos de gallinas alimentadas con una dieta baja en calcio (círculos blancos y líneas continuas), baja en sodio (círculos negros y líneas discontinuas) y con altos niveles de cinc (círculos blancos y líneas discontinuas) y deprivadas de pienso y agua (círculos negros y líneas negras) para inducir la muda. Datos de Verheyen *et al.* (1983).

de los altos niveles de cinc en la dieta puede ser una reducción del consumo de pienso aunque otros efectos fisiológicos puedan jugar también un papel importante en la iniciación de la muda. El uso de altos niveles de cinc en las dietas de las aves puede traducirse por un problema de salud pública ya que los productos avícolas de tal procedencia pueden tener efectos secundarios en los consumidores. Mientras la consideración de la toxicidad potencial de los huevos procedentes de gallinas alimentadas con altos niveles de cinc exige la aplicación de tecnologías poco atractivas, la inducción de la muda por deprivación de pienso y agua tampoco es atractiva desde el punto de vista del bienestar de los animales. Por tanto, la inducción de la muda por manipulación de la dieta es poco probable que encuentre amplias aplicaciones, en el entorno económico y social de hoy día.

11.5 Restricción voluntaria de alimentos y nidación

Una disminución voluntaria del consumo de alimentos parece estar ligada a la nidación y entonces cesa la puesta y comienza la incubación de los huevos. Normalmente, ese comportamiento se observa en las gallinas de Bantam, raramente visto en las estirpes mediterráneas como la Leghorn blanca, y algunas veces es evidente en gallinas criadoras de broilers, siendo una agravación constante en los corrales de pavas. La nidación se manifiesta más corrientemente en las pavas cuando han puesto una nidada «natural» de unos 20 huevos que serán incubados bajo condiciones ferales. Aproximadamente dos días antes de que comience la incubación, las pavas están mucho tiempo en el nidal, con lo que el consumo de pienso y agua comienza a descender (Fig. 11.6). Cuando la pava comienza la incubación, ese descenso llega a un nivel muy bajo (Fig. 11.6), aunque la gallina Bantam continúa comiendo y bebiendo muy poca cantidad durante toda la incubación. Con el ayuno se eliminan o reducen las fuentes de glúcidos, la energía ha de proceder del metabolismo de las reservas de lípidos para producir cetonas, como β-hidroxibutiratos (Fig. 11.6), que son productos de la lipólisis, en ausencia de glúcidos. Cuando se inicia la nidación, la concentración plasmática de LH desciende, el ovario regresa como consecuencia de la falta de gonadotropina y cesa la producción de hormonas esteroides desde el ovario. Por tanto, la nidación y la muda inducida están ambas relacionadas con un descenso precipitado del peso corporal, una disminución de la producción de gonadotropinas y regresión ovárica. Sin embargo, la interrupción de la función reproductiva que sigue a la muda inducida está claramente relacionada con los sucesos que se inician al disminuir el peso del animal, mientras que el colapso de la función reproductora cuando se inicia la nidación es, probablemente, la consecuencia de la elevación de concentraciones de prolactina (Fig. 11.6).

Durante los últimos 70 años, se ha acumulado evidencia que implica a la prolactina como la hormona que inicia la nidación y la regresión reproductora, y aunque todas las observaciones experimentales no pueden ser acomodadas a hipótesis uniformes es evidente que la prolactina juega un importante papel en la transición desde la postura de huevos a su incubación. Las concentraciones plasmáticas de prolactina se elevan cuando comienza la producción y continúa elevándose lentamente durante las primeras semanas de la producción de huevos. Las elevadas concentraciones de estrógenos y progesterona, que acompañan a la producción de huevos incrementan la sensibilidad de los tejidos efectores, que presumiblemente residen en el eje hipotálamo-hipófisis

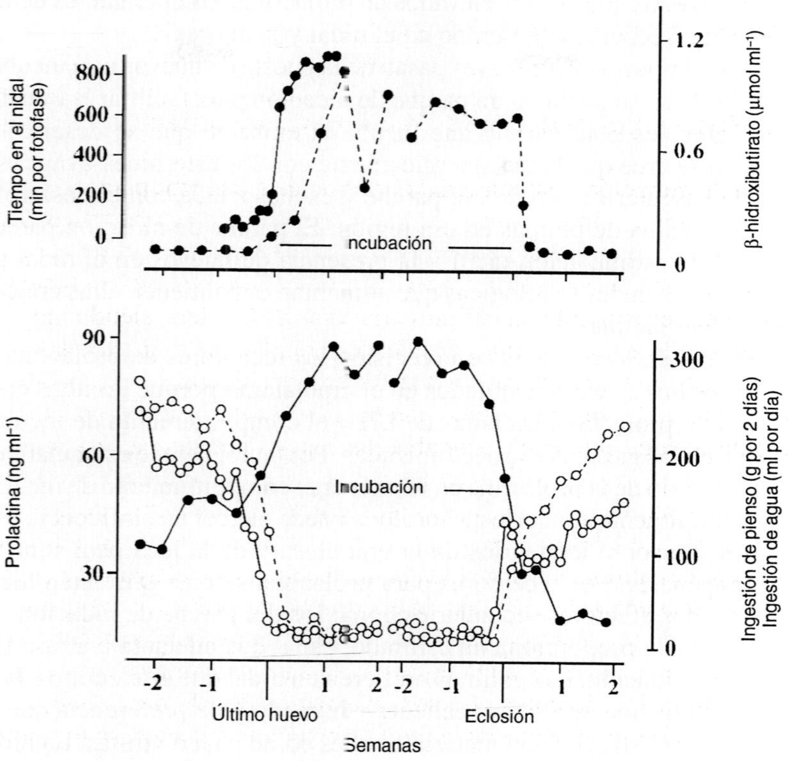

Figura 11.6 Parte superior: cantidad de tiempo que las pavas pasan en el nidal cuando comienza la incubación expresada como minutos por fotofase, donde la duración de ésta era de 900 minutos (círculos negros y líneas continuas) y concentración plasmática de β-hidroxibutirato (círculos negros y líneas discontinuas) durante la incubación. Parte inferior: consumo de alimento (círculos blancos y líneas discontinuas) y agua (círculos negros y líneas continuas) y concentración plasmática de prolactina (círculos negros y líneas continuas) durante la incubación. Datos de Burke *et al.* (1981) y Zadworny *et al.* (1985).

para elevar las concentraciones de prolactina. La concentración elevada de prolactina ocasionalmente inicia un descenso de la concentración de LH en el plasma lo que produce un colapso del ovario. Estos cambios endocrinos, están normalmente asociados con aumento del tiempo que pasa el animal en el nido y con anorexia (Fig. 11.6), aunque las pavas que gastan más tiempo del día en el nidal pueden continuar poniendo y comiendo normalmente. Se precisan datos adicionales antes de que se puedan precisar las conexiones fisiológicas entre los niveles elevados de prolactina, los declinantes de LH, el aumento de frecuencia de tiempo en el nidal y la anorexia.

Cuando las pavas y otras aves pasan de la puesta de huevos a su incubación se desarrolla en su pechuga un parche de nidación para facilitar la transferencia de calor desde la gallina que incuba al embrión que se desarrolla. La prolactina se cree que actúa sinérgicamente con los esteroides ováricos para iniciar la vascularización de ese parche y está asociada con el desarrollo de edema y pérdida de plumas en esa región. El parche de nidación parece ser sensible a la estimulación táctil y la presencia de huevos en el nidal puede aumentar las señales fisiológicas que aumentan o mantienen altas concentraciones de prolactina.

No han sido localizados con precisión los receptores de prolactina, aunque se presume que estén situados en el hipotálamo porque las altas concentraciones de prolactina, las bajas de LH y el comportamiento de incubación persisten en las gallinas ovariectomizadas. Por tanto, parece estar claro que el efecto primario de la prolactina en mantener el comportamiento de incubación reside centralmente aunque esta hormona pueda ejercer una influencia ovárica directamente sobre los tejidos de la granulosa y de la teca para suprimir la esteroidogénesis. Los receptores para prolactina se cree que están localizados en tejidos efectores secundarios como los del parche de nidación.

El ambiente proporciona un estímulo visual que adelanta o atrasa la aparición de la nidación. Las gallinas prefieren un nidal que esté oculto a la vista, que sea relativamente oscuro, caliente y húmedo y de preferencia que tenga huevos y lo construyen con materiales tales como paja o virutas. La nidación raramente se observa en las gallinas enjauladas, ya que no la provocan ninguno de estos estímulos. La retirada de la gallina del nidal precipita a las pocas horas un descenso de la concentración plasmática de prolactina, seguido de un aumento de la cantidad de LH inmediatamente después. Por tanto, parece que existen neuronas sensoriales tactiles y visuales que pasan información al cerebro para que subsiguientemente trasmita señales al sistema neuroendocrino y que se expresan como cambios en la secreción de prolactina, desde la parte anterior de la hipófisis.

El que existan varios neurotransmisores implicados en el control de la secreción de prolactina coincide con la amplitud de estímulos que pueden alterar la secreción de esa hormona y el comienzo o la terminación de la nidación. Quizá la más importante influencia neuroendocrina, sobre la secreción de prolactina es la del péptido intestinal vasoactivo (VIP), que lo elaboran neuronas hipotalámicas de la región mediobasal y la eminencia externa. Desde el hipotálamo se transporta por el sistema vascular porta a la hipófisis (véase Fig. 5.1, pág. 114) donde estimula la secreción de prolactina en las células lactotrópicas. Como el VIP fue en principio identificado como un neurotransmisor del sistema gastro-intestinal de muchas especies, por eso recibió el nombre que tiene, pero en realidad parece comportarse como una hormona liberadora de prolactina en el hipotálamo de muchas aves, incluyéndose aquí los pollos y los pavos. Al reducir la concentración real de VIP, en la pava mediante inmunización con el péptido, disminuye la concentración de prolactina (Tabla 11.5). Las bajas concentraciones de prolactina suelen ir acompañadas de una baja incidencia de nidaciones, disminución del tiempo que la hembra pasa en el nidal y aumento de producción de huevos (Tabla 11.5).

Existen otros neuropéptidos que influyen sobre la secreción de prolactina, aunque la localización precisa de su influencia no esté suficientemente contrastada. Tanto las catecolaminas como las indolaminas se han identificado como mediadores de la liberación de prolactina que puede bloquearse por fármacos que inhiben la producción o la función de aquellos compuestos. Por ejemplo, la liberación de prolactina se inhibe cuando las pavas se tratan con metilsergida que evita que la serotonina se intere con los receptores apropiados en la membrana de las células sinápticas. Los fármacos que bloquean el efecto o la producción de serotonina bajan o suben las concentraciones plasmáticas de prolactina y LH, respectivamente. Por ejemplo, la administración de *p*-clorofenilalanina ha demostrado ser capaz de disminuir la concentración de prolactina en plasma evitando la regresión ovárica e inhibiendo la expresión de nidación en las gallinas que exhiben el deseo de permanecer en el nidal (Fig. 11.7).

Si no se utilizan sustancias farmacológicas para controlar la nidación, se deben practicar cambios ambientales para reducir la aparición de tal fenómeno. Los cambios ambientales que son disuasoriamente efectivos derivan de la experiencia de los criadores de pavos que han adoptado una serie de procederes a partir de ensayos empíricos. La nidación se puede prevenir con más eficacia proporcionando a los animales un ambiente donde no haya nidales ocultos a la vista y en lugares relativamente oscuros, que no sean calientes ni húmedos y que no contengan huevos en el propio nidal. Los gallineros de

Tabla 11.5 Efectos de la inmunización activa con péptido intestinal vasotónico sobre la función reproductora de pavas. Datos de El Halawani *et al.* (1995).

Antígeno	*Número gallinas*	*Concentración plasmática de prolactina (ng ml^{-1})*	*Proporción de gallinas que muestran nidación (%)*	*Nidaciones (nº visitas por período observación)*	*Número de huevos puestos por gallina/ semana*
Ninguno	24	279 ± 41	53	2,3 ± 0,7	2,7 ± 0,1
KLH-VIP	18	41 ± 5,2	5	1,0 ± 0,3	4,2 ± 0,1

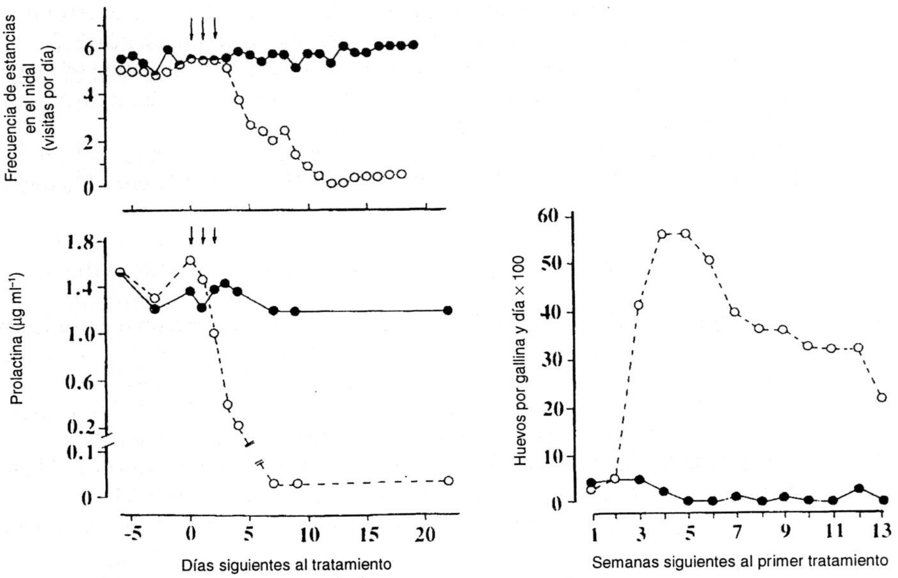

Figura 11.7 Producción de huevos, frecuencia de estancias en el nidal y concentraciones plasmáticas de prolactina en pavas que estaban anidando transitoriamente y se trataron con *p*-clorofenilalanina (PCPA) (círculos abiertos, línea discontinua) o no se trataron (círculos negros, línea continua). La producción de huevos fue registrada en gallinas que recibieron 50 mg kg^{-1} de PCPA por vía oral dos días seguidos y 25 mg kg^{-1} de PCPA cada diez días. La frecuencia de las estancias en el nidal y las concentraciones plasmáticas de prolactina fueron registradas en gallinas que recibieron 50 mg kg^{-1} de PCPA, oralmente tres días consecutivos (indicado por flechas). Datos de El Halawani *et al.* (1983; 1988).

criadores comerciales que se manejan intensivamente, para prevenir la nidación se trasladan de lugar a intervalos semanales a otras estancias donde los ponederos y/o nidales estén dispuestos de otra forma, se recogen los huevos con más frecuencia y las gallinas que vayan a los nidales por la tarde se las identifica y se las lleva a nidales con suelo de malla o arena con el fin de reducir las aferencias sensoriales relacionadas con las altas concentraciones de prolactina y nidación.

Bibliografía

Burke, W.H., Dennison, P.H., Silsby, J.L. & El Halawani, M.E. (1981). Serum prolactin levels of turkey hens in relation to reproductive function. *Advances in Physiological Science* 33, 109-106.

Cole, D.J.A. & Haresign, W. (1989). *Recent Developments in Poultry Nutrition.* Butterworths, London.

Duncan, I.J.H., Hocking, P.M. & Seawright, E. (1990). Sexual behavior and fertility in broiler breeder domestic fowl. *Applied Animal Behaviour Science* 26, 201-213.

El Halawani, M.E., Silsby, J.L., Fehrer S. & Behnke, E.J. (1983). Reinitiation of ovulatory cycles in incubating female turkeys by an inhibitor of serotonin synthesis, *p*-chlorophenylalanine. *Biology of Reproduction* 28, 221-228.

El Halawani, M.E., Fehrer, S., Hargis, B.M. & Porter, T.E. (1988). Incubation behavior in the domestic turkey: physiological correlates. *Critical Reviews of Poultry Biology* 1, 285-314.

El Halawani, M.E., Silsby, J.L., Rozenboim, I. & Pitts, G.R. (1995). Increased egg production by active immunisation against vasoactive intestinal peptide in the turkey *(Meleagris gallopavo)*. *Biology of Reproduction* 52, 179-183.

Etches, R.J., Williams, J.B. & Rzasa, J. (1984). Effects of corticosterone and dietary changes in the hen on ovarian function, plasma LH and steroids and the response to exogenous LH-RH. *Journal of Reproduction and Fertility* 70, 121-130.

Fisher, C. & Boorman, K.N. (1986). *Nutrient Requirements of Poultry and Nutritional Research: British Poultry Science Symposium 19.* Butterworths, London.

Hocking, P.M. (1989). Effect of dietary crude protein concentration on semen yield and quality in male broiler breeder fowls. *British Poultry Science* 30, 935-945.

Leeson, S. & Summers, J.D. (1991). *Commercial Poultry Nutrition.* University Books, Guelph, Canada.

Lucas, A.M. & Stettenheim, P.R. (1972). Molts and plumages of domestic chickens. In: *Avian Anatomy.* USDA Handbook 362, US Government Printing Office, Washington, DC, p. 167.

NRC (1984). *Nutrient Requirements of Poultry,* 8th edn. National Academy Press, Washington DC.

Scott, M.L., Nesheim, M.L. & Young, R.J. (1982). *Nutrition of the Chicken.* M.L. Scott and Associates, Ithaca, New York.

Verheyen, G., Decuypere, E., Kuhn, E.R., Fontaine, G. & de Groote, G. (1983). Arret de la ponte par induction chez la poule. Effet de differences methodes sur certains parametres de production et sur les concentrations en hormone thyroidiennes, en prolactine, en Ca, P. Na et en proteines dans le serum sanguin. *Revue de l'Agriculture* 36, 1535-1557.

Williams, J.B., Etches, R.J. & Rzasa, J. (1985). Induction of a pause in laying by corticosterone infusion or by dietary alternations: effects on the reproductive system, food consumption and body weight. *British Poultry Science* 26, 25-34.

Wiseman, J. (1987). *Feeding of Non-ruminant Livestock.* Butterworths, London.

Zadworny, D., Walton, J.S. & Etches, R.J. (1985). The relationship between plasma concentrations of prolactin and consumption of feed and water during the reproductive cycle of the domestic turkey. *Poultry Science* 64, 401-410.

Lecturas adicionales

Brake, J. (1993). Recent advances in forced moulting. *Poultry Science* 72, 929-931.

Decuypere, E. & Verheyen, G. (1986). Physiological basis of induced moulting and tissue regeneration in fowls. *World's Poultry Science Journal* 42, 56-68.

Decuypere, E., Huyghebaert, G. & Verheyen, G. (1987). Effect of induced moulting on egg quality. In: *Egg Quality – Current Problems and Recent Advances.* Edited by R.G. Wells & C.G. Belyavin. Butterworths, London.

El Halawani, M.E. & Rosenboim, I. (1993). The ontogeny and control of incubation behavior in turkeys. *Poultry Science* 72, 906-911.

Robinson, F.E., Wilson, J.L., Yu, M.W., Fasenko, G.M. & Hardin, R.T. (1993). The relationship between body weight and reproductive efficiency in meat type chickens. *Poultry Science* 72, 912-922.

12

SUPERVISIÓN DE LA REPRODUCCIÓN

12.1 Introducción

La industria avícola se distingue de otras empresas ganaderas por la falta de atención a los individuos como tales que integran un gallinero y el excesivo uso de la estadística para describir los logros del bienestar y la reproducción del grupo. Sin embargo, la fisiología de la reproducción ha derivado en primer lugar de los estudios realizados en aves aisladas y la interpretación de las estadísticas familiares en cuanto al estado reproductor; la industria avícola en términos fisiológicos, está llena de dificultades para extrapolar los datos epidemiológicos derivados de la población para describir el estado reproductor de un individuo en particular. Las estadísticas que describen al grupo son las medias del estado de cada individuo, con una varianza asociada que a menudo no está consignada y, por otra parte, el estado del individuo asienta dentro de la distribución que representa la media. Muchos de los criterios comúnmente utilizados para conocer el estado reproductor de la industria avícola implican varios estadios fisiológicos y su aplicación sin interpretación fisiológica puede proporcionarnos una información errónea, respecto al estado reproductor de los individuos dentro del conjunto.

12.2 Estimación de los ritmos de ovulación y oviposición

La medida más directa del ritmo de la oviposición se obtiene del registro continuado de la producción de huevos de cada gallina. En el pasado, esos registros se hacían utilizando los nidales trampa y anotando manualmente la presencia del huevo y así obtener los registros individuales como los indicados en la Figura 1.2 (pág. 6). En los últimos años, varios centros de investigación de todo el mundo estiman los índices individuales de puesta situando pequeños aparatos conmutadores que registran la presencia del huevo cuando se desliza por la rampa hasta la parte frontal de la jaula. Tanto el tiempo como el origen de la señal son transmitidos a un sistema computarizado que registra el tiempo de la oviposición. Cuando no existen fallos mecánicos o electrónicos, estos sistemas proporcionan un registro relativamente económico tanto del ritmo de puesta como del tiempo en que se realiza cada sucesiva oviposición dentro de la secuencia (véase Sección 6.5). Como los altos índices de postura están asociados con la capacidad de mantener tiempos normales de oviposición dentro de la secuencia, estos registros son muy útiles para seleccionar gallinas con ritmos superiores de puesta y son esenciales cuando la producción de huevos se realiza en ciclos ahemerales de luz-oscuridad (véase Sección 6.5). Un registro manual de la producción de huevos sobre la base de un día, proporciona unos datos útiles del ritmo de oviposición, pero no facilita información acerca de la estructura de la secuencia y el tiempo de la oviposición porque los cambios en el tiempo de la puesta que retardan la entrada del registro por 20-24 horas no pueden distinguirse de los fallos de la propia puesta.

Independientemente de la tecnología que se utilice para registrar la oviposición, las estimaciones del ritmo de ovulación derivadas del ritmo de oviposición, son potencialmente defectuosas ya que no todos los ova liberados del ovario son puestos como huevos. En algunos casos, el ovum permanece en la cavidad abdominal después de la ovulación y no penetra en el infundíbulo; en otros casos, el ovum desciende a través del oviducto, recibe algunas o todas las aportaciones del magnum, istmo y glándula cascarógena y se invierte, en el sistema reproductor, depositándose en peritoneo y gradualmente se reabsorbe. Por tanto, las estimaciones del ritmo de ovulación, derivadas de la oviposición sobreestimarán la función ovárica si los ova no son transportados normalmente a través del oviducto.

A menudo, el índice de puesta de los gallineros se traduce en producción de huevos/gallina/día (Fig. 12.1), lo que se calcula dividiendo el número de huevos producidos por el número de gallinas existentes y expresando el resultado como porcentaje. Cuando el gallinero es grande y los cálculos se hacen a diario (como se ilustra en la Fig. 12.1), la producción gallina/día proporciona una medida útil del índice medio de oviposición cuando se contempla como un registro histórico. Sin embargo, la producción de huevos gallina/día revela muy poco acerca de las razones por las que la oviposición no ocurre con el ritmo máximo teórico de un huevo/gallina/día o producción diaria del 100%. La estadística tampoco proporciona información acerca de

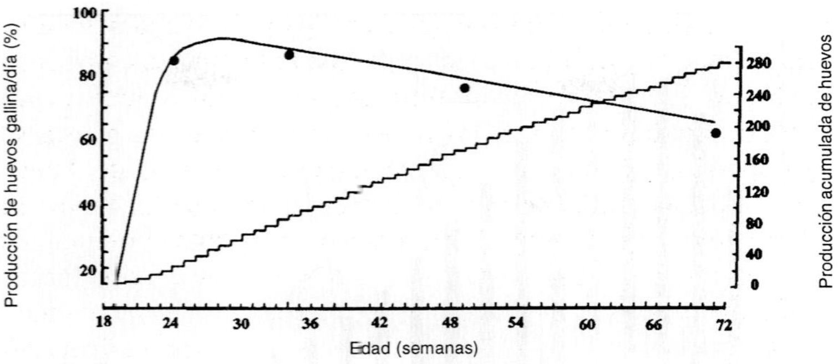

Figura 12.1 Producción de huevos gallina/día (línea continua), producción de huevos en gallinas enjauladas (indicado por círculos) y producción acumulada (línea en escalera) para un gallinero con un ritmo de mortalidad de 0,5% por mes.

la distribución de los índices de puesta de los individuos, dentro de la población ni identifica la proporción de gallinas que no ponen. Por tanto, rendimientos mediocres expresados como producción de huevos gallina/día, pueden ser debidos a una pequeña proporción de gallinas que no ponen mientras que otras lo hacen con secuencias muy largas o debido a oviposiciones de secuencias más modestas por parte de todas las gallinas de aquella población. Durante el típico período de puesta de 12 meses, el ritmo de producción de huevos gallina/día se eleva rápidamente una vez comenzada la puesta, alcanza su máximo después de 7-8 semanas y declina gradualmente hasta que el gallinero termina la producción; por ejemplo, cuando los ingresos de los huevos no cubran los costes de su producción (Fig. 12.1). El estudio de los registros individuales de oviposición indica que la rápida elevación de la producción de huevos gallina/día durante las primeras semanas de la puesta es debido tanto al aumento de la proporción de gallinas que están ovulando como al incremento del ritmo de ovulación después de comenzada la oviposición. Como la ovulación está restringida a un período de 8 horas en el día (ver págs. 156-163) el aumento del ritmo de ovulación viene reflejado por un aumento de la duración de la secuencia media durante las primeras siete semanas de producción (Fig. 12.2), lo que es consecuente a un aumento del ritmo de maduración folicular (ver págs. 166-172). Por el contrario, la disminución media de la producción de huevos gallina/día después de la cumbre del ritmo de puesta, es debida a una disminución del número de gallinas en puesta y a un descenso de la duración de la secuencia (Fig. 12.2). La disminución de la duración de la secuencia prolonga el intervalo medio entre ovulaciones consecutivas y por tanto se incrementa el intervalo entre secuencias (Fig. 12.3) cuando el ritmo de maduración folicular desciende. Por ello, el

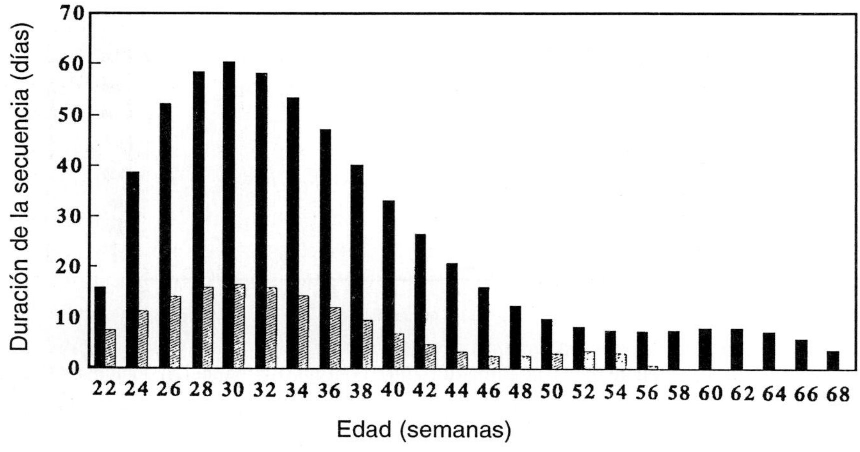

Figura 12.2 Duración media de la secuencia de gallinas para broilers (barras sombreadas) y de ponedoras (barras negras) desde las 22 a las 68 semanas de edad. Datos de Robinson (1994).

pico del ritmo de puesta en el gallinero es una medida global de la contribución de las gallinas que comienzan a poner a diferentes edades y de gallinas que muestran diferentes duraciones de sus secuencias. De igual forma, la

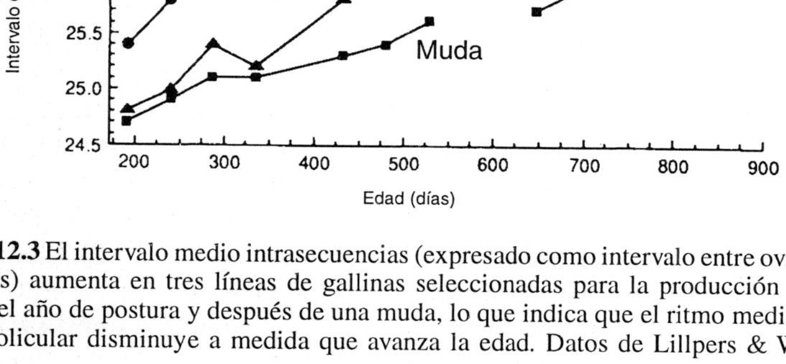

Figura 12.3 El intervalo medio intrasecuencias (expresado como intervalo entre oviposiciones sucesivas) aumenta en tres líneas de gallinas seleccionadas para la producción de huevos, durante el año de postura y después de una muda, lo que indica que el ritmo medio de maduración folicular disminuye a medida que avanza la edad. Datos de Lillpers & Wilhelmson (1993).

disminución de la producción de huevos después del pico de puesta, es una medida global de las gallinas que continúan poniendo con secuencias largas durante el primer año de puesta, y de gallinas que dejan de poner a diferentes edades.

Como el denominador de la producción de huevos gallina/día se encuentra alterado a diario, la estadística no se ve influenciada por la mortalidad. Por tanto, es posible tener un buen indicador del estado de las gallinas por la producción gallina/día lo que no es económicamente viable cuando la mortalidad es excesiva. El cálculo de la producción de las gallinas enjauladas que utiliza el número de gallinas presentes en la explotación al comienzo de la producción de huevos como un denominador constante, puede usarse para conocer una estimación conjunta de mortalidad y producción de huevos, lo que es un reflejo seguro de la viabilidad económica del rendimiento del gallinero (Fig. 12.1). En ausencia de mortalidad, la producción de gallina/jaula y la de gallina/día es la misma, pero cuando la mortalidad es alta, el índice de puesta de las gallinas supervivientes sólo se puede estimar por la producción de huevos gallina/día.

La producción acumulada de huevos, que se expresa como huevos por gallinas en cualquier punto del ciclo de producción, también se estima utilizando el número de gallinas presentes en la explotación, al comienzo de la producción como denominador constante (Fig. 12.1). Cuando la mortalidad es baja, este índice estimado de puesta está muy próximo al número de ovulaciones acumuladas por gallina, pero cuando la mortalidad es alta, la producción acumulada de huevos no es mayor que el índice real de ovulaciones, aunque permanece como un indicador útil de la viabilidad económica del gallinero. Si se pueden hacer registros individuales de rendimiento, la producción acumulada de huevos solamente se puede calcular para las gallinas presentes para obtener una estimación biológicamente segura del ritmo medio de oviposición y ovulación.

12.3 Estimación de los ritmos de fertilidad y eclosionabilidad

La estimación de la fertilidad y la eclosionabilidad abarca la unión de los espermatozoides con el ovum, la iniciación del desarrollo valorado tanto macroscópica como microscópicamente y la eclosión de un polluelo viable al final de la incubación. El margen de procesos biológicos y tecnológicos que pueden afectar a las tradicionales estimaciones de fertilidad y eclosionabilidad es enorme y por ello las estadísticas que se utilizan para controlar tanto la unión de los gametos como el desarrollo del embrión, dentro del huevo necesita una serie de consideraciones especiales.

La seguridad de estimar la fertilidad depende de la tecnología que se utilice para calcular la unión de los gametos masculino y femenino. La medida industrial más común de la fertilidad es la del ovoscopio a los 7-10 días de la incubación, registrando el número de huevos aparentemente infértiles y expresando la fertilidad como la proporción de huevos en los que hay desarrollo embrionario. Esta estimación de la fertilidad está un tanto infravalorada ya que algunos de los huevos aparentemente infértiles a la luz del ovoscopio, contienen embriones que mueren al comienzo del desarrollo. Sin embargo, en la mayoría de las salas comerciales de incubación la proporción de embriones que mueren al principio del desarrollo y que escapan a la detección por el ovoscopio es baja y constante y la observación de la fertilidad a los 7-10 días de incubación medida por ese sistema proporciona una estimación adecuada de la fertilidad del gallinero. Cuando la fertilidad al ovoscopio es inesperadamente baja, el examen macroscópico o microscópico de los embriones puede ser una garantía para desterrar los fallos que contribuyan a la disminución de fertilidad por mortalidad embrionaria precoz.

El examen macroscópico del desarrollo embrionario es sencillo y se puede valorar fácilmente en los huevos que se están incubando. En los huevos no incubados, la fertilización se puede reconocer si el embrión se ha desarrollado normalmente dentro del oviducto por la apariencia distinta del área pelúcida y el área opaca del embrión en el momento de la puesta (véase Fig. 2.14). Las muertes pueden ser utilizadas para discriminar entre embriones en desarrollo y huevos infértiles, pero en la mayoría de los casos, el personal de la incubadora y los especialistas pueden distinguir después de corto período de entrenamiento, el blastómero (véase Fig. 2.14, pág. 28) y los pronúcleos femeninos (véase Fig. 2.13, pág. 27), utilizando una buena luz y observándolo a simple vista o utilizando una lupa. La evaluación microscópica de la fertilidad se puede hacer contando el número de espermatozoides que se unen a la membrana vitelina alrededor del disco germinal después de la tinción con 4,6-diamidino-2-fenilindol. Como la fertilidad está relacionada con el número de espermios que se unen a la membrana vitelina (Fig. 12.4), el examen de unos cuantos huevos proporcionará una medida cuantitativa de la fertilidad. Aunque este método de estimación no ha sido ampliamente utilizado puede encontrar una buena aplicabilidad ya que las técnicas de laboratorio utilizadas en las salas de incubación son más sofisticadas.

Las causas de la muerte embrionaria precoz son usualmente procederes inapropiados para recoger, almacenar, fumigar y transportar huevos en la granja, en tránsito a la incubadora y en el almacén de huevos para incubar. Existen múltiples condiciones que pueden contribuir a la muerte precoz del embrión, pero las más comunes son la temperatura por debajo de 13ºC o por encima de 17ºC, humedades por debajo del 50% o por encima de 80% y el almacenaje de los huevos para incubar durante más de una semana. Aunque las apropiadas condiciones para almacenar huevos son bien conocidas en la industria avícola, los cambios en los procederes de manejo a menudo e inconsciente-

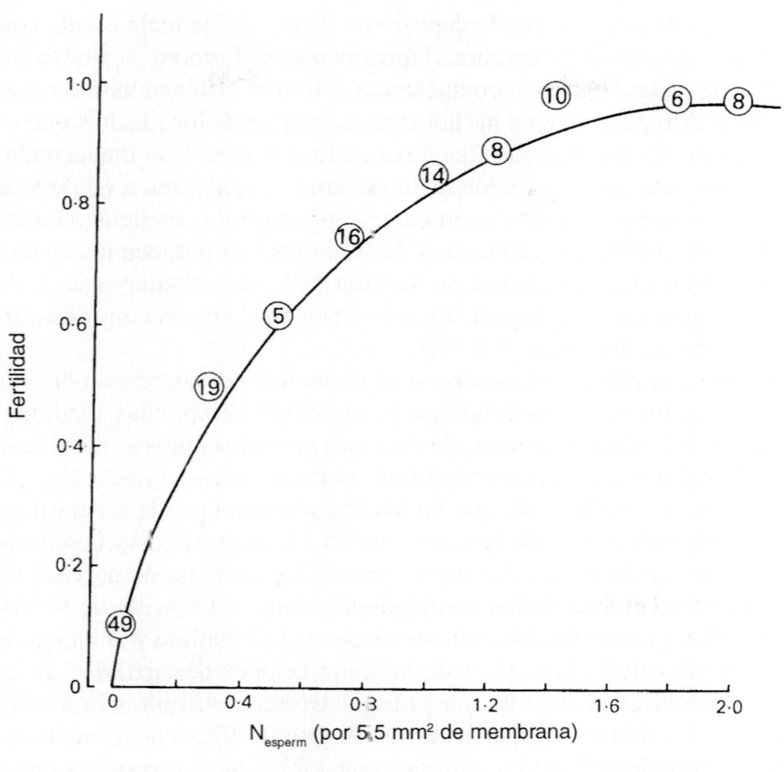

Figura 12.4 Relación entre el número de espermios sobre la membrana vitelina (N_{esperm}) y probabilidad de fertilización. Los huevos de 20 gallinas inseminadas fueron agrupados según N_{esperm} y el estado de fertilidad de cada grupo se expresó como una relación. Los números encirculados representan el número de huevos en cada grupo. Datos de Wishart (1987).

mente, proporcionan un ambiente inadecuado para almacenar los huevos a incubar, con lo que es aconsejable controlar rutinariamente la temperatura de los huevos y la humedad del entorno en cada estadio entre la puesta y la introducción en la incubadora. La rotación de los huevos a través de un ángulo de 90° al menos una vez al día, reduce la mortalidad embrionaria si los huevos se van a conservar más de una semana y la conservación de los huevos para incubar en bolsas de plástico llenas de nitrógeno reduce la mortalidad embrionaria precoz si transcurren dos semanas o más entre la oviposición y la incubación.

La infertilidad es el fallo de los gametos masculino y femenino para unirse. En las aves domésticas, la presencia de un huevo garantiza la contribución del gameto femenino y por ello la infertilidad normalmente está producida por un fallo en la monta o por la deposición de semen de mala calidad en el sistema reproductor de la hembra. Típicamente, el fallo en la monta es la consecuencia de una excesiva competencia entre los machos, número inadecuado de machos para servir a las hembras, obesidad de los machos que conduce a letargo y/o incapacidad física para cubrir o ingestión inadecuada de pienso, lo que retarda la aparición de la madurez sexual y reduce la frecuencia de las cubriciones. Cuando se emplea la inseminación artificial, la infertilidad puede ser debida a cualquiera de los factores que reducen la capacidad fertilizante del semen *in vitro* (véase Sección 9.5) o a cualquier aspecto de la tecnología empleada en la deposición del semen en el sistema reproductor de la hembra (véanse Secciones 9.2-9.4).

Aunque la fertilidad es valorada por el examen del desarrollo embrionario en los huevos, los procesos fisiológicos representados por las medidas de fertilidad afectan a las secuencias de ésta más que a los huevos individuales. Una simple inseminación puede fertilizar muchos huevos (véase Fig. 7.20, pág. 204) y la probabilidad de que un huevo individual pueda ser fertilizado dependerá del intervalo desde la inseminación a la oviposición y la presencia o ausencia, de fertilización en el huevo previo. Desde el punto de vista estadístico, la fertilidad de cada huevo individual es una estimación de la fertilidad de la gallina y por ello debe ser calculada en cada gallina y la media de la población sería calculada a partir de las estimaciones de fertilidad de cada animal. En la industria avícola, este enfoque es impracticable y la fertilidad se calcula rutinariamente a partir de los huevos fértiles en la incubadora. Como el número de gallinas incluidas en una población comercial es siempre muy grande, las estimaciones de fertilidad son completamente seguras cuando se utiliza el número de huevos como denominador y estas estimaciones satisfacen las necesidades para conocer el resultado de la monta o la inseminación artificial en aplicaciones industriales. Sin embargo, en los pequeños ensayos utilizando un corto número de gallinas, los cálculos de fertilidad incorporando el número de huevos como denominador, puede conducir a errores significantes si unas cuantas gallinas de alta producción tienen excepcionalmente alta o baja fertilidad.

A partir de los registros de puesta se pueden estimar datos de fertilidad de gallinas individuales, si los huevos se identifican por la fecha de puesta. Cuando las inseminaciones ocurren a intervalos de 5-7 días, la fertilidad se puede calcular como porcentaje de huevos fértiles, puestos durante un período señalado que a menudo es el de una semana. La seguridad de esta estimación se confunde con el ritmo de puesta, porque el número de huevos sobre el que se hace la estimación puede variar desde uno a siete. Solamente son posibles tres estimaciones (0%, 50% y 100%) si sólo se ponen dos huevos durante la semana, mientras que serán posibles siete estimaciones si se ponen siete huevos. Cuando la capacidad fertilizante del semen es alta, la distribución de los índices individuales de fertilidad está significativamente desviada hacia el 100%, mientras que cuando la capacidad fertilizante del semen es pobre, la distribución tenderá hacia el 0%. Como los análisis estadísticos convencionales requieren que los datos estén normalmente distribuidos, las estimaciones de la fertilidad usualmente precisan de una transformación para optimizar la seguridad de la comparación matemática entre las medias.

Cuando se valora la fertilidad después de una simple inseminación, o la última inseminación de una serie de ellas, la duración de la fertilidad que se define como el intervalo entre la inseminación y la oviposición del último huevo fértil se puede utilizar como una estimación de la capacidad de los espermatozoides para permanecer en los túbulos de almacenaje de esperma y concluir la fertilización. La duración de la fertilidad puede ser usada también como el intervalo durante el que se determina la proporción de huevos fértiles para conseguir una estimación de fertilidad que combine las influencias de la conservación del esperma *in vivo* y la capacidad fertilizante sobre varios huevos puestos por una gallina individual.

La proporción de huevos fértiles que se desarrollan y poducen un pollo viable, expresada como porcentaje, se denomina eclosionabilidad. La mortalidad embrionaria, que es el 100% menos la eclosionalidad, ordinariamente se subdivide de acuerdo con la fase de incubación en el momento de la muerte, pues las causas de mortalidad embrionaria precoz y tardía usualmente son diferentes. La mortalidad embrionaria precoz se puede atribuir generalmente a procedimientos inadecuados de almacenamiento de los huevos (véase anteriormente), en tanto que la mortalidad embrionaria tardía ordinariamente se atribuye a condiciones inadecuadas de incubación o deficiencias nutricionales de la dieta de las gallinas ponedoras. En los últimos 90 años se ha descrito un gran número de anormalidades genéticas que causan la muerte embrionaria, aunque raramente son, si es que lo son alguna vez, la causa de mortalidad embrionaria de los stocks comerciales de aves.

En la industria avícola se suele utilizar una combinación de las estimaciones de: producción de huevos, fertilidad y eclosionabilidad como indicadores útiles de la eficacia económica de aquella unidad de producción. Por ejemplo, a menudo se calcula la relación de pollos eclosionados y huevos incubados, expresada como porcentaje para conocer una estimación combinada de la eficacia de los procederes utilizados para el manejo de los gallineros, transporte y almacenaje de huevos fértiles y operabilidad de la incubadora. En ausencia de problemas técnicos, las estadísticas proporcionan una seguridad de que la fertilidad y la eclosionabilidad están dentro de los márgenes normales. Sin embargo, cuando la estadística cae por debajo del margen normal no hay valor diagnóstico y no se puede utilizar para identificar la fuente o fuentes biológicas de infertilidad o mortalidad embrionaria. Por tanto, desde una perspectiva de seguridad de la calidad, el número de polluelos que eclosionen a partir de todos los huevos, siempre será calculado a partir de las estimaciones individuales de fertilidad y eclosionabilidad.

La industria de cría de broilers utiliza comúnmente diversas estimaciones combinadas de producción de huevos, fertilidad y eclosionabilidad, ya que en esta industria exige para su supervivencia económica maximizar el número de pollitos producidos por gallina. Además de llevar un registro sobre producción de huevos, también se controla el número de huevos incubables a fin de evaluar la calidad de los huevos que ponen las gallinas. El aumento de la proporción de huevos que no son adecuados para la incubación generalmente se asocia con el incontrolado consumo de pienso, el cual provoca el excesivo depósito de grasa en las gallinas ponedoras (ver Sección 1.13). Como quiera que en las gallinas productoras de broilers el peso corporal y el índice de ovulación están altamente interrelacionados, los registros del consumo de pienso y peso corporal son componentes esenciales de cualquier programa exitoso diseñado para controlar el rendimiento reproductor de las ponedoras de un gallinero. El número de pollitos producidos por gallina, que proporciona una medida de todos los aspectos de la producción de huevos citadas anteriormente, así como de los efectos combinados de fertilidad y eclosionabilidad, es un criterio útil de la eficiencia económica de las gallinas ponedoras y de la eclosionabilidad, pero apenas da información acerca del rendimiento biológico de las gallinas ponedoras y de los embriones.

La última medida de la capacidad reproductora de un gallinero es un índice que controla la producción constante de polluelos de alta calidad. En el sentido que se emplea en la industria avícola, la expresión calidad de los polluelos no hay medidas objetivas para su determinación y por ello la valoración normalmente se hace por una persona experimentada que puede distinguir los pollitos que están sanos y crecerán bien de aquellos que sean débiles y crecen lentamente. Como la ausencia de enfermedades es un componente importante de la calidad de los pollitos, un programa de control de enfermedades que incluya vacunaciones y medidas sanitarias en todas las dependencias de la explotación será de suma importancia. Tanto los programas financiados por el gobierno como por instituciones privadas diseñados para controlar la contaminación bacteriana en cualquier lugar de la explotación serán servicios esenciales si se desea producir animales de alta calidad. En parte, la contaminación bacteriana puede ser detectada por personal experimentado, cuando los pollitos se embalen para su envío, si presentan su abdomen duro, hinchado o pulposo aunque sea raro encontrar pollitos con suficiente número de bacterias para producir tal sintomatología, si se han aplicado unos programas sanitarios adecuados. El personal de la explotación también podrá colaborar en la producción de pollitos de alta calidad sugiriendo cambios de la humedad, temperatura y duración de la incubación con el fin de conseguir pollos que estén más o menos hidratados sobre el valor óptimo. Como la incubación tiene tanto de arte como de ciencia, el óptimo carece de definición pero aproximadamente es el 73% de la media del peso del huevo. Los huevos que entren en la sala de incubación serán casi siempre una mezcla de tamaños y por tanto las condiciones de la incubación no serán óptimas para todos ellos. Como existen diferencias de tamaño de los huevos, dentro de un gallinero de la misma edad normalmente no es un impedimento para obtener buena calidad de los pollitos; dadas las diferencias de tamaño y de calidad de la cáscara entre huevos procedentes de animales jóvenes y mayores no pueden ser sometidos a las mismas condiciones de incubación. En la mente de los compradores de pollitos existe la creencia de que hay una fuerte correlación entre tamaño y calidad del pollito, aunque el tamaño de éste esté totalmente determinado por el tamaño del huevo en condiciones normales de incubación. A menos que un huevo sea excepcionalmente pequeño, no hay evidencia que soporte el dicho de que los pollos grandes proceden de los huevos más pequeños. Como punto final digamos que la calidad de un pollo la juzga el ojo del espectador y el rendimiento de un pollo lo juzga el comprador del broiler.

Bibliografía

Lillpers, K. & Wilhelmson, M. (1993). Age dependent changes in oviposition pattern and egg production traits in the domestic fowl. *Poultry Science* 72, 2005-2011.

Robinson, F.E. (1994). Is there a relationship between egg production and hatchability? *Shaver Focus* 23(2), 3-5.

Wishart, G.J. (1987). Regulation of the length of the fertile period in the domestic fowl by numbers of oviductal spermatozoa, as reflected by those trapped in laid eggs. *Journal of Reproduction and Fertility* 80, 493-498.

Índice Alfabético

Nota: Los números de páginas que figuran en *itálica* se refieren a figuras y/o tablas.